UTB

W0471782

Eine Arbeitsgemeinschaft der Verlage

Böhlau Verlag · Wien · Köln · Weimar
Verlag Barbara Budrich · Opladen · Farmington Hills
facultas.wuv · Wien
Wilhelm Fink · München
A. Francke Verlag · Tübingen und Basel
Haupt Verlag · Bern · Stuttgart · Wien
Julius Klinkhardt Verlagsbuchhandlung · Bad Heilbrunn
Mohr Siebeck · Tübingen
Nomos Verlagsgesellschaft · Baden-Baden
Orell Füssli Verlag · Zürich
Ernst Reinhardt Verlag · München · Basel
Ferdinand Schöningh · Paderborn · München · Wien · Zürich
Eugen Ulmer Verlag · Stuttgart
UVK Verlagsgesellschaft · Konstanz, mit UVK / Lucius · München
Vandenhoeck & Ruprecht · Göttingen · Oakville
vdf Hochschulverlag AG an der ETH Zürich

Regine Bendl
Edeltraud Hanappi-Egger
Roswitha Hofmann

Diversität und Diversitätsmanagement

facultas.wuv

Bibliografische Information Der Deutschen Nationalbibliothek
Die Deutsche Nationalbibliothek verzeichnet diese Publikation
in der Deutschen Nationalbibliografie;
detaillierte bibliografische Daten sind im Internet über
http://dnb.d-nb.de abrufbar.

Satz: SOLTÉSZ. Die Medienagentur.
Druck und Bindung: CPI-Ebner & Spiegel, Ulm
Printed in Austria

UTB-Band-Nr.: 3519
ISBN 978-3-8252-3519-2

Inhaltsverzeichnis

1 Diversität und Diversitätsmanagement: Ein vielschichtiges Thema

Regine Bendl, Edeltraud Hanappi-Egger, Roswitha Hofmann

In den letzten Jahren hat in der betriebswirtschaftlich orientierten Forschung und Ausbildung die Auseinandersetzung mit Diversität und Diversitätsmanagement massiv an Bedeutung gewonnen (siehe dazu z. B. Becker/Seidel 2006; Hanappi-Egger/Hofmann 2007; Krell/Riedmüller/Sieben/Vinz 2007; Bendl/Hanappi-Egger/Hofmann 2010). Gründe dafür sind gesellschaftspolitische und ökonomische Veränderungen, die Diversität auf die politische Agenda gesetzt haben. Folgen daraus sind neben neuen gesetzlichen Vorgaben auch eine Intensivierung und Ausdifferenzierung von öffentlichen Diskursen über Diversitäten, wie „Alter", „Geschlecht", „Ethnizität", „Behinderung", „Religion" oder „sexuelle Orientierung" und den damit zusammenhängenden lebenspraktischen Phänomenen, Problemen, aber auch Möglichkeiten und Chancen. Daher erkennen auch EntscheidungsträgerInnen in Organisationen zunehmend die Notwendigkeit, sich mit Diversitätsfragen auseinanderzusetzen, um in ihren konkreten Handlungskontexten einen entsprechenden professionellen, auf Inklusion abzielenden Umgang zu entwickeln. In diesem Sinne fasst dieses Buch für Studierende, ForscherInnen und interessierte PraktikerInnen das dafür nötige aktuelle sozialwissenschaftliche und betriebswirtschaftliche Grundlagenwissen zu Diversität als gesellschaftliches und damit organisationales Phänomen sowie zu Diversitätsmanagement als Managementaufgabe zusammen.

Um den LeserInnen einen konzisen Überblick für eine konstruktive Handhabung von Diversität und Diversitätsmanagement in Organisationen zu geben, werden theoretische Grundlagen zu Diversität und zu Diversitätsmanagement vermittelt. Dabei wird Diversität als das Vorhandensein vielfältiger Lebensstile, Identitätsbezüge sowie als Sammelbegriff für gesellschaftlich als relevant anerkannte Unterscheidungsmerkmale verstanden und Diversitätsmanagement als Steuerungsinstrument in Organisationen begriffen. Unsere interdisziplinäre Perspektive ermöglicht es dabei, eine Vielzahl jener Aspekte, Zusammenhänge und Entwicklungen zu beleuchten, die gegenwärtig das Themenfeld bestimmen bzw. in naher Zukunft wohl auch bestimmen werden.

Die interdisziplinäre Herangehensweise in diesem Buch entspricht aber auch dem vielschichtigen Phänomen „Diversität", das sich in inter- und transdiziplinären und vor allem auch politischen Zusammenhängen entwickelt hat, und unserem Bestreben, dessen historische und kulturelle Kontextgebundenheit zu unterstreichen. Gemäß der mittlerweile sehr umfassenden Literatur zu Diversitätsmanagement (engl. diversity management oder managing diversity) ist die Entstehungsgeschichte von Diversitätsmanagement vor allem US-amerikanisch geprägt (vgl. u.a. Thomas 1992; Prasad et al. 1997; Engel 2007; Green/Kirton 2009), wobei gleich mehrere Entwicklungen das Entstehen von Diversitätsmanagement in den USA beeinflussten.

Erstens wurden in den 1980er Jahren die „Affirmative Action Programs", welche in Folge des Civil Rights Act 1964 in den 1960er Jahren implementiert wurden und welche soziale Gerechtigkeit für African Americans und später auch für andere diskriminierte Bevölkerungsgruppen herstellen sollten, wieder zurückgenommen (Kelly/Dobbin 1998). Die „Affirmative Action Programs" entsprachen nicht den Grundsätzen der neoliberalen (Wirtschafts-)Politik unter der Reagan-Administration, denn durch diese Programme waren private und öffentliche ArbeitgeberInnen sowie Bildungsinstitutionen gesetzlich dazu verpflichtet worden, Personen aus diskriminierten Bevölkerungsgruppen nicht nur aufzunehmen, sondern proaktive Pläne für die Erhöhung für deren Teilhabe zu verabschieden und umzusetzen. Proaktiv bedeutete in diesem Zusammenhang für Organisationen, Ziele für die Inklusion bestimmter Gruppen zu setzen und diese im Sinne einer positiven Diskriminierung (trotz gleicher Qualifikation) zu bevorzugen, jedoch keine Quotenregelungen zu etablieren.

Zweitens brachte Ende der 1980er Jahre der *Workforce 2000 Report* von Johnston und Packer (1987) Unruhe in die politisch und wirtschaftliche Landschaft. Darin wurde konstatiert, dass sich die Zusammensetzung der ArbeitnehmerInnenschaft bis zur Jahrtausendwende massiv verändern werde:

„The research sent shock waves into organizations and the media and the book became a best seller. Johnston and Packer noted that by the year 2000, 85% of the *net new entrants* to the U.S. workforce would be women and minorities. This statement was often quoted, and was widely misunderstood to mean that by 2000, White men would only constitute 15% of the workforce. However, White men were then still and remain the largest single group in the labor force. It was the *new net entrants* who were increasingly people women and people of color. (...). Although women and people of color would comprise 85% of the net new entrants, because of the immense size of the workforce and the single majority of White men in the workforce, it will be a very long time before White men are no longer the largest single group. This misunderstanding or misinterpretation of terminology and projections about the increasing diversity of the workforce fueled interest in the topic and prompted concerns about the organizational ramifications of these changing demographics" (Bell 2007, 7).

Diese demographischen Veränderungsperspektiven implizierten, dass die Diversität bei den Erwerbstätigen, aber auch bei KundInnen steigen würde. In Folge erschienen bereits in den beginnenden 1990er Jahren die ersten Forschungsergebnisse in Management Journalen, die den Vorteil von Diversität für Organisationen nicht nur proklamierten, sondern auch dokumentierten, wenn Vielfalt als Leitkultur anerkannt und aktiv gemanagt werde (z. B. Cox/Blake 1991).

Drittens wurden in den USA u.a. TrainerInnen und OrganisationsberaterInnen rund um das NTL Institute of Applied Behavioral Science aktiv, die sich mit unterschiedlichen Dimensionen von Diversität beschäftigten und eine entsprechende Nachfrage orteten. Sie entwickelten aufgrund des Bedarfs Diversity Trainings und -Beratungen (Engel 2007). Die ersten KundInnen waren Konzerne wie Polaroid, Exxon, Xerox und IBM (Engel 2007, 98).

Mittlerweile ist Diversitätsmanagement als Forschungs- und als Praxisfeld aufgrund seiner wissenschaftlichen Bearbeitung, der zunehmenden Akzeptanz in multinationalen Konzernen und der mit demographischen, wirtschaftlichen und politischen Entwicklungen verbundenen Globalisierung von Arbeitskräften weltweit verbreitet (z. B. Europa: UniCredit Group, KLM, BP; Australien: AMP Limited, BHP Billition; Neuseeland: ANZ National Bank, Air New Zealand; Afrika: The Standard Bank of South Afrika; Asien: Sony, Honda; Südamerika: Natura Company, Pao de Açucar Group). „Thinking global, acting local" umschreibt dabei sehr treffend das Spannungsfeld zwischen globalem, internationalem und lokalem Diversitätsmanagement, egal in welchem Land sich die handelnden Personen befinden, und verweist auf dessen kontextgebundene Anwendung (Özbilgin/Tatli 2008).

In der Europäischen Union ist die Beschäftigung mit Diversität und Diversitätsmanagement stark in Verbindung mit multinationalen Unternehmen zu sehen, welche die entsprechenden Konzepte in den nationalen Niederlassungen einführten (z. B. IBM, Microsoft, Coca Cola u.a.m.). Auch europäische Unternehmen sind mit der Implementierung von Diversitätsmanagement vorangeschritten (siehe z. B. Adidas, Deutsche Bank, KLM). Ebenso beginnen Klein- und Mittelbetriebe mit der Adaption von Diversitätsmanagement (Hafner 2010). Die jeweils nationalen, regionalen und lokalen demographischen, rechtlichen und wirtschaftspolitischen Rahmenbedingungen zogen unterschiedliche Lösungen nach sich, woraus ein sehr vielfältiger europäischer Diversitäts- und Diversitätsmanagementdiskurs resultierte.[1]

Im europäischen Kontext hat Diversitätsmanagement auch den Sprung von Profit Organisationen in andere Organisationsformen geschafft und ist

---

1 Für einen Ländervergleich siehe Klarsfeld 2010.

mittlerweile auch für viele Regierungen und kommunale Institutionen in der EU handlungsleitend (siehe z. B. Bendl/Hanappi-Egger/Hofmann 2006 für Österreich; Cogan et al. 2009 für UK; Cornet/Zanoni 2010 für Belgien; Murgia/Poggio 2010 für Italien). Auch wurde auf europäischer Ebene eine Plattform für den EU-weiten Austausch zwischen Organisationen eingerichtet, die nationale Charten der Vielfalt fördern und umsetzen. Die Plattform hat den Zweck, freiwillige Initiativen zu unterstützen, welche Diversitätsmanagement am Arbeitsplatz fördern.[2] Solche landesweiten Charten der Vielfalt finden bereits Anwendung in Österreich[3], Deutschland[4], Frankreich[5], Belgien[6], Spanien[7], und Italien[8] sowie in Schweden[9].[10]

Dieser kurze historische Rückblick zeigt, dass die ursprüngliche Entwicklung von Diversitätsmanagement mit einer vorwiegend (aber nicht ausschließlich) betriebswirtschaftlichen Betrachtung von Diversität zusammenfällt. Aus betriebswirtschaftlicher Sicht beschreibt der Begriff Diversität zumeist Unterschiede und Ähnlichkeiten von Menschen, die als Gefahr bzw. Problem für die Organisation, aber auch als Chance bzw. Vorteil wahrgenommen werden können (vgl. Dass/Parker 1999). Diversitätsmanagement lässt sich in Ableitung dazu als ein normatives Managementkonzept beschreiben, dem kein geschlossenes Theoriegebäude zugrunde liegt (vgl. Vedder 2009, 115), ähnlich dem Total Quality Management oder dem Lean Management. Entsprechend einer praktisch-normativen[11] Betriebswirtschaftslehre geht es im Diversitätsmanagement demnach um Empfehlungen hinsichtlich der funktionalen Nutzung von Diversität, die zur optimalen Realisierung der betriebswirtschaftlichen Ziele führen soll. Wobei sich diese Empfehlungen auf Mittel-Aussagen innerhalb von Ziel-Mittelkontexten beziehen. Um der betriebswirtschaftlichen Ausrichtung des Buches zu entsprechen, wählten

---

2 http://ec.europa.eu/social/main.jsp?catId=915&langId=de

3 http://www.charta-der-vielfalt.at/

4 http://www.vielfalt-als-chance.de/

5 http://www.charte-diversite.com/

6 http://www.diversity-charter.com/diversity-charter-belgian-charters.php

7 http://www.iegd.org/

8 http://www.cartapariopportunita.it/contenuti/home.aspx

9 http://www.diversitycharter.se/

10 Alle Website-Abfragen: 15.04.2011; [MEZ 11.00].

11 Die praktisch-normative Betriebswirtschaftslehre geht von empirisch feststellbaren Zielen von Betriebswirtschaften aus: „Da die praktisch-normative Betriebswirtschaftslehre wertfrei sein will, ist der Terminus „normative" in diesem Zusammenhang außerordentlich unzweckmäßig, da er zu Mißverständnissen Anlaß gibt, bestensfalls sollte (...) von quasi-normativen Aussagen gesprochen werden" (Raffée 1974, 70).

wir aus der Vielfalt an Definitionen von Diversitätsmanagement (z. B. Thomas 1992; Becker/Seidel 2006) daher als Basis für die Beiträge folgendes Verständnis von Diversitätsmanagement: Diversitätsmanagement ist einer der jeweiligen organisationalen Zielerreichung dienender multidimensionaler Managementansatz, welcher gezielt Vielfalt von MitarbeiterInnen sowie für die Organisation relevanter Anspruchsgruppen (KundInnen, KooperationspartnerInnen etc.) wahrnimmt, fördert und nutzt (vgl. Bendl/Hanappi-Egger 2009, 559). Diese Definition legt nahe, dass es nicht ausreicht, Vielfalt in Organisationen nur wahrzunehmen. Es geht vielmehr darum, sich aktiv mit Unterschieden und Ähnlichkeiten von Menschen auseinanderzusetzen und dementsprechende förderliche und inkludierende Aktivitäten zu setzen. Dann ist es für Organisationen auch möglich, so wie Thomas (1992) es nennt, eine „Diversity Dividende“ zu lukrieren.

Betrachtet man die konkreten Praxiserfahrungen mit Diversitätsmanagement, so zeigen sich sehr unterschiedliche Herangehensweisen an Diversität, die zum Teil auf theoretisches Wissen aus unterschiedlichen wissenschaftlichen Disziplinen (Betriebswirtschaftslehre, Soziologie, Psychologie u.a.m.) Bezug nehmen. So spannt sich der betriebswirtschaftlich orientierte Umgang mit Unterschieden und Gemeinsamkeiten von einer Antidiskriminierungs- über eine Marktzutritts- zu einer Lern- und Veränderungs- bzw. Verantwortungsperspektive (vgl. Dass/Parker 1999; Belinskzi 2003; Schultz 2009). Jede dieser Perspektiven erfordert eine andere Ziel-Mittelbeziehung, wobei häufig der sogenannte „business case“, also der konkrete betriebswirtschaftliche Kosten-Nutzen-Zusammenhang, ins Zentrum der Argumentation gestellt wird. Bei allen Perspektiven können gleichzeitig die Effektivität und Effizienz der Ziel-Mittelempfehlungen wie auch rechtliche und ethisch-moralische Ansprüche Ausgangspunkt sein und einen Beitrag zur optimalen Zielerreichung der Organisation leisten.

Wird der Anspruch erhoben, dass Diversitätsmanagement einen proaktiven Umgang mit Vielfalt in Organisationen betreibt, so steht in der Implementierung die auf organisationalen Wandel zielende Prozessorientierung im Vordergrund. In jedem Fall bedarf es einer entsprechenden Diversitätsmanagement-Architektur, um die Akzeptanz der Managementmaßnahmen bei den OrganisationsteilnehmerInnen zu erreichen und sich auch produktiv mit etwaigen Widerständen auseinandersetzen zu können.

In diesem Sinne sehen wir die Implementierung von Diversitätsmanagement als einen ergebnisoffenen Changeprozess. Auch wenn sich die Effekte der gesetzten Maßnahmen (wie in anderen Managementbereichen) aufgrund der Komplementarität, Konkurrenz und Indifferenz der mit Diversitätsmanagement verfolgten Ziele wie auch die Reaktionen der TeilnehmerInnen nicht definitiv prognostizieren lassen, so zieht Diversitätsmanagement Lernen auf der Ebene der Person, der Gruppe und der Organisation nach sich. Ebenso ist auch der Nutzen von Diversitätsmanagement auf der Ebene der Person, Gruppe und Organisation anzusiedeln, der von einem bewussteren Umgang der OrganisationsteilnehmerInnen mit Vielfalt bis zu verbesserten Kennzahlen der Organisation reichen kann (siehe z. B. Gonzales/Denisi 2009; Homan et al. 2010).

Zusammengefasst repräsentiert Diversitätsmanagement aus betriebswirtschaftlicher Sicht heute ein „new organizational paradigm“ (Gilbert et al. 1999), welches eine Diskursverschiebung in Bezug auf Gleichstellung, Gleichheit und Chancengleichheit in Organisationen konstituiert. Dabei geht es neben Geschlechterfragen (Frauenförderung und Gender Mainstreaming) oder Fragen der ethnischen Zugehörigkeit auch zunehmend um eine intersektionale Betrachtung von Diversitätsdimensionen, wie z. B. das Zusammenspiel von Geschlecht, Alter, religiöses Bekenntnis, sexueller Orientierung, psychischen und physischen Behinderungen oder Ethnizität.

In diesem Buch werden sozialwissenschaftliche und betriebswirtschaftliche Grundlagen zu Diversität und Diversitätsmanagement vermittelt, um dann schrittweise über die Diskussion der organisationalen Aspekte den betriebswirtschaftlichen Umgang mit Diversität in den Mittelpunkt zu stellen und kritisch zu reflektieren. Da sich die Beiträge vor allem auf den europäischen Kontext beziehen und aus einer deutschsprachig-kulturellen Perspektive geschrieben sind, ist deren spezifische Kontextgebundenheit im Auge zu behalten. Unserem gesellschaftspolitischen Verständnis entsprechend, beziehen wir als Herausgeberinnen und Autorinnen klar Stellung gegen Ungleichbehandlung und für die Beseitigung von Ausgrenzungen und Marginalisierung aufgrund von sozialen, ökonomischen und demographischen Differenzlinien. Um diesem Anspruch zu genügen, wird wiederholt auf strukturell gewachsene Benachteiligungen bestimmter Gruppen Bezug genommen und damit an einigen Stellen des Buches aus analytischen Gründen auf eine differenzorientierte Sichtweise zurückgegriffen. Doch dabei werden immer auch die Relativität und Relationalität von Differenzsetzungen und die damit verbundenen sozialen Konstruktionsweisen von Diversitätskategorien und deren Zuschreibungen in den Blick genommen. Der Begriff „Diversitätskategorie“ bezeichnet daher in diesem Buch immer das Resultat eines solchen sozialen Konstruktionsprozesses, der Begriff „Diversitätsdimension“ hingegen verweist auf die Unabschließbarkeit und Variabilität von Kernbegriffen wie „Alter“, „Geschlecht“, „sexuelle Orientierung“, „Behinderung“, „Ethnizität“ und „Religion/Weltanschauung“. Im Sinne des emanzipatorischen Potenzials im organisationalen Kontext verstehen wir, wie bereits erwähnt, Diversitätsmanagement als ein vielgestaltiges normativ geprägtes Managementkonzept, das, wird es unter einer

Lern- und Veränderungsperspektive angelegt, organisationalen Wandel ermöglicht, der nachhaltig die Inklusion unterschiedlicher Minderheiten bzw. marginalisierter Gruppen und Individuen bewirken kann.

Das für einen kritischen Umgang mit Diversität nötige theoretische Basiswissen wird in diesem Buch mit starkem Anwendungs- und Umsetzungsbezug vermittelt. Dementsprechend bewegt sich der Inhalt des Buches entlang der folgenden drei Bereiche: Generelle Grundlagen, organisationale Perspektiven und Entwicklungsperspektiven.

Zu Beginn des Buches beschäftigt sich *Roswitha Hofmann* in ihrem Beitrag *„Gesellschaftstheoretische Grundlagen für einen reflexiven und inklusiven Umgang mit Diversitäten in Organisationen"* mit dem potenziell produktiven Verhältnis von wissenschaftlicher Theoriebildung und Konzeptentwicklung und der Umsetzung von Diversitätsmanagement. Dabei beleuchtet die Autorin den konstitutiven Zusammenhang zwischen diversitäts- und diversitätsmanagementorientierter Praxis und Theoriebildung und tritt damit der generalisierenden Annahme, Diversitätsmanagement sei per se theorie- und politikfern, entgegen.

Danach vermittelt *Helga Eberherr* in ihrem Beitrag *„Intersektionalität und Stereotypisierung: Grundlegende Theorien und Konzepte in der Organisationsforschung"* ein Grundlagenverständnis zu Intersektionalitätstheorien und -konzepten und Stereotypisierungsprozessen für die Organisationsforschung und reflektiert Schnittpunkte und Abgrenzungen zur Diversitätsforschung. Dazu zeichnet sie die historische Genese von Intersektionalitätskonzepten und deren Einbettung in zentrale Diskurse der Gendertheorien nach und diskutiert, wie stereotype Zuschreibungen zur Stabilisierung und Reproduktion von Ungleichheitsverhältnissen in Organisationen beitragen.

Im Beitrag *„Vertiefende Betrachtungen zu ausgewählten Diversitätsdimensionen"* stellen *Regine Bendl, Helga Eberherr* und *Heike Mensi-Klarbach* die in den EU Antidiskriminierungsrichtlinien behandelten Diversitätsdimensionen Alter, Behinderung, Ethnizität, Gender, Religion/Weltanschauung und sexuelle Orientierung exemplarisch für Österreich vor. Die AutorInnen beschäftigen sich dabei mit den historischen Bezügen, rechtlichen Rahmenbedingungen, theoretischen Verortungen mit Umgangsformen und Herausforderungen der jeweiligen Diversitätsdimension auf organisationaler Ebene.

Den Bereich Grundlagen schließt *Eva Lang* mit ihrem Beitrag *„Rechtliche Standards für den Umgang mit Diversität – Antidiskriminierungsbestimmungen im Gleichbehandlungsgesetz"* ab. Sie gibt darin am Beispiel des österreichischen Gleichbehandlungsgesetzes für die Privatwirtschaft (GlBG) Einblicke in die Umsetzung der EU-Richtlinien. Sie illustriert ihre Ausführungen mit zahlreichen Fallbeispielen und verweist des Weiteren auf jene Einrichtungen, die vom Gesetzgeber zur Verfolgung von Diskriminierung eingerichtet wurden.

Der Beitrag von *Edeltraud Hanappi-Egger* eröffnet den Reigen jener Beiträge, die sich mit organisationalen Perspektiven von Diversität und Diversitätsmanagement beschäftigen. In ihrem Beitrag *„Die Rolle von Gender und Diversität in Organisationen: Eine organisationstheoretische Einführung"* stellt die Autorin ausgewählte organisationstheoretische Ansätze vor und diskutiert deren Bedeutung für Gender- und Diversitätsmanagement. Im Vordergrund stehen dabei Organisationstheorien, die auf Prozessorientierung, mikropolitische Aushandlungsprozesse und das Zusammenwirken von organisationalen Strukturen und individuellem Handeln fokussieren. Dabei macht sie deren Beitrag zur Reproduktion und Veränderung von Gender- und Diversitätsverhältnissen sichtbar.

Der darauffolgende Beitrag *„Die Strategische Implementierung von Diversitätsmanagement in Organisationen"* von *Gloria-Sophia Warmut*h zeigt die Bedeutung von Strategien im Zusammenhang mit Diversitätsmanagement in Organisationen auf und präsentiert die Umsetzung eines idealtypischen ganzheitlichen strategischen Implementierungsprozesses von Diversitätsmanagement. Danach diskutiert sie jene Faktoren, deren Beachtung über den gesamten Veränderungsprozess hinweg eine erfolgreiche Umsetzung von Diversitätsmanagement ermöglichen.

Im Beitrag *„Das Verhältnis von Chancengleichheitsprogrammen und Gender Mainstreaming zu Diversitätsmanagement – eine vergleichende Darstellung"* geht *Regine Bendl* den Unterschieden und Gemeinsamkeiten von Chancengleichheitsprogrammen, Gender Mainstreaming und Diversitätsmanagement nach. Ziel dieses Beitrags ist es, Chancengleichheitsprogramme und Gender Mainstreaming vergleichend in Bezug auf deren unterschiedliche Reichweiten zur Herstellung von egalitären Geschlechterbeziehungen auf betrieblicher Ebene zu diskutieren und mit Diversitätsmanagement in Beziehung zu setzen.

Anett Hermann bietet in ihrem Beitrag *„Diversitätsmanagement in Teams"* einen Überblick über den Bereich Teamforschung unter dem Fokus Diversitätsmanagement. Dabei zeigt sie die Bestimmungsfaktoren von Gruppen, homogenen und heterogenen Teams sowie theoretische Modelle zur Teamentwicklung und zum Teamerfolg auf.

Ziel des Beitrags von *Heike Mensi-Klarbach* mit dem Titel *„Der Business Case für Diversität und Diversitätsmanagement"* ist es, die Diversität bzw. betriebswirtschaftliche Argumentationsbasis für Diversitätsmanagement zu diskutieren. Dabei geht die Autorin auf den Business Case für Diversität und den Business Case für Diversitätsmanagement ein und diskutiert die Problematik der Messbarkeit von Kosten und Nutzen von Diversität und Diversitätsmanagement anhand von internationalen Studienergebnissen.

Der Beitrag von *Edeltraud Hanappi-Egger* und *Roswitha Hofmann* schließlich nimmt die Lern- und Entwicklungsperspektiven von Diversitätsmanagement in den Blick. In ihrem Beitrag *„Diversitätsmanagement unter der Perspektive organisationalen Lernens: Wissens- und Kompetenzentwicklung für inklusive Organisationen"* stehen die aktive Gestaltung von Lern- und Veränderungsprozessen, die Lernbedingungen und -möglichkeiten im Zentrum. Die Autorinnen zeigen darin auf, welche Rolle ein positives Diversitätsklima und die Möglichkeit exploitativ und explorativ zu lernen für die Weiterentwicklung von Organisationen spielen.

Die Kapitel des Buches können linear aber auch unabhängig voneinander gelesen werden. Für eine vertiefende Lektüre sind Verweise auf andere Stellen des Buches, aber auch weiterführende Literatur angegeben. Für Lehrzwecke wurden am Ende der Kapitel für zentrale Wissensbereiche Kontrollfragen formuliert.

Das vorliegende Buch stellt also eine Zusammenfassung des wissenschaftlichen Diskurses über die Rolle von Diversität und Diversitätsmanagement aus organisationaler Sicht dar, wenngleich ein solcher natürlich nie als abgeschlossen betrachtet werden kann. So zeigt sich bereits, dass etwa die Forschungsbeiträge aus verschiedenen Kulturen wichtige neue Perspektiven auf gesellschaftlich als relevant konstruierte Verständnisse von Diversitäten liefern. Ebenso wird zunehmend eingefordert, den Begriff der Diversität als differenz-bezogenes Konzept durch eine auf Inklusion abzielende Terminologie abzulösen. Dabei soll insbesondere das Augenmerk organisatorischen Handelns auf die Schaffung inklusiver Strukturen gelegt werden. All diese Beiträge machen aber die bisherigen Erkenntnisse nicht obsolet, sondern demonstrieren die Dynamik der wissenschaftlich motivierten Auseinandersetzung mit Diversitäten. Daher hoffen wir, mit diesem Buch eine wesentliche Wissensgrundlage geschaffen zu haben, die auch dazu befähigt, zukünftige Beiträge einzuordnen bzw. einer kritischen Würdigung zu unterziehen.

Verwendete Literatur

Becker, Manfred/Seidel, Alina (2006, Hrsg.): Diversity Managment. Unternehmens- und Personalpolitik der Vielfalt. Schäffer-Poeschel, Stuttgart.

Belinszki, Eszter (2003, Hrsg.): Diversity Management. Managing Diversity. LIT Verlag, Münster.

Bell, Myrtle (2007): Diversity in Organizations. Mason, Thomson South-Western.

Bendl, Regine/Hanappi-Egger, Edeltraud (2009): Über die Bedeutung von Gender- und Diversitätsmanagent in Organisationen. In: Kasper, Helmut/

Mayrhofer, Wolfgang (Hrsg.): Personalmanagement, Führung, Organisation. Linde Verlag, Wien, 4. Aufl., 553–574.

Bendl, Regine/Hanappi-Egger, Edeltraud/Hofmann, Roswitha (2006, Hrsg.): Agenda Diversität: Gender- und Diversitätsmanagement in Wissenschaft und Praxis. Hampp, München-Mering.

Bendl, Regine/Hanappi-Egger, Edeltraud/Hofmann, Roswitha (2010): Diversitätsmanagement in Österreich: Bedingungen, Ausformungen und Entwicklungen. In: Diversitas, 2010/1 (1), 17–34.

Colgan, Fiona/Wright, Tessa/Creegan, Chris/McKearney, Aidan (2009): Equality and diversity in the public services: Moving forward on lesbian, gay and bisexual equality? In: Human Resource Management Journal, 2009/19 (3), 280–301.

Cornet, Annie/Zanoni, Patrizia (2010): Diversity Management in Belgium. In: Klarsfeld, Alain (Ed.): Country Perspectives on Diversity and Equal Treatment. Edward Elgar, Cheltenham-Northampton, 45–66.

Cox/Blake (1991): Managing cultural diversity: Implications for organizational competiteveness". Academy of Management Executive, 1991/5 (3), 45–56.

Dass, Parshotam/Parker, Barbara (1999): Strategies for managing human resource diversity: From resistance to learning. Academy of Management Executive, 1999/13 (2), 68–80.

Engel, Roland (2007): Die Vielfalt der Diversity Ansätze. Geschichte, praktische Anwendungen in Organisationen und zukünftige Herausforderungen. In: Koall, Iris/Bruchhagen, Verena/Höher, Friederike (Hrsg.): Diversity Outlooks. Managing Diversity zwischen Ethik, Profit und Antidiskriminierung. LIT Verlag, Hamburg, 97–110.

Gilbert, Jacqueline A./Stead, Bette Ann/Ivancevich, John M. (1999): Diversity management: a new organizational paradigm. In: Journal of Business Ethics, 1999/21 (1), 61–76.

Greene, Anne Marie/Kirton, Gill (2009): Diversity Management in the UK. Routledge, New York – London.

Gonzales, Jorge A./Denisi, Angelo S. (2009): Cross-level effects of demography and diversity climate on organizational attachment and firm effectiveness. In: Journal of Organizational Behavior, 2009/30, 21–40.

Hafner, Irene (2010): Diversitätsmanagement im österreichischen Klein- und Kleinstbetrieb. Diplomarbeit, WU Wien.

Hanappi-Egger, Edeltraud/Hofmann, Roswitha (2007): Gender- und Diversitätsmanagement: Qualifikationsbedürfnisse in der betriebswirtschaftlichen Universitätsausbildung. In: Wagner, Dieter/Voigt, Bernd-Friedrich (Hrsg.) Diversity-Management als Leitbild von Personalpolitik. Deutscher Universitätsverlag (DUV), Wiesbaden, 153–171.

Homan, Astrid C./Greer, Lindred L./Jehn, Karen A./Koning, Lukas (2010): Believing shapes seeing: The impact of diversity beliefs on the construal of group composition. In: Group Processes & Intergroup Relations, 2010/13, 477–493.

Johnston, William B./Packer, Arnold E. (1987): Workforce 2000: Work and workers for the twenty-first century. Hudson Institute, Indianapolis.

Kelly, Erin/Dobbin, Frank (1998): How Afirmative Action Became Diversity Management. Employer response to Antidiscrimination law 1961 to 1996. In: American Behavioral Scientist, 1998/ 41 (7), 960–984.

Klarsfeld, Alain (2010, Ed.): Country Perspectives on Diversity and Equal Treatment. Edward Elgar, Cheltenham-Northampton.

Krell, Gertraude/Riedmüller, Barbara/Sieben, Barbara/Vinz, Dagmar (2007, Hrsg.): Diversity Studies. Grundlagen und disziplinäre Ansätze. Campus, Frankfurt a.M./New York.

Murgia, Annalisa/Poggio, Barbara (2010): The development of diversity management in the Italian context: a slow process. In: Klarsfeld, Alain (Ed.): Country Perspectives on Diversity and Equal Treatment. Edward Elgar, Cheltenham, UK, Northampton, MA, USA, 160–177.

Özbilgin, Mustafa/Tatli, Ahu (2008): Global Diversity Management. Palgrave Macmillan, Basingstoke – New York.

Prasad, Pushkala/Mills, Albert/ Elmes, Michael/ Prasad, Anshuman (1997, Eds.): Managing the Organizational Melting Pot: Dilemmas of Workplace Diversity. Sage, Thousand Oaks.

Raffée, Hans (1974): Grundprobleme der Betriebswirtschaftslehre. Betriebswirtschaftslehre im Grundstudium der Wirtschaftswissenschaft: Band 1. Vandenhoeck & Ruprecht, Göttingen.

Thomas, Rosevelt (1992). Beyond Race and Gender. Amacom, New York.

Vedder, Günter (2009): Diversity Management – Grundlagen und Entwicklung im internationalen Vergleich. In: Andresen, Sünne/Koreuber, Mechthild/Lüdke, Dorothea (Hrsg.): Gender und Diversity – Albtraum oder Traumpaar?, VS Verlag, Wiesbaden, 111–131.

2 Gesellschaftstheoretische Grundlagen für einen reflexiven und inklusiven Umgang mit Diversitäten in Organisationen

Roswitha Hofmann

Kurzfassung

Theorien dienen als fundierte Erklärungsangebote in Organisationen dazu, im Umgang mit Diversitäten Analysen anzuleiten und die Entwicklung von Maßnahmen zu unterstützen. Weil jedoch wissenschaftliche Theorien häufig immer noch als Gegensatz zur Praxis empfunden werden, wird in der Praxis aber auch in der anwendungsnahen Forschung das konstruktive und reflexionsanregende Potenzial vielfältiger Theorieangebote oft nicht genutzt. Dieser Beitrag zielt daher darauf, das potenziell produktive Verhältnis von wissenschaftlicher Theoriebildung, von Konzeptentwicklung im Bereich des Diversitätsmanagements und der Umsetzung von Diversitätsmanagement ein Stück weit zu verdeutlichen. Dies wird u.a. dadurch bewerkstelligt, dass der konstitutive Zusammenhang zwischen Praxis/Alltagsleben und Theoriebildung themenbezogen nachgezeichnet wird. Der Beitrag dient auch dazu, dem Vorurteil, Diversitätsmanagement sei per se theorie- und politikfern, mit einer kritischen Sicht auf dieses Managementfeld zu begegnen und ein auf Inklusion ausgerichtetes Diversitätsmanagement zu fördern.

2.1 Einleitung

Unterscheidungen aufgrund von Alter, Geschlechteridentitäten, Behinderungen, sexueller Orientierungen, Religionszugehörigkeiten oder Weltanschauungen strukturieren Gesellschaften, deren Institutionen, Organisationen und die Lebenszusammenhänge aller. Dabei stellt Geschlecht nach wie vor eine zentrale Strukturkategorie dar (wenngleich sie nicht in jeder Situation die relevanteste ist), denn an das Geschlecht eines Menschen sind grundlegende gesellschaftliche Ordnungsstrukturen (z. B. Rollen- und Verhaltenserwartungen, sexuelle Orientierung, Arbeitsteilung etc.) geknüpft (vgl. Becker/Kortendiek 2008).

Konstitutiv für die in einer Gesellschaft vorherrschenden Geschlechter- und Diversitätsverhältnisse ist die Herstellung und die gesellschaftliche

Reproduktion von dichotomen, also gegensätzlichen, Begrifflichkeiten (z. B. Frau/Mann, jung/alt, behindert/nicht behindert, heterosexuell/homosexuell) mit deren Hilfe Wertigkeiten, soziale Legitimation, aber vor allem auch Eindeutigkeit hergestellt wird. So wird im sozialen Kontakt eine Person zumeist entweder als „Frau" oder „Mann" angesprochen (vgl. Lorber 2003) und selbstverständlich davon ausgegangen, dass das Gegenüber heterosexuell ist (vgl. Hark 2008; Hofmann/Cserer 2010; Hofmann/Steinbacher 2011). Diese Normvorstellungen dienen dazu, das eigene Verhalten und die entsprechenden Verhaltenserwartungen an das Gegenüber anzupassen. Dadurch werden jedoch nicht nur andere Existenzmöglichkeiten (in diesen Fällen z. B. weder Frau noch Mann, sondern Transgender, nicht-heterosexuelle, sondern homosexuelle) ausgeblendet, sondern auch hierarchisierende Bewertungen gesetzt. Daraus resultierende Ein- und Ausschließungen ziehen sich durch alle gesellschaftlichen Bereiche. Erkennbar sind diese u.a. an Ungleichheitsverhältnissen in der beruflichen und privaten Arbeitsteilung, Entlohnung, Laufbahnentwicklung[12], politischen Partizipation oder dem Zugang zu Ressourcen. Die Herstellung dieser Verhältnisse geschieht über die gesellschaftliche Setzung von Dichotomien (Gegensatzpaare wie Mann/Frau, alt/jung etc.)[13] und die daran geknüpften Kategorisierungsprozesse, in welchen Gruppeneigenschaften verhandelt werden. Die soziale Reproduktion dieser Dichotomien (bzw. deren Veränderung) erfolgt über Sprache, Symbole, Interaktionen, die Setzung struktureller Bedingungen und auch über Identitätsformationen und darauf beruhende Selbstrepräsentationen der Menschen. Für den professionellen Umgang mit Diversität in Organisationen ist es daher wichtig, sich Wissen über Auf- und Abwertungsmechanismen, die in vielen Gesellschaften nach wie vor trotz sozial-emanzipatorischer Bewegungen und

---

[12] So wird im beruflichen Feld häufig immer noch von einer Laufbahnentwicklung ausgegangen, die sich an der durchschnittlichen Lebensrealität von Männern orientiert. In dieser spielt die Geburt und Betreuung von Kindern oder die Versorgung von alten bzw. kranken Personen, trotz Karenzmöglichkeit, noch immer eine vergleichsweise geringe Rolle, weil mit der „männlichen Identität" (vgl. Connell/Messerschmidt 2005) nach wie vor wenig kompatibel. Zudem ist die Unterstützung des Mannes durch einen (zumeist) weiblichen Partner häufig selbstverständlicher Teil einer solchen Laufbahn, wodurch die Partnerin in vielen Fällen auf eine eigene berufliche Karriere verzichtet. Ein solches Laufbahnmodell impliziert zum einen unterschiedliche Wertigkeiten bezüglich beruflicher Chancen und Ambitionen, aber auch die gesellschaftlich dominante heterosexuelle Norm und einen entsprechenden Lebensstil. Siehe Hanappi-Egger in diesem Buch.

[13] Zum kritischen Umgang mit Dichotomien in der Frauen- und Geschlechterforschung vgl. Becker-Schmidt 1998, 84.

zunehmender politischer Diskursivierung von Diversitätsverhältnissen[14], zu Ausgrenzung und Diskriminierung bestimmter Gruppen und Individuen führen, anzueignen.

Trotz dieses komplexen Aufgabenbereichs steht Diversitätsmanagement als Forschungs- und Managementfeld immer noch unter dem Verdacht, theoretisch wenig entwickelt zu sein (vgl. Vedder 2003; Pringle et al. 2006) und lediglich auf simplifizierenden, ideologisch gefärbten Kategorisierungen und Modellen aufzubauen, die zu ebenso simplen Handlungsanweisungen führen. Die theoretisch fundierte Entwicklung dieses Managementfeldes hängt aber nicht zuletzt von der Fähigkeit ab, wissenschaftliches Wissen und Erklärungsangebote für die individuelle und organisationale Kompetenzentwicklung und damit für einen konstruktiven Umgang mit Diversität in Organisationen nutzbar zu machen.[15] Die Auseinandersetzung mit den theoretischen Grundlagen von Diversität und Diversitätsmanagement stellt in diesem Sinne eine Denk- und Reflexionsmöglichkeit für PraktikerInnen und ForscherInnen dar, die neue Handlungsperspektiven (nicht nur) im beruflichen Kontext eröffnen.

Dieser Beitrag gibt daher Einblicke in ausgewählte theoretische Ansätze[16] sowie in aktuelle kritische Reflexionen und Forschungen zur Entwicklung dieses Managementfeldes, die WissenschafterInnen wie PraktikerInnen dabei unterstützen können, einen theoretisch differenzierten und kritikfähigen Zugang zu Diversitätsmanagement zu finden. Dadurch können organisationale Veränderungen in Richtung größerer Barrierefreiheit[17] und mehr Inklusivität[18] angestoßen werden.

---

[14] So war die konkrete sozio-politische wie wissenschaftliche Auseinandersetzung mit Geschlechter- und Diversitätsverhältnissen das Ergebnis einer langen Reihe an lebenspraktischen Erfahrungen von marginalisierten Gruppen. Wesentliche politische Impulse zur gesellschaftlichen Bearbeitung von Ungleichheitsverhältnissen gingen insbesondere von den ArbeiterInnenbewegungen (vgl. Hieden-Sommer 1992), den BürgerInnenrechtsbewegungen (vgl. Crawford 1990), der Lesben- und Schwulenbewegung (vgl. Klapeer 2007) und der Neuen Frauenbewegung (vgl. Hervé 1981) aus.

[15] Siehe Hanappi-Egger/Hofmann in diesem Buch.

[16] Zu organisationstheoretischen Ansätzen siehe Hanappi-Egger in diesem Buch.

[17] Barrierefreiheit ist hier in einem weiteren Sinne gemeint und betrifft neben Menschen mit Behinderungen auch andere Diversitäten (Alter, Geschlecht, sexuelle Orientierung etc.) und damit nicht ausschließlich Baulichkeiten, sondern auch Barrieren im Sinne von Vorurteilen, Normen und Werthaltungen.

[18] Unter Inklusivität wird ein möglichst barrierefreier Zustand in Organisationen verstanden, der Differenz nicht unter eine dominante Norm nivelliert. Inklusivität kann aufgrund der Existenz von Machtverhältnissen und Systemlogiken im-

Ausgangspunkt dafür ist die Beschäftigung mit der Frage: Was ist (Diversitäts-)Theorie? und in Folge damit, wie sich die zentralen Begrifflichkeiten „Diversität" und „Diversitätsmanagement" theoretisch fassen lassen. Darauf aufbauend werden ausgewählte Theorien vorgestellt, die gegenwärtig für eine fundierte und kritische Entwicklung des Diversitätsmanagements zentral erscheinen. Insofern soll dieser Text dazu beitragen, eine produktive Verknüpfung von Theorie und Praxis anzuregen, um die Entwicklung inklusiver Organisationen (und Gesellschaften) zu fördern.

2.2 Was sind (Diversitäts-)Theorien?

(Diversitäts-)Theorien sind praxisbezogen

Forschung und Theorieentwicklung im Bereich der Sozial- und Wirtschaftswissenschaften beschäftigen sich mit Problemursachen und -analysen gesellschaftlicher und sozio-ökonomischer Phänomene. Wissenschaftliche Erkenntnisse fußen daher in der Lebens- und Arbeitspraxis und in der wissenschaftlichen Grundlagenforschung. Sie bilden eine wesentliche Reflexionsgrundlage für bestehende Praxiszusammenhänge und für alternative Gestaltungsweisen von Praxen. Praxis und Theorie sind demnach auch im Bereich Diversität und Diversitätsmanagement keine Gegensätze, sondern sind stets aufeinander bezogen (vgl. Pringle 2009).

(Diversitäts-)Theorien sind politisch

Da Forschung und Theorieentwicklung in sozialen Kontexten (wissenschaftlichen Communities) ablaufen, sind sie auch selbst Teil gesellschaftlicher bzw. historischer Entwicklungen (vgl. Harding 1990; Singer 2005) und gestalten diese mit. Entscheidungen darüber, welche Forschungsfragen bearbeitet werden, welche Theorien als Grundlagen herangezogen werden, werden nicht zuletzt im Hinblick auf vorhandene und zu erwartende Forschungsressourcen getroffen und auf Basis der Anerkennungsverhältnisse im Forschungsfeld. Entscheidungen, welche Diversitäten in welchen Zusammenhängen erforscht werden, sind somit an sich politisch. Forschungs- und Theorieentwicklung stützen sich folglich zum einen auf gesellschaftliche Legitimations- und Machtverhältnisse, zum anderen können sie diese durch selbstreflexives und macht-kritisches Vorgehen unterlaufen. For-

---

mer nur annähernd erreicht werden. Mit einem auf Inklusion zielendes Diversitätsmanagementkonzept soll daher eine Organisation so gestaltet werden, dass sie gegenüber unterschiedlichen Individuen und Gruppen möglichst barrierefrei ist.

schung und Theorieentwicklung sind im Bereich Diversität in jeder Form gesellschaftspolitische Vorgänge.

(Diversitäts-)Theorien sind diskursgestaltend

Wissenschaftliche Theorieentwicklungen sind (nicht nur) in diesem Feld Teile von Diskursen[19], entlang derer sich in Gesellschaften sozio-politisch legitimiertes Wissen über Diversitäten und Diversitätsmanagement formiert und etabliert (Bublitz et al. 1999). Wissenschaftliche Theoriebildung ist somit nie wertfrei, sondern immer normativ orientiert, worauf seit einigen Dekaden u.a. in feministischen Epistemologien hingewiesen wird (vgl. u.a. Harding 1990; Ernst 1999; Singer 2005).[20] Aus dieser Perspektive macht es daher auch Sinn, den wissenschaftlichen und organisationspraktischen Umgang mit Diversität als konkreten Handlungszusammenhang und Diskursphänomen zu verstehen, in welchem organisationale und damit auch gesellschaftliche Fragen[21] diskutiert und Lösungen ausverhandelt werden. Diskurstheoretische Zugänge sind aus zumindest zwei Gründen für die Professionalisierung im Diversitätsmanagement von grundlegender Bedeutung: Zum einen bietet diskurstheoretisches Wissen eine Hilfestellung dabei, den Entstehungskontext und damit die Reichweite einer Diversitätsmanagementkonzeption zu reflektieren. Jones et al. (2000) haben in diesem Zusammenhang z. B. darauf hingewiesen, dass es nicht zielführend ist, den US-amerikanischen Diversitätsmanagementzugang einfach auf andere kulturelle, demographische und politische Kontexte umzulegen. Zum anderen erleichtert es diskurstheoretisches Wissen, die in die Fachliteratur zur Grundlagen- und angewandten Forschung und in die Managementpraxen

[19] Als Diskurs werden regelgeleitete Praktiken verstanden, die Macht und Wissen in Beziehung setzen (vgl. Bublitz et al. 1999, 226), d.h. ein Diskurs ist die in einer Gesellschaft legitimierte und sozial wie politisch anerkannte Art, über bestimmte Phänomene (z. B. Geschlechterverhältnisse, sexuelle Orientierung etc.) zu sprechen, wodurch Hierarchisierungen von Diversitäten und damit diesbezügliche Machtverhältnisse etabliert werden. So ist beispielsweise Heterosexualität gegenüber anderen Formen von sexueller Orientierung nach wie vor gesellschaftliche Norm und wird vorausgesetzt. Diskurse stellen etablierte Machtverhältnisse und das damit verknüpfte „wahre" Wissen auch in Frage, da sie sich immer ein Stück weit verschieben (vgl. dazu z. B. die Geschlechterbilder des 19. und des 20. Jahrhunderts oder die Quantität und Qualität der medialen Präsenz von Lesben und Schwulen in den 1950er Jahren und heute).

[20] Siehe Hanappi-Egger in diesem Buch.

[21] Zur gesellschaftlichen Bedeutung von Organisationen. Siehe Hanappi-Egger/Hofmann in diesem Buch.

eingeschriebenen Werthaltungen und Legitimationszusammenhänge zu identifizieren (vgl. Vaara/Tienari 2008).

Neben der Betrachtung der Verbindung zwischen Theorie und Praxis und deren diskursiven Gestaltungsmacht erscheint im gegebenen Zusammenhang auch eine Beschäftigung mit unterschiedlichen Theorieformen sinnvoll, um das konstruktive Potenzial von Theorien für Entwicklungen in der organisationalen Praxis nachvollziehbar zu machen.

2.3 Gegenstandsbezogene Unterscheidung von Theorieebenen

Generell wird mit dem Begriff „Theorie" sehr Unterschiedliches bezeichnet[22], was die Etablierung einer fundierten gesellschafts- und sozialtheoretischen Basis (nicht nur) für das Diversitätsmanagement erschwert. So werden häufig Modelle und Management-Tools, welche die Managementpraxis anleiten sollen (z. B. Ablaufschemata, Checklisten etc.), als „theoretische Konzepte" bezeichnet. Diese sind zwar mehr oder weniger aus theoretischen Erkenntnissen abgeleitet (Personalbeurteilungsverfahren bauen z. B. zum Teil auf Motivationstheorien auf), und stellen damit eine mögliche Form der Theorieanwendung dar. Für ein inklusives Handeln ist aber gerade oft Wissen über ursprüngliche theoretische Erkenntnisse zu den behandelten Diversitätsphänomenen nötig, um aus ihnen für den jeweils eigenen Kontext entsprechende Schlüsse ziehen zu können. Da Diversitätsmanagement eben kein „one size fits all"-Managementkonzept, sondern kontextsensibel ist, entsprechen vorhandene Modelle oft nicht dem spezifischen Bedarf einer Organisation bzw. kommt die theoretische Basis der Modelle keiner inklusiven Herangehensweise entgegen oder konterkariert diese im schlechtesten Fall sogar und schreiben Vorurteile und normative Annahmen über bestimmte Gruppen/Individuen fort (vgl. Swann et al. 1999; Petersen/Dietz 2006). So sind beispielsweise Instrumente, die aufgrund der ihnen zugrunde gelegten (geschlechter-)theoretischen Basis ausschließlich auf Männer und Frauen fokussieren und transidente Personen ausblenden, nicht als inklusionsorientiert zu werten, da sie Barrieren hinsichtlich der Wahrnehmung und Akzeptanz gegenüber diesen Personen aufrechterhalten.

Theorie (griech. τηεορια) bedeutet ursprünglich „Betrachtung", „Untersuchung" (Pfeifer 1995, 1429). Generell stellen Theorien systematische wissenschaftliche Erkenntnisse dar (vgl. dazu Zima 2004). Dabei können

---

[22] Ein Symptom dafür ist, dass in der Literatur zu Diversitätsmanagement theoretische Grundlagen zuweilen mit Forschungsergebnissen verwechselt werden (vgl. z. B. Becker/Seidel 2006).

bezogen auf den Gegenstandsbereich Sozial- und Wirtschaftswissenschaften mehrere Theorieebenen, wenngleich nicht immer ganz trennscharf, unterschieden werden: So beziehen sich *Erkenntnistheorien* (z. B. Konstruktivismus, kritischer Rationalismus) auf die Art und Weise, wie Menschen Erkenntnis über sich und ihre Umwelt erlangen können. *Gesellschaftstheorien* verweisen auf die Organisationsprinzipien und Verfasstheit von Gesellschaften (z. B. Sozialtheorie von Bourdieu, Systemtheorie von Luhmann). Sie unterscheiden sich neben ihrer erkenntnistheoretischen Basis durch ihren (inter-)disziplinären Zusammenhang, ihren Abstraktionsgrad und ihre „Reichweite", also ihrem Erklärungsanspruch (vgl. Schülein et al. 2009). *Gegenstandsbezogene Theorien* wiederum beziehen sich auf spezifische gesellschaftliche Phänomene (z. B. Theorien zu den Themen „Geschlecht", „Alter" oder „Behinderung"), wobei sie sich auf unterschiedliche erkenntnistheoretische und gesellschaftstheoretische Zugänge stützen können.

Die theoretische Basis von „Diversität" und „Diversitätsmanagement" besteht, der Vielschichtigkeit des Gegenstands entsprechend, demnach aus sehr unterschiedlichen theoretischen Bezügen, je nach Fokus der Betrachtung bzw. der strategisch-operationalen Zielsetzungen. So ist beispielsweise die Frage, welches Geschlechterbild einer Managementmaßnahme zugrunde gelegt werden soll, auf Basis der existierenden Vielfalt an Geschlechtertheorien (u.a. gleichheitstheoretisch, differenztheoretisch oder poststrukturell-orientiert) beantwortbar (siehe Kapitel 3.2.2). Managementmaßnahmen zur Frage von Behinderung werden sich wiederum nach der zugrundeliegenden Sichtweise auf Behinderung (z. B. Behinderung als medizinische Tatsache oder als soziale Konstruktion) unterscheiden.

Dem Generalverdacht, Diversitätsmanagement und die damit zusammenhängenden konzeptionellen und praktischen Tätigkeiten seien per se „theorielos" kann also ein großes Theorierepertoire entgegengehalten werden, das, sofern es herangezogenen wird, einen reflexiven und inklusionsorientierten Umgang mit Diversitäten in Organisationen anleiten kann. So bieten u.a. die Gender Studies (vgl. Becker/Kortendiek 2008) und Queer Studies (Bendl et al. 2009; Pringle 2008), die Critical Management Studies (vgl. Kelemen/Rumens 2008) oder die Diskursforschung (vgl. Blommaert/Verschueren 1998) Perspektiven an, um die Konstruktions- und Funktionsweisen von Organisationen, die Rolle von Macht- und Legitimationsverhältnissen und die bereits erwähnten Diskursmechanismen für Veränderungsprozesse offenzulegen und damit auch in Organisationen bearbeitbar zu machen.

In der Auseinandersetzung mit der Entwicklung zentraler Begrifflichkeiten des Themenfeldes werden nun in weiterer Folge unterschiedliche theoretische Referenzrahmen für die Implementierung von Diversitätsmanagement vorgestellt. Diversitätstheorien können hier, wenn es um die Fragen geht: Was meinen wir mit Diversität? Welche Haltung nehmen wir gegenüber Diversitätsphänomenen ein? eine Hilfestellung für Organisationen sein.

2.4 Der Begriff „Diversität"

Der Begriff „Diversität" kann heute in ökonomischen Zusammenhängen durchaus als „leerer Signifikant" bezeichnet werden (vgl. Laclau 1996), da der Begriff in unterschiedlichen Kontexten unterschiedlich belegt wird, Raum für alternative Konzepte, Perspektiven und Definitionen lässt, aber selbst nie abschließend bestimmbar ist. Dies brachte dem Begriff auch den Ruf ein, willkürlich und nichtssagend zu sein. Diversität fand als Begriff zunächst in den USA der 1980er Jahre vermehrt Verwendung und thematisierte die Unterschiede in der ArbeitnehmerInnenschaft hinsichtlich Geschlecht, Alter und Ethnizität (vgl. Johnston/Packer 1987; Zanoni et al. 2010, 12). Ein wesentlicher Aspekt dieser historischen Entwicklung ist, dass die mit unterschiedlichen Diversitätsbereichen verbundenen gesellschaftlichen Ungleichheitsverhältnisse in den USA, die über emanzipatorische Bewegungen ab den 1950er Jahren öffentlich diskutiert wurden und in unterschiedliche gesetzliche Regelungen resultierten, zunehmend hinter die ökonomische Nutzenperspektive hinsichtlich Diversität („business case") zurücktraten. Das heißt der Begriff „Diversität" diente in diesem Zusammenhang vor allem dazu, die ökonomische Bedeutung von Unterschiedlichkeit der Menschen für Organisationen benennbar und greifbar zu machen. Diversität wird in der wissenschaftlichen Literatur (vgl. z. B. Becker/Seidel 2006) und in der Beratungsliteratur (vgl. z. B. Stuber 2008) daher zumeist mit betriebswirtschaftlichen Nutzenerwartungen verknüpft. Dabei wird der Begriff „Diversität" mit „Vielfalt" übersetzt und ersetzt zunehmend Begriffe wie Unterschiedlichkeit, Differenz und Ungleichheit. Dadurch erfolgt – und dies ist auch eine Kritik an betriebswirtschaftlich orientierten „Diversitätsdiskursen" – die Behandlung von Ungleichheitsverhältnissen und Differenzsetzungspraktiken zunehmend losgelöst von Verteilungs- und Gerechtigkeitsdiskussionen und den damit verbundenen gesellschaftspolitischen Zielsetzungen, die mit den genannten Begriffen historisch verknüpft sind (vgl. Milliken/Martins 1996; Benschop 2001; Wetterer 2003; Ahmed/Swan 2006).

Bestimmungsweisen von Diversität

Auch inhaltlich wird der Begriff Diversität (und in Folge Diversitätsmanagement) sowohl in sozial- und wirtschaftswissenschaftlichen wie in organisationspraktischen Zusammenhängen unterschiedlich konnotiert und definiert (vgl. Janssens/Zanoni 2005). Dabei bilden zumeist soziale Kategorien (z. B. Alter, Geschlecht, sexuelle Orientierung, Bildung etc.)[23] die Grundlage für Definitionen von Diversität oder auch (organisationale) Funktionen (funktionale Diversität). Seltener wird Diversität als komplexes gesellschaftliches Phänomen der Differenzsetzung definiert, welches Macht- und Legitimationsverhältnisse einer Gesellschaft (Organisation) widerspiegelt, reproduziert und unterläuft.

Dass Kategorisierungen ein vielschichtiges Problem im Zusammenhang mit Diversitäten darstellen, lässt sich nicht nur darauf zurückführen, dass Diversitätskategorien sehr unterschiedliche historische, politische und soziale Wurzeln haben (vgl. Cox 1995), sondern vor allem auch darauf, dass Kategorien Vorstellungen über die Existenz homogener Gruppen produzieren (Cox 1993; Draft 1994; Milliken/Martins 1996), welche als „Andere" Diversität quasi verkörpern (vgl. Ahmed/Swan 2006, 98). Dies kann die Aufrechterhaltung einer unhinterfragten Norm, die sich von den „Anderen" abgrenzt, genauso fördern wie die Fortschreibung von Stereotypen und Vorurteilen über Gruppen (die „Alten", die „Behinderten"). Es impliziert aber auch die Annahme, dass Menschen über fixe Gruppenidentitäten (als Männer, Menschen mit Behinderung, Heterosexuelle etc.) verfügen, über welche sie sich in sozialen Zusammenhängen definieren und dadurch Zugehörigkeit herstellen. Dies legt insbesondere die sogenannte „social identity"-Theorie nahe (vgl. Tajfel/Turner 1986).

Neuere, identitätskritische Theorien, wie die Queer Theory, verweisen daher darauf, dass Menschen zumeist nicht bloß aus *einer* Eigenschaft, einem Attribut ihre Identität beziehen, sondern aus mehreren, die zudem kontextspezifisch eingesetzt werden (vgl. Butler 1992). So kann sich ein Mann beispielsweise in der LGBT[24]-Szene primär als schwuler Mann arabischer Abstammung identifizieren, in seinem beruflichen Umfeld primär als arabisch-stämmiger österreichischer Akademiker oder eine Frau in ihrem beruflichen Kontext vor allem über ihre Profession und ihren beruflichen Status definieren, in anderen Situationen aber als Österreicherin und Buddhistin.[25] Diese Multiplizität, Relationalität und Fluidität von Identitäten (vgl. Gergen 1991; Cox 1993; Nkomo/Cox 1996; Alvesson/Billing 1997),

---

[23] Vgl. dazu Daft 1994; Gardenswartz/Rowe 1994.

[24] LGBT: Lesbian, gay, bisexual, transgender.

[25] Siehe Eberherr in diesem Buch.

welche sich je nach Interaktionssituation und sozialem Umfeld verändern können, zeigen nicht nur die Beschränktheit einer kategorialen Sichtweisen auf Diversitäten, sondern machen Diversitätskategorien als identitäre Bezugspunkte für Strategieentwicklungen fragwürdig (vgl. Metcalfe/Woodhams 2008).

Aus einem betriebswirtschaftlichen Kalkül heraus erscheinen dennoch Kategorien und damit klare Abgrenzungen zwischen unterschiedlichen Diversitäten u.a. deshalb funktional, weil damit die Annahme verbunden ist, dass (Nutzen-)Effekte von Diversität so besser beobachtbar und in Folge messbar zu machen wären. Eine solche, lediglich auf den betriebswirtschaftlichen Nutzen abzielende Auffassung von Diversität macht jedoch die gesellschaftliche und soziale Entstehung und Aufrechterhaltung von Diversitätsphänomenen als hierarchisierende Differenzsetzungsmechanismen zumeist unsichtbar. Zudem drohen dadurch Organisationen als soziale Felder (vgl. Bourdieu/Wacquant 1996), in welchem die Reproduktion bzw. Veränderung von Diversitäts- bzw. Ungleichheitsverhältnissen stattfindet, aus dem Blick zu geraten.

Ein weiterer kritischer Aspekt von Kategorisierungen ist die Tendenz, Diversität lediglich als Attribut von Minoritäten/nicht-dominanten Gruppen aufzufassen. Diese werden durch die Gruppenzuordnung („die anderen") markiert, wobei die Majoritäten/dominante Gruppe („wir") als normsetzend unmarkiert bleibt. So werden mit der Kategorie „Alter" häufig nur „ältere" Personen adressiert, nicht jedoch „jüngere" und mit der Kategorie „sexuelle Orientierung" zumeist nur homosexuelle Menschen in Verbindung gebracht und nicht heterosexuelle, obwohl beide Gruppen über ein „Alter" bzw. über eine „sexuelle Orientierung" verfügen. Kategorisierungen werfen daher bei genauerer Betrachtung die Themen Macht und Machterhaltung im Umgang mit Diversität und in der Praxis von Diversitätsmanagement auf (vgl. Ely 1995). Kategorisierungen fördern zudem das Denken in Oppositionen („wir" und die „anderen") und ermöglichen es, dass die gesellschaftlich hegemonialen Diversitätsaspekte als „Normalität" fortgeschrieben werden.

Kategorien erfüllen aber auch eine wesentliche Orientierungsfunktion, indem sie Komplexität reduzieren und Handlungsfähigkeit im Alltag herstellen.[26] Um im Alltag den Nachteilen von Kategorisierungen zu begegnen, können theoretische Konzepte herangezogen werden, die einen differenzierten analytischen wie praktischen Umgang mit Kategorien bzw. Kategorisierungsprozessen ermöglichen. McCall (2005) verweist in diesem Zusammenhang beispielsweise darauf, dass Diversitätskategorien in sich im-

[26] Siehe die Beiträge von Eberherr und von Hanappi-Egger in diesem Buch.

mer heterogen sind, also zwischen Menschen, die einer bestimmten Diversitätskategorie zugerechnet werden, veritable Unterschiede bestehen können (intra-kategoriale Perspektive auf Diversität). So unterscheiden sich Frauen untereinander u.a. in ihrem Alter, ihrem ökonomischen Status, ihrer Ausbildung, ihrem Lebensstil. McCall zeigt zudem Effekte von Interdependenzen zwischen Kategorien auf (inter-kategoriale Perspektive auf Diversität). So kann die Zugehörigkeit zu mehreren Kategorien auch zu einer Potenzierung von Ausschließung führen.[27] Eine muslimische Frau mittleren Alters hat bei gleicher Ausbildung so möglicherweise weniger Chancen am Arbeitsmarkt in Österreich als eine jüngere Frau ohne ersichtlichen Migrationsbezug. Die intra- bzw. inter-kategoriale Sicht auf Diversität ermöglicht einen differenzierteren Umgang mit Diversitätskategorien und zeigt auch deren Wirkungsweisen auf. Eine dritte Perspektive, die McCall anbietet, erlaubt es zudem über Kategorien hinauszudenken (anti-kategoriale Perspektive auf Diversität), indem nicht die Kategorie in den Vordergrund gestellt wird, sondern Bedürfnislagen von Menschen oder funktionale Zusammenhänge.[28] So sind stufenlose Gebäudezugänge mit breiten automatischen Türen nicht nur für Menschen, die einen Rollstuhl verwenden, barrierefreier, sondern auch für Menschen (und hier wieder nicht ausschließlich Frauen) mit Kinderwägen oder für LieferantInnen.

2.5 Der Begriff „Diversitätsmanagement"

Diversitätsmanagement kann unterschiedlichste Formen des Umgangs mit Diversitäten in Organisationen bezeichnen. Der jeweilige Umgang wird durch die jeweils spezifische Situation einer Organisation (Marktsituation, Branche, Unternehmensgegenstand, Organisationsgröße, geographische Lage, Marktaktivität etc.) geprägt, aber vor allem auch durch die Art der Wahrnehmung und Bewertung von Diversitäten (vgl. Thomas/Ely 1996; Dass/Parker 1999). Die Form und Qualität von Diversitätsmangementkonzepten hängt zudem davon ab, inwiefern sich Organisationen als Teil von Gesellschaften begreifen, in der sie auch Verantwortung wahrnehmen (müssen)[29] und inwiefern sie daraus auch eine Chance für die nachhaltige Entwicklung ihres Bestandes ableiten (vgl. Hofmann 2010).[30]

---

27 Siehe Eberherr in diesem Buch.

28 Siehe Eberherr in diesem Buch.

29 Dazu werden Organisationen bis zu einem gewissen Grad durch rechtliche Vorgaben verpflichtet.

30 Siehe Warmuth in diesem Buch.

Als derzeit weitreichendste Formen in Bezug auf Inklusion und Barrierefreiheit gelten gegenwärtig Lern- und Veränderungsansätze, über welche die Verknüpfung organisationaler Zielperspektiven mit Perspektiven zu gesellschaftlichen Differenzsetzungsmechanismen, oder wie Acker (2006) es nennt, „Ungleichheitsregimen", angestrebt werden (vgl. Mor Barak 2005, 8). AkteurInnen in Organisationen beziehen dafür theoretische und empirische Erkenntnisse über gesellschaftliche Ungleichheits- und Diskriminierungsverhältnisse in ihr Handeln ein. Sie orientieren sich zudem an einem pluralistischen Wertesystem (nicht an einer Leitkultur), das auch kontinuierlich Veränderungen unterzogen wird. Nach Mor Barak (2005, 8f.) ist das Ziel inklusiver, lernorientierter Organisationen die Schaffung von Arbeitszusammenhängen,

- in denen individuelle und gruppenbezogene Unterschiede innerhalb der Belegschaft geschätzt und genutzt werden,
- innerhalb derer unterschiedliche Communities unterstützt und mit diesen Kooperationen aufbauen werden,
- in denen die Bedürfnisse benachteiligter Gruppen im Umfeld der Organisationen berücksichtigt werden und
- eine Zusammenarbeit zwischen Individuen, Gruppen und Organisationen über nationale und kulturelle Grenzen hinaus angestrebt und unternommen wird.

Zentral für die Glaubwürdigkeit eines solchen inklusiven Diversitätsmanagementzugangs ist es aus Sicht der Autorin, das vorhandene Konfliktpotenzial nicht zu vernachlässigen bzw. zu beschönigen sowie eine qualitative Ausformulierung, was Wertschätzung von Diversität in einem inklusiven (vs. eines integrativen)[31] Zugang bedeutet, was ein pluralistisches Wertesystem (vs. einer Leitkultur) auszeichnet und wie mit Gruppenkategorien und Identitätszuschreibungen und diversitätsspezifischen Verhaltenserwartungen differenziert umgegangen werden kann. Eine Zutat wäre hier sicherlich

---

[31] Integration bezeichnet den Einbezug von „Neuem" in eine bereits vorhandene Ordnung, wobei sich das „Neue" der vorhandenen Ordnung anpassen muss, ohne dass sich die Ordnung wesentlich verändert. Integration fokussiert demnach auf eine dominante Ordnung, die weitgehend beibehalten wird und sich aufgrund des hinzukommenden „Neuen" nur wenig ändert. Assimilation würde im Gegensatz dazu bedeuten, dass das „Neue" im bereits Vorhandenen aufgeht, ohne dass ein Unterschied sichtbar bleibt. Inklusivität bezeichnet im Unterschied dazu eine Neuverhandlung der Ordnung zwischen Bisherigem und „Neuem". Ziel ist die Etablierung einer neuen, gemeinsamen Ordnung bzw. eines Modus Vivendi, der möglichst allen Bedürfnissen entgegenkommt und insbesondere Ausgrenzung aufgrund überkommener Werte und Normen entgegenwirkt.

ein Verständnis von organisationalem Lernen und damit von organisationalem Wandel, welches (diversitätsspezifische) Machtstrukturen in Frage stellt, um deren Persistenzmuster (z. B. heteronormative Erwartungsmuster) aufzubrechen (vgl. Hofmann 2010).

Im Anschluss an die begriffliche Auseinandersetzung wird nun hinsichtlich Diversität und Diversitätsmanagement näher auf ausgewählte erkenntnistheoretische Grundlagen und Theorieperspektiven eingegangen, die aus Sicht der Autorin einen grundlegenden und veränderungsorientierten Theoriekorpus für den Umgang mit Diversität und Diversitätsmanagement bilden.

2.6 Ausgewählte theoretische Perspektiven für eine kritische Diversitätstheorie[32]

In Folge werden Diversitäten auf unterschiedlichen Theorieebenen betrachtet: auf der erkenntnistheoretischen Ebene, also auf jener Theorieebene, die erklärt, wie Menschen Diversität überhaupt wahrnehmen können; auf der gesellschaftstheoretischen Ebene, jener Ebene, auf der Diversitäten in ihrem gesamtgesellschaftlichen Kontext begreifbar werden; auf der Ebene der gegenstandsbezogenen Theorien, auf der Diversitäten in ihrer Spezifik und auch in ihrer Verschränktheit zueinander behandelt werden können.

2.6.1 Erkenntnistheoretische Aspekte in Bezug auf Diversität

Um den Erklärungs- und Verstehensanspruch einer theoretischen Position einordnen zu können, ist es wichtig, deren erkenntnistheoretische Basis zu kennen. Wie oben ausgeführt, verweisen Erkenntnistheorien darauf, wie Menschen ihre Umgebung wahrnehmen können und somit Erkenntnis möglich ist. Es existieren unterschiedliche, oft konflikthaft verhandelte, erkenntnistheoretische Positionen, wobei in der Diversitätsforschung und den diesbezüglichen Theorieentwicklungen vor allem Formen des Konstruktivismus[33] von zentraler Bedeutung sind. In diesem erkenntnistheoretischen Paradigma wird grundsätzlich davon ausgegangen, dass die soziale Wirklich-

[32] Vgl. Konrad et al. 2006.

[33] Zur soziologischen Grundposition des sozialen Konstruktivismus vgl. Berger/Luckmann (1969). Wesentliche Grundlagen in diesem Zusammenhang bilden weiters die Theorie des Symbolischen Interaktionismus (Blumer 1969), die Ethnomethodologie (Garfinkel 1967) und die interaktions-, sozialisations- und rollentheoretischen Arbeiten Goffmans (1977).

keit nicht etwas objektiv Gegebenes ist, sondern dass Wirklichkeit erst durch die Handlungen von Menschen konstruiert wird. So werden beispielsweise Geschlechterverhältnisse aus konstruktivistischer Perspektive durch die Etablierung und Erfüllung von traditionellen Rollen und Verhaltenserwartungen durch Frauen und Männer erst hergestellt und aufrechterhalten. Veränderungen in Geschlechterverhältnissen stellen sich daher nur durch die Veränderung im Handeln von Menschen und den zugrundeliegenden Normen und Werthaltungen ein. Poststrukturalistische Positionen verweisen zudem darauf, dass die Konstruktion von Wirklichkeit und damit auch die Herstellung von Differenzmechanismen auf der Wechselwirkung von gesellschaftlich legitimiertem Wissen und Machtverhältnissen basiert (vgl. Bublitz et al. 1999). Was in einer Gesellschaft demnach als sozial und politisch legitime „Wahrheit" über z. B. Muslime oder homosexuelle Menschen gilt, verweist gleichzeitig darauf, welche (Interessens-)Gruppen in dieser Gesellschaft Gestaltungs- und Definitionsmacht in der Formierung von öffentlichen Diskursen hinsichtlich dieser Gruppen ausüben können. Aus poststrukturalistischer Sicht ist Macht jedoch nicht an Personen gebunden, was erklärt, dass die Gestaltung gesellschaftlicher Realitäten nicht durch einzelne autonome Subjekte steuerbar ist. Der für einen bestimmten Kontext bestimmende Macht-Wissenskomplex entsteht über die kollektive Formierung von Diskursen[34] und Dispositiven[35] (vgl. Foucault 1978a), welche die in einem spezifischen zeitlichen und räumlichen Kontext gesellschaftlich und politisch legitimierte Sichtweisen auf die Wirklichkeit (z. B. auf sexuelle Minderheiten) abbilden.[36] So konstituiert das allgemein verbreitete und in öffentlichen Diskussionen hervorgehobene Wissen über Lebens- und Verhaltensweisen von Roma das Bild über diese Ethnie. Das Ausblenden bestimmter Wissensanteile in der öffentlichen Diskussion, wie z. B. die geringen Bildungs- und Erwerbschancen von jungen Roma, führt dazu, dass Vorurteile über Roma und deren Ausgrenzung bestehen bleiben, was wiederum im politischen Interesse der jeweils gestaltungsmächtigeren Gruppen ist.

---

[34] Vgl. Fußnote 19.

[35] Als Dispositive bezeichnet Foucault (1978a, 119) ein „heterogenes Ensemble, das Diskurse, Institutionen, architekturale Einrichtungen, reglementierende Entscheidungen, Gesetze, administrative Maßnahmen, wissenschaftliche Aussagen, philosophische, moralische oder philantropische Lehrsätze, kurz: Gesagtes ebensowohl wie Ungesagtes umfaßt." „Sexualität" stellt nach Foucault ein solches Dispositiv dar. Das „Sexualitäts-Dispositiv" beschreibt den gesellschaftlich legitimierten Umgang, die Bewertung und die Normen im Hinblick auf dieses Phänomen.

[36] So haben sich die Verhaltenserwartungen an Frauen und Männer in Österreich in der zweiten Hälfte des vorigen Jahrhunderts in den meisten gesellschaftlichen Schichten stark verändert und damit auch das Sprechen über Frauen und Männer.

Der wissenschaftliche und alltagspraktische Wert konstruktivistischer Erkenntnistheorien für den Umgang mit Diversitätsverhältnissen und für das professionelle Handeln im Rahmen von Diversitätsmanagement ist unter anderem darin zu sehen, dass sie den Analysefokus auf die individuellen und kollektiven Herstellungsleistungen der Diversitätsverhältnisse lenken. Gleichzeitig verweisen sie auf die damit verbundenen Konsequenzen für Organisationen und die Gesellschaft als Ganzes. Aus der konstruktivistischen Perspektive wird von der Annahme ausgegangen, dass Menschen ihre soziale Welt in Interaktionen miteinander herstellen und ihr so Sinn verleihen. Folglich wird in sozialen Interaktionen kollektives Wissen über die gesellschaftlich gültigen und damit sozial legitimierten Diversitätsverhältnisse und die darin enthaltenen Rollen- und Verhaltenserwartungen vermittelt und hergestellt (z. B. wie hat sich ein Mann bzw. wie hat sich eine Frau in bestimmten Situationen zu verhalten). Dieses Wissen wirkt handlungsleitend für all jene, die sich einem bestimmten Kollektiv (Gesellschaft, Organisation oder Gruppe) zugehörig fühlen. Es wird im Alltag jedoch selten Gegenstand der Aufmerksamkeit oder der Reflexion. Geschlechter- und Diversitätstheorien machen dieses Wissen der gesellschaftlichen Reflexion zugänglich, dadurch dass die Verwobenheit unterschiedlicher Ebenen, auf denen Geschlechter- und Diversitätsverhältnisse re-produziert werden, betrachtet werden. So führt Acker (1992, 2006) zur Kategorie „Geschlecht" aus, dass Geschlechterverhältnisse simultan auf der Ebene des Handelns, der Symbolebene (Sprache, Bilder etc.), der strukturellen Ebene und der individuell-mentalen Ebene hergestellt werden und dadurch Ungleichheitsregime gebildet und in Alltagspraktiken reproduziert werden. Somit können Geschlechterverhältnisse und andere Diversitätsverhältnisse (z. B. die gesellschaftliche Sicht auf sexuelle Orientierung eines Menschen) im konstruktivistischen Sinne als Herstellungsprozesse begriffen werden, die in beliebigen sozialen Situationen mehr oder weniger sichtbar und damit beobachtbar sind. In diesem Zusammenhang sind insbesondere die Arbeiten von West und Zimmerman (1987) sowie Fenstermaker und West (2002) wegweisend. Sie haben für diese stetigen Prozesse den Begriff des „doing-gender" bzw. „doing difference" geprägt.[37] „Doing-Gender" ist begreifbar als alltägliche Leistung, in der Menschen geschlechtsspezifische Verhaltenserwartungen signalisieren und erfüllen, in der sie sich selbst, durch die Art des Sprechens, Sichkleidens etc., eine männlich oder weiblich konnotierte Identität verleihen und dadurch, dass sie Strukturen institutionalisieren, wie beispielsweise die Ehe oder andere gemischtgeschlechtliche Arrangements, diese dualen Geschlechterverhältnisse auch über Stereotype

[37] Siehe Eberherr in diesem Buch.

und Vorurteile aufrechterhalten (vgl. Gottburgsen 2000; Eckes 2008). Das „doing-gender"-Prinzip kann im Sinne eines „doing-difference" auf andere Diversitäten umgelegt bzw. angepasst werden, wie beispielsweise auf „Alter". Alter wird dadurch nicht nur als ein Datum begreifbar, sondern als eine Frage der Selbstwahrnehmung und -darstellung, als eine kontextabhängige Art und Weise, wie über Alter gesprochen wird, welche Konnotationen damit verbunden werden, welche gesellschaftlichen Bilder dazu bestehen und gezeichnet werden usw.

Konstruktivistische Theorien bilden dementsprechend eine Analysebasis für die (Re-)Produktion von Geschlechter- und Diversitätsverhältnissen (vgl. Wetterer 1995; Wartenpfuhl 1996; Waniek/Stoller 2001; Helduser et al. 2004), sie lenken aber auch den Blick darauf, dass jede Person Anteil an der Herstellung der existierenden Geschlechter- und Diversitätsverhältnisse hat – an deren symbolischen, interaktiven, strukturellen und mentalen Re-Produktion – und dass jede Person vor dem Hintergrund dieses Wissens, in Abhängigkeit ihrer eigenen Positionierung und Macht, auch Möglichkeiten zu alternativem Handeln besitzt. So kann die Verwendung einer geschlechtssensiblen Sprache in der Kommunikation mit anderen die Reproduktion der sprachlichen Unsichtbarmachung von Frauen, oder das bewusst Erleben und Reflektieren des eigenen geschlechtsspezifischen Rollenverhaltens bestehende Ungleichheitsverhältnisse untergraben und helfen, die bestehenden Diskurse zu transformieren.

In Folge soll durch ausgewählte Theorieperspektiven, die auf konstruktivistischen Perspektiven aufbauen, der Blick für die soziale Konstruktion von Geschlechter- und anderen Diversitätsverhältnissen und auf damit zusammenhängende Macht-Wissensverhältnisse geschärft werden, die zu Ein- und Ausgrenzungen bzw. auch zu Diskriminierung führen (können).

2.6.2 Ausgewählte Theorieperspektiven zu Diversität

Für dieses Kapitel wurden Theorien ausgewählt, die in den letzten Jahren zunehmend als Grundlage für Analysen im Zusammenhang mit Diversitäten herangezogen wurden bzw. deren Relevanz für neue Analyseansätze sich in der Literatur bereits abzeichnet:

2.6.2.1 Gesellschaftstheoretische Zugänge

Gesellschaftstheoretische Zugänge liefern Erklärungen für die Art und Weise, wie sich Gesellschaften konstituieren und ihre sozialen Verhältnisse ausbilden. Für den Umgang mit Diversitäten in Organisationen kann daher eine Reihe an theoretischen Ansätzen nützlich sein. Aufgrund der hier gebotenen Kürze werden zwei ausgewählte Ansätze behandelt: Pierre Bourdieus Theorie der Praxis (vgl. Bourdieu 1979) eignet sich aus Sicht der Autorin besonders, das Zustandekommen sozialer Positionierung von Individuen und der Entstehung von Ungleichheit nachvollziehbar zu machen. Nancy Frasers Ansatz (vgl. Fraser 2001; Fraser/ Honneth 2003) gibt zudem einen fundierten Einblick zum Zusammenspiel von Umverteilung und Anerkennung unterschiedlicher Gruppen. Sie verweist zudem konkret auf intersektionale Effekte (vgl. auch Klinger 2003).[38]

Bourdieus Theorie der Praxis

In seiner Theorie der Praxis entwirft Bourdieu einen theoretischen und begrifflichen Rahmen, um Regeln sozialer Beziehungen und die darauf aufbauende soziale Positionierung von Individuen nachvollziehbar zu machen. Für Bourdieu ergibt sich in Erweiterung älterer Klassentheorien oder Theorien der sozialen Schichtung die soziale Position von Individuen aus den ihnen zur Verfügung stehenden Kapitalien. Dabei unterscheidet Bourdieu unterschiedliche Kapitalsorten: Das ökonomische Kapital (Vermögen, Einkommen, Besitz), das kulturelle Kapital (inkorporiertes Kulturkapital aufgrund der sozialen Herkunft, Bildung, kultureller Besitz, Titel, Stellung) und das soziale Kapital (Netz sozialer Beziehungen) (vgl. Bourdieu 1983). Durch die Verfügbarkeit bzw. den Aufbau und den Einsatz dieser Kapitalien können Individuen ihre Position und Repräsentation innerhalb eines sozialen Feldes mehr oder weniger gut behaupten. Soziale Felder sind nach Bourdieu Handlungsräume oder auch „Spielfelder" (z. B. Wirtschaft, Politik, Wissenschaft) innerhalb eines sozialen Raumes (gesellschaftliches Gefüge), welche nach jeweils spezifischen Regeln funktionieren und in welchem Individuen und Gruppen ihre Kapitalien einsetzen können. Dabei spielt neben der Kapitalausstattung auch der Habitus eine zentrale Rolle. Unter Habitus ist eine erworbene und damit erfahrungsabhängige Konstruktion gemeint, die Individuen aufgrund ihrer Zugehörigkeit zu einer bestimmten sozialen Klasse eigen ist (bestimmte Verhaltensweisen, Sprechweisen, Werte etc.) und die über soziale Exklusion und Inklusion bestimmt.

Soziale Ungleichheit und damit auch ungleiche Teilhabemöglichkeiten am öffentlichen Leben ergeben sich nach Bourdieu demnach durch die Verfügbarkeit und die Möglichkeit des Einsatzes unterschiedlicher Kapitalien (vgl. auch Gottschall 2008). Die Verfügbarkeit ist durch gesellschaftliche Strukturmerkmale wie Geschlecht, Ethnizität oder Alter mitbestimmt. So prägt das Unterscheidungsprinzip „Zweigeschlechtlichkeit" den Habitus

---

[38] Siehe Eberherr in diesem Buch.

von Frauen und Männern, auf welcher wiederum Formen der geschlechtsspezifischen Arbeitsteilung und Berufswahlentscheidungen beruhen. Eine Konsequenz daraus ist, dass viele Männer und Frauen sich in der Akkumulation von Kapitalien (Einkommen, soziale Netzwerke) und beim Zugang zu Ressourcen, in der Repräsentation und in der sozialen Positionierung unterscheiden (Bourdieu 2005). Das heißt, viele Frauen übernehmen immer noch den Großteil der Haus- und Familienarbeit, verdienen häufig immer noch weniger als Männer bei gleicher Arbeit und haben aufgrund einer geringeren Repräsentation weniger Einfluss und Entscheidungsmacht in der Öffentlichkeit und auch in Organisationen (vgl. z. B. Bundesministerium für Frauen und Öffentlichen Dienst 2010).

Für den Zusammenhang zwischen sozialer Macht, Privilegien und Anerkennung und deren Verteilung in der Gesellschaft führt Bourdieu eine weitere Kapitalsorte ein: das symbolische Kapital. Aufgrund der patriarchalen Verhältnisse, die nach Bourdieu durch die symbolische Gewalt aufrechterhalten wird, verfügen viele Frauen zumeist über weitaus weniger symbolisches Kapital als viele Männer. Der Begriff der symbolischen Gewalt beschreibt dabei eine mittelbare Form der Gewaltausübung, die darauf beruht, dass Frauen wie Männer über einen geschlechtsspezifisch geprägten Habitus verfügen, in welchen die patriarchalen Herrschaftsverhältnisse eingeschrieben sind (vgl. Bourdieu/Passeron 1973; Bourdieu 2005). Die Persistenz von Geschlechterhierarchien lässt sich u.a. dadurch so erklären, dass dieser Habitus so tiefverankert ist, dass viele Frauen die männliche Dominanz (unbewusst) nach wie vor akzeptieren und durch ihr eigenes Verhalten bestätigen (z. B. durch das Überlassen von Repräsentationsaufgaben an Männer und die Übernahme von Zuarbeiten, oder die primäre Verantwortungsübernahme in der Kinderbetreuung etc.). Auch der Habitus vieler Männer stärkt die Geschlechterhierarchie und setzt so die symbolische Gewalt fort (z. B. durch die selbstverständliche Abgabe von Reproduktionsarbeiten an Frauen oder die Zuweisung von weniger prestige- und entwicklungsträchtigen Arbeiten und Stellen).

Bourdieus Theorie der Praxis liefert zusammengefasst demnach Erklärungen für das Zustandekommen von Ungleichheitsverhältnissen und Gruppenidentitäten. Er zeigt auf, welche konkreten Handlungen dazu führen und damit auch, wo im Sinne eines inklusiven Umgangs mit Diversitätsverhältnissen alternative Handlungsweisen ansetzen können[39].

---

[39] Zur Rezeption Bourdieus in der Geschlechterforschung vgl. auch Engler 2008.

Nancy Frasers Ansatz der Anerkennung

In ihrem Buch „Die halbierte Gerechtigkeit" (2001) beschäftigt sich Fraser mit für den Umgang mit Geschlechterverhältnissen und anderen Diversitäten zentralen Themen: jenem der Umverteilung ökonomischer und Macht-Ressourcen zwischen den Geschlechtern und der sozialen und kulturellen Anerkennung von Differenz. Nach Fraser rekurriert die Frage von Umverteilung von Macht und Ressourcen auf das Prinzip der Gleichheit, die Frage der Anerkennung hingegen auf Differenz identitärer (Gruppen-)Bezüge. Diese beiden Prinzipien „Gleichheit" und „Differenz" erscheinen zunächst als sich ausschließende Konzepte. Fraser greift diesen Widerspruch auf und plädiert dafür, dass Umverteilung und Anerkennung im Sinne der Erreichung von Geschlechtergerechtigkeit zusammengedacht werden. Formen der Umverteilungs- bzw. Anerkennungspolitiken sind aus Frasers Sicht immer dann sinnvoll, wenn sie die Geschlechtergerechtigkeit unter Einbezug anderer Achsen der Differenz, wie Klasse oder Rassisierung[40] unterstützen. Auch Amstutz (2010) geht diesem Zusammenhang nach und nimmt dabei konkret Bezug auf das Anerkennungspostulat im Diversitätsmanagement. Anerkennung von Differenz (individuell und kollektiv) müsse mit dem Gleichbehandlungsgebot einhergehen, so ihre These, damit (Macht-)Umverteilung und damit organisationaler Wandel möglich wird. Die Repräsentation von Diversitäten muss in diesem Zusammenhang zum einen quantitativ (als Spiegel der gesellschaftlichen Realität), zum anderen qualitativ bezogen auf die Erwartungen und Bedürfnisse unterschiedlicher Individuen und Gruppen gefasst werden sowie in ihrer partizipativen (politischen) Eigenschaft (Vertretungsmacht). Eine Verschränkung von Umverteilung und Anerkennung besitzt nach Fraser emanzipatorisches und damit bestärkendes Potenzial. Der dabei bestehenden Gefahr der Essentialisierung von Gruppenidentitäten kann zum einen durch eine intra- und inter-kategoriale Perspektive bzw. durch anti-kategoriale Zugänge situativ entgegengewirkt werden und zum anderen durch eine bloß strategische und daher temporäre Verwendung solcher Identitätsbezüge, wodurch Formierungsprozesse von Identitätsgruppen offen gehalten werden können.[41]

---

[40] Die Übersetzung des englischen Begriffes „race" mit dem deutschen Begriff „Rasse" ist aufgrund der spezifischen Konnotation durch den Nationalsozialismus problematisch. Um den sozialen Zuschreibungscharakter sichtbar zu machen, wird zunehmend der Begriff „Rassisierung" verwendet. In diesem Buch wird „race" übersetzt mit Hautfarbe/Ethnizität. In jenen Kontexten, wo unmittelbar auf den anglophonen Sprachraum Bezug genommen wird, wird die englische Bezeichnung „race" beibehalten.

[41] Siehe Eberherr in diesem Buch.

Neben Bourdieus Theorie der Praxis und Frasers Konzept der Anerkennung kann noch eine Vielzahl anderer gesellschaftstheoretischer Konzeptionen, wie beispielsweise unterschiedliche „Modernisierungstheorien“ (vgl. Oechsle/Geissler 2004, 196ff.) für die Fundierung diversitätsspezifischer Überlegungen in Organisationen herangezogen werden.

2.6.2.2 Gegenstandsbezogene Theorien

In Folge werden Theoriekonzepte vorgestellt, die unterschiedliche Differenzkategorien behandeln, wobei der Schwerpunkt auf neueren Entwicklungen gelegt wird:

Geschlechtertheorien[42]

Bis zum Beginn des 20. Jahrhunderts wurde das Thema „Geschlecht“ nahezu ausschließlich von Männern öffentlich verhandelt[43]. Die Ausgrenzung von Frauen aus diskursprägenden wissenschaftlichen und öffentlichen Einrichtungen behinderte lange die Schaffung von Diskursräumen, in denen die über Jahrhunderte naturalisierten[44] Geschlechterverhältnisse neu verhandelt werden konnten. Dementsprechend waren gesellschaftskritische Analysen der Geschlechterverhältnisse und die daran geknüpften Theorieentwicklungen zunächst u.a. daran orientiert, die geschlechtsspezifische Trennung zwischen dem privaten und öffentlichen Bereich als Grundvoraussetzung für die Hierarchisierung von Geschlechterverhältnissen zu re- und dekonstruieren.

Im vorigen Jahrhundert haben sich zur Frage der Geschlechterverhältnisse unterschiedliche Theorieströmungen herauskristallisiert (vgl. Knapp/Wetterer 1992; Becker-Schmidt/Knapp 2000; Hackett/Haslanger 2006; Becker/Kortendiek 2008; Abdul-Hussain 2011). Der darin explizit vertretene politische Impetus weist diese zumeist als „feministisch“ aus und damit als eine Form der Gesellschaftskritik (vgl. Knapp/Wetterer 2002; Löw/Mathes

---

[42] Vgl. auch Hofmann 2004.

[43] Hierzu ist anzumerken, dass über die Jahrhunderte eine Vielzahl von Frauen zum Teil unter Pseudonym für die Gleichstellung der Geschlechter gearbeitet hat, diese Frauen jedoch von der Geschichtsschreibung nicht zur Kenntnis genommen wurden. Einige dieser Arbeiten konnten in den letzten Jahrzehnten von HistorikerInnen wieder zugänglich gemacht werden, vgl. dazu auch Becher/Rüsen (1988).

[44] Der Begriff „naturalisiert“ bedeutet in diesem Zusammenhang, dass durch ständige Wiederholung von sozialen Praktiken unter Hinweis auf geschlechtsstereotype Charakteristika diese Praktiken nach einer gewissen Zeit als quasi „natürlich“ und damit als unabänderlich und unhinterfragbar begriffen wurden (z. B. die Arbeitsteilung im privaten Bereich).

2005). Geschlechtertheorien bewegen sich daher stets im Spannungsfeld zwischen wissenschaftlichem und politischem Anspruch und sind zudem stark kontextgeprägt, was sich in unterschiedlichen Begriffsverständnissen und Rezeptionsmodi äußert. So besitzen die französischen, die deutschen und die anglo-amerikanischen Theorietraditionen historisch bedingte unterschiedliche Schwerpunkte (vgl. dazu u.a. Becker-Schmidt/Knapp 2000, 9f; Knapp/Wetterer 2002; Lorber 2003, 12ff;). Gemeinsam ist allen Strömungen, dass die entsprechenden TheoretikerInnen darin die hierarchischen Macht- und Herrschaftsverhältnisse, die sich an Geschlecht als sozialem Strukturmerkmal orientieren, kritisieren und alternative Konzepte der Geschlechterordnung entwerfen. Die zunehmende Diskussion von Geschlechter- und Diversitätsverhältnissen im politischen wie ökonomischen Bereich kann neben anderen Faktoren auch als Effekt geschlechtertheoretischer Entwicklungen und damit zusammenhängenden politischen Praktiken gewertet werden.

In Folge werden geschlechtertheoretische Strömungen, wie sie in den letzten Jahrzehnten entwickelt wurden, kurz dargestellt, um die theoretische Entwicklung der Kategorie „Geschlecht" nachzuzeichnen (vgl. dazu Becker-Schmidt/Knapp 2000 und Becker/Kortendiek 2008).

Mittels feministischer[45] Gesellschaftsanalysen und politischer Praktiken wurde in den frühen 1970er Jahre offengelegt, wie über Jahrhunderte die soziale, ökonomische, rechtliche und politische Benachteiligung von Frauen und die Dominanz von Männern durch biologische (und psychische) Zuschreibungen begründet und naturalisiert wurde. Die soziale Konstruiertheit von Geschlecht und damit dessen soziale Gestaltbarkeit wurden mit dem Begriff „Gender" explizit benannt, den Ann Oakley (1972) in Anlehnung an die Arbeiten von Stoller (1968)[46] in die feministische Diskussion einführte. Oakley verdeutlichte damit die in früheren Theorien bereits implizit vorhandene Annahme (vgl. dazu u.a. Beauvoir 1968, franz. Original 1947), dass die Geschlechterordnung eine soziale Konstruktion darstellt, die auf sozial hergestellten Zuschreibungen und Verhaltenserwartungen beruht. Geschlechter-Analysen und damit verknüpfte Theoriekonzepte wurden in Folge je nach politscher Ausrichtung, Analysefokus, diszi-

---

[45] Der Begriff „feministisch" bezeichnet den Anspruch, gegen Ungleichheits- und Ausbeutungsverhältnisse, insbesondere aufgrund des Geschlechts, politisch aktiv zu werden. Durch die politischen Auseinandersetzungen wurde der Begriff stark emotional aufgeladen.

[46] Stoller (1968) stellte in seiner Arbeit mit Hermaphroditen fest, dass das biologische Geschlecht nicht mit der Geschlechteridentität übereinstimmen muss. Aufschlussreich sind hierzu auch die Arbeiten von Laqueur 1992.

plinärer Verortung und kulturellem Kontext unterschiedlich ausgestaltet. So wurden zunächst die so genannten gleichheitstheoretischen Positionen entwickelt. Ausgehend von Konzepten der ersten Frauenbewegung im 19. Jahrhundert (vgl. Tong 1998) forderten feministische Theoretikerinnen wie Simone de Beauvoir und Betty Friedan in den 1960er und 1970er Jahren gleiche Rechte für Frauen und Männer ein. Dabei wurden Aspekte der Gleichheit, insbesondere die gleiche Vernunftbegabung der Geschlechter, betont, gleichzeitig wurden weibliche Rollenmuster, wie das der nicht berufstätigen Mutter und Hausfrau kritisch hinterfragt (Friedan 1963) und als zentraler Teil der Ungleichheitsverhältnisse zwischen Frauen und Männern identifiziert. Differenzen zwischen Frauen und Männern wurden in diesem Ansatz als Defizite der Frauen betrachtet („Defizitansatz"). Betont wurde das Menschsein[47], wofür jedoch implizit das männliche Ideal als Bezugspunkt diente. So betont Simone de Beauvoir, dass Frauen sich an die männliche Norm anpassen müssen, um Gleichberechtigung zu erreichen (Beauvoir 1968).

Dass Frauen sich an die männliche Norm anzupassen hätten, ist auch heute noch in politischen wie ökonomischen Diskursen und in der alltäglichen Praxis vorzufinden (vgl. Jüngling 2011). Bekanntes Diktum dazu ist: Frauen müssen die „besseren Männer" sein, um Anerkennung zu finden und Zugang zu Ressourcen, Karrieremöglichkeiten etc. zu erhalten. So bauen (betriebliche) Frauenfördermaßnahmen häufig auf gleichheitstheoretischen Vorstellungen auf, insbesondere wenn es darum geht, mehr Frauen in einem bestimmten Bereich zu etablieren, ohne dabei das Bild vom idealen (häufig männlichen) Stelleninhaber oder die Rahmenbedingungen in Frage zu stellen (vgl. Hanappi-Egger 2011).

Obwohl die Unterscheidung von Sex/Gender in den Ansätzen dieses Paradigmas nur wenig thematisiert wird, ist sie durch die grundsätzliche Ausrichtung von Gesellschaft auf ein „männliches" Ideal implizit enthalten (vgl. Kahlert 2008). Die daran geknüpften Verhaltensnormen und Werthaltungen, worin Frauen implizit die defizitäre Genus-Gruppe darstellen, werden in den differenztheoretischen Positionen, die sich ab Mitte der 1980er Jahre herauskristallisieren, zu zentralen Kernkritikpunkten.

In differenztheoretischen Positionen wird im Unterschied zu gleichheitstheoretischen Positionen davon ausgegangen, dass aufgrund von Unterschieden zwischen Frauen und Männern zur Herstellung einer ge-

---

[47] In diesem Punkt knüpfen die Vertreterinnen des Gleichheitsparadigmas an liberalfeministische Positionen insbesondere aus der ersten Frauenbewegung an, die (berufliche) Selbstverwirklichung und Individualität auch für Frauen forderten (vgl. Wollstonecraft 1899).

schlechtergerechten Gesellschaft grundlegende Strukturen in Frage gestellt und verändert werden müssten. Zum Differenzparadigma können folgende theoretische Strömungen gezählt werden:

Radikal-feministische Ansätze: Die Vertreterinnen dieser Theorieperspektiven gehen davon aus, dass die Unterdrückung von Frauen die grundlegendste Form der Unterdrückung in der Gesellschaft darstellt. Die darin angelegte Gewalt gegen Frauen sei nicht innerhalb des existierenden Systems zu bekämpfen, da Frauen Gefahr liefen, sich diesem System anzupassen (vgl. u.a. MacKinnon 1994; Morgan 1996; Jeffreys 1996). Der theoretische wie politische Wert radikaler Feminismen liegt in ihrer Kritik an dem herrschenden gesellschaftlichen System und den damit verbundenen tief liegenden und vielschichtigen Macht- und Gewaltstrukturen. Radikal-feministische Theoretikerinnen werfen zentrale Fragen auf und entwickeln gesellschaftliche Visionen, die eine radikale Veränderung der gegenwärtigen gesellschaftlichen Verhältnisse ansprechen.[48] Zwar sind radikal feministische Ansätze in der politischen und organisationalen Praxis kaum unmittelbar durchsetzbar – da sie diese grundsätzlich in Frage stellt – die Reflexionsfähigkeit wird durch dieses radikale Hinterfragen von Grundannahmen aber geschärft, wie auch die Fähigkeit, Visionen und Ziele außerhalb des existierenden dominanten Denk-Rahmens zu formulieren und damit Handlungsoptionen in den Bereich des Möglichen zu rücken.

Kultur-feministische Ansätze: Für Vertreterinnen *kultureller Feminismen* sind Unterschiede zwischen Frauen und Männern in der Theoriebildung zentral. Theoretikerinnen dieser Strömung werten insbesondere auch – in Abgrenzung zum bereits genannten Gleichheitsansatz – Frauen gegenüber Männern auf und begründen dies durch biologische Fähigkeiten und einer daraus resultierenden moralischen Überlegenheit von Frauen gegenüber Männern. Damit werden Aspekte wie die weibliche Gebärfähigkeit, aber auch die Sorge um andere als biologisch determiniert benannt (vgl. dazu u.a. Daly 1978; Gilligan 1982). Positionen kultureller Feminismen treten im politischen und organisationalen Kontext dann in Erscheinung, wenn von einem besonderen „weiblichen Arbeitsvermögen" oder einem „weiblichen Führungsstil" die Rede ist. Diese scheinbare Aufwertung von Frauen impliziert jedoch auch eine Festschreibung auf bestimmte – mit „weiblichen" Eigenschaften in Zusammenhang gebrachte – Arbeitszusammenhänge (KundInnendienst, Personalverwaltung etc.). Die hierarchische Arbeitstei-

---

[48] Beispielsweise alternative Formen menschlicher Beziehungen oder der Arbeitsteilung.

lung droht dadurch nur bestätigt zu werden, und die Hürden für Frauen sich andere Bereiche zu erschließen, können sich dadurch erhöhen.

Psychoanalytische Ansätze: Die hier zuordbaren Theorien sind in Bezug auf ihre Blickwinkel äußerst heterogen. Die Vertreterinnen gehen im Allgemeinen jedoch davon aus, dass „Gender" sich über unterbewusste Prozesse u.a. in der Sprache, der Sexualität und der Phantasie manifestiert (vgl. dazu u.a. Irigaray 1980; Gilligan 1982; Chodorow 1985).

Marxistische und sozialistische Ansätze ermöglichen wiederum eine andere Perspektive auf die Geschlechterverhältnisse. Theoretikerinnen dieser Strömung kritisieren insbesondere die kapitalistischen Produktionsverhältnisse und die damit verbundene geschlechtsspezifische Arbeitsteilung, in denen Männer im hohen Maße Kontrolle über die Arbeitskraft von Frauen ausüben. Frauen übernehmen aufgrund der ihnen zugewiesenen Rolle zumeist zusätzlich zu ihrer Berufstätigkeit die unbezahlte und unterbewertete Reproduktionsarbeit (Haushaltsführung, Kindererziehung, Versorgungs- und Betreuungspflichten), Männer beschränken sich hingegen häufig auf die Berufsarbeit (vgl. Haug 1996). In den marxistisch orientierten Ansätzen geht es insbesondere um die Spannung zwischen Klasse und Geschlecht, wobei die Klasse schwerer als Unterdrückungsfaktor wiegt als das Geschlecht (vgl. Hartsock 1983). Die Vertreterinnen der sozialistischen Ansätze gehen im Vergleich dazu davon aus, dass Klasse und Geschlecht einen gleichgroßen Anteil an den herrschenden Ungleichheitsmechanismen besitzt (vgl. Tong 1998). Geschlecht wird in marxistischen und sozialistischen Theorieansätzen demnach mit Klasse zusammengedacht, was der politischen und organisationalen Praxis Erklärungsansätze hinsichtlich Klassenunterschiede zwischen Frauen und geschlechtsspezifisch ausgerichteten Produktionsverhältnisse anbietet.

Zusammenfassend sind die genannten differenztheoretischen Positionen in der politischen und organisationalen Praxis insbesondere daran zu erkennen, dass sie Frauen (und Männern) besondere Eigenschaften unterstellen, wie beispielsweise der bereits erwähnte „weibliche Führungsstil" oder auch besondere manuelle Fähigkeiten (ein häufiges Argument für Fließbandarbeit von Frauen). Solche Annahmen beruhen auf stereotypischen Zuschreibungen im Rahmen der existierenden Geschlechterrollen.[49] Diese lassen sich aufgrund der sozialisatorisch bedingten Übernahme von Geschlechterrollen (Selbstselektion, siehe auch oben zu Bourdieu) und den

---

[49] Siehe Eberherr in diesem Buch.

damit verbundenen Verhaltenserwartungen im Alltagsgeschehen zum Teil auch empirisch nachweisen. Durch eine unkritische Vermittlung solcher empirischer Ergebnisse kann es zu einer Verstärkung der existierenden hierarchischen Geschlechterverhältnisse kommen, wenn in der wissenschaftlichen Arbeit und der Praxis nicht zwischen Analyse- und Handlungsebene unterschieden wird.[50]

Den Gleichheits- und Differenzansätzen ist gemeinsam, dass sie Frauen und Männer weitgehend als homogene Gruppen verstehen. Damit bleiben andere Diversitätsfaktoren in der Diskussion zumeist ausgespart. An diesen Punkten setzt die Kritik der ab den späten 1980er Jahren entwickelten poststrukturellen und queer-theoretischen Theoriepositionen an, welchen hier nicht nur aufgrund ihrer Aktualität breiterer Raum gegeben wird. Die VertreterInnen folgender Theorieströmungen öffnen nicht nur das an Dichotomien orientierte geschlechtertheoretische Sex/Gender-Konstrukt, sondern stellen andere Differenzsetzungen und den Prozess der Differenzsetzung selbst in den Mittelpunkt analytisch-theoretischer Arbeiten.

2.6.2.3 Poststrukturelle und Queer-theoretische Zugänge

In den 1980er Jahren setzt sich zunehmend eine neue Sicht auf „Differenz" durch, die durch eine vermehrte Hinwendung zu sprachanalytischen Betrachtungsweisen (vgl. u.a. Irigaray 1979, Butler 1992, 1995)[51] und die Infragestellung der Geschlechtergrenzen und damit des Sex/Gender-Konzepts gekennzeichnet ist. So weist Butler (1992) darauf hin, dass auch das biologische Geschlecht (Sex) ebenso wie das soziale Geschlecht (Gender) sozial konstruiert ist[52] und zwar in dem Sinne, als dass der Körper und der Umgang damit sozialen Erwartungen gemäß justiert wird – z. B. durch (chirurgische) Veränderungen des Körpers und damit durch die Befolgung bestimmter geschlechtsspezifischer Körpernormierungen (z. B. Gewichtnormen, Kosmetik etc.). Butler hebt zudem hervor, dass die vorherrschende Kombination von Sex – Gender – Sexualität (Mann – männlich – heterosexuell bzw. Frau – weiblich – heterosexuell) nur eine neben vielen Kombinationsmöglichkeiten

---

[50] Zur weiteren Diskussion siehe Hanappi-Egger in diesem Buch.

[51] Dabei wird insbesondere auf poststrukturalistische und dekonstruktivistische Ansätze nach Foucault, Derrida, Lyotard u.a. Bezug genommen. Unter Dekonstruktivismus ist eine textorientierte Denkrichtung zu verstehen, die jeglicher Form von Vereinheitlichung entgegensteuern möchte, um Ausgegrenztes sichtbar zu machen (vgl. dazu Derrida 1983; Culler 1988; Engelmann 1990). Zum Begriff des Poststrukturalismus vgl. Münker/Roesler 2000.

[52] Kessler und McKenna stellten bereits 1978 das Sex/Gender-Konzept in Frage und behaupteten die soziale Konstruiertheit beider Teile.

darstellt. So existieren, was Sex betrifft, unterschiedliche Ausprägungen, die zum Teil keine eindeutige Zuordnung zu den Kategorien „Mann“ bzw. „Frau“ zulassen (vgl. dazu auch Laqueur 1992; Lorber 2003). Die Eindeutigkeit des biologischen Geschlechts wird häufig erst – unter Bezugnahme auf soziale Normen und Werte – durch die medizinisch-rechtliche Zuordnung[53], von geschlechtlich uneindeutigen Personen (Hermaphroditen, Intersexuelle, hormonell und chromosomal uneindeutige Personen) hergestellt und ist somit sozial bedingt.[54] Auch muss das soziale Geschlecht nicht mit dem biologischen übereinstimmen, womit die Existenz von Transsexuellen bzw. Transgender-Personen benannt wird. Die Reproduktion der Trennung zwischen „Sex“ und „Gender“, die zudem in der immer gleichen Kombination mit (Hetero-) Sexualität verbunden wird, bewirkt somit die Aufrechterhaltung einer auf Ausgrenzung beruhenden hierarchischen Geschlechterordnung mit eindeutigen weiblichen bzw. männlichen Identitäten, die heterosexuell orientiert sind und physiologisch als Mann bzw. Frau eingestuft werden.[55] Insbesondere in queer-theoretischen Arbeiten werden nicht nur das Sex/Gender-Konzept und die darin eingeschriebene Zweigeschlechtlichkeit kritisiert, sondern vor allem der machtvolle Zusammenhang zwischen der Vereindeutigung des biologischen Geschlechts, dessen Verknüpfung mit dem sozialen Geschlecht (gender) und der Norm des gegengeschlechtlichen Begehrens (Heterosexualität). Theoretikerinnen in diesem Bereich benennen diesen Zusammenhang

---

53 Das biologische Geschlecht eines Menschen definiert sich aus naturwissenschaftlicher Sicht auf vier Ebenen: dem genetischen/chromosomalen, dem gonadalen/Keimdrüsen, dem hormonellen und dem morphologischen Geschlecht, wobei diese Ebenen unterschiedlich ausgeprägt sein können. Damit ist eine eindeutige Zuordnung zu den *in unserem Kulturkreis definierten* und damit auch *sozial bestimmten Geschlechterkategorien* (Männer bzw. Frauen) häufig, aber nicht immer möglich (vgl. Kessler 2001). Bereits die wissenschaftliche Zuordnung beruht auf der Annahme von zwei von einander unterscheidbaren Genus-Gruppen, denen jeweils unterschiedliche soziale Zuschreibungen zugewiesen werden, die aber gleichzeitig immer aufeinander verweisen. So wird auf wissenschaftlicher wie auf sozialer Ebene eine heteronormative Geschlechterordnung begründet (vgl. dazu Villa 2001; Lorber 2003; Hirschauer 2004).

54 Hierzu muss angemerkt werden, dass nicht in allen Kulturen davon ausgegangen wurde/wird, dass Sexualorgane, sexuelle Orientierung und das soziale Geschlecht auf eine Art und Weise miteinander verbunden sind. So wechseln in manchen Kulturen Männer und Frauen das soziale Geschlecht (vgl. Lorber 2003, 141ff.) oder erhalten Hermaphroditen einen besonderen sozialen Status.

55 Bereits 1975 kritisiert Rubin „Gender“ als Teil einer gesellschaftlichen Ordnung, die nur bestimmte Formen von Begehren, sexueller Orientierung und Geschlechterrollen zulässt, woran sich Machtverhältnisse zu Ungunsten von Frauen knüpfen (vgl. Rich 1980).

als „Heterosexuelle Matrix“ und als „Heteronormativität“, wovon die Aufrechterhaltung der herrschenden Geschlechterordnung abhängt (vgl. u.a. Butler 1992, 1995; Hofmann 1997; Kirsch 2000; Turner 2000; Jagose 2001; Hark/Genschel 2003; Hark 2008).[56]

Durch queer-theoretische, aber vor allem durch postkoloniale Perspektiven traten zunehmend Fragen der Intersektionalität von Differenzlinien in den Fokus. Es waren insbesondere afro-amerikanische Feministinnen, welche bereits Ende der 1980er Jahre auf (Macht-)Unterschiede innerhalb der Genus-Gruppe „Frauen“ hingewiesen haben und damit auch auf andere Faktoren sozialer Differenzierung wie Hautfarbe oder geographische und soziale Herkunft (vgl. u.a. Haraway 1987; hooks 1989; Hill Collins 1990; Spivak 1990; Mohanty et al. 1991; Gutiérrez Rodriguez 1999, 2008; Prasad 2003; Stötzer 2004).[57] Sie kritisierten beispielsweise, dass weiße, heterosexuelle Frauen der Ober- und Mittelschicht des Nordens zumeist „nur“ mit dem hierarchischen Geschlechterverhältnis zu kämpfen hätten, nicht jedoch mit anderen Formen der Ausgrenzung. Damit wurde deutlich, dass Geschlechterverhältnisse immer schon von anderen Kategorien mitgeformt wurden und sich daraus im Alltag zwischen Frauen und zwischen Männern unterschiedliche Machtebenen ergeben.

2.6.2.4 Männlichkeits- und Maskulinitätsforschung

Zur spezifischen theoretischen Ausdifferenzierung der männlichen Genus-Gruppe hat die Männerforschung bzw. Maskulinitätsforschung einen mittlerweile beachtlichen Wissenskorpus aufgebaut (vgl. Staples 1982; Kimmel 1987; Hearn 1990; Walter 2000; Whitehead 2002; Kimmel et al. 2005; Wedgwood/Connell 2008). Connell hat durch das Konzept der „hegemonialen Männlichkeit“ die Ausdifferenzierung männlicher Existenzweisen aufgezeigt. Sie zeigt, wie mit der Verschränkung unterschiedlicher sozialer Differenzierungskategorien wie Herkunft, sexuelle Orientierung und Klasse, die kontextabhängigen multiplen Männlichkeiten entstehen, wobei die sozial dominante Auffassung von „Männlichkeit“ (die hegemoniale Männlichkeit) andere Formen der Männlichkeit (und Weiblichkeit) dominiert (Connell/Messerschmidt 2005).[58]

---

[56] In der Queer Theory wird insbesondere auch die diskursgestaltende Macht von Sprache in den Fokus gerückt. Damit greifen auch zunehmend neue Sprach- und Schreibregelungen Raum, wie das Einfügen eines Sternes oder eines Unterstrichs an der Stelle der Geschlechtermarkierung (Lehrer_in, Lehrer*in), um darauf zu verweisen, dass aus queer-theoretischer Sicht mehr als zwei biologische Geschlechter existieren.

[57] Siehe Eberherr in diesem Band.

[58] Siehe Bendl in diesem Buch.

Zusammenfassend lässt sich feststellen, dass die Strukturkategorie „Geschlecht“ Gegenstand unterschiedlicher Theoriekonstruktionen ist, in denen nicht nur die dichotomen, heteronormativen Grundlagen des Sex/Gender-Konstrukts zunehmend in Frage gestellt wurden (vgl. Becker-Schmidt 1998, 84ff.), sondern auch die Kategorie „Geschlecht“ selbst, ihre konstitutiven Elemente und ihr Stellenwert als Leitdifferenz (vgl. Wetterer 2003, 287). Damit rückte zunehmend auch die relationale Verschränkung von „Geschlecht“ mit anderen Differenzkategorien in den Fokus theoretischer Betrachtungen und Analysen (vgl. Schein/Strasser 1997), aber auch die Ungleichzeitigkeit von Entwicklungen. Zum einen scheinen die hierarchischen Geschlechterverhältnisse überaus persistent zu sein (z. B. Gläserne Decke, Einkommensunterschiede, Berufswahl), zum anderen zeigen sich auch zahlreiche Umbruchphänomene (z. B. Akzeptanz gleichgeschlechtlicher Paare, neue Familienformen, steigende Erwerbsbeteiligung von Frauen), die in neue theoretische Konzepte und Analysen Eingang finden. Nicht zuletzt bieten diese Entwicklungen für die Beschäftigung mit Diversitäten und Diversitätsmanagement vielfältige Anknüpfungspunkte zur Reflexion und Wissensgenerierung.

Auch in Bezug auf weitere Diversitätsdimensionen kann heute bereits auf ein breites Repertoire theoretischer Entwicklungen zurückgegriffen werden. Zu nennen wären hier z. B. die „Disabilities Studies“, die „Cultural bzw. Ethnicity-Studies“, die „Queer Studies“ oder auch die Alter(n)sforschung).[59]

2.7 Zusammenfassung und Ausblick

Die Auseinandersetzung mit Erkenntnis-, Gesellschafts- und gegenstandsbezogenen Theorien und damit die Auseinandersetzung mit Differenzsetzung fördern den fundierten Umgang mit Diversitäten in der Praxis. Theoriekenntnis ermöglicht es nicht nur „good-practice-Beispiele“, sondern auch Rhetoriken und Diskurse zu Diversitäten kritisch zu betrachten (vgl. Wetterer 2003; Zanoni/Janssens 2004; Zanoni et al. 2010), sowie die Entwicklung eigener, an Inklusion orientierter Diversitätsmanagementkonzepte. Der ausschließliche Bezug auf den „business case“ ohne gesellschafts- und sozialtheoretische Inbezugsetzungen negiert häufig die Einbettung von Organisationen in gesellschaftliche und soziale Dynamiken und greift daher in Hinblick auf ein inklusives Vorgehen zu kurz. Pringle (2009, 75) schlägt in diesem Zusammenhang daher vor, den Entwurf eines theoretischen Rahmens voranzutreiben, der sowohl ökonomische wie auch gesellschaftlich-

[59] Siehe Bendl/Eberherr/Mensi-Klarbach in diesem Buch.

soziale Dynamiken in den Blick nehmen kann und somit den „business case“ wie auch die kontext- und machtabhängigen Differenzsetzungsmechanismen, die mit unterschiedlichen Diversitäten verknüpft sind und in Organisationen wirken. Damit Diversitätsmanagement nicht weiterhin bloß als theorie- und politikfernes diskursives Symptom neoliberaler Politiken betrachtet wird, ist mit Nancy Fraser (2001, 13) die Frage zu stellen: Was macht in diesem Kontext eine kritische Haltung aus, die die Weiterentwicklung dieses Konzepts in Richtung einer zunehmenden organisationalen und gesellschaftlichen Inklusivität fördert?

2.8 Kontrollfragen

1. Wie können Erkenntnis-, Gesellschafts- und gegenstandsbezogene Theorien den Umgang mit Diversitäten in Organisationen positiv unterstützen?
2. Welche Gefahren sind mit Prozessen der Kategorisierung verbunden? Warum sind sie dennoch sinnvoll und notwendig?
3. Was ist unter Intersektionalität zu verstehen?
4. Was ist unter „doing gender“ zu verstehen?
5. Was bedeutet „inklusives Diversitätsmanagement“?

Verwendete Literatur

Abdul-Hussain, Surur (2011): Gender Kompetenz in der Supervision. VS Verlag, Wiesbaden.

Acker, Joan (1992): Gendering Organizational Theory. In: Mills, Albert J./ Tancred, Peta: Gendering organizational analysis. Sage, London, 248–260.

Acker, Joan (2006): Inequality Regimes: Gender, Class, and Race in Organizations. In: Gender & Society, 2006/20, 441–464.

Ahmed, Sara/Swan, Elaine (2006): Doing Diversity. In: Policy Futures in Education, 2006/4 (2), 96–100.

Alvesson, Mats/Billing, Yvonne D. (1997): Understanding Gender and Organizations. Sage, London.

Amstutz, Nathalie (2010): Diversity Management: theorie- und politikfern? Für Mehrstimmigkeit in der Konzeptualisierung von Diversity Management. In: Gender, 2010/ 2 (2), 9–24.

Beauvoir, Simone de (1968): Das andere Geschlecht. Rowohlt, Reinbek bei Hamburg (franz. Original 1947).

Becher, Ursula, A.J./Rüsen, Jörn (1988, Hrsg.): Weiblichkeit in geschichtlicher Perspektive. Suhrkamp, Frankfurt/Main.

Becker, Manfred/Seidel, Alina (2006, Hrsg.): Diversity Management. Unternehmens- und Personalpolitik der Vielfalt. Schäffer Pöschel, Stuttgart.

Becker, Ruth/Kortendiek, Beate (2008, Hrsg.): Handbuch Frauen- und Geschlechterforschung. Theorien, Methoden, Empirie. VS Verlag, Wiesbaden, 2. erweiterte und aktualisierte Auflage.

Becker-Schmidt, Regina (1998): Zum feministischen Umgang mit Dichotomien. In: Knapp, Gudrun-Axeli (Hrsg.): Kurskorrekturen. Feminismus zwischen Kritischer Theorie und Postmoderne. Campus, Frankfurt/Main, 84–125.

Becker-Schmidt, Regina/Knapp, Gudrun-Axeli (2000): Feministische Theorien. Zur Einführung. Junius, Hamburg.

Bendl, Regine/Fleischmann, Alexander/Hofmann, Roswitha (2009): Queer Theory and Diversity Management: Reading Codes of Conduct from a Queer Perspective. In: Journal of Management and Organization, 2009/15 (5), 625–638.

Benschop, Yvonne (2001): Pride, Prejudice and Performance. In: International Journal of Human Resources Management, 2001/12 (7), 1166–1181.

Berger, Peter/Luckmann, Thomas (1969): Die gesellschaftliche Konstruktion der Wirklichkeit. Fischer, Frankfurt/Main.

Blommaert, Jan/Verschueren, Jef (1998): Debating Diversity. Analysing the discourse of tolerance. Routledge London.

Blumer, Herbert (1969): Symbolic Interactionism. Perspective and Method. Prentice-Hall Inc., Englewood Cliffs.

Bourdieu, Pierre (1979): Entwurf einer Theorie der Praxis: auf der ethnologischen Grundlage der kabylischen Gesellschaft. Suhrkamp, Frankfurt/Main.

Bourdieu, Pierre (1983): Ökonomisches Kapital – Kulturelles Kapital – Soziales Kapital. In: Bourdieu, Pierre (1992): Die verborgenen Mechanismen der Macht. VSA, Hamburg, 49–80.

Bourdieu, Pierre (2005): Die männliche Herrschaft. Suhrkamp, Frankfurt/Main.

Bourdieu, Pierre/Passeron, Jean-Claude (1973): Grundlagen einer Theorie der symbolischen Gewalt. Suhrkamp, Frankfurt/Main.

Bourdieu, Pierre/Wacquant, Loïc J. D. (1996): Die Ziele der reflexiven Soziologie. In: Pierre Bourdieu/Wacquant, Loïc J. D. (Hrsg.): Reflexive Anthropologie, Frankfurt/Main, Suhrkamp.

Bublitz, Hanelore/Bührmann, Andrea/Hanke, Christine/Seier Andrea (1999): Das Wuchern der Diskurse. Campus, Frankfurt/Main.

Bundesministerium für Frauen und Öffentlichen Dienst (2010): Frauenbericht 2010. Bericht betreffend die Situation von Frauen in Österreich im Zeitraum von 1998–2008. Wien.

Butler, Judith (1992): Das Unbehagen der Geschlechter. Suhrkamp, Frankfurt/Main.

Butler, Judith (1995): Körper von Gewicht. Berlin Verlag, Berlin.

Chodorow, Nancy (1985): Das Erbe der Mütter. Psychoanalyse und Soziologie der Geschlechter. Frauenoffensive, München.

Connell, Robert W./Messerschmidt James W. (2005): Hegemonic Masculinity. Rethinking the Concept. In: Gender & Society, 2005/19 (6), 829–859.

Cox, Taylor (1993): Cultural Diversity in Organizations: Theory, research and practice. Berett-Koehler, San Francisco.

Cox, Taylor (1995): The complexity of Diversity: Challenges and Directions for Future Research. In: Jackson, Susan E./Ruderman, Marian N. (Eds.): Diversity in work teams. American Psychological Association, Washington DC, 235–247.

Crawford, Vicki L. (1990, Ed.): Women in the Civil Rights Movement. Trailblazers and Torchbearers. Series: Black Women in US History, 1990/16. Carlson, Brooklyn.

Culler, Jonathan D. (1988): Dekonstruktion. Derrida und die poststrukturalistische Literaturtheorie. Rowohlt, Reinbek.

Daft, Richard L. (1994): Management. Dryden Press Management Series, New York.

Daly, Mary (1978): GynÖkology. Eine Metaethik des Radikalen Feminismus. Frauenoffensive, München.

Dass, Parshotam/Parker, Barbara (1999): Strategies for managing human resource diversity: From resistance to learning. Academy of Management Executive, 1999/13 (2), 68–80.

Derrida, Jacques (1983): Grammatologie. Suhrkamp, Frankfurt/Main.

Eckes, Thomas (2008): Geschlechterstereotypen: Von Rollen, Identitäten und Vorurteilen. In: Becker, Ruth/Kortendiek, Beate (Hrsg.): Handbuch Frauen- und Geschlechterforschung. Theorien, Methoden, Empirie. VS Verlag, Wiesbaden, 2. erweiterte und aktualisierte Auflage, 171–182.

Ely, R. J. (1995): The Role of Dominant Identity and Experience in Organizational Work on Diversity. In: Jackson, Susan E./Ruderman, Marian N. (Eds.): Diversity in Work Teams. American Psychological Assoziation, Washington DC, 161–186.

Engelmann, Peter (1990, Hrsg.): Postmoderne und Dekonstruktion. Reclam, Stuttgart.

Engler, Steffani (2008): Habitus und sozialer Raum: Zur Nutzung der Konzepte Pierre Bourdieus in der Frauen- und Geschlechterforschung. In: Becker, Ruth/Kortendiek, Beate (Hrsg.): Handbuch Frauen- und Geschlechterforschung. Theorien, Methoden, Empirie. VS Verlag, Wiesbaden, 250–261, 2. erweiterte und aktualisierte Auflage.

Ernst, Waltraud (1999): Diskurspiratinnen. Wie feministische Erkenntnisprozesse die Wirklichkeit verändern. Milena Verlag, Wien.

Fenstermaker, Sarah/West, Candace (2002, Hrsg.): Doing Gender, doing difference. Inequality, Power, and Institutional Change. Routledge, New York.

Foucault, Michel (1978): Die Ordnung der Dinge. Eine Archäologie der Humanwissenschaften. Suhrkamp, Frankfurt/Main.

Foucault, Michel (1978a): Dispositive der Macht. Über Sexualität, Wissen und Wahrheit. Merve, Berlin.

Fracer, Nancy (2001): Die halbierte Gerechtigkeit, Schlüsselbegriffe des postindustriellen Sozialstaates. Suhrkamp, Frankfurt/Main.

Fraser, Nancy/Honneth, Axel (2003): Umverteilung oder Anerkennung? Suhrkamp, Frankfurt/Main.

Friedan, Betty (1963): The Feminin Mystique. Dell Publishing, New York.

Gardenswartz, Lee/Rowe, Anita (1994): Diverse Teams at Work: Capitalizing on the Power of Diversity. McGraw-Hill, New York.

Garfinkel, Harold (1967): Studies in Ethnomethodology. Polity Press, Malden/MA.

Gergen, Kenneth J. (1991): The Saturated self. Dilemmas of Identity in Contemporary life. Basic Books, New York.

Gilligan, Carol (1982): In a Different Voice. Harvard Univ. Press, Cambridge.

Goffman, Ervin (1977): Interaktion und Geschlecht. Campus, Frankfurt/Main.

Gottburgsen, Anja (2000): Stereotype Muster des sprachlichen Doing Gender. Westdeutscher Verlag, Wiesbaden.

Gottschall, Karin (2008): Soziale Ungleichheit: Zur Thematisierung von Geschlecht in der Soziologie. In: Becker, Ruth/Kortendiek, Beate (Hrsg.): Handbuch Frauen- und Geschlechterforschung. Theorien, Methoden, Empirie. 2. erweiterte und aktualisierte Auflage. VS Verlag, Wiesbaden, 194–202.

Gutiérrez Rodriguez, Encarnación (1999): Fallstricke des Feminismus. Das Denken „kritischer Differenzen" ohne geopolitische Kontextualisierung. In: polylog, 1999/4, 13–24.

Gutiérrez Rodriguez, Encarnación (2008): Postkolonialismus: Subjektivität, Rassismus und Geschlecht. In: Becker, Ruth/Kortendiek, Beate (Hrsg.): Handbuch Frauen- und Geschlechterforschung. Theorien, Methoden, Empirie. VS Verlag, Wiesbaden, 2. erweiterte und aktualisierte Auflage, 267–284.

Hackett, Elizabeth/Haslanger, Sally (2006): Theorizing Feminisms. A Reader. Oxford University Press, Oxford, New York.

Hanappi-Egger, Edeltraud (2011): The Triple M of Organizations: Man, Management and Myth. Springer, Wien, New York.

Haraway, Donna (1987): Geschlecht, Gender, Genre – Sexualpolitik eines Wortes. In: Hauser, Kornelia (Hrsg.): Viele Orte. Überall? Feminismus in Bewegung. Festschrift für Frigga Haug. Argument Verlag, Berlin, 22–41.

Harding, Sandra (1990): Feministische Wissenschaftstheorie. Zum Verhältnis von Wissenschaft und sozialem Geschlecht. Argument, Hamburg.

Hark, Sabine (2008): Lesbenforschung und Queer Theorie: Theoretische Konzepte, Entwicklungen und Korrespondenzen. In: Becker, Ruth/Kortendiek, Beate (Hrsg.): Handbuch Frauen- und Geschlechterforschung. Theorien, Methoden, Empirie. VS Verlag, Wiesbaden, 2. erweiterte und aktualisierte Auflage, 108–115.

Hark, Sabine/Genschel, Corinna (2003): Die ambivalente Politik von Citizenship und ihre sexualpolitische Herausforderung. In: Knapp, Gudrun-Axeli/Wetterer, Angelika (Hrsg.): Achsen der Differenz. Gesellschaftstheorie und feministische Kritik II. Westfälisches Dampfboot, Münster, 134–169.

Hartsock, Nancy C. M. (1983): Money, Sex and Power. Longman, New York.

Haug, Frigga (1996): Frauen-Politiken. Argument, Berlin – Hamburg.

Hearn, Jeff (1990): The Gender of Oppression: Men, Masculinity and the Critique of Marxism. St. Martin's, New York.

Helduser, Urte/Marx, Daniela/Paulitz, Tanja/Pühl, Katharina (2004, Hrsg.): under construction? Konstruktivistiche Perspektiven in feministischer Theorie und Forschungspraxis. Campus, Frankfurt/Main.

Hervé, Florence (1981, Hrsg.): Frauenbewegung und revolutionäre Arbeiterbewegung. Verlag Marxistische Blätter, Frankfurt/Main.

Hieden-Sommer, Helga (1992): Frauen- und Arbeiterbewegung. In: Frau & Politik, Bd. 12, 12–13.

Hill Collins, Patricia (1990): Black Feminist Thought. Routledge, London-New York.

Hirschauer, Stefan (2004): Social Studies of Sexual Difference. Geschlechterdifferenzierung in wissenschaftlichem Wissen. In: Frey Steffen, Therese/Rosenthal, Caroline/Väth, Anke (Hrsg.): Gender Studies. Wissenschaftstheorien und Gesellschaftskritik. Königshausen & Neumann, Würzburg, 19–41.

Hofmann, Roswitha (1997): Homophobie und Identität I: Queer Theory. In: Hey, Barbara/Pallier, Ronald/Roth, Roswitha (Hrsg.): que(e)rdenken. Weibliche/männliche Homosexualität & Wissenschaft. StudienVerlag, Innsbruck, 105–118.

Hofmann, Roswitha (2004): Grundlagen der Gender- und Diversitätstheorien. In: Bendl, Regine/Hanappi-Egger, Edeltraud/Hofmann, Roswitha (Hrsg.). 2004. Interdiziplinäres Gender- und Diversitätsmanagement: Einführung in Theorien und Praxis. Linde-Verlag, Wien, 159–180.

Hofmann, Roswitha (2010): Nachhaltigkeitsorientierung im Gender- und Diversitätsmanagement. Gender 1 (1), 56–68.

Hofmann, Roswitha/Cserer, Amelie (2010): Lesben am Werk. Explorationsstudie zur Erwerbstätigkeit lesbischer Frauen in Österreich. Forschungsbericht, WU Wien.

Hofmann, Roswitha/Steinbacher, Sabine (2011): Lesben vernetzt!? Vernetzungs- und Kooperationsstrukturen von lesbischen Frauen in Erwerbszusammenhängen. Forschungsbericht.

hooks, bell (1989): Talking back. Thinking feminist, thinking black. Sheba Feminist Publishers, London.

Irigaray, Luce (1979): Das Geschlecht, das nicht eins ist. Merve, Berlin.

Irigaray, Luce (1980): Speculum. Spiegel des anderen Geschlechts. Suhrkamp, Frankfurt/Main.

Jagose, Annamarie (2001): Queer Theory. Eine Einführung. Querverlag, Berlin.

Janssens, Maddy/Zanoni, Patrizia (2005): Many diversities for many services: theorizing diversity (management) in service companies. In: Human Relations, 2005/58 (3), 311–340.

Jeffreys, Sheila (1996): Return to Gender: Post-modernism and Lesbian and Gay Theory. In: Bell, Diane/Klein, Renate (Eds.): Radically Speaking: Feminism Reclaimed. Zed Books, London, 359–374.

Johnston, William B./Packer, Arnold E. (1987): Workforce 2000: Work and Workers for the 21st Century. Hudson Institute, Indianapolis.

Jones, Deborah/Pringle, Judith/Shepherd, Deborah (2000): „Managing diversity" meets Aotearoa/New Zealand. In: Personnel Review, 2000/29 (3), 364–380.

Jüngling, Christiane (2001): Strategien der Implementierung von Gleichstellungsmaßnahmen. In: Krell, Gertraude (Hrsg.): Chancengleichheit durch Personalpolitik. Gleichstellung von Frauen und Männern in Unternehmen und Verwaltungen. Rechtliche Regelungen – Problemanalysen Lösungen. Gabler, Wiesbaden, 107–118.

Kahlert, Heike (2008): Differenz, Genealogie, Affidamento: Das italienische „pensiero della differenza sessuale" in der internationalen Rezeption. In: Becker, Ruth/Kortendiek, Beate (Hrsg.): Handbuch Frauen- und Geschlechterforschung. Theorien, Methoden, Empirie. VS Verlag, Wiesbaden, 94–102, 2. erweiterte und aktualisierte Auflage

Kelemen, Mihaela/Rumens, Nick (2008): An Introduction to Critical Management Research. Sage, London.

Kessler, Suzanne J. (2001): The Medical Construction of Gender: Case Management of Intersexed Infants. In: Herrmann, Anne C./ Steward, Abigail J. (Eds.): Theorizing Feminism. Parallel trends in the Humanities and Social Sciences. Westview Press, Boulder, 135–157.

Kessler, Suzanne J./McKenna, Wendy (1978): Gender. An Ethnomethodological Approach. Univ. of Chicago Press, Chicago.

Kimmel, Michael S. (1987): Changing Men. Sage, Newbury Park.

Kimmel, Michael S./Hearn, Jeff/Connell, R. W. (2005): Handbook of Studies on Men & Masculinities. Sage, London.

Kirsch, Max H. (2000): Queer Theory and Social Change. Routledge, London.

Klapeer, Christine (2007): queer.contexts. Entstehung und Rezeption von Queer Theory in den USA und Österreich. Studien Verlag, Innsbruck.

Klinger, Cornelia (2003): Ungleichheit in den Verhältnissen von Klasse, Rasse und Geschlecht. In: Knapp, Gudrun-Axeli/Wetterer, Angelika (Hrsg.): Achsen der Differenz. Gesellschaftstheorie und feministische Kritik II, Westfälisches Dampfboot, Münster, 24–48.

Knapp, Gudrun-Axeli/Wetterer, Angelika (1992, Hrsg.): Traditionen Brüche. Entwicklungen feministischer Theorie. Kore, Freiberg.

Knapp, Gudrun-Axeli/Wetterer, Angelika (2002, Hrsg.): Soziale Verortung der Geschlechter. Gesellschaftstheorie und feministische Kritik. Westfälisches Dampfboot, Münster.

Konrad, Alison M./Prasad, Pushkala/Pringle, Judith K. (2006, Eds.): Handbook of workplace diversity. Sage, London.

Laclau, Ernesto (1996): Emancipation(s). Verso, London.

Laqueur, Thomas (1992): Auf den Leib geschrieben. Die Inszenierung der Geschlechter von der Antike bis Freud. Campus, Frankfurt/Main – New York.

Lorber, Judith (2003): Gender-Paradoxien. Leske+Budrich, Opladen, 2. Auflage.

Löw, Martina/Mathes, Bettina (2005, Hrsg.): Schlüsselwerke der Geschlechterforschung. VS Verlag, Wiesbaden.

MacKinnon, Catharine A. (1994): Gleichheit der Geschlechter. Über Differenz und Dominanz. Feministische Politikwissenschaft, Verlag für Gesellschaftskritik, Wien.

McCall, Leslie (2005): The Complexity of Intersectionality. In: Signs: Journal of Women in Culture and Society, 2005/30 (3), 1771–1800.

Metcalfe, Beverly D./Woodhams, Carol (2008): Critical perspectives in diversity and equality management. In: Gender in Management: An International Journal, 2008/23 (6), 377–381.

Milliken, F. J. /Martins, L. L. (1996): Searching for Common Threats: Understanding the Multiple Effects of Diversity in Organizational Groups. In: Academy of Management Review 1996/21, 402–33.

Mohanty, Chandra T./Russo, Ann/Torres, Lourdes (1991, Eds.): Third World Women and the Politics of Feminism. Indiana University Press, Bloomington.

Mor Barak, Michàlle, E. (2005): Managing Diversity. Toward a Globally Inclusive Workplace. Sage, London.

Morgan, Robin (1996, Eds.): Sisterhood is global. Feminist Press, New York.

Münker, Stefan/Roesler, Alexander (2000): Poststrukturalismus. Metzler, Stuttgart.

Nkomo, Stella M./Cox, Taylor, Jr. (1996): Diverse Identities in Organizations. In: Clegg, Stewart R./Hardy, Cynthia/Nord, Walter R. (Eds.): Handbook of Organization Studies. Sage, London, 338–356.

Oakley, Ann (1972): Sex, Gender and Society. Temple Smith, London.

Oechsle, Mechthild/Geissler, Birgit (2004): Modernisierungstheorien: Anregungspotenziale für die Frauen- und Geschlechterforschung. In: Becker, Ruth/Kortendiek, Beate (Hrsg.): Handbuch Frauen- und Geschlechterforschung. Theorie, Methode, Empirie. VS Verlag, Wiesbaden, 196–203.

Petersen, Lars-Eric/Dietz, Jörg (2006): Die Bedeutung von Stereotypen und Vorurteilen für das Diversity Management. In: Becker, Manfred/Seidel, Alina (Hrsg.): Diversity Management. Unternehmens- und Personalpolitik der Vielfalt. Schäffer Poeschel, Stuttgart, 106–124.

Pfeifer, Wolfgang (1995): Etymologisches Wörterbuch des Deutschen. Deutscher Taschenbuch Verlag, München.

Prasad, Anshuman (2003): Postcolonial Theory and Organizational Analysis. A critical engagement. Palgrave Macmillan, New York.

Pringle, Judith (2008) Gender in Management: Theorizing Gender as Heterogender. British Journal of Management. 2008/19, 110–119.

Pringle, Judith K. (2009): Positioning workplace diversity: Critical Aspects for Theory. In: Özbilgin, Mustafa F. (Ed.): Equality, Diversity and Inclusion at Work. A research Companion. Edward Elgar, Cheltenham, 75–87.

Pringle, Judith K./Konrad, A./Prasad, P. (2006): Conclusion: Reflection and Future Directions. In: Konrad, A./Prasad, P./Pringle, J. K. (Eds.): Handbook of Workplace diversity. Sage, London, 531–539.

Rich, Adrienne (1980): Compulsory Heterosexuality and Lesbian Existence. In: Signs 1980/5 (4): 631–660.

Rubin, Gayle (1975): The Traffic in Women. Notes on the „Political Economy" of Sex. Monthly Revie Press, New York.

Schein, Gerlinde/Strasser, Sabine (1997, Hrsg.): Intersexions. Feministische Anthropologie zu Geschlecht, Kultur und Sexualität. Milena Verlag, Wien.

Schülein, Johann August/Mikl-Horke, Gertraude/Simsa, Ruth (2009): Soziologie für das Wirtschaftsstudium. Facultas, Wien.

Singer, Mona (2005): Geteilte Wahrheit. Feministische Epistemologie, Wissenssoziologie und Cultural Studies. Löcker Verlag, Wien.

Spivak, Gayatri Chakravorty (1990): The Post-Colonial Critique. Interviews, Strategies, Dialogues. Routledge, London – New York.

Staples, Robert (1982): Black Masculinity. The Black Scholar Press, San Francisco.

Stoller, Robert (1968): Sex and Gender. On the Development of Masculinity and Femininity. Science House, New York.

Stötzer, Bettina (2004): InDifferenzen. Feministische Theorie in der antirassistischen Kritik. Argument, Hamburg.

Stuber, Michael (2008): Diversity: Das Potenzial-Prinzip. Ressourcen aktivieren – Zusammenarbeit gestalten. Luchterhand, Köln.

Swann, William, B. jr./Langlois, Judith H./Gilbert Lucia Albino (1999): Sexism and Stereotypes in modern society. American Psychological Ass., Washington, DC.

Tajfel, Henri/Turner, John C. (1986): The social identity theory of intergroup behavior. In: Worchel, Stephen/Austin, William G. (Eds.): Psychology of intergroup relations. Nelson-Hall, Chicago, 7–24.

Thomas, David A./ Ely, Robin J. (1996): Making Differences Matter. A New Paradigm for Managing Diversity. In: Harvard Business Review, Sept-Oct. 1996, 1–12.

Tong, Rosemarie (1998): Feminist Thought. A Comprehensive Introduction. Westview Press, London, Sydney.

Turner, William B. (2000): A Genealogy of Queer Theory. Temple University Press, Philadelphia.

Vaara, Eero/Tienari, Janne (2008): A Discursive Perspective on Legitimation Strategies in Multinational Corporations. In: Academy of Management Review, 2008/33 (4), 985–993.

Vedder, Günther (2003): Vielfältige Personalstrukturen und Diversity Management. In: Wächter, Hartmut/Vedder, Günther/Führing, Meik (Hrsg.): Trierer Beiträge zum Diversity Management. Bd. 1: Personelle Vielfalt in Organisationen. Rainer Hampp Verlag, München-Mering, 14–27.

Villa, Paula-Irene (2001): Sexy Bodies. Eine soziologische Reise durch den Geschlechterkörper. Leske+Budrich, Opladen, 2. Auflage.

Walter, Willi (2000): Gender, Geschlecht und Männerforschung. In: von Braun, Christina/Stephan, Inge (Hrsg.): Gender Studien. Eine Einführung. Metzler, Stuttgart, 97–115.

Waniek, Eva/Stoller, Silvia (2001, Hrsg.): Verhandlungen des Geschlechts. Zur Konstruktivismusdebatte in der Gender-Theorie. Turia+Kant, Wien.

Wartenpfuhl, Birgit (1996): Destruktion – Konstruktion – Dekonstruktion. Perspektiven für die feministische Theorieentwicklung. In: Fischer, Ute Luise (Hrsg.): Kategorie: Geschlecht? Leske+Budrich, Opladen, 191–209.

Wedgwood, Nikki/Connell, Raywin (2008): Männlichkeitsforschung: Männer und Männlichkeit im internationalen Forschungskontext. In: Becker, Ruth/Kortendiek, Beate (Hrsg.): Handbuch Frauen- und Geschlechterforschung. Theorien, Methoden, Empirie. VS Verlag, Wiesbaden, 2. erweiterte und aktualisierte Auflage, 116–125.

West, Candace/Zimmerman, Don (1987): Doing gender. In: Gender and Society 1987/1, 125–151.

Wetterer, Angelika (1995, Hrsg.): Die soziale Konstruktion von Geschlecht in Professionalisierungsprozessen. Campus, Frankfurt/Main.

Wetterer, Angelika (2003): Rhetorische Modernisierung. Das Verschwinden der Ungleichheit aus dem zeitgenössischen Differenzwissen. In: Knapp, Gudrun-Axeli/Wetterer, Angelika (Hrsg.): Achsen der Differenz. Gesellschaftstheorie und feministische Kritik 2. Verlag Westfälisches Dampfboot, Münster, 286–319.

Whitehead, Stephen M. (2002): Men and Masculinities. Polity Press, Cambridge.

Wollstonecraft, Mary (1899): Eine Verteidigung der Rechte der Frau. Pierson, Dresden (Original 1792).

Zanoni, Patrizia/Janssens, Maddy (2004): Deconstructing difference: The rhetorics of HR managers' diversity discourses. In: Organization Studies, 2004/25 (1), 55–74.

Zanoni, Patrizia/Janssens, Maddy/Benschop, Yvonne/Stella Nkomo (2010): Guest Editorial: Unpacking Diversity, Grasping Inequality: Rethinking Difference Through Critical Perspectives. In: Organization, 2010/17 (9), 9–29.

Zima, Peter V. (2004): Was ist Theorie? Theoriebegriff und Dialogische Theorie in den Kultur- und Sozialwissenschaften. A. Francke Verlag, Tübingen/Basel.

3 Intersektionalität und Stereotypisierung: Grundlegende Theorien und Konzepte in der Organisationsforschung

Helga Eberherr

Kurzfassung

Dieses Kapitel vermittelt ein Grundlagenverständnis zu Intersektionalitätstheorien und -konzepten sowie zu Stereotypisierungsprozessen für die Organisationsforschung und reflektiert Schnittpunkte und Abgrenzungen zur Diversitätsforschung. Das Konzept der Intersektionalität, wie es in der Gender-, Diversitäts- und Organisationsforschung diskutiert wird, geht der zentralen Frage nach, wann welche Kategorien in welcher Form bedeutsam werden bzw. auch nicht. Also wann und unter welchen spezifischen Bedingungen z. B. Geschlecht in sozialen Interaktionen oder Prozessen in Organisationen aktualisiert wird und als Unterscheidungsmerkmal eingesetzt und bedeutsam wird.

Aufbauend auf Begriffsbestimmungen und theoretischen Verortungen zeichnet dieser Beitrag die historische Genese des Konzepts der Intersektionalität und dessen Einbettung in zentrale Diskurse der Gendertheorien nach. Im Anschluss daran werden Prozesse der Stereotypisierung, also die Zuschreibung von typischen Eigenschaften aufgrund der Einordnung zu einer bestimmten Gruppe, und wie sie in Organisationen wirken aus intersektionaler Perspektive reflektiert. Es wird aufgezeigt, wie stereotype Zuschreibungen z. B. zu Gender oder zu anderen Diversitätsdimensionen zur Stabilisierung und Reproduktion von Ungleichheitsverhältnissen in Organisationen beitragen. Wie das Verhältnis der einzelnen Kategorien zueinander konzeptionell gefasst werden kann und welche Implikationen für empirische Forschungen damit einhergehen, ist Thema des nächsten Abschnitts. Der Schwerpunkt liegt hierbei auf der analytischen und methodologischen Bestimmung des Verhältnisses einzelner Kategorien zueinander und geht der Frage nach, wie mit der Komplexität, die durch ein Interesse an mehreren Kategorien entsteht, forschungspraktisch umgegangen werden kann. Abschließend werden Themenfelder für zukünftige Forschung vorgestellt und Herausforderungen hinsichtlich eines inklusiven Diversitätsmanagements diskutiert.

3.1 Einleitung und Begriffsbestimmung

Das Konzept der Intersektionalität wird in den letzten Jahren in der Genderforschung (siehe z. B. Hill Collins 1999; Knapp 2005; Verloo 2006; Phoenix/Pattynama 2006; Yuval-Davis 2006; Klinger/Knapp 2007) verstärkt diskutiert und hat auch in der Organisationsforschung (siehe z. B. Munro 2001; McCall 2005; Calás/Smircich 2006; Ely/Padavic 2007; Holvino 2008; Styhre/Eriksson-Zetterquist 2008a; Ferree 2009) sowie in der Diversitätsforschung (siehe z. B. Janssens/Steyaert 2003; Konrad/Prasad/Pringle 2006; Bendl/Fleischmann/Hofmann 2009; Hofmann/Cserer 2010) an Bedeutung gewonnen. Grundsätzlich zielen Intersektionaliätsperspektiven darauf ab, die Wechselwirkungen zwischen verschiedenen sozialen Kategorien[60] und deren Bedeutung für ungleichheitsgenerierende Prozesse und Strukturen zu untersuchen. Sie gehen davon aus, dass soziale Kategorien wie z. B. Geschlecht, Klasse, Hautfarbe/Ethnizität[61] nicht nur jeweils für sich wirksam werden können, sondern in verwobener Weise auftreten und sich wechselseitig verstärken, abschwächen und auch verändern können. Dahinter steht das Bestreben z. B. Geschlechterverhältnisse nicht unabhängig von anderen sozialen Kategorien zu untersuchen, weil davon auszugehen ist, dass ebenso wie Geschlecht auch Klasse oder Hautfarbe/Ethnizität Einfluss auf Gleichheit und Ungleichheit in Gesellschaften und Organisationen haben. Zusätzliche Komplexität erfährt dieser Zugang durch die Annahme, dass die verschiedenen sozialen Kategorien jeweils in ihrer kontextspezifischen Bedeutung zu differenzieren sind und nicht von vornherein als omnipräsent in ihrer Wirkungsweise vorausgesetzt werden können. Es ist also davon auszugehen, dass diese Wirkung abhängig vom Kontext in Ausmaß und Form variiert und somit auch die ungleichheitsrelevanten oder ungleichheitsirrelevanten Folgen (vgl. Wilz 2004) unterschiedlich sind. Das Wahrnehmen von Unterschieden allein – wie z. B. Mann oder Frau – ist nicht per se das ungleichheitsgenerierende Moment. Vielmehr führen erst die mit den jeweiligen Unterschieden verbundenen Bewertungen und Bedeutungen zu Ungleichheiten, wie sie auch in Organisationen zu beobachten sind (z. B. das sogenannte Phänomen der gläsernen Decke, welches sich auf die geringere Repräsentanz von Frauen in Führungspositionen bezieht). Soziale Kategorien sind darüber hinaus auch in sich als heterogen zu begreifen, d.h. „die Frauen“, „die Alten“, „die Homosexuellen“ sind Formulierungen und Festschreibungen, die eine Homogenisierung von sozialen Kategorien vornehmen und somit den Unter-

---

[60] Siehe Hofmann in diesem Buch.

[61] Siehe FN 40.

schieden – also der Heterogenität innerhalb von Gruppen – nicht gerecht werden.[62]

In den letzten Dekaden hat sich Intersektionalität zu einem Konzept entwickelt, das für konstruktivistische, dekonstruktivistische und auch strukturorientierte Analyseverfahren anschlussfähig ist. Diese Anschlussfähigkeit hinsichtlich unterschiedlicher Theorietraditionen erklärt sich auch dadurch, dass derzeit nicht von einem einheitlichen, konsistenten Theoriegebäude der Intersektionalität gesprochen werden kann, sondern eine gewisse Unbestimmtheit kennzeichnend ist. Ebenso wenig herrscht Einigkeit darüber, ob von einem neuen Paradigma der Gender-Forschung gesprochen werden kann. Diese Bestimmung ist vielmehr gegenwärtig Gegenstand wissenschaftlicher Aushandlungsprozesse und Diskussionen (vgl. Klinger/Knapp 2007; Bührmann 2009; Winker/Degele 2009). Vermutlich ist gerade diese konzeptionelle Offenheit ein Grund für die zunehmende Bedeutung innerhalb der Gender- und Organisationsforschung (vgl. Davis 2008a). Dieses breite Interesse zu intersektionalen Fragestellungen drückt sich auch in seiner interdisziplinären Verortung aus, da es sowohl in den Wirtschaftswissenschaften als auch in den Sozial- und Geisteswissenschaften rezipiert und diskutiert wird.

In zahlreichen Definitionen wird versucht einzugrenzen, wie Intersektionalität als Begriff und Forschungsperspektive verstanden werden kann. So definieren für die Organisationsforschung Styhre/Eriksson-Zetterquist (2008a, 568) das Konzept der Intersektionalität wie folgt: „Intersectionality perspectives suggests that researchers must examine how predominant classification systems such as class, gender, sexuality, and ethnicity/race co-exist and are simultaneously mutually constitutive and thus constantly influence how social life is structured and organized". In diesem Sinne kann Intersektionalität als Konzept verstanden werden, welches die Wechselwirkungen und Verschränkungen sozialer Kategorien zueinander, also multiple Differenzsetzungen, aber auch die Unterschiede innerhalb einer sozialen Kategorie theoretisch und empirisch zu bestimmen sucht.

Soziale Kategorien werden nicht als permanent festgeschrieben oder als in sich geschlossen oder auch gleichermaßen wirksam verstanden. So machen soziale Kategorien Menschen als Subjekte beschreibbar[63] und ermöglichen es gleichzeitig auch in Abhängigkeit zur jeweiligen Situation und Kontext unterschiedliche Subjektpositionen[64] einzunehmen. Eine indische

---

[62] Siehe Hofmann in diesem Buch.

[63] Siehe Hanappi-Egger/Hofmann in diesem Buch.

[64] Der Begriff Subjektposition verweist darauf, dass Subjekte nicht als festgeschrieben oder in sich abgeschlossen zu begreifen sind, sondern unterschiedliche Posi-

Informatikerin kann zum Beispiel in einem organisationalen Umfeld tätig sein, wo geschlechtsspezifische, professionelle und ethnische Aspekte unterschiedlich wirksam werden können und ihr Alltagshandeln beeinflussen. In einer Besprechung z. B. mit ausschließlich (indischen) Männern wird sie primär als Frau wahrgenommen und eingeordnet, wohingegen sie in anderen Settings primär als Inderin oder einfach als Informatikerin wahrgenommen wird. Diese Vielfalt an Subjektpositionen (vgl. Mouffe 1992) oder sozialen Relationen, in die Menschen eingebunden sein können, können auch konfliktreiche oder widersprüchliche Wirkungen entfalten.

Soziale Kategorien und die damit verbundenen Zuschreibungen oder Einordnungen können nun in weiterer Folge zu Inklusions- oder auch Exklusionsprozessen führen, indem z. B. die Teilhabe an informellem Wissen oder anderen materiellen oder immateriellen Ressourcen entlang dieser Kategorisierungen organisiert sein kann[65], oder wie Yuval-Davis (2006, 199) festhält: „Categorical attributes or ascriptions are often used for the construction of inclusionary and exclusionary boundaries as they tend to create hierarchies of differential access to different kind of resources".

3.2 Historische Entwicklung und theoretische Verortungen

Historisch verorten Gender-Forscherinnen einhellig den Anstoß der Intersektionalitätsdebatte in den 1980er Jahren in den USA, der zurückgeht auf Interventionen des Black Feminism (vgl. Combahee River Collective 1981) und dessen Kritik sich im Feminismus westlicher sogenannter „Weißer Mittelschichtsfrauen" nicht wieder finden (siehe auch Carby 1982; Hill Collins 1993). Die Wahrnehmung der Verwobenheit verschiedener Formen der Ungleichheit führte im US-Kontext zur Forderung nach einer Erweiterung der Genderperspektive zunächst einmal um „race" und Klasse. „Grundlegend war dabei die Einsicht, dass Frauen nicht nur qua Geschlecht unterdrückt werden, sondern auch als rassistisch markierte Andere sowie aufgrund ihrer Klassenzugehörigkeit" (Winker/Degele 2009, 12). Damit ist jedoch kein additiver Zugang gemeint – also eine Verdoppelung des Ausmaßes der Diskriminierung von z. B. schwarz sein und Frau sein oder

---

tionen in Diskursen oder Interaktionen einnehmen bzw. sich auf mögliche Positionierungsangebote beziehen (wie z. B. Frau, Österreicherin, Teenager etc.) (siehe weiterführend, Althusser 1977; Foucault 1988; Mouffe 1992). Der Begriff geht auf poststrukturalistische und diskurstheoretische Konzepte zurück.

[65] Siehe Hanappi-Egger/Hofmann in diesem Buch.

etwa Arbeiterin und homosexuell sein; vielmehr wird eine Betrachtung der unterschiedlichen, konstitutiv aufeinander verweisender Diskriminierungsformen in ihrer jeweils konkreten empirischen Lebensführung und Wirkung angestrebt (vgl. Anthias/Yuval-Davies 1983).

In dem Bestreben, die verschiedenen Dimensionen zusammen zu denken, wurde Ende der 1980er Jahre der Begriff „intersectionality" von der amerikanischen Juristin Kimberlé Crenshaw (Crenshaw 1989) geprägt. Heute steht der Begriff Intersektionalität für eine integrale Analyse von Differenzierungen und Differenzen entlang wirkmächtiger sozialer Kategorien, die sich grundsätzlich auf alle Diversitätsdimensionen beziehen kann[66]. Hinsichtlich der Schwerpunktsetzungen lassen sich jedoch US-amerikanische und europäische Unterschiede feststellen. In den USA dominiert ein starker politischer Hintergrund mit der Forderung nach Empowerment für diskriminierte Frauen, also ein stärker auf Akteurinnen bezogener und identitätsperspektivischer Ansatz (Davis 2008b). Die europäische Diskussion um das Themenfeld Intersektionalität hingegen konzentriert sich stärker auf die Mehrdimensionalität sozialer Kategorien (Dezentrierung) und Dekonstruktion von Geschlecht und anderer binärer Oppositionen (wie z. B. Homosexualität/Heterosexualität, Jung/Alt etc.) sowie herrschaftskritischer und machtkritischer Zugänge (vgl. Klinger/Knapp 2007; Winker/Degele 2009).

Das Konzept der Intersektionalität, wie es in der Gender-, Diversitäts- und Organisationsforschung[67] diskutiert wird, geht der zentralen Frage nach, wann welche Kategorien in welcher Form bedeutsam werden bzw. auch nicht. Also wann und unter welchen spezifischen Bedingungen z. B. Geschlecht in sozialen Interaktionen oder Prozessen in Organisationen aktualisiert wird und als Unterscheidungsmerkmal eingesetzt und bedeutsam wird. In organisationalen Prozessen kann hier z. B. an Auswahlverfahren bei Neueinstellungen gedacht werden, wo Geschlecht aktualisiert wird als Entscheidungskriterium oder auch bei Bewertungsprozessen von individuellen Leistungen, wo geschlechtsspezifische stereotype Bewertungsschemata einfließen können.

Je nach Forschungsfokus können Intersektionalitätsanalysen auf der Makro-, Meso- und Mikroebene angesiedelt sein. Die Makroebene benennt hierbei die Perspektive auf umfassende soziale Einheiten und Prozesse wie z. B. Gesellschaften, die Mesoebene richtet den Fokus auf Organisationen und die Mikroebene auf Kleingruppen und Individuen. Intersektionalitätsanalysen können jedoch auch eine Mehrebenenperspektive einnehmen mit dem Bestreben, kontextspezifisch Überschneidungen und das Zusammen-

---

66 Siehe Bendl/Eberherr/Mensi-Klarbach in diesem Buch.

67 Für einen Überblick über die Organisationsforschung und -theorie aus Genderperspektive siehe Halford/Savage/Witz 1997.

wirken verschiedener gesellschaftlicher und organisationaler Strukturen und Praktiken zu untersuchen mit dem Ziel, Macht- und Herrschaftsverhältnisse zu entschlüsseln.

In Analysen auf der Makro- und Mesoebene wird die Frage gestellt, welche Sozialstrukturen die zu untersuchenden Phänomene wie Gender, Hautfarbe/Ethnizität, Klasse oder Sexualität (um jene sozialen Kategorien zu nennen, die in dieser Perspektive besonders im Fokus stehen; Sexualität insbesondere im Rahmen der Queer Theory[68]) und das damit verbundene Handeln rahmen. So wird für die Kategorie Gender davon ausgegangen, dass sie als Strukturkategorie zu begreifen ist, da Geschlecht als Ursache sozialer Ungleichheit sich nicht auf andere Ursachen reduzieren lässt[69]. Ähnliche strukturelle Verortungen werden der Kategorie „race“, Klasse und Sexualität attestiert. Welche Rolle auf Strukturebene anderen sozialen Kategorien zugeschrieben werden kann, muss als offen bezeichnet werden, da bislang noch zu wenige Untersuchungen zur Bestimmung dieses Verhältnisses vorliegen (Acker 2006; Klinger/Knapp 2007; Bührmann 2009). Damit wird auch deutlich, dass nicht davon auszugehen ist, dass die sozialen Kategorien in ihrer Bedeutsamkeit und ihren Wirkungsweisen gleich sind, sondern in Abhängigkeit zum spezifischen Kontext unterschiedliche Wirkungsweisen auf Makro- und Mesoebene aufweisen. So macht es einen Unterschied in der Wirkung und Bedeutung von z. B. heterosexueller und homosexueller Orientierung, ob ein Unternehmen diese soziale Kategorie tabuisiert oder ob ein Unternehmen z. B. Homosexuelle und Lesben als HauptkundInnen anspricht (z. B. im Tourismus) und diesen Fokus auch unter den MitarbeiterInnen repräsentiert haben möchte.

Intersektionale Untersuchungen auf der Mikroebene wiederum interessieren sich für die Herstellungspraktiken und Prozesse von Differenzen und Differenzierungen und dafür, wie Geschlecht, „race“, und andere soziale Kategorien in alltäglichen Praktiken, Interaktionen und Diskursen gemacht bzw. hergestellt werden. Zentral wurde hierbei das Konzept des doing gender[70] (West/Zimmermann 1987).[71] Für die Intersektionalitätsforschung haben Fenstermaker und West (2002) diesen Ansatz als „Doing Difference“-Perspektive weiterentwickelt. Diese Ansätze gehen davon aus,

---

[68] Siehe Hofmann in diesem Buch.

[69] Siehe z. B. „Gendering Organizational Theory“ von Acker 1992; sowie weiterführend Czarniawska/Höpfl 2002; Gunnarsson/Andersson/Rosell/Lehto/Salminen-Karlsson 2003; siehe auch Hanappi-Egger in diesem Buch.

[70] Siehe Hofmann in diesem Buch.

[71] Zum Konzept des doing gender und auch undoing gender siehe weiterführend West/Zimmerman 1991; Hirschauer 2001; Martin 2006.

dass Geschlecht oder andere soziale Kategorien Ergebnis von alltäglichen Herstellungsleistungen sind und immer wieder reproduziert aber auch neu verhandelt werden und unterschiedlich bedeutend werden oder auch in den Hintergrund rücken können im Sinne eines „undoing gender“ bzw. „undoing difference“. Doing difference kann also in diesem Verständnis als eine Form des Unterscheidungshandelns verstanden werden. Die Aktualisierung von Differenzen wiederum ist abhängig von der je spezifischen Konsens erzeugenden Herstellung von Normen und Sinn, von Funktionalitätsannahmen und abhängig davon, wieweit diese Differenzsetzungen und Stereotypisierungen jeweils geeignet sind, Komplexität zu reduzieren (vgl. Wilz 2004). Auch hier kann wieder an Auswahlprozessen bei Einstellungen gedacht werden. Um zum Beispiel die große Anzahl an BewerberInnen zu reduzieren, werden in einem ersten Schritt jene unter einer bestimmten Altersgrenze aussortiert. In diesem Beispiel wird also Alter als Unterschiedungsmerkmal aktualisiert. Wird z. B. in diesem Auswahlprozess Geschlecht bewusst nicht angegeben kann das als Beispiel für „undoing gender“ gesehen werden, da versucht wird, deren Relevanzsetzung zu kontrollieren bzw. auszuschließen. Im nachfolgenden Kapitel wird auf diese nützliche Funktion von Stereotypen im Alltagshandeln, die hier angesprochen ist, noch ausführlicher eingegangen. Geschlecht, Alter oder andere Kategorien können somit in die normative Rahmung und Legitimation von z. B. Entscheidungen eingehen und die Wahrnehmung der beteiligten AkteurInnen mitstrukturieren in Form von Deutungen, Interpretationen, Zuschreibungen und Erwartungen. So kann z. B. eine normative Rahmung sein, dass für eine bestimmte ausgeschriebene Position in einem Unternehmen keine BewerberInnen über 45 Jahre zu einem Vorstellungsgespräch eingeladen werden. Die Ergebnisse dieser Prozesse des doing-difference können dann z. B. in der asymmetrischen Positionierung der Organisationsmitglieder entlang Alter, Geschlecht oder auch anderer Klassifizierungen beobachtet werden.

Aufgrund ihrer Bedeutung im Unterscheidungshandeln in Organisationen werden im nächsten Abschnitt Stereotype und Prozesse der Stereotypisierung und wie sie Ungleichheitsverhältnisse mitbefördern bzw. stabilisieren ausführlicher erläutert.

3.3 Stereotypisierungsprozesse und ihre Wirkungen

Stereotype (wie z. B. Geschlechterstereotype, Altersstereotype etc.) sind als kognitive Strukturen zu verstehen, die sozial geteiltes Wissen über zugeschriebene charakteristische Merkmale der jeweiligen Gruppe enthalten (vgl. Eckes 1997). In diesem Sinne verfügen Gesellschaften, soziale Umfelder und Individuen über ein spezifisches Wissen darüber, welches sich in geografischer Hinsicht und entsprechend unterschiedlicher Kulturkreise unterscheidet, was typischerweise z. B. Männern und Frauen, Jungen und Alten, Heterosexuellen und Homosexuellen zugeschrieben wird. Geschlechterstereotype (ebenso wie Altersstereotype[72] oder nationale Stereotype) gehören „einerseits zum individuellen Wissensbesitz, andererseits bilden sie den Kern eines konsensuellen, kulturell geteilten Verständnisses von den je typischen Merkmalen der Geschlechter. Hierin liegt die duale Natur von Geschlechterstereotypen" (Eckes 2008, 171). Der Erwerb stereotypen Wissens beginnt bereits sehr früh in der Kindheit und setzt sich bis ins Erwachsenenalter fort. Aufgrund dieses früh eingeschriebenen Wissens erfolgt Stereotypisierung z. B. aufgrund des Geschlechts einer wahrgenommenen Person in den ersten Augenblicken implizit oder automatisch, d.h. ohne bewusste Kontrolle (vgl. Zemore/Fiske/Kim 2000). Prozesse der Stereotypisierung, also der Einsatz bzw. das Wirksamwerden stereotypen Wissens in organisationalem Handeln und das Beharrungsvermögen stereotyper Zuschreibungen und Bewertungsschemata gilt z. B. als ein wesentlicher Grund für vertikale Segregation[73], also die geringere Repräsentanz von Frauen in Führungspositionen in den meisten Berufsfeldern.[74]

In der Stereotypenforschung werden zur Bestimmung von Geschlechterstereotypen deskriptive und präskriptive Stereotype unterschieden. Deskriptive Stereotype benennen traditionelle Annahmen darüber, wie Frauen und Männer sind, welche Eigenschaften sie haben und wie sie sich verhalten; d.h. also z. B. Aussagen wie „Frauen sind kommunikativ und emotional" und „Männer sind strategisch und dominant". Präskriptive Anteile wiederum umfassen traditionelle Annahmen darüber, wie Frauen und Männer sein oder sich verhalten sollen; also Frauen „sollen" emotional und Männer „sollen" dominant sein. Verletzungen dieser präskriptiven Annahmen[75] werden in der Regel gesellschaftlich sanktioniert durch Ablehnung

---

72 Zu Altersstereotypen gehören z. B. Annahmen wie „Jüngere" sind flexibler und innovativer als „Ältere".

73 Siehe weiterführend zu Erklärungsansätzen vertikaler Segregation Gherardi 1995; Mills 2002; Eriksson-Zetterquist/Styhre 2008b; Alvesson/Billing 2009; Poggio 2010 und Hanappi-Egger in diesem Buch.

74 Der Rollenkongruenztheorie von Eagly und Karau (2002) folgend führt die wahrgenommene mangelnde Passung zwischen der weiblichen Geschlechterrolle und Führungsrollen (und die jeweils damit verbundenen stereotypen Zuschreibungen) dazu, dass Frauen geringere Chancen haben, in Führungspositionen aufzusteigen. Siehe weiterführend auch Pasero 2003; Bendl/Hanappi-Egger 2009.

75 Diese Unterscheidung wird im Unterschied dazu bei nationalen Stereotypen oder auch bei Altersstereotypen nicht vorgenommen.

oder Bestrafung. Konkret können diese Mechanismen der Sanktionierung (durchaus auch im Sinne von fehlender Förderung) besonders gut dort beobachtet werden, wo Tätigkeits- oder Organisationsbereiche stark geschlechtsspezifisch segregiert sind. Geschlechterstereotype (wie überhaupt alle Arten von Stereotypen) sind in hohem Maße änderungsresistent (vgl. Eckes 2008, 171). Diese Änderungsresistenz (Persistenz) von Stereotypen steht in engem Zusammenhang mit ihrer nützlichen Funktion im Alltag, da sie die individuelle Orientierung erleichtern und in sozialen Situationen die Reduktion von Komplexität unterstützen. Eckes (2008) unterscheidet zur Bestimmung des Grades der Nützlichkeit von Stereotypen für das Individuum folgende fünf mögliche Funktionen: (a) Ökonomie: Maximierung von Informationsgehalt bei Minimierung des kognitiven Aufwandes, (b) Inferenz: Reduktion der Unsicherheit durch Schlüsse auf nicht direkt beobachtbare Merkmale (hierunter fallen auch Erklärungen, Vorhersagen, Verallgemeinerungen), (c) Kommunikation: sprachliche wie nichtsprachliche Verständigung zwischen Menschen, (d) Identifikation: Selbstkategorisierung mit dem Ziel eines kohärenten Selbstkonzepts, und (e) Evaluation. Bewertung von Eigengruppen (d.h. Gruppen, zu denen sich ein Individuum selber zählt) und ihren Merkmalen in Relation zu Fremdgruppen.

Stereotype müssen nicht immer nur negative Zuschreibungen beinhalten, sondern können durchaus auch verschiedene Facetten von Wertschätzung oder Bewunderung transportieren wie z. B. bestimmte Formen der Idealisierung von Frauen oder auch von Älteren. Diese leisten jedoch auf subtile Weise ebenso einen Beitrag zur Stabilisierung und Legitimation von Status- und Machtdifferenzen zwischen sozialen Gruppen. Trotz des bereits skizzierten Beharrungsvermögens wird in der Forschung davon ausgegangen, dass eine willentliche Beeinflussung von Prozessen der Stereotypisierung möglich ist. Diese setzt jedoch die Bereitschaft voraus, vom Stereotyp abweichende Informationen über eine Person in die eigenen Beurteilungsschemata zu integrieren (vgl. Fiske 1998; Eckes 2008) und somit den Prozess der Stereotypisierung zu durchbrechen.[76]

Aus intersektionaler Perspektive kann festgehalten werden, dass soziale Kategorien grundsätzlich Stereotypisierungsprozessen unterliegen, also sozial geteiltes Wissen über zugeschriebene typische Merkmale im Alltagshandeln in Abhängigkeit ihrer Funktionalität wirksam werden können. Jedoch ist wichtig zu betonen, dass große Unterschiede vorhanden sind hinsichtlich der Art der stereotypen Zuschreibungen als auch hinsichtlich ihrer Funktionalität und somit auch hinsichtlich ihrer Wirkmächtigkeit.

---

[76] Siehe weiterführend zu lernende Organisationen Hanappi-Egger/Hofmann in diesem Buch.

So kann in einem internationalen Konzern die Diversitätsdimension Hautfarbe/Ethnizität völlig anders wirken als in einem mittelständischen Unternehmen in einer Kleinstadt.

3.4 Analytische und methodologische Implikationen und Herausforderungen

Obwohl die Anzahl von Untersuchungen stetig zunimmt, die sich mit der Frage der theoretischen, analytischen und methodologischen Bestimmung intersektionaler Verschränkungen sozialer Kategorien widmen (siehe z. B. Staunaes 2003; Risman 2004; Acker 2006; Holvino 2010), ist die Frage, nach welchen Kriterien die Auswahl relevanter Ungleichheitskategorien in einem Forschungsdesign erfolgen und wie das Verhältnis der einzelnen Kategorien zueinander konzeptionell gefasst werden kann, nicht so ohne weiteres zu beantworten. Grundsätzlich kann festgehalten werden, dass aufgrund der Komplexität intersektionaler Zugänge und der Notwendigkeit kontextueller Verortung zur Beantwortung der Frage nach dem jeweiligen Wechselverhältnis bzw. nach den Interferenzen sozialer Kategorien in Organisationen es vermehrt empirischer Forschung bedarf (siehe z. B. Acker 2006; Hardmeier/Vinz 2007; Ferree 2009; Zanoni et al. 2010).

In der Intersektionalitätsforschung wurde bisher hinsichtlich der Auswahl relevanter Kategorien zur Bestimmung ihrer Wirkmächtigkeit in Organisationen und Gesellschaften besonderes Augenmerk auf die Kategorien Geschlecht, Hautfarbe/Ethinizität und Klasse gelegt. Dies steht in engem Zusammenhang mit ihrer strukturellen Relevanz, was ungleiche Ressourcen- und Machtverteilungen betrifft und dem damit einhergehenden Erklärungspotenzial für die Entstehung und Fortschreibung sozialer Ungleichheiten (siehe z. B. Anthias 2001; McCall 2005; Klinger/Knapp 2007). Für eine Begrenzung auf zentral angenommene Kategorien sprechen auch forschungspragmatische Gründe, da insbesondere empirische Analysen mit mehr als drei Kategorien kaum mehr zu bewältigen sind. Jedoch entspricht das Vorgehen, gerade diese drei Kategorien als zentrale Linien der Differenz anzunehmen, eher einer Setzung als einer konsistenten Begründung. Andere AutorInnen wiederum wie z. B. Winker und Degele (2009) schlagen vier Kategorien auf der Strukturebene vor, nämlich Klasse, Geschlecht, Hautfarbe/Ethnizität und Körper. Die Kategorie Geschlecht inkludiert in diesem Konzept ebenfalls die Kategorie sexuelle Orientierung, weil die Autorinnen davon ausgehen, dass sich die strukturelle Konstruktion von Sexualität über heteronormative Geschlechterverhältnisse, also Heterosexualität als Norm, bestimmen lässt.[77] Die Erweiterung um Körper argumentieren sie mit der Bedeutungszunahme von Alter, körperliche Verfasstheit, Gesundheit und Attraktivität hinsichtlich ihres Einflusses auf die Verteilung von Ressourcen in den letzten Jahrzehnten. Diese vier Kategorien werden in diesem Sinne als Strukturkategorien verstanden, die Prozesse und Verhältnisse beschreiben, die systematisch zu Ungleichheitsverhältnissen beitragen. Die jeweils aus den einzelnen Strukturkategorien ableitbaren Herrschaftsverhältnisse werden für Klasse als Klassismus, für Geschlecht als Sexismus/Heteronormativität, für Rasse als Rassismus und für Körper als Bodismus bezeichnet.[78]

Hinsichtlich der Frage nach der analytischen und methodologischen Bestimmung des Verhältnisses einzelner Kategorien zueinander ist als einer der einflussreichsten Vorschläge jener von McCall (2005) zu nennen, die drei Zugangsweisen unterscheidet: anti-kategoriale, intra-kategoriale und inter-kategoriale. Der anti-kategoriale Ansatz, der sich insbesondere in dekonstruktivistischen und poststrukturalistischen Herangehensweisen findet, geht davon aus, dass Menschen in eine Vielzahl an sozialen Relationen und Subjektpositionen eingebettet sind, die sich vielfältig verknüpfen können und sich permanent verändern. Dieser Zugang geht daher der Frage nach, wann welche Kategorien wie bedeutsam werden. Dies könnte heißen, z. B. die Frage zu stellen, in welcher spezifischen organisationalen Situation soziale Kategorien wie z. B. Frau sein/Mann sein durch Aktualisierung (z. B. Benennen) eine Bedeutung bekommen. Formulierungen wie „Sie als ältere Frau müssten doch verstehen, dass…“ oder „Da ist ein junger starker Mann notwendig“ wären Beispiele für Aktualisierungen in Interaktionen. Diese Perspektive versteht also kategoriale Zuschreibungen als temporär und verfolgt damit die Idee, das statische Denken in Kategorien zu überwinden.

Der intra-kategoriale Ansatz wiederum erforscht die innere Heterogenität einer Kategorie. Hier liegt der Schwerpunkt darauf zu untersuchen, welche Unterschiede und Vielfältigkeiten z. B. es zwischen Männern gibt (Kategorie Geschlecht). In diesem Zugang wird also versucht, der Heterogenität und Differenzierung innerhalb sozialer Kategorien nachzugehen.

Die inter-kategoriale Herangehensweise schließlich richtet die Aufmerksamkeit auf die Wechselwirkungen zwischen den Kategorien. Forschungsfragen mit diesem Fokus interessieren sich für die Wirkungsweisen mehrerer Kategorien zueinander; also z. B. näher zu bestimmen wie jung sein, homosexuell sein und aus Südamerika zu stammen sich in einem bestimmten organisationalen Kontext auswirkt wie z. B. in einem konkreten Projektteam in einem Technologieunternehmen. Weiters schlägt McCall im

---

[77] Siehe Hofmann und Bendl/Eberherr/Mensi-Klarbach in diesem Buch.

[78] Siehe weiterführend Hanappi-Egger in diesem Buch.

Rahmen von inter-kategorialen Ansätzen vor, die analytisch notwendige Benennung von Kategorien als provisorisch oder temporär[79] zu begreifen: „This approach, intercategorical complexity, requires that scholars provisionally adopt existing analytical categories to document relationships of inequality among social groups and changing configurations of inequality along multiple and conflicting dimensions" (McCall 2005, 1773). Mit diesem Zugang versucht sie, dem theoretischen Anspruch, nämlich im empirischen Forschungsdesign neuerliche Fixierungen bzw. Essentialisierungen zu reproduzieren, zu entkommen, indem der Bezug auf soziale Kategorien als forschungsstrategisch notwendig begriffen wird, diese jedoch nicht als permanent festgeschrieben konzeptualisiert werden.

Um Wechselwirkungen von mehreren Kategorien (also hier einem inter-kategorialen Zugang folgend) zueinander und deren Bedeutung und Wirkungsmechanismen sowohl auf Mikro-, Meso- und Makroebene zu erforschen, haben z. B. Winker und Degele (2007) ein Modell der Mehrebenenanalyse entwickelt, welches versucht, diese Ansprüche umzusetzen. Solche Zugänge können als richtungsweisend beurteilt werden, da sie versuchen, intersektionale Phänomene auf mehreren Ebenen analytisch-empirisch zu fassen. Nur unter Einbezug mehrer Ebenen können intersektionale Verschränkungen in ihren gleichzeitigen und/oder gegenläufigen Relevanzsetzungen adäquat erforscht werden. Außerdem ermöglicht die prinzipielle Offenheit hinsichtlich der Bedeutung einer Kategorie für ungleichheitsgenerierende Prozesse widersprüchliche empirische Phänomene in den Blick zu rücken und die Heterogenität sozialer Kategorien nicht sofort wieder verschwinden lassen zu müssen.

3.5 Ausblick: Inklusives Diversitätsmanagement

Zusammenfassend kann daher formuliert werden, dass ein Vermeiden neuerlicher Festschreibungen von Personen auf bestimmte Merkmale über Einordnungen entlang sozialer Kategorien als wichtiger theoretischer und methodologischer Anspruch der Intersektionalitätsforschung bezeichnet werden kann. Damit grenzen sich diese Theorien und Konzepte klar von jenen Diversitätsforschungsbereichen ab, die soziale Kategorie als statisch, fixiert und messbar behandeln[80]. In der kritischen Diversitätsforschung[81] wird der Einsatz von statischen Kategorien aufgegriffen, indem argu-

[79] Siehe Hofmann in diesem Buch.

[80] Siehe weiterführend Mensi-Klarbach in diesem Buch.

[81] Für einen Überblick zu kritischer Diversitätsforschung siehe Zanoni et al. 2010.

mentiert wird, dass durch die fixe Zuordnung zu Kategorien Subjektpositionen oder Gruppen essentialisiert und homogenisiert werden (siehe z. B. Lorbiecki/Jack 2000; Janssens/Zanoni 2005; Konrad/Prasad/Pringle 2006; Bendl/Fleischmann/Walenta 2008; Eberherr/Fleischmann/Hofmann 2008; Styhre/Eriksson-Zetterquist 2008a; Zanoni et al. 2010). Dies ist auch ein zentrales Charakteristikum kritischer Diversitätsforschung. „They share, at the core, a non-positivistic, non-essentialist understanding of diversity – as well as the socio-demographic identities subsumed under this term – as socially (re)produced in on-going, context-specific processes" (Zanoni et al. 2010, 10).

Für zukünftige Forschung und Praxis im Bereich Diversitätsmanagement wird eine Herausforderung darin bestehen, anschlussfähige Wege für die Praxis zu finden, wie die unterschiedlichen Diversitätsdimensionen gemanagt werden können, ohne gleichzeitig wieder essentialisierende kategoriale Festschreibungen zu treffen. Für die Praxis des Diversitätsmanagements würde das bedeuten, Strategien und Instrumente des Diversitätsmanagements zu entwickeln, die zum Beispiel das Zusammenwirken von Gender und sexueller Orientierung in ihrer Wechselwirkung adressieren und berücksichtigen. Oder wie es Bruchhagen und Koall (2007, 34) formulieren: „Als zukünftige Herausforderung kann gelten, dass Personen und Organisationen Komplexität anders als auf der Grundlage binärer Ordnungs- und Entscheidungsmuster bewirtschaften müssen". Im Verständnis eines inklusiven Diversitätsmanagements wird versucht, Wege für die Praxis zu entwickeln, die einen Zustand in Organisationen herstellen, der Unterschiede anerkennt und Denken und Handeln in binären Logiken wie alt/jung, Frau/Mann etc. aufbricht. Dazu bedarf es einer Bereitschaft, sich mit personalen und organisationalen Bewertungsmustern und -logiken aktiv auseinanderzusetzen, um nachhaltig Exklusionsprozesse entlang sozialer Kategorien in Organisationen abzubauen bzw. zu vermeiden.

3.6 Kontrollfragen

1. Wofür steht der Begriff Intersektionalität?
2. Welche historischen Diskussionen führten zur Entwicklung dieses Konzeptes?
3. Definieren Sie den Begriff Stereotype und deren Wirkungen in organisationalen Prozessen.
4. Diskutieren Sie den Unterschied zwischen Stereotype und Stereotypisierung.
5. Diskutieren Sie aus methodologischer Perspektive die spezifischen Herausforderungen und Dilemmata, die bei der Erforschung von Interferenzen sozialer Kategorien zu berücksichtigen sind.

Verwendete Literatur

Acker, Joan (2006): Inequality Regimes: Gender, Class, and Race in Organizations. In: Gender & Society, 2006/20, 441–464.

Acker, Joan (1992): Gendering Organizational Theory. In: Miller, Albert/Trancred, Petra (eds.): Gendering Organizational Analysis. Sage, Newbury Park – London – New Dehli, 248–260.

Althusser, Louis (1977): Ideologie und ideologische Staatsapparate. Aufsätze zur marxistischen Theorie. VSA Verlag, Hamburg.

Alvesson, Mats/Billing, Yvonne Due (2009): Understanding Gender and Organizations. Sage, London.

Anthias, Floya (2001): The material and the symbolic in theorizing social stratification: issues of gender, ethnicity and class. In: The British Journal of Sociology, 2001/52, 367–390.

Anthias, Floya/Yuval-Davis, Nira (1983): Contextualizing Feminism: Gender, Ethic, and Class Divisions. In: Feminist Review, 1983/15, 62–75.

Bendl, Regine/Hanappi-Egger, Edeltraud (2009): Über die Bedeutung von Gender- und Diversitätsmanagement in Organisationen. In: Kasper, Helmut/Mayerhofer, Wolfgang (Hrsg.): Personalmanagement, Führung, Organisation. Linde, Wien, 553–574.

Bendl, Regine/Fleischmann, Alexander/Hofmann, Roswitha (2009): Queer theory and diversity management: Reading codes of conduct from a queer perspective. In: Journal of Management and Organization, 2009/15 (5), 625–638.

Bendl, Regine/Fleischmann, Alexander /Walenta, Christa (2008): Diversity management discourse meets queer theory. In: Gender in Management: An International Journal, 2008/23, 382–394.

Brah, Avtar/Phoenix, Ann (2004): Ain't I A Woman? Revisiting Intersectionality. In: Journal of International Women's Studies, 2004/5 (3), 75–86.

Bruchhagen, Verena/Koall, Iris (2007): Loosing Gender-Binary? Winning Gender-Complexity! Intersektionelle Ansätze und Managing Diversity. In: Netzwerk Frauenforschung NRW, 2007/22, 32–42.

Bührmann, Andrea D. (2009): Intersectionality – ein Forschungsfeld auf dem Weg zum Paradigma? Tendenzen, Herausforderungen und Perspektiven der Forschung über Intersektionalität. In: Gender Heft, 2009/2, 28–44.

Calás, Marta B./Smircich, Linda (2006): From the woman's point of view' ten years later: toward a feminist organization studies. In: Clegg, Stewart/ Hardy, Cynthia/Nord, Walter (Eds.): Handbook of Organization Studies, Sage, London, 284–346.

Carby, Hazel V. (1982): White women listen! Black feminism and the boundaries of sisterhood. In: The Centre for Contemporary Culture Studies (Hrsg.): The Empire Strikes Back: Race and Racism in 70s Britain. London: Hutchinson, 212–235.

Combahee River Collective (1981): A Black Feminist Statement. In: Hull, Gloria T./Scott, B. Patricia/Shmith, Barbara (Eds.): But Some of Us are Brave. Black Women's Studies. The Feminist Press, Old Westbury, 13–22.

Crenshaw, Kimberlé (1989): Demarginalizing the Intersection of Race and Sex: A Black Feminist Critique of Antidiscrimination Doctrine. In: The University of Chicago Legal Forum, 1989, 139–167.

Czarniawska, Barbara/Höpfl, Heather (2002, Eds.): Casting the Other. The Production and Maintenance of Inequalities in Work Organizations. Routledge, London.

Davis, Kathy (2008a): Intersectionality as a buzzword. A sociology of science perspective on what makes a feminist theory successful. In: Feminist Theory, 2008/9, 67–85.

Davis, Kathy (2008b): Intersectionality in Transatlantic Perspective. In: Knapp, Gudrun-Axeli/Klinger, Cornelia (Hrsg): ÜberKreuzungen. Fremdheit, Ungleichheit, Differenz. Westfälisches Dampfboot, Münster, 19–35.

Eberherr, Helga/Fleischmann, Alexander/Hofmann, Roswitha (2008): Labour Market and Organisational Perspectives on Age(ing) – Bringing Gender, Diversity, and Intersectionality into Focus. In: Beisheim, Margret/ Maier, Florentine/Kreil, Linda/Gusenbauer, Bianca (Eds.): Constructions of Women's Age at the Workplace, Frauen, Forschung und Wirtschaft. Peter Lang, Frankfurt/M, 15–30.

Eckes, Thomas (2008): Geschlechterstereotype: Von Rollen, Identitäten und Vorurteilen. In: Becker, Ruth/Kortendiek, Beate (Hrsg.): Handbuch Frauen- und Geschlechterforschung. Theorie, Methoden, Empirie. 2. erw. und aktualisierte Auflage. VS Verlag, Wiesbaden, 171–182.

Eckes, Thomas (1997): Geschlechterstereotype: Frau und Mann in sozialpsychologischer Sicht. Centaurus, Pfaffenweiler.

Eagly, Alice H./Karau, Steven J. (2002): Role Congruity Theory of Prejudice toward Female Leaders. In: Psychological Review, 2002/109, 573–598.

Ely, Robin/Padavic, Irene (2007): A Feminist Analysis of Organizational Research on Sex Differences. In: Academy of Management Review, 2007/32, 1121–1143.

Eriksson-Zetterquist, Ulla/Styhre, Alexander (2008b): Overcoming the Glass Barriers: Reflection and Action in the ‚Women to the Top' Programme. In: Gender, Work and Organization, 2008/15 (2), 133–160.

Fenstermaker, Sarah/West, Candace (2002, Eds.): Doing Gender, Doing Difference. Inequality, Power, and Institutional Change. Routledge, New York/London.

Ferree, Myra Marx (2009): Inequality, Intersectionality and the Politics of Discourse: Framing Feminist Alliances. In: Lombardo, Emanuela/Meier, Petra/Verloo, Mieke (Eds.): The Discursive Politics of Gender Equality: Stretching, Bending and Policy-Making. Routledge, New York/London, 86–104.

Fiske, Susan T. (1998): Stereotyping, Prejudice, and Discrimination. In: Gilbert, Daniel T./Fiske, Susan T./Lindzey, Gardner (Eds.): The Handbook of Social Psychology. McGraw-Hill, Boston, 4. Aufl., Band 2, 357–411.

Foucault, Michel (1988): Archäologie des Wissens. Suhrkamp, Frankfurt/Main [1969].

Gherardi, Silvia (1995): Gender, Symbolism and Organizational Cultures, Sage, London.

Gunnarsson, Eva/Andersson, Susanne/Rosell, Annika Vänje/Lehto, Arja/Salminen-Karlsson, Minna (2003, Eds.): Where Have All the Structures Gone? Doing Gender in Organizations. Examples from Finland, Norway and Sweden. Norstedts, Stockholm.

Halford, Susan/Savage, Mike/Witz, Anne (1997): Gender, carrers and organizations. Current developments in banking, nursing and local government. Macmillan, London.

Hardmeier, Sibylle/Vinz, Dagmar (2007): Diversity und Intersectionality – Eine kritische Würdigung der Ansätze für die Politikwissenschaft. In: femina politica, 2007/16 (1), 23–33.

Hill Collins, Patricia (1999): Moving Beyond Gender: Intersectionality and Scientific Knowledge. In: Ferree, Myra Marx/Lorber, Judith/Hess, Beth (Eds.): Revisioning Gender. Sage, London, 261–284.

Hill Collins, Patricia (1993): Toward a New Vision: Race, Class and Gender as Categories of Analysis and Connection. In: Race, Sex & Class, 1993/1, 25–45.

Hirschauer, Stefan (2001): Das Vergessen des Geschlechts. Zur Praxeologie einer Kategorie sozialer Ordnung. In: Heintz, Bettina (Hrsg.): Geschlechtersoziologie. Kölner Zeitschrift für Soziologie und Sozialpsychologie. Sonderheft 41. Westdeutscher Verlag, Opladen, 208–235.

Hofmann, Roswitha/Cserer, Amelie (2010): Forschungsbericht „Lesben am Werk". Explorationsstudie zur Erwerbstätigkeit lesbischer Frauen in Österreich. Working Papers / Abteilung Gender und Diversitätsmanagement, WU Wirtschaftsuniversität, Wien.

Holvino, Evangelina (2010): Intersections: The Simultaneity of Race, Gender and Class in Organization Studies. In: Gender, Work & Organization, 2010/17 (3), 248–277.

Janssens, Maddy/Steyaert, Chris (2003): Theories of Diversity within Organisation Studies: Debates and Future Trajectories. In: FEEM Working Paper, 2003/14. Online im Internet, URL: http://www.feem.it/web/activ/_wp.html (Abfrage: 12.3.2011; [MEZ 10:40]).

Janssens, Maddy/Zanoni, Patrizia (2005): Many diversities for many services: Theorizing diversity (management) in service companies. In: Human Relations, 2005/58, 311–340.

Klinger, Cornelia/Knapp, Gudrun-Axeli (2007): Achsen der Ungleichheit – Achsen der Differenz: Verhältnisbestimmungen von Klasse, Geschlecht, „Rasse"/Ethnizität. In: Klinger, Cornelia/Knapp, Gudrun-Axeli/Sauer, Birgit (Hrsg.): Achsen der Ungleichheit. Zum Verhältnis von Klasse, Geschlecht und Ethnizität. Campus Verlag, Frankfurt – New York, 19–41.

Knapp, Gudrun-Axeli (2005): Race, Class, Gender: Reclaiming Baggage in Fast Travelling Theories. In: European Journal of Women's Studies, 2005/12, 249–265.

Konrad, Alison M./Prasad, Pushkala/Pringle, Judith K. (2006, Eds.): The handbook of workplace diversity. Sage Publ., London [u.a.].

Lorbiecki, Anna/Jack, Gavin (2000): Critical Turns in the Evolution of Diversity Management. In: British Journal of Management, 2000/11, 17–31.

Martin, Patricia Yancey (2006): Practising Gender at Work: Further Thoughts on Reflexivity. In: Gender, Work & Organization, 2006/13, 254–276.

McCall, Leslie (2005): The Complexity of Intersectionality. In: Journal of Women in Culture and Society, 2005/30, 1771–1800.

Mills, Albert J. (2002): Studying the gendering of organizational culture over time: concerns, issues and strategies. In: Gender, Work and Organization, 2002/9 (3), 286–307.

Mouffe, Chantal (1992): Feminism, Citizenship, and Radical Democratic Politics. In: Butler, Judith/Scott, Joan W. (Eds.): Feminists theorize the Political. Routledge, New York, 369–384.

Munro, Anne (2001): A Feminist Trade Union Agenda? The Continued Significance of Class, Gender and Race. In: Gender, Work and Organization, 2001/8 (4), 454–471.

Pasero, Ursula (2003, Eds.): Gender – from Costs to Benefits. Westdeutscher Verlag, Wiesbaden.

Phoenix, Ann/Pattynama, Pamela (2006): Intersectionality. In: European Journal of Women's Studies, 2006/13, 187–192.

Poggio, Barbara (2010): Vertical segregation and gender practices. Perspectives of analysis and action. In: Gender in Management: An International Journal, 2010/25 (6), 428–437.

Risman, Barbara J. (2004): Gender As a Social Structure: Theory Wrestling with Activism. In: Gender Society, 2004/18, 429–450.

Staunaes, Dorthe (2003): Where have all the subjects gone? Bringing together the concepts of intersectionality and subjectification. In: NORA – Nordic Journal of Feminist and Gender Research, 2003/11 (2), 101–110.

Styhre, Alexander/Eriksson-Zetterquist, Ulla (2008a): Thinking the multiple in gender and diversity studies: examining the concept of intersectionality. In: Gender in Management: An International Journal, 2008/23, 567–582.

Verloo, Mieke (2006): Multiple Inequalities, Intersectionality and the European Union. In: European Journal of Women's Studies, 2006/13, 211–228.

West, Candace/Zimmerman, Don H. (1991): Doing Gender. In: Lorber, Judith/Farrell, Susan A. (Eds.): The Social Construction of Gender. Sage, Newbury Park/London/New Delhi, 13–37.

Wilz, Sylvia M. (2004): Relevanz, Kontext und Kontingenz: Zur neuen Unübersichtlichkeit in der Gendered Organization. In: Pasero, Ursula/Priddat, Birger P. (Hrsg.): Organisationen und Netzwerke. Der Fall Gender. VS Verlag für Sozialwissenschaften, Wiesbaden, 227–258.

Winker, Gabriele/Degele, Nina (2009): Intersektionalität. Zur Analyse sozialer Ungleichheit. Transcript Verlag, Bielefeld.

Yuval-Davis, Nira (2006): Intersectionality and Feminist Politics. In: European Journal of Women's Studies, 2006/13, 193–209.

Zanoni, Patrizia/Janssens, Maddy/Benschop, Yvonne/Nkomo, Stella (2010): Guest Editorial: Unpacking Diversity, Grasping Inequality: Rethinking Difference Through Critical Perspectives. In: Organization, 2010/17, 9–29.

Zemore, Sarah E./Fiske, Susan T./Kim, Hyun-J. (2000): Gender Stereotypes and the Dynamics of Social Interaction. In: Eckes, Thomas/Trautner, Hanns M. (Eds.): The Developmental Social Psychology of Gender. Erlbaum, Mahwah/NJ, 207–241.

4 Vertiefende Betrachtungen zu ausgewählten Diversitätsdimensionen

Regine Bendl, Helga Eberherr, Heike Mensi-Klarbach

Kurzfassung

Ziel des Beitrags ist es, zu den Dimensionen Alter, Behinderung, Ethnizität, Gender, Religion und sexuelle Orientierung einen Einblick in historische Relevanzen und Bezüge, rechtliche Rahmenbedingungen, theoretische Verortungen und Einbettungen sowie Umgangsformen und Herausforderungen auf organisationaler Ebene im Rahmen von Diversitätsmanagement vorzustellen. Wie in der Einleitung dieses Buches ausgeführt, wird mit dem Begriff der „Diversitätsdimensionen" auf die Unabschließbarkeit und Variabilität von Kernbegriffen verwiesen. Der Beitrag will somit die Komplexität im Umgang mit Diversitätsdimensionen sichtbar machen, benennt Widersprüchlichkeiten und skizziert zukünftige Herausforderungen und Forschungsfelder im Rahmen der Organisations- und Diversitätsforschung.

4.1 Einleitung

Die Diversitätsdimensionen Alter, Behinderung, Ethnizität, Gender, Religion und sexuelle Orientierung (in alphabetischer Reihenfolge) – auch als die Big 6[83] bezeichnet und rechtlich in der EU-Antidiskriminierungsrichtlinie[84] und deren nationalen Umsetzungen festgelegt – werden im folgenden Kapitel in ihrer spezifischen Charakteristik einer vertiefenden Betrachtung unterzogen. Obwohl der Aufbau dieses Kapitels entlang der einzelnen Dimensionen strukturiert ist und somit eine Ähnlichkeitsbeziehung nahegelegt wird, soll an dieser Stelle betont werden, dass die einzelnen Kategorien nicht in allen Kontexten als (gleich) relevant, gleich bedeutend oder auch gleich in ihrer Wirkungsweise hinsichtlich der Produktion bzw. Reproduktion von Differenzen bis hin zu Ungleichheiten in Organisationen zu sehen sind. So werden z. B. die Kategorien Geschlecht, Ethnizität/Haut-

[83] Siehe z. B. Hardmeier/Vinz 2007.
[84] Siehe weiterführend Lang in diesem Buch.

farbe („race")[85] und Sexualität auch als Strukturkategorien (vgl. Klinger/Knapp 2007) bezeichnet, da ihnen strukturelle Relevanz für die Entstehung und Aufrechterhaltung sozialer Ungleichheit zugeschrieben wird. Für Alter oder Religion hingegen sind ähnliche Bestimmungen noch als offen zu bezeichnen.[86] Trotz der Notwendigkeit, den Blick auf die Vielfalt bzw. die Unterschiedlichkeiten in den Funktions- und Wirkungslogiken der einzelnen Dimensionen zu schärfen, haben alle sechs ausgewählten Dimensionen gemein, dass sie Individuen oder Gruppen zugeschrieben werden bzw. entlang dieser Individuen oder Gruppen kategorisiert, also eingeordnet werden und damit jeweils spezifische Bewertungen bis hin zu stereotypen Zuschreibungen transportiert werden. Die besondere wissenschaftliche Herausforderung in der Auseinandersetzung mit Diversitätsdimensionen liegt gerade darin, die jeweilige Eigentümlichkeit bzw. Spezifizität einer Kategorie zu bestimmen und gleichzeitig den Zusammenhängen bzw. Interferenzen mit anderen Kategorien gerecht zu werden.

4.2 Alter

Kontextualisierung und Spezifikation

Die Dimension Alter hat in den letzten Jahren sowohl in der öffentlichen Auseinandersetzung als auch in der Gender- und Diversitätsforschung an Aufmerksamkeit gewonnen. In der medialen Öffentlichkeit reicht die Themenpalette von Diskussionen über Generationenvertrag, Pensionssicherung, Finanzierbarkeit des Wohlfahrtsstaates, „Überalterung"[87] der Gesellschaft bis hin zur Schönheitsindustrie, die für-immer-jung-sein Phantasien zum Leben erweckt.

Seit Mitte der 1990er Jahre ist in medialen und politischen Debatten im Zusammenhang mit Alter die demografische Entwicklung ein wiederkehrendes Argumentationsmuster. Hintergrund dieses Diskurses, der politisch sowohl auf nationaler Ebene als auch von Seiten der Europäischen Union (EU) geführt wird, sind demographische Veränderungen wie geringere Geburtenraten und höhere Lebenserwartung (also die Umkehr

---

[85] Siehe FN 40.

[86] Siehe weiterführend Eberherr in diesem Buch.

[87] Diese Bezeichnung wird sehr oft im medialen Diskurs eingesetzt und impliziert bereits normative Vorstellung über die Verteilung einer Bevölkerung hinsichtlich Alterszusammensetzung. Dies macht deutlich, dass dieses Argumentationsmuster politisch und gesellschaftlich hergestellten Beurteilungsschemata über eine angenommene „ideale Verteilung" einer Bevölkerung folgt.

der Alterspyramide). Um den angenommenen Effekten in Folge demographischer Veränderungen zu begegnen und soziale Exklusion, Wettbewerbsnachteile, Produktivitäts- und Wachstumsverluste zu vermeiden (vgl. Eberherr/Fleischmann/Hofmann 2007), setzt die EU auf eine Verbindung von Wirtschafts- und Sozialreformen[88] (siehe auch Europäische Kommission 2007, 2009). So wurden vom Europäischen Rat in Stockholm im Jahre 2001 hinsichtlich der Gruppe der sogenannten „Älteren" ambitionierte Ziele definiert. Die Beschäftigungsquote der 55- bis 64-Jährigen sollte bis 2010 auf 50 % angehoben werden. Zwar ist in den letzten Jahren in vielen EU-Ländern die Beschäftigungsquote dieser Altersgruppe gestiegen, jedoch wurde dieses Ziel nicht in allen Ländern erreicht, darunter auch Österreich. In Österreich ist die Erwerbsbeteiligung älterer ArbeitnehmerInnen zwar auch gestiegen, sie liegt aber mit 42 % (differenziert nach Geschlecht ergibt dies einen Prozentsatz von 32,4 bei Frauen und 52,3 bei Männern) nach wie vor deutlich unter dem OECD-Schnitt, der 2009 bei rund 55 % lag (OECD 2010). Österreich weist somit im europäischen Vergleich eine der niedrigsten Beschäftigungsquoten dieser Altersgruppe auf.

Diese EU-Vorgaben zielen darauf ab, eine verstärkte und längere Einbindung Älterer in den Arbeitsprozess zu erreichen, wobei aus Sicht der EU seitens der BürgerInnen und der Unternehmen stärker in Bildung und Fortbildung während des gesamten Erwerbslebens investiert werden sollte und die Sozialpartner diesen Prozess bestmöglich unterstützen sollten (vgl. Eberherr/Fleischmann/Hofmann 2007). Die Beschäftigungsquote der 55- bis 64-Jährigen als Kernindikator in den Fortschrittsberichten der Europäischen Union steht neben dem drohenden Arbeitskräftemangel auch in engem Zusammenhang mit der angenommenen Bedeutung der Erwerbstätigkeit älterer Menschen für die langfristige Finanzierung der Pensionssysteme (vgl. Mayerhofer/Palme/Sauer 2006, 33). Deshalb wird eine bessere Integration älterer Menschen in den Arbeitsmarkt vor dem Hintergrund der skizzierten demographischen Entwicklungen einen zwangsläufig höheren Stellenwert in der Wirtschafts- und Beschäftigungspolitik einnehmen müssen (vgl. Tálos/Hudler-Seitzberger/Stromberger 2007). Um Ungleichbe-

---

[88] Die 2010 von der Europäischen Kommission vorgeschlagene neue politische Strategie setzt auf intelligentes, nachhaltiges und integratives Wachstum und ist in dem Grundsatzpapier mit der Bezeichnung „Europa 2020. Eine Strategie für intelligentes, nachhaltiges und integratives Wachstum" (Europäische Kommission 2010) festgehalten. Neben Zielsetzungen im Bereich Ökologie und Armutsbekämpfung wird hinsichtlich der Beschäftigung allgemein festgehalten, dass der Anteil der Erwerbstätigen im Alter von 20 bis 64 Jahren auf 75 % angehoben werden soll, jedoch werden nicht mehr spezifische Gruppen besonders hervorgehoben.

handlungen und Diskriminierungen entgegenzuwirken, setzt die Europäische Union auch auf gesetzliche Vorgaben (Europäischer Rat 2000) und deren verbindliche Umsetzung auf nationalstaatlicher Ebene. In Österreich ist die EU-Antidiskriminierungsrichtlinie in unterschiedlichen Gesetzen geregelt, wie z. B. im „Bundesgesetz über die Gleichbehandlung".[89]

In Organisationen begegnen wir dem Etikett „älter" bzw. „jünger" in sehr unterschiedlichen Verwendungsformen. So werden z. B. Frauen mitunter bereits mit 35 oder 40 Jahren als „älter" klassifiziert, Männer mit 40 oder 45 Jahren oder manchmal erst ab 50 oder 55 Jahren (Amann 2004). Die Klassifizierung als „jünger" wiederum kann ebenso, immer in Relation zum spezifischen Kontext, beinahe jeder Altersgruppe zugeschrieben werden. Die Konnotationen wann jemand als jünger oder älter gilt, unterscheiden sich wiederum je nach Branche, beruflicher Position oder Geschlecht. In den vergangenen Jahren kann jedoch als Tendenz beobachtet werden, dass die Einordnung von Arbeitnehmern oder Arbeitnehmerinnen in der Arbeitswelt als „bereits zu alt" gesunken ist (vgl. Amann 2004). Diskriminierungsrealitäten werden besonders augenscheinlich im Zusammenhang mit Stellenausschreibungen bzw. Einstellungspraktiken, wo unabhängig von Qualifikation oder Erfahrung Zugangschancen über Altersklassifizierungen entschieden werden. Das chronologische Alter kann somit ausschlaggebend sein für Qualifikationszuschreibungen, wie z. B. dass höheres Alter bei bestimmten Führungspositionen positiv konnotiert ist oder bei anderen Positionen wiederum Jüngere als grundsätzlich ungeeignet klassifiziert werden.

Theoretische Einbettung: Alter(n) als gesellschaftliche Konstruktion

Zur Diversitätsdimension Alter kann in den letzten Jahren innerhalb der Diversitäts- und Organisationsforschung eine verstärkte Forschungstätigkeit beobachtet werden (siehe z. B. Laz 2003; Duncan/Loretto 2004; Konrad/Prasad/Pringle 2006; Eberherr/Fleischmann/Hofmann 2007; Hanappi-Egger/Schnedlitz 2009; Maier 2009). In der Gender- und Diversitätsforschung werden darüber hinaus zunehmend auch die vielfältigen Verschränkungen mit anderen sozialen Kategorien[90], wie z. B. mit Geschlecht, in den Blick genommen (siehe z. B. Arber 2002; Backes 2007; Eberherr/Fleischmann/Hofmann 2008) oder Alter und Migration (siehe z. B. Reinprecht 2006). Die Diversitätsforschung zum Themenfeld Alter zeichnet sich durch ihre interdisziplinären Verschränkungen aus. Zu nennen sind hier einerseits die soziologische Lebenslauf- und Alternsforschung (u. a. Tews 1993; Backes/Clemens 1998; Amann 2000a, 2004; Schimany 2003; Schroeter 2006;

---

[89] Siehe ausführlich zur rechtlichen Verankerung in Österreich Lang in diesem Buch.
[90] Siehe Eberherr in diesem Buch.

Pasero/Backes/Schroeter 2007), die sich auf Makroebene mit dem aktuellen Wandel der Altersstruktur und der Ausdifferenzierung der Altersphase bzw. weiter gefasst von Lebensphasen im Lebensverlauf[91] befasst. Andererseits hat auch die sozialgerontologische Forschung wichtige Impulse geliefert, wie die biologischen, psychischen und sozialen Dimensionen des Alterns als Prozess gedacht und verknüpft werden können (Rosenmayr/Böhmer 2003; Höpflinger/Perrig-Chiello 2005; Kolland 2005). Innerhalb der Alters- und Organisationsforschung sind besonders konstruktivistische Perspektiven auf Altern von Bedeutung. Stellt man sich die Frage, ab wann ein Mensch alt oder auch jung ist, wird schnell deutlich, dass es auf diese Frage keine Antwort ohne spezifischen Kontext gibt. In diesem Sinne ist Alter als relationale Kategorie zu verstehen, d.h. ich kann mit 50 als jung eingestuft werden in Relation zu mehrheitlich 70- oder 80-jährigen Menschen. Darüber hinaus bedeutet diese Relationalität auch, dass mit jedem chronologischen Alter bestimmte Bedeutungen und Bewertungen transportiert werden. In der Arbeitswelt beispielsweise ist zu beobachten, dass Personalverantwortliche ungefähr das 50. Lebensjahr als „kritische Grenze" bei Neueinstellungen sehen (vgl. Amann 2000b). Bei Fragen, die für Betriebe aus personalpolitischer Sicht von Bedeutung sind (z. B. Aufstiegschancen, Weiterbildung), wird eine „kritische Altersgrenze" oft bereits zwischen dem 30. und 40. Lebensjahr angesetzt (vgl. Amann 2000b). Alter kann demnach zwar numerisch exakt ausgedrückt werden, ist jedoch nicht als statischer Begriff zu verstehen, sondern unterliegt als soziale und kulturelle Kategorie Umdeutungs- und Veränderungsprozessen. Was daher jeweils unter „alt sein"[92] oder „jung sein" verstanden wird, ist neben der bereits genannten Kontextabhängigkeit auch situationsabhängig und darüber hinaus auch historisch wandelbar.[93] In der konstruktivistisch orientierten Alters- und Diversitätsforschung wird Alter daher als gesellschaftlich konstruiert konzipiert; d.h. Alterszuschreibungen werden in alltäglichen Interaktionen hergestellt, bestätigt, aktualisiert, dauerhaft verfestigt und auch verändert. Analog zum Konzept des „doing gender"[94] kann also in diesem Sinne von „doing age" gespro-

---

91 Neben der Altersphase wird z. B. eine Diversifizierung auch für die Jugendphase konstatiert (vgl. Münchmeier 1998).

92 Untersuchungen zu subjektiven Erleben von Alter zeigen große Diskrepanzen zwischen dem chronologischen Alter und der Einschätzung oder dem Gefühl, das Menschen zu ihrem eigenen Alter haben; siehe dazu stellvertretend Sherman 1994.

93 Zur Begriffsgeschichte und Konnotationsveränderungen siehe auch Eberherr/Fleischmann/Hofmann 2011.

94 Das Konzept des „doing gender" geht auf Harold Garfinkel und die Arbeiten von Erving Goffman zurück und bezeichnet die Prozesse der Aneignung von Geschlech-

chen werden. Wir altern nicht, „weil unser Kopf, unser Körper es so will, sondern weil wir Veränderungen in unserem Denken und in körperlichen Prozessen mit der Kategorie ‚Alter' plausibilisieren" (Saake 1998, 11). Eine Möglichkeit, solche Veränderungen zu erfassen, besteht darin, sie als ein Zeichen für Altern zu interpretieren. Anders formuliert wird die biologische Ordnung in eine kulturelle Ordnung (vgl. Kunow 2005) übersetzt und mit soziokulturellen Bedeutungen belegt. Diese soziokulturellen Bedeutungen werden darüber hinaus gesellschaftlich mit unterschiedlichen Bewertungen versehen. So wird z. B. eher jüngeren Menschen, unabhängig von den jeweiligen personellen Eigenschaften, Flexibilität und Innovationsfreudigkeit zugeschrieben, wohingegen ältere Menschen eher als veränderungsresistent gelten. Dies führt dazu, dass gesellschaftlich verankerte (stereotype[95]) Alterszuschreibungen und Altersbilder diskriminierend wirken können. Altersbilder haben zudem oft auch ein Geschlecht, d.h. in Gesellschaften existieren geschlechtsspezifisch unterschiedliche Bilder, unterschiedliche Zuschreibungen und Bewertungen von älteren Frauen und älteren Männern oder von jüngeren Frauen und jüngeren Männern.

Praxis des Diversitätsmanagements: Alter(n)smanagement

In der konkreten unternehmerischen Praxis sind Änderungen in der Personalpolitik derzeit noch kaum in Sicht, denn es lässt sich statistisch noch immer eine Verjüngung der Belegschaft beobachten. Untersuchungen[96] zum Einsatz älterer ArbeitnehmerInnen zeigen, dass Einstellungspolitiken nach wie vor eher jugendzentriert sind. Insbesondere wurde in den letzten Jahrzehnten der Altersdurchschnitt der Beschäftigten im Zuge von Rationalisierungsmaßnahmen häufig über Frühpensionierungen gesenkt. Implizite Voreingenommenheit und Stereotypisierungen leisten diesen Praxen Vorschub. Aus unternehmerischer Perspektive beruhen die Vorbehalte gegenüber älteren ArbeitnehmerInnen im Wesentlichen auf zwei Gründen. Erstens wird davon ausgegangen, dass die Leistungsfähigkeit älterer Arbeitskräfte aufgrund ihres Qualifikationsprofils und aus gesundheitlichen Gründen geringer ist als jene von Jüngeren, und zweitens wird argumentiert, dass ältere Arbeitskräfte mehr Kosten verursachen würden (Stichwort: Senioritätsprinzip[97]). Seit einigen Jahren gibt es jedoch erste Anzeichen, die

---

terrollen und Geschlechteridentitäten in alltäglichen Interaktionen (vgl. Harold Garfinkel 1967; Erving Goffman 1977, 1979; siehe auch West/Zimmerman 1991).

95 Siehe Eberherr in diesem Buch.

96 Siehe z. B. Schönbauer 1998; Hudler-Seitzberger/Stromberger/Talos 2007.

97 Mit Senioritätsprinzip wird das Vorrücken im Lohn- oder Gehaltsschema aufgrund von Zugehörigkeitsdauer bezeichnet.

ein Umdenken erkennen lassen. Um Anreize für Unternehmen zu schaffen, sich gezielt mit Alter(n)smanagement auseinanderzusetzen, wurden in den letzten Jahren in Österreich einige Preise und Wettbewerbe geschaffen, wie z. B. der 2004 ins Leben gerufene Wettbewerb ‚Nestor' (Bundesministerium für soziale Sicherheit, Generationen und Konsumentenschutz) oder auch der 2004 erstmals im Rahmen des „Knewledge"-Staatspreises (eine Wortneuschöpfung aus den englischen Begriffen „know" und „new") für innovative Personalentwicklung vergebene Sonderpreis 45+.

Nicht nur auf gesellschaftspolitischer Ebene, sondern auch hinsichtlich betriebswirtschaftlicher Überlegungen wird mittlerweile davon ausgegangen, dass sich die Einstellungen der Unternehmen – und hier insbesondere der Personalverantwortlichen – ändern werden müssen. In Untersuchungen zur demografischen Entwicklung wird darauf hingewiesen, dass jüngere ArbeitnehmerInnen knapper und Unternehmen deshalb gefordert sein werden, ältere MitarbeiterInnen länger im Unternehmen zu halten. In der Personal- und Organisationsentwicklung wird davon ausgegangen, dass diejenigen Unternehmen zukünftig im Vorteil sein werden, die ihre Unternehmensstrategien rechtzeitig auf den demografischen Wandel ausrichten (siehe z. B. die Ausgaben 5. September 2003 sowie 4. Juli 2004 des „Personalmanager. Zeitschrift für Human Resources"). Aber auch in Anbetracht diverser werdender Lebensentwürfe und Lebensphasen (vgl. Kohli/Künemund 2005) stehen Unternehmen zunehmend vor der Herausforderung, konstruktive Zugänge zu diesen Phänomenen zu entwickeln. Grundsätzlich ist davon auszugehen, dass das biologische Alter nicht geeignet ist, auf Kompetenz, Leistungs- und Lernfähigkeit einer Person zu schließen (siehe Eberherr/Fleischmann/Hofmann 2006). Entscheidend ist vielmehr, ob Menschen in ihren Lebens- und Erwerbsverläufen fördernden oder hemmenden Bedingungen unterliegen und ob ihre Potentiale eingebunden werden. Jedoch gehen betriebliche Ansätze oft nicht über familienfreundliche Maßnahmen oder Überlegungen zum Thema „Work Life Balance" hinaus. Notwendig wären daher Maßnahmen, welche die aus unterschiedlichen Lebenskontexten resultierenden Bedürfnisse berücksichtigen. Zu entwickeln sind somit Konzepte, die eine neue, intelligente Verzahnung von Arbeits- und Privatleben schaffen. Darunter sind also auch Konzepte zu verstehen, die entsprechend individueller Lebensentwürfe und -phasen sich ändernde Bedürfnisse im Lebensverlauf berücksichtigen.

Solche Maßnahmen im Sinne gesamtbetrieblicher Diversitätsstrategien[98] (in den Bereichen Arbeitsorganisation, Unternehmenskultur, vorbeugen-

---

[98] Siehe auch Warmuth in diesem Buch sowie weiterführend Heyer/Henkel 1995; Fasel/Kailer 2001; Morschhäuser/Ochs/Huber 2003; Zimmermann 2003; Schmidt 2004; Eberherr/Fleischmann/Hofmann 2011.

der Arbeits- und Gesundheitsschutz, Personalentwicklung) umfassen bedarfsspezifisch ausgestaltete Arbeitszeitmodelle für alle MitarbeiterInnen ebenso wie Aspekte des lebenslangen Lernens oder der alternsgerechten Arbeitsgestaltung und -organisation. Alternsgerechte Maßnahmen umzusetzen heißt vor diesem Hintergrund auch, den zunehmend heterogener werdenden biografischen Verläufen und Bedürfnissen gerecht zu werden. Zu Maßnahmen im Bereich der Arbeitsorganisation zählen z. B. individuelle Arbeitszeitmodelle, um eine bessere Abstimmung je nach Lebensphase und Anforderungen des Betriebs zu ermöglichen. Maßnahmen, die zum Ideentransfer und zu einem flexiblen Personaleinsatz beitragen sowie langfristig das vorhandene Wissen, die Arbeitszufriedenheit und die Lernchancen der Organisation erhöhen, sind Job Rotation (Kennenlernen verschiedener Arbeitsplätze), Job Enlargement (Erweiterung des Aufgabengebietes) und Job Enrichment (Erweiterung von Entscheidungsspielräumen). Maßnahmen im Bereich der Unternehmenskultur wären z. B. verbindliche Handlungsanleitungen oder Leitlinien zur Führung und Zusammenarbeit, die auf eine lernende, partizipative Unternehmenskultur ausgerichtet sind. Ebenso fallen darunter MentorInnen-Programme, die darauf abzielen, fachliche und soziale Kompetenzen erfahrener MitarbeiterInnen zu nutzen und weiterzugeben sowie Maßnahmen zur Verbesserung des Arbeitsplatzes. Zu vorbeugenden Arbeits- und Gesundheitsschutz zählen insbesondere präventive Maßnahmen, welche die Gesundheit und das Wohlbefinden der Belegschaft erhöhen und vorbeugend gegen den Verschleiß der Arbeitskraft wirken. Der vierte Bereich bezieht sich auf die Personalentwicklung und umfasst Maßnahmen wie Bildungs- und Qualifizierungspläne, um dadurch eine kontinuierliche Aus- und Weiterbildung aller MitarbeiterInnen sicherzustellen, unabhängig etwa von ihrem Alter. Ebenso fallen unter diesen Bereich auch Führungskräfteschulungen zur Vermittlung von Konzepten und Kompetenzen im Bereich Alter(n)s- und Diversitätsmanagement. Diese Konzepte des Alter(n)s- und Diversitätsmanagements sind im Sinne eines inklusiven Diversitätsmanagements als umfassende organisationale Strategie zu verstehen, die auf alle Ebenen, Strukturen und Prozesse abzielt.

4.3 Behinderung

Kontextualisierung und begriffliche Spezifikation

Um negativen Konnotationen der Bezeichnung Behinderung entgegenzusteuern, werden Menschen mit Behinderung als Menschen mit besonderen Bedürfnissen bezeichnet. Doch diese Bezeichnung ist umstritten. Manche

Menschen haben zwar aufgrund ihrer Behinderung besondere Bedürfnisse, doch z. B. alleinerziehende Personen, ältere Menschen oder Kinder und MigrantInnen haben auch besondere Bedürfnisse. Behinderte Personen bezeichnen sich selbst als Menschen mit Behinderung (Firlinger 2003). Was oder wen umfasst der Begriff Behinderung? Die Unbestimmtheit dieses komplexen und schwer greifbaren „Begriffs" Behinderung „führt dazu, dass (...) je nach Zielsetzung von medizinischer, psychologischer, soziologischer, ökonomischer, juristischer oder sozialpolitischer Seite mit jeweils fachspezifischen Akzentuierungen definiert wird. (...) bleibt die Frage, welche Terminologie angemessen ist, unter den politischen Akteuren sowie behinderte Menschen selbst und ihren Organisationen umstritten" (Maschke 2008, 30).

Auf internationaler bzw. europäischer Ebene bestimmen die Klassifizierungen der Weltgesundheitsorganisation (WHO)[99], UN-Konvention über die Rechte von Menschen mit Behinderung – Behindertenrechtskonvention[100], die Definition des Europarates[101], die EU Rahmenrichtlinie „Gleichbehandlung in Beschäftigung und Beruf"[102] und die EU-Antidiskriminierungsrichtlinie[103] den aktuellen Diskurs. Auf österreichischer Ebene wird

---

[99] Die „International Classification of Functioning, Disability and Health" (ICF) bezieht sich in ihrer Definition auf Körperfunktion (Schädigung), Körperstruktur (funktionellen Einschränkung oder Behinderung), Aktivität und Teilhabe (bezogen auf Interaktion mit dem Umfeld) und schließlich Umweltfaktoren (z. B. wie etwa Einstellungen/Meinungen auf die Produktions- und Erwerbssituation wirken).

[100] Convention on the rights of persons with disabilities (siehe http://www.un.org/disabilities/convention/facts.shtml, Abfrage am 24.10.2010).

[101] Seit 1973 definiert der Europarat behinderte Personen als „Personen, die aufgrund einer Verletzung, Krankheit oder eines angeborenen Gebrechens entweder ernsthafte Schwierigkeiten bei der Ausübung von Tätigkeiten haben, die ein Angehöriger derselben Altersgruppe gewöhnlicherweise ausführen könnte oder diese Tätigkeit überhaupt nicht ausführen kann" (Steingruber 2000, 16) und „... jedwede Einschränkung der körperlichen oder geistigen Fähigkeit (angeboren oder erworben), die auf tagtäglichen Aktivitäten und auf die Arbeit Auswirkungen hat, und zwar durch die Reduzierung seines Beitrags zum gesellschaftlichen Leben, seiner Beschäftigungsaussichten und seiner Fähigkeit, öffentliche Einrichtungen zu benutzen" (Steingruber 2000, 16).

[102] Richtlinie des Rates 2000/78/EG vom 27. November 2000 zur Festlegung eines allgemeinen Rahmens für die Verwirklichung der Gleichbehandlung in Beschäftigung und Beruf.

[103] EU Richtlinie 2000/43/EG des Rates vom 29. Juni 2000 zur Anwendung des Gleichbehandlungsgrundsatzes ohne Unterschied der Rasse oder der ethnischen Herkunft; Richtlinie 2000/78/EG des Rates vom 27. November 2000 zur Festlegung eines allgemeinen Rahmens für die Verwirklichung der Gleichbehandlung in Beschäftigung und Beruf.

gemäß § 3 des Bundesgesetzes über die Gleichstellung von Menschen mit Behinderungen (Bundes-Behindertengleichstellungsgesetz – BGStG) der Begriff Behinderung wie folgt definiert und ist auch der Ausgangspunkt für diesen Beitrag:

> „Behinderung (...) ist die Auswirkung einer nicht nur vorübergehenden körperlichen, geistigen oder psychischen Funktionsbeeinträchtigung oder Beeinträchtigung der Sinnesfunktionen, die geeignet ist, die Teilhabe am Leben in der Gesellschaft zu erschweren. Als nicht nur vorübergehend gilt ein Zeitraum von mehr als voraussichtlich sechs Monaten."

Dennoch finden sich in Österreich aber auch noch andere Definitionen von Behinderung, da das Behindertenrecht in Österreich eine Querschnittmaterie darstellt und zahlreiche Rechtsnormen in Bundes- und Landesgesetzen verankert sind, z. B. im Bundesverfassungsgesetz, im Behinderteneinstellungsgesetz, im Bundespflegegeldgesetz, im Allgemeines Sozialversicherungsgesetz oder im Beamtendienstrechtgesetz (vgl. Behindertenbericht 2008, 4–5).

Um Menschen mit Behinderung gleichberechtigt am Leben in der Gesellschaft und am Arbeitsplatz teilhaben zu lassen, trat in Österreich am 1. Jänner 2006 das sogenannte „Behindertengleichstellungspaket" in Kraft, welches das Bundes-Behindertengleichstellungsgesetz, das Behinderteneinstellungsgesetz und eine Novelle des Bundes-Behindertengesetzes umfasst. Das Bundes-Behindertengleichstellungsgesetz beinhaltet den Schutz vor Diskriminierung im Alltag, die Ermöglichung der Teilhabe am Leben in der Gesellschaft und das Verbot der Diskriminierung von Menschen mit Behinderung im Bereich der Bundesverwaltung sowie beim Zugang zu Gütern und Dienstleistungen, die der Öffentlichkeit zur Verfügung gestellt werden. Das Behinderteneinstellungsgesetz legt ein Gleichbehandlungsgebot für Menschen mit Behinderung in der Arbeitswelt einschließlich im Bundesdienst fest und bezieht sich auf das Arbeitsverhältnis (Einstellung, Belohnung, Beförderung etc.), berufliche Aus- und Weiterbildung und Mitgliedschaft zu ArbeitgeberInnen- und ArbeitnehmerInnenorganisationen sowie auf die Bedingungen zum Zugang zu selbständiger Erwerbsarbeit. Das Behinderteneinstellungsgesetz verpflichtet ArbeitgeberInnen im gesamten Bundesgebiet auch dazu, je 25 DienstnehmerInnen mindestens eine/n begünstigen Behinderte/n einzustellen. Begünstigt behindert sind Personen, wenn der Grad der Behinderung mindestens 50 % beträgt. Für die Statuserlangung eines/einer begünstigten Behinderten ist die österreichische Staatsbürgerschaft oder eine EWR-Bürgerschaft nötig (aber auch anerkannte Flüchtlinge können einen Antrag stellen). Sanktioniert wird das Nichteinhalten der Einstellung von begünstigten Behinderten mit einer monatlichen Ausgleichstaxe (aktuell: 220,– Euro) pro Person, die zu beschäftigen gewesen wäre. Im Jahre 2006 kam für ca. 16.000 ArbeitgeberInnen die Beschäftigungspflicht zum Tragen, wobei etwa 64 % der Pflichtstellen besetzt waren und Ausgleichstaxen im Wert von 80,74 Mio. Euro vorgeschrieben wurden (Bericht der Bundesregierung zur Lage der Menschen mit besonderen Bedürfnissen 2008).

Die Ergebnisse einer Mikrozensus Befragung zeigten, dass 2007 in Österreich insgesamt damit 1,7 Mio. Personen (20,5 % der Bevölkerung in Privathaushalten) in irgendeiner Form dauerhaft beeinträchtigt waren und damit eine Behinderung haben (Leitner 2008). Die meisten Beeinträchtigungen basieren auf Problemen mit der Beweglichkeit. Was das Geschlecht betrifft, so unterscheidet sich die Anzahl der beeinträchtigten Frauen (20,2 %) und Männer (20,8 %) nicht erheblich. Die folgende Tabelle zeigt die Beeinträchtigungen im Detail:

Tabelle 1: Dauerhaft beeinträchtigte Personen nach Geschlecht im Jahr 2007

Art der dauerhaften Beeinträchtigung	**Insgesamt**	**Insgesamt**	**Frauen**	**Männer**
	In 1.000	In % der jeweiligen Bevölkerung in Privathaushalten		
Insgesamt	1.687	20,5	20,2	20,8
Probleme beim Sehen	318	3,9	3,4	4,3
Probleme beim Hören	202	2,5	2,1	2,7
Probleme beim Sprechen	63	0,8	0,8	0,7
Probleme mit der Beweglichkeit	1.070	13,0	11,9	14,1
Geistige Probleme oder Lernprobleme	85	1,9	1,1	1,0
Nervliche oder psychische Probleme	205	2,5	2,1	2,9
Probleme durch andere Beeinträchtigungen	579	7,0	7,9	6,2
Mehrfache Beeinträchtigung	580	7,0	6,4	7,7

Quelle: Leitner 2008, 1113

Was die Beschäftigung von Personen mit Behinderung betrifft, so gab es im Jahr 2010 94.426 begünstigt behinderte Menschen, davon waren 63.249 (66,98 %) in Beschäftigung. Insgesamt waren im dritten Quartal 2010

33.443 Personen mit Behinderung als arbeitslos vorgemerkt, davon 40 % Frauen und 60 % Männer, und unter den 5.793 als arbeitslos vorgemerkten begünstigt Behinderten waren 38 % Frauen und 62 % Männer (vgl.www. arbeitundbehinderung.at/de/arbeitesmarkt/arbeitsmarktdaten).[104] Gemäß einer intersektionalen Betrachtung z. B. steigen Behinderungen mit dem Lebensalter an, rund 63 % der Behinderten sind älter als 45 Jahre; in der gesamten Europäischen Union ist das Bildungsniveau der Menschen mit besonderen Bedürfnissen niedriger als das der Nichtbehinderten (vgl. European Commission 2001, 22f.).[105] Wobei die Frage zu stellen ist, inwiefern sich auch Diskriminierungsmechanismen beim Zugang zu Bildung von behinderten Personen in den Zahlen niederschlagen.

Theoretische Einbettung: Behinderung als gesellschaftliche Konstruktion

Insgesamt repräsentieren Menschen mit Behinderung eine sehr heterogene Gruppe, da es Unterschiede hinsichtlich des Schweregrades der Behinderung, physischer, psychischer sowie permanenter und temporärer Beeinträchtigung gibt. Behinderung ist – wie z. B. Geschlecht, Alter – eine soziale Konstruktion. Smith (2004) geht davon aus, dass soziale Konstruktionen über Behinderung wie Konstruktionen von Ethnizität auf verborgenen Ideologien beruhen und dass es einen Zusammenhang zwischen Rassismus und Vorurteilen gegenüber Menschen mit besonderen Bedürfnissen gibt.[106] Durch die Benennung und Festschreibung der Diversitätsdimension Behinderung als sozialen Prozess werden Personen mit Unterschieden bzw. Besonderheiten definiert, was in weiterer Folge zu Ausschluss und zu einer Separierung zwischen „gesunden" Menschen und Menschen mit besonderen Bedürfnissen führen kann bzw. führt.

---

[104] Die Österreichische Arbeitsgemeinschaft für Rehabilitation (ÖAR) stellt u.a. auch folgende Zahlen zur Verfügung (Stand Mai 2008): 446.676 erhalten Pensionsversicherung: Invaliditätspension ohne öffentl. Dienst, 88.763 erhalten Unfallrenten: Versehrtenrenten inkl. Öffentlichen Dienst, 347.805 Pflegegeldbezieher nach dem Bundespflegegeldgesetz, 58.958 Pflegegeldbezieher nach den Landespflegegeldgesetzen, 16.629 Beschädigte nach dem Kriegsopferversorgungsgesetz, 1.716 Beschädigte nach dem Heeresversorgungsgesetz, 250.000 Personen haben einen Behindertenpass (siehe http://www.oear.or.at/informationen/offentlichkeitsarbeit/zahlen-und-fakten, Abfrage am 24.10.2010).

[105] Zur Behindertenpolitik in der Europäischen Union und zur Lebenssituation behinderter Menschen und nationaler Behindertenpolitik in 15 EU Mitgliedsstaaten siehe Maschke 2008.

[106] An dieser Stelle sei auch noch auf den gesamten Diskurs von „Lebenswertem Leben" während und seit dem Zweiten Weltkrieg in Österreich verwiesen. Siehe dazu z. B. Trus 2003; Huainigg 2009.

Personen mit Behinderung werden also als Minderheitengruppe konstruiert, da körperliche und geistige Abweichungen gegenüber der dominanten Gruppe und dem „gesunden Referenzkörper" wahrgenommen werden (vgl. Smith 2004), wobei die Majorität ihre „Normalität" und die Normen, welche diese Hierarchie zu ihren Gunsten begründen, nicht weiter hinterfragt.

Auf wissenschaftlicher Ebene benennt Thanem (2008) drei Perspektiven, wie man sich dem Phänomen Behinderung vorwiegend nähern kann:

- Von *medizinischer* Seite wird unter Behinderung die physische oder mentale Beeinträchtigung von Menschen verstanden, die zentrale Aktivitäten in deren Leben einschränkt. Die Erkennung, Vermeidung, Eliminierung und Kategorisierung von Beeinträchtigung sowie die psychologische und medizinische Betreuung von Menschen mit physischer und mentaler Beeinträchtigung stehen im Mittelpunkt.
- Auf der *sozialen* Ebene wird Behinderung als gesellschaftliche Konstruktion verstanden, die sich aus sozialer Unterdrückung und sozialen, institutionellen, und materiellen Barrieren aus der Umwelt der Betroffenen ergibt. Die Frage stellt sich nach den Faktoren der sozialen und materiellen Umwelt einer kapitalistischen Wirtschaft, die Personen mit besonderen Bedürfnissen daran hindern, eine Erwerbsarbeit aufzunehmen. Oftmals drängen jedoch Maßnahmen der Unterstützung Personen mit besonderen Bedürfnissen in eine passive Opferrolle, was häufig das Gegenteil des gewünschten Ziels hervorruft.
- Der *feministische und phänomenologische* Zugang nimmt in den Blickwinkel, wie Menschen mit einer Beeinträchtigung umgehen und wie sie mit ihrer Umwelt interagieren, und fokussiert – ganz im Gegenteil zu den beiden vorigen Ansätzen – auf die individuellen Erfahrungen der Betroffenen. Dabei wird betont, dass Beeinträchtigungen, die von außen als gleich wahrgenommen werden, nicht automatisch von den Betroffenen als ähnlich erlebt werden und gleich damit umgegangen wird (z. B. spielen manche Personen mit Querschnittslähmungen Basketball und manche nicht).

Bei der Analyse von Konstruktionen von Behinderung greift der Bezug auf eine der drei genannten Perspektiven zu kurz. Die von Thanem (2008) präferierte „eingebettete Perspektive" (embedded perspective) versucht Abhilfe zu schaffen, indem sie davon ausgeht, dass alle Körperlichkeiten sozial konstruiert sind. Diese Perspektive betont die unterschiedlichen Behinderungen und die damit verbundenen Beeinträchtigungen, Bedürfnisse, Probleme und individuellen Erfahrungen und versucht herauszufinden, welche sozialen Prozesse Diskriminierung konstituieren. Dadurch wird vermieden, Personen mit besonderen Bedürfnissen als Opfer zu markieren.

Praxis des Diversitätsmanagements

Die Heterogenität von Personen mit besonderen Bedürfnissen (z. B. Menschen im Rollstuhl; Personen, die gleichzeitig blind und gehörlos sind; chronische Krankheiten) macht auch die Wichtigkeit des Einbezugs des personalen, organisationalen und gesellschaftlichen Kontexts sehr deutlich. Wie Studien aus Österreich zeigen, sind Personen mit besonderen Bedürfnissen auch am Arbeitsplatz mit Vorurteilen konfrontiert: Eine Studie des Büro Chancen und Nutzen (o.J.)[107] des Österreichischen Gewerkschaftsbundes (ÖGB) untersuchte von 2003–2005 u.a. die Motive, die für bzw. gegen eine Beschäftigung von Menschen mit Behinderung sprechen. 271 ausgewertete mündliche teilstrukturierte Interviews mit BelegschaftsvertreterInnen und MitarbeiterInnen brachten folgendes Ergebnis:

Tabelle 2: Motive für und gegen die Beschäftigung von Menschen mit besonderen Bedürfnissen

Motive für die Beschäftigung		**Motive gegen die Beschäftigung**	
Bessere soziale Kompetenz	68 %	Kündigungsschutz	59 %
Höhere Motivation	62 %	Berührungsängste	43 %
Besseres Image für das Unternehmen	56 %	Beschränkte Leistungs- und Einsatzfähigkeit	38 %
Finanzielle Vorteile für das Unternehmen	37 %	Zusätzliche Investition	30 %
Zuverlässiger und loyaler	36 %	Mangelnde Akzeptanz im Unternehmen	28%
Sonstiges wie „es kommt auf den Menschen an“	36 %	Höhere Fehlzeiten	27 %
Bessere Leistung als nicht-behinderte Menschen	9%	Schwer integrierbar	16 %
		Ausfall wegen erhöhter Behördenwege	5 %

Quelle: Studie des Büro Chancen und Nutzen (o.J.)

Während als Gründe für die Beschäftigung von Personen mit besonderen Bedürfnissen an erster Stelle personale Eigenschaften (bessere soziale Kompetenz, höhere Motivation) genannt werden und erst an dritter und vierter

---

[107] Download unter: http://www.roomycompany.at/downloads/roomycontactbetriebsbefragung.pdf (Abfrage am 24.10.2010).

Stelle organisationale Beweggründe stehen (Image für das Unternehmen und finanzieller Vorteil), ist die Reihenfolge bei den Gründen gegen eine Beschäftigung von Personen mit besonderen Bedürfnissen umgekehrt. An erster Stelle sprechen organisationale Gründe, im Besonderen der Kündigungsschutz gegen die Einstellung von Personen mit besonderen Bedürfnissen. Danach kommen erst die personalen Gründe: Berührungsängste, beschränkte Leistungs- und Einsatzfähigkeit, mangelnde Akzeptanz im Unternehmen, höhere Fehlzeiten, schwer integrierbar und Ausfall wegen erhöhter Behördenwege. Diese Berührungsängste und negativen Konnotationen von Personen mit besonderen Bedürfnissen weisen auf noch geringe Erfahrung mit dieser Belegschaftsgruppe hin.

Auch die Studie von Sima (2010, 79), welche die Rolle von Stereotypsierungen[108] bei der Nicht-Einstellung von Personen mit besonderen Bedürfnissen aus der Sicht der ArbeitnehmerInnen-Vertretung untersucht, bringt ähnliche Ergebnisse:

- die geringe Einstellungsquote wird mit der Annahme der erschwerten Kündigung von Menschen mit besonderen Bedürfnissen begründet;
- Menschen mit besonderen Bedürfnissen wird mangelnde Leistungsfähigkeit zugeschrieben und es wird kaum nach Art der Behinderung differenziert;
- da es mangelnde Erfahrung im Umgang mit Personen mit besonderen Bedürfnissen und zu wenig Wissen über Behinderung, sowie Vorurteile und Berührungsängste gibt, herrscht Unsicherheit seitens der MitarbeiterInnen im Umgang mit KollegInnen, die eine Behinderung, sei es eine körperliche und/oder psychische Beeinträchtigung, haben;
- Behinderung wird oftmals mit einer sichtbaren Beeinträchtigung verbunden, in erster Linie erscheint ein Mensch im Rollstuhl vor dem inneren Auge; sichtbare (körperliche) Behinderung stellen ein Hindernis für den KundInnenkontakt dar;
- viele Personen geben ihren Behindertenstatus bei einem Bewerbungsgespräch oder als Beschäftigte/r dem/der ArbeitgeberIn nicht bekannt bzw. lassen den Status nicht feststellen, da sie Angst vor Benachteiligung haben;
- psychische Erkrankungen werden als unberechenbar und schwer einschätzbar gesehen, weshalb es ArbeitgeberInnen als Risiko sehen, eine Person mit dieser Art der Behinderung einzustellen.

Einerseits machen diese Studien deutlich, dass Unternehmensverantwortliche über den Kündigungsschutz von Personen mit besonderen Bedürf-

[108] Siehe Eberherr in diesem Buch.

nissen nicht ausreichend informiert sind: Denn der erhöhte Kündigungsschutz bedeutet nicht, dass Personen mit besonderen Bedürfnissen nicht kündbar sind, sondern lediglich, dass ein/e ArbeitgeberIn vor Beendigung des Dienstverhältnisses der Betriebsrat oder die Personalvertretung bzw. das Amt der Landesregierung anzuhören ist und die Zustimmung des Behindertenausschusses eingeholt werden muss (vgl. Schmitt 2005).

Andererseits gibt es zu wenig Erfahrung am Arbeitsplatz mit Menschen mit besonderen Bedürfnissen und daher werden auf weiten Strecken Stereotype bemüht, die ein „standardisiertes vereinfachtes mentales Bild" von Personen mit besonderen Bedürfnissen widerspiegeln. Diese Vorstellungen verfestigen und erneuern sich und werden immer wieder reproduziert (vgl. Eberherr/Fleischmann/Hofmann 2006, 11). Auch bei Menschen mit besonderen Bedürfnissen helfen diese Stereotypisierungen und Vorurteilsbildungen, die komplexe soziale Umwelt in vereinfachende soziale Kategorien zu reduzieren. Vorurteile gegen behinderte Personen gehören zum gesellschaftlichen Vorrat an stereotypen Wahrnehmungsmustern, die schon Kinder im Laufe des Hineinwachsens in die Gesellschaft, also ihrer Sozialisation lernen (Widmann 2005). Doch diese Stereotypen tragen der großen Vielfalt von Personen mit besonderen Bedürfnissen und der gelebten Diversität am Arbeitsplatz nicht Rechnung.

Abschließend sei festgehalten, dass bereits auf der gesellschaftlichen Ebene Krankheit und Beeinträchtigung tabuisiert werden und es daher nicht weiter überrascht, dass sich dieses Phänomen auf der betrieblichen Ebene, wie die genannten Studien zeigen, fortsetzt. Nur eine auf nachhaltige Inklusion ausgerichtete diskriminierungsfreie Unternehmenspolitik (z. B. Gestaltung von individuellen Arbeits- und Unterstützungspaketen, Umbau der Gebäude für barrierefreien Zugang, barrierefreie Arbeitsplätze, Kantinen bzw. Werksküchen und Toilettanlagen etc.) kann dazu beitragen, Personen mit besonderen Bedürfnissen als gleichwertige ArbeitnehmerInnen anzuerkennen und am Arbeitsplatz gleichzustellen und gleich zu behandeln. Gleichzeitig gibt es aber auch Grenzen der Inklusion. Nicht jede Person ist – trotz des Einsatzes unterstützender Technologien – dazu geeignet, bestimmte Arbeiten auszuführen. So kann z. B. eine blinde Person manche Tätigkeiten, die auf Visualität beruhen, nicht ausführen. Trotzdem soll nicht unerwähnt bleiben, dass der Gestaltungsspielraum für ArbeitgeberInnen wesentlich größer wird, wenn von einer traditionellen Auslegung von bestimmten Tätigkeiten abgegangen wird.

4.4 Ethnizität

Kontextualisierung und Spezifikation

Österreich kann auf eine lange Geschichte in Bezug auf seine ethnische Vielfalt zurückblicken. Bereits in der österreichisch-ungarischen Monarchie war ethnische Vielfalt Bestandsdatum, welche einerseits Vielfalt speiste – 1910 wurden in Österreich-Ungarn 10 Sprachen[109] gesprochen (Shepherd 1911) – und andererseits aber auch Anlass für politische Auseinandersetzungen war (z. B. Ausgleich Österreich Ungarn 1867 oder der Beginn des Ersten Weltkriegs 1914). Die heute in Österreich anerkannten autochthonen Volksgruppen weisen noch auf diese imperiale Vergangenheit hin (burgenlandkroatische, slowenische, slowakische, tschechische und ungarische sowie die Volksgruppe der Roma). Dennoch war Österreich über lange Zeit, wie viele andere europäische Länder auch, ein Auswanderungsland, das heißt, mehr Menschen verließen das Land, als hinzuzogen. Nach dem Zweiten Weltkrieg veränderte sich diese Situation. Aufgrund des Arbeitskräftemangels wurden in den 1960er Jahren mit der Türkei und Jugoslawien Abkommen geschlossen, um so genannte „GastarbeiterInnen" anzuwerben. Die Idee war, Arbeitskräfte nur temporär ins Land zu holen, solange wie ihre Arbeitskraft benötigt wurde. In den 70er Jahren kam es verstärkt zu einem Familiennachzug und die Zahl der Familien mit Migrationshintergrund nahm zu (Fassmann/Münz 1995). Beginnend mit den wirtschaftlichen Problemen Österreichs im Zuge des „Ölpreisschocks" ab dem Jahr 1974 änderte sich die österreichische Arbeitsmarkt- und damit verbundene Zuwanderungspolitik. Die „GastarbeiterInnen" wurden zunehmend als Teil eines „Zuwanderungsproblems" gesehen.

Mit der Öffnung des Eisernen Vorhangs und dem Balkankrieg in den 1980er und 1990er Jahren kam es zu neuen Migrations- und Fluchtbewegungen, was in den 90er Jahren zu einer Verschärfung der Asyl- und Fremdenrechtsgesetze führte. Ziel war es, die Anzahl der in Österreich lebenden und arbeitenden Menschen mit Migrationshintergrund zu steuern. Dies drückt sich auf rechtlicher Ebene vor allem durch das restriktive Aufenthaltsgesetz und das Ausländerbeschäftigungsgesetz aus (o.V.).

Der Beitritt Österreichs 1995 zur EU löste schließlich einen konstanten Anstieg an Zuwanderung von Mitgliedsländern der EU aus, die bis dahin noch nicht zu den traditionellen Zuwanderungsländern Österreichs gezählt hatten. Dieser Trend setzt sich bis heute fort, während in den 1960er Jahren bis Mitte der 1990er Jahre ZuwandererInnen in erster Linie aus dem

---

[109] Deutsch, ungarisch, tschechisch, polnisch, serbisch und kroatisch, ukrainisch, rumänisch, slowakisch, slowenisch und italienisch.

ehemaligen Jugoslawien sowie aus der Türkei kamen, ist die Gruppe der MigrantInnen heute wesentlich heterogener, wobei die EU 15, also die 15 EU Mitgliedstaaten, unter denen bereits freier Personen- und Dienstleistungsverkehr gilt, eine immer wichtigere Rolle spielen. Für Arbeitskräfte aus den 12 „neuen“ EU- Ländern galt bis 1.5.2011 eine so genannte Übergangsregelung, die den freien Dienstleistungsverkehr einschränkte. Die nachfolgende Abbildung zeigt, wie sich die Zusammensetzung aufgrund der nationalstaatlichen Herkunft der Migranten und Migrantinnen zwischen 1963 und 2007 entwickelt hat:

Abbildung 1: Im Ausland geborene Bevölkerung nach Einreisejahr und Geburtsland

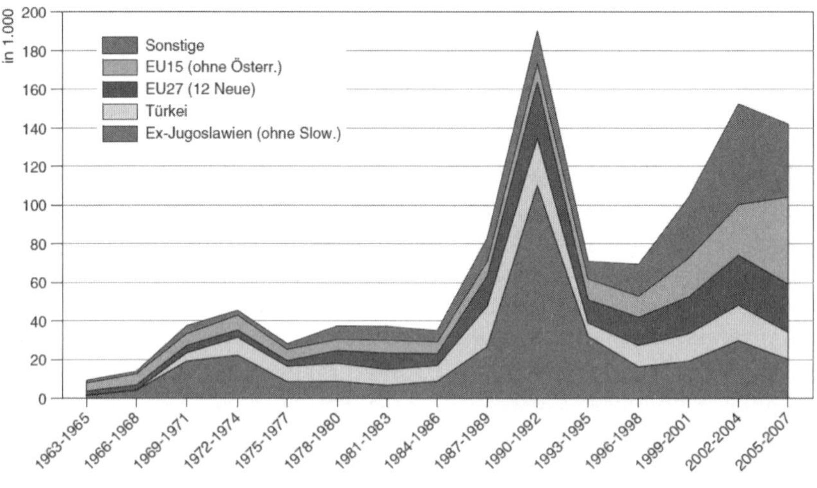

Quelle: Statistik Austria. 2009, S. 26.

Zum einen ist ersichtlich, dass die EU15, aber auch die EU27 seit dem Beitritt Österreichs zur EU einen großen Anteil der Migration nach Österreich ausmachen. Auch zeigt sich hier die Auswirkung des Balkan-Kriegs in den 1980er und 1990er Jahren und die dadurch bedingte verstärkte Einreise von Menschen aus Ex-Jugoslawien.

Theoretische Einbettung: einige Begriffsbestimmungen

Wenn man über die Dimension Ethnizität spricht, stellt sich zu allererst die Frage, was ist Ethnizität? Wie unterscheidet sich Ethnizität von „race“[110],

[110] Siehe FN 40.

wie grenzt sich Ethnizität von Kultur und Nationen ab? In unterschiedlichen Disziplinen wurde diese Debatte bereits geführt, SoziologInnen, AntropologInnen oder LinguistInnen haben unterschiedliche „Definitionen“ von Ethnizität vorgenommen (vgl. u.a. Klinger/Knapp 2007; Prasad 2007; Wernhart 2008). Es kann jedoch nicht von einem interdisziplinären Konsens gesprochen werden, was wiederum auch auf die Komplexität des Themenfeldes hinweist. Im Folgenden werden unterschiedliche Herangehensweisen und Definitionen aufgezeigt, wodurch Ausschnitte aus dem theoretischen Diskurs Ethnizität betreffend skizziert werden:

- Ethnizität als soziale Konstruktion

Ethnische Gruppen sind durch ein geteiltes Verständnis von Normen und Wertigkeiten charakterisiert, die wiederum ihre „kulturelle“ Identität bestimmen und sie damit von anderen Gruppen abgrenzbar machen (Wernhart 2008). Wernhart geht zudem davon aus, dass der Ethnizitätsbegriff dynamisch ist; als Gemeinsamkeit einer ethnischen Gruppe können kulturelle Gemeinsamkeiten, kleine regionale Gruppen, Stämme bis zu Völkerschaften oder auch die Sprache angenommen werden (vgl. ausführlich dazu Wernhart 2008).

Häufig werden die Unterschiede nicht nur an kulturellen oder sprachlichen Aspekten festgemacht, sondern auch an sichtbaren Merkmalen. Der Terminus „race“ wird in erster Linie in Verbindung mit biologischen Merkmalen wie etwa der Hautfarbe verwendet, anhand derer Unterschiede festgemacht werden. Im Gegensatz dazu hat sich für Ethnizität weitgehend eine sozialkonstruktivistische Definition herausgebildet (Gunaratnam 2003; Klinger/Knapp 2007). „[...] ethnicity by contrast, generates a discourse where difference is grounded in cultural and religious features ... [however] ... the articulation of difference with Nature (biology and the genetic) is present, but displaced through kinship and inter-marriage“ (Hall 2000, 222f.). Es wird davon ausgegangen, dass die sozial konstruierten, dynamischen Kategorien in ungleichen und sich verändernden Interaktionen zwischen sozialen Prozessen und individuellen Erfahrungen produziert werden (Gunaratnam 2003).

- Ethnizität und Hierarchisierung

Ethnizität wird häufig in Verbindung mit Machtrelationen untersucht, wobei das Verhältnis unterschiedlicher Gruppen zueinander im Mittelpunkt steht. In diesem Zusammenhang sind der Postkolonialismus und der Neokolonialismus zu nennen, die sich mit der Hierarchisierung des „Westens“ und „Nicht-Westens“ beschäftigen und dabei das Verständnis für die

Wahrnehmung „der anderen" herausarbeiten, das auf weiten Strecken bis heute besteht (z. B. Prasad 2007). Neokolonialismus ist ein Terminus, der im Zuge der Dekolonialisierung entstand. Er beschreibt den Umstand, dass im Zuge der Dekolonialisierung die früheren Kolonialstaaten zwar politisch unabhängig geworden sind, sie aber immer noch von westlichen Ländern, den ehemaligen Kolonialmächten, wirtschaftlich abhängig sind (Young 2001). Prasad (2003) beschreibt Neokolonialismus in diesem Zusammenhang als eine andauernde politische, wirtschaftliche aber auch kulturelle Kontrolle des Westens über ehemalige Kolonialstaaten. Postkolonialismus oder postkoloniale Theorie versteht sich als eine radikale Kritik am Kolonialismus und am Neokolonialismus, die als frühere und modernere Formen der Dominanz und Macht westlicher über nicht-westliche Nationen, aber auch Kulturen verstanden werden. Zusammenfassend kann festgehalten werden, dass der Neokolonialismus moderne Formen der Macht über ehemalige Kolonialstaaten beschreibt, während der Postkolonialismus diesen Umstand kritisch betrachtet und erforscht.

Der „Westen" bzw. „Nicht-Westen" werden mittels stereotyper Gegensatzpaare beschrieben, welche die öffentliche Wahrnehmung bis heute mitbestimmen. Dem folgend wird etwa der „Westen" und alle Personen, die im zugeordnet werden, als zivilisiert, entwickelt, modern, wissenschaftlich, säkular, übergeordnet oder weiß angesehen, während Personen, die dem „Nicht-Westen" zugeordnet werden als primitiv, kolonialisiert, archaisch, abergläubisch, nicht-säkular, untergeordnet oder nicht-weiß, sprich, schwarz, braun, gelb konnotiert werden (Prasad 1997). Die koloniale Ideologie, die von scheinbar fixen und unüberwindlichen Grenzen zwischen „dem Westen" und „den anderen" ausgeht, hat ihren Niederschlag auch in wissenschaftlichen Arbeiten gefunden (Nandy 1982, Gilman 1985, Loomba 1998, Young 1998), indem Frauen, Nicht-EuropäerInnen, und Menschen mit nicht-weißer Hautfarbe degradiert und nicht dem europäischen Ideal entsprechend dargestellt wurden. Diese Vorstellungen haben sich über Jahrhunderte hinweg zu institutionalisierten und kulturellen Praktiken entwickelt und sind zum „common sense" im „Westen" geworden (Prasad 2007). Wenn sichtbaren Unterschieden zwischen Menschen Werte zugeschrieben werden, führt dies zu einer Hierarchisierung von unterschiedlichen Ethnien. Der Postkolonialismus zielt darauf ab, diese stereotypen Binaritäten sichtbar zu machen, die erheblichen Einfluss auf die geschichtliche Entwicklung Europas hatten und bis heute in den Strukturen des modernen Westens eingeschrieben sind (Dawson 2004; Prasad 2007).

In modernen Forschungsansätzen wird zudem die Tendenz kritisiert, Ethnizität, wie auch „race" oder nationale Herkunft als in sich homogene Gruppen zu betrachten, die objektiv und fix gegeben sind. Diese Annahme führt häufig dazu, dass die nationale Herkunft als Differenzierungssystem wirkt, welches zu Auf- aber vor allem auch Abwertungen bestimmter ethnischer Gruppen und damit verbunden zu unterschiedlichen Formen der Diskriminierungen führt.

- Ethnizität – Nationalität – Kultur

Ein wesentlicher Aspekt in der begrifflichen Bestimmung ist zudem, dass Ethnizität nicht mit Nationalität gleichzusetzen ist: „Ethnizität und Nation sind nicht identisch. Nationen sind politische Gemeinschaften, die dauerhaft im selben Staatsverband leben oder leben wollen. Ethnizität hingegen überschreitet oft nationale und staatliche Grenzen“ (Gingrich 2008, 104).

Kultur ist ebenso ein wesentlicher Bestandteil von Ethnizität, jedoch auch nicht synonym zu verstehen: „Ethnizität bezeichnet das jeweilige Verhältnis zwischen zwei oder mehreren Gruppen, unter denen die Auffassung vorherrscht, dass sie sich kulturell voneinander in wichtigen Fragen unterscheiden. Ethnizität ist nicht identisch mit Kultur. Ethnizität als Beziehungsgeflecht aktualisiert bloß bestimmte Aspekte der beteiligten Kulturen in diesem Wechselverhältnis und kombiniert dies mit Außeneinwirkungen“ (Gingrich 2008, 102 und 105). Ethnizität meint auf der einen Seite weniger als Kultur, indem in der Regel nur kulturelle Teilelemente wiederzufinden sind, auf der anderen Seite umfasst der Begriff mehr als Kultur, indem auch Fremdzuschreibungen und Praktiken mit Ethnizität verbunden sind (vgl. Gingrich 2008).

Die Definition des Anthropologen und Humanbiologen Eike M. Winkler spannt einen weiten Bogen über den Terminus „Ethnos“ (häufig synonym verwendet für ethnische Gruppe*):* „Ethnos ist eine gesellschaftsbezogene Kategorie bzw. Größe, sie stellt eine Variable dar, die als Rahmenbegriff für die jeweilige historische Situation bestimmt werden muss und ein struktural-funktional-integrales Gefüge aufweist, das eine Mobilität zulässt bzw. oftmals in sich birgt, die sich u.a. in exogenem und endogenem Kulturwandel manifestiert.“ (Wernhart 2008, 88). Die Bedeutung des Begriffs Ethnizität ist somit stark kontextabhängig und insbesondere historisch geprägt.

- Ethnizität – Grenzen der Erfassbarkeit

Eine essentialistische Sicht Ethnizität betreffend wird oft als Grund für mögliche Ungleichheiten und Diskriminierungen gesehen, weshalb neuere Forschungsansätze versuchen, genau diese essentialistischen Einteilungen zu vermeiden bzw. aufzulösen (Miles 1999; Hall 2000; Smith 2002; Gunaratnam 2003; Klinger/Knapp 2007). So weist Smith (2002) beispielsweise darauf hin, dass die Bezugnahme auf Charakteristika der optischen

Erscheinung von Menschen zur Einteilung in ethnische Gruppen gerade wieder eine rassistische Zuschreibung von Merkmalen ist, die in der modernen Forschung eigentlich als überwunden gelten sollte. Dieser Hinweis zeigt nochmals, wie schwierig es ist, Ethnizität zu erfassen und vor allem zu operationalisieren, wenn es darum geht, empirische Forschung zum Thema Ethnizität zu konzipieren oder auch mit der Kategorie Ethnizität im organisationalen Kontext zu arbeiten. Auf der einen Seite steht die Forderung, bestehende Konzepte nicht zu reproduzieren und zu stärken, die in der Vergangenheit zu Ungleichheit und Diskriminierung geführt haben, auf der anderen Seite besteht Bedarf an Forschung und Handlung, die zumindest auf einer beschreibenden Ebene klar abgegrenzt und erfasst werden müssen. Dadurch ist eine Verwendung von Kategorien anhand feststellbarer Charakteristika (nationale Herkunft, Religion, Sprache, Ethnie) nicht zu umgehen.

Zusammenfassend können also folgende Aussagen festgehalten werden:

- Es gibt keine allgemeingültige Definition für Ethnizität;
- „Race" meint im Unterschied zu Ethnizität tendenziell biologische Unterschiede, die sich in sichtbaren Merkmalen äußern;
- Ethnizität wird in der modernen Forschung dynamisch und kontextabhängig gesehen, die Spannweite des Begriffs variiert zwischen den Disziplinen;
- Ethnizität und Hautfarbe, als sichtbare Merkmale, auf Basis derer Menschen häufig ethnischen Gruppen zugeordnet werden, sind eng miteinander verwoben;
- Die Zuschreibung von (Ab-)Wertungen zu ethnischen Gruppen führt zur Hierarchisierung und letztlich Diskriminierung;
- Ethnische Gruppen unterscheiden sich hinsichtlich ihrer Kultur, Werte und Praktiken; diese Unterschiede müssen anerkannt werden, sollen jedoch nicht verabsolutiert werden;
- Ethnizität ist nicht gleich Nation;
- Ethnizität und Kultur sind eng miteinander verbunden, sind jedoch nicht synonym.

Insbesondere wenn es darum geht, statistische Daten über Ethnizität in einem bestimmten Land zu erarbeiten, wird häufig auf nationale Herkunft zurückgegriffen. Personen mit Migrationshintergrund[111] werden statistisch

---

[111] In Österreich werden in Übereinstimmung mit der „Recommendations for the 2010 censuses of population and housing" der UNECE diejenigen als Personen mit Migrationshintergrund bezeichnet, deren beide Eltern nicht in Österreich geboren sind. Des weiteren wird zwischen MigrantInnen der 1. Generation (die wie ihre Eltern nicht in Österreich geboren sind) und MigrantInnen 2. Generation

über die Staatsbürgerschaft erhoben. Um auch österreichische StaatsbürgerInnen mit Migrationshintergrund zu erfassen, wird auf das Geburtsland der Eltern und Großeltern (2. und 3. Generation) zurückgegriffen. Unter dem Begriff des Migrationshintergrunds können Veränderungen in der Bevölkerungszusammensetzung analysiert werden. Auch in der organisationalen Praxis wird ebenfalls häufig auf nationale Herkunft, Sprache, Kultur und Religion zurückgegriffen, um die Dimension „Ethnizität" im Diversitätsmanagement abzubilden.

Praxis des Diversitätsmanagements

Organisationen sind sich zunehmend der Bedeutung von Ethnizität in und um ihr Unternehmen bewusst. Um diesem Umstand Rechnung zu tragen, wird häufig auf die Sprache, die Nationalität oder etwa die Religion (siehe weiter hinten in diesem Beitrag) zurückgegriffen. Ethnizität spielt zum einen intern in Bezug auf Belegschaft bzw. potentielle ArbeitnehmerInnen eine Rolle, aber auch extern in Bezug auf andere Stakeholder, wie KundInnen, LieferantInnen etc.

Die externe Perspektive betreffend haben deutsche Mobilfunkanbieter beispielsweise das KundInnensegment der „TürkInnen" verstärkt durch spezielle Tarife angesprochen, die Gestaltung des Handys, spezifische Werbekampagnen, bilinguale Serviceteams, Hotlines, Anrufbeantworter und dergleichen. Eine ähnliche Maßnahme sind spezifische Angebote für türkische Frauen und Männer im Bank- und Anlagebereich. Dafür sind sowohl die Bilingualität als auch das kulturelle Hintergrundwissen als Service für die potentiellen KundInnen wesentliche Treiber. Damit verbunden sind auch interne Maßnahmen, nicht zuletzt, um bilinguale und interkulturelle Teams aufbauen und erhalten zu können.[112]

Ein weiteres Beispiel ist die kultur- und religionssensible Zusammenstellung von Menüplänen von Catering-Unternehmen, um die unterschiedlichen Bedürfnisse der vielfältigen Gäste zu berücksichtigen. Dabei kann auf kulturelles und religiöses Know-how im Unternehmen selbst zurückgegriffen werden, wenn es aufgrund einer vielfältigen Belegschaft gegeben ist. Die Anpassung des Speiseplans in Betriebsrestaurants oder Kantinen an religiöse Bedürfnisse, sofern sie seitens der Betriebsleitung durchgeführt werden, kann auch als interne Maßnahme betrachtet werden.

(die in Österreich geboren, deren Eltern jedoch nicht in Österreich geboren sind) unterschieden. Siehe http://www.statistik.at/web_de/statistiken/bevoelkerung/bevoelkerungsstruktur/bevoelkerung_nach_migrationshintergrund/index.html (Abfrage: 30.10.2010; [MEZ 17:00].

[112] Siehe Hermann in diesem Buch.

Eine weitere organisationale Maßnahme ist beispielsweise die Gründung eines österreichweiten Beratungsnetzwerkes für MitarbeiterInnen mit Migrationshintergrund sowie die kostenlose Teilnahme an Deutschkursen. Beide Maßnahmen zielen auf die interne Perspektive ab und fokussieren auf Sprache sowie auf nationale Herkunft.

In der öffentlichen Verwaltung ist häufig die Zusammensetzung der Belegschaft ein wesentlicher Treiber für Diversitätsmaßnahmen. Dahinter steht das Ziel, die aktuelle Zusammensetzung der Bevölkerung in der Organisation abbilden zu können. Eine mögliche Maßnahme in diesem Kontext stellen gezielte Einstellungskampagnen mit dem Ziel dar, vermehrt österreichische StaatsbürgerInnen mit Migrationshintergrund zu rekrutieren (siehe z. B. Hanappi-Egger 2006; Struppe 2006).

Diese Beispiele zeigen exemplarisch Handlungsmöglichkeiten im Rahmen des Diversitätsmanagements im Umgang mit Ethnizität. Sie zeigen weiters, dass im organisationalen Kontext Ethnizität mehrheitlich über Aspekte wie Sprache, Kultur, Religion und nationale Herkunft behandelt wird.

4.5 Geschlecht

Kontextualisierung und Spezifikation

Wie bereits der Artikel von Hofmann in diesem Buch zeigt, ist die Wahrnehmung von Geschlecht davon abhängig, welches Theoriemodell zugrundegelegt wird. Ob nun Geschlecht als biologisch, sozial erlernt oder als sprachlich diskursiv produziert aufgefasst wird bestimmt, welche Strategien und Maßnahmen zur Gleichstellung, Gleichbehandlung und (Chancen) Gleichheit (im weiteren als GGCG) der Geschlechter auf gesellschaftlicher, politischer, rechtlicher und wirtschaftlicher Ebene gesetzt werden.[113] Österreich hat in Bezug auf GGCG im Vergleich zu anderen Ländern noch großen Aufholbedarf. Lag Österreich beim Gender Gap Report des World Economic Forum im Jahre 2006 noch auf Platz 26, so rangiert es beim Gender Gap Report 2009 nur mehr auf Platz 42 hinter z. B. Südafrika (Platz 6), Latvia (Platz 14), Sri Lanka (16), Trinidad und Tobago (19), der Mongolei (22) und Mozambique (Platz 26) sowie den USA (Platz 31) (vgl. Hausmann/Tyson/Zahidi 2009). Im Detail bedeutet das, dass Österreich im Weltvergleich bei der politischen Partizipation von Frauen auf Platz 23, bei geschlechtergerechten Errungenschaften in Bildung auf Platz 78, bei der ökonomischen Teilhabe auf Platz 103 zu finden ist. Bei den Gehaltsunterschieden schneidet

[113] Für einen solchen Bezugsrahmen siehe Bendl 2011. Für Ansatzpunkte auf organisationaler Ebene siehe Bendl 2008.

Österreich noch schlechter ab: es besetzt Rang 122 von 134 Ländern. (vgl. Hausmann/Tyson/Zahidi 2009).

Obwohl hier noch ein großer Aufholbedarf in Richtung GGCG besteht, zeigt der aktuelle vierte Frauenbericht 2010 der Bundesministerin für Frauen und Öffentlichen Dienst, dass sich in den letzten 15 Jahren die GGCG der Geschlechter in Österreich zum Besseren verändert hat: „Die Daten zeigen, dass Frauen so gut ausgebildet sind wie nie zuvor. Sie sind berufstätig wie nie zuvor" (Bundesministerin für Frauen und Öffentlichen Dienst 2010, 3). Trotzdem verdienen Männer für die gleiche Arbeit bis zu 18 Prozent mehr als Frauen. Der Anteil von Frauen in Führungspositionen der großen Wirtschaftsunternehmen liegt immer noch unter 10 Prozent (vgl. Bundesministerin für Frauen und Öffentlichen Dienst 2010, 3).

Die Wege zur Gleichstellung der Geschlechter in Österreich seit der Mitte des 18. Jahrhunderts machen deutlich, wie schwer es für geschlechterbewusste PolitikerInnen und ArbeitgeberInnen sowie für die in der Zivilgesellschaft aktiven Frauen und Männer ist, GGCG der Geschlechter voranzutreiben. Die Geschichte der Geschlechteremanzipation ist von Fortschritten und Rückschritten geprägt: z. B. die erste Frauenbewegung der bürgerlichen Frauen um die Jahrhundertwende vom 18. ins 19. Jahrhundert, der Nationalsozialismus mit der Stilisierung der Mutterrolle einerseits und der Arbeitskraftressource Frau andererseits, neuerliche Etablierung einer geschlechtsspezifischen Arbeitsteilung nach dem Zweiten Weltkrieg mit der Reinstitutionalisierung der Rolle von Frauen als FürsorgerInnen für die Familie, Reformschub zur Gleichberechtigung unter der sozialistischen Alleinregierung von 1970 bis 1983 (z. B. Umstellung auf Individualbesteuerung 1973, Fristenlösung 1974, Familienrechtsreform 1975, Einführung des Staatssekretariats für allgemeine Frauenangelegenheiten und Gleichbehandlungsgesetz für die Privatwirtschaft 1979), Antidiskriminierungsgesetzgebung in den 1990er Jahren (z. B. Bundesgleichbehandlungsgesetz, Arbeitskreise für Gleichbehandlungsfragen und Frauenförderung im Öffentlichen Dienst) und nach der Jahrtausendwende (z. B. Antidiskriminierungsgesetz[114]), das Erstarken der AbtreibungsgegnerInnen in der letzten Dekade u.v.a.m. (siehe z. B. Geiger/Hacker 1989; Gehmacher 1998; Karlsson 1998; Dohnal/Thurner 2008; Hauch 2009). Österreich ist im Vergleich zu jenen nordischen EU Mitgliedsstaaten (Schweden, Finnland und Dänemark), die auch wohlfahrtsstaatliche Ideen verfolgen, durch einen konservativeren Zugang zu Geschlechterfragen geprägt (siehe auch Haas et al. 2006). Ein modifiziertes „male breadwinner model" – gekennzeichnet durch vollzeitarbeitende Männer und teilzeitarbeitende

---

[114] Siehe dazu den Beitrag von Lang in diesem Buch.

Frauen, die das dem Haushalt zur Verfügung stehende Einkommen ein bisschen „aufbessern", aber grundsätzlich noch immer für die häuslichen Reproduktionsarbeiten zuständig sind – ist gemessen an der Anzahl der Teilzeitbeschäftigung von Frauen in Österreich noch immer das dominierende (siehe Tab. 3). Es soll aber nicht unerwähnt bleiben: erstens, dass die Anzahl der „female breadwinner" Haushalte aufgrund der steigenden Scheidungsraten im Ansteigen ist und zweitens, dass die Väterkarenz von nur 3,8 % der Männer 2008 in Anspruch genommen wurde (vgl. Frauenbericht 2010).

Auch die unterschiedlichen von den österreichischen Parteien propagierten Gesellschaftsmodelle, welche inner- und außerparlamentarisch sowohl explizit als auch immer wieder implizit verhandelt werden, erleichtern eine progressive Gleichstellungspolitik nicht:

> „Während die SPÖ für die Rechte der erwerbstätigen Frauen, SPÖ und Grüne für die Geschlechtergerechtigkeit sowie den Anspruch von Frauen auf autonome Entscheidungsbefugnisse und materielle Unabhängigkeit eintreten, beanspruchen ÖVP und FPÖ/BZÖ, die Interessen der Familien zu vertreten. Dabei werden Familieninteressen überwiegend losgelöst von den sozioökonomischen Bedingungen formuliert: Fraueninteressen werden vorrangig als familiäre Interessen wahrgenommen" (Appelt 2009, 31).

Genauer betrachtet bedeutet das, dass sich sozialdemokratische Frauenpolitik auf die „berufsorientierte Frau" konzentriert, wobei Frauen durch ihre eigene Berufstätigkeit ihre Existenz sichern und ein unabhängiges, selbstbestimmtes Leben führen können sollten. Für die ÖVP ist Frauenpolitik eher allgemeine Gesellschaftspolitik, wobei nach bereits durchgesetzter rechtlicher Gleichstellung auch tatsächliche Gleichstellung von Frauen und Männern zu erreichen ist.[115] Im Zentrum steht die Vereinbarkeit von Beruf und Familie, wobei Frauen immer im Kontext der Familie/von Kindern gesehen werden. Die FPÖ trennt nicht zwischen Frauen- und Familienpolitik und sieht als Ziel „optimale Rahmenbedingungen für jede Frau zu schaffen, damit diese Wahlfreiheit hat, ob sie bei den Kindern bleibt oder Karriere machen möchte, oder beides" (Klinka 2009, 400). Männer werden hier ausgeblendet. Auch für das BZÖ ist Frauenpolitik Familienpolitik: „Sobald ein Kind im Spiel ist wird Frauenpolitik zur Familienpolitik" (Klinka 2009, 401). Für die Grünen hingegen liegt gute Frauenpolitik

[115] Grundsätzlich ist Frauenpolitik bei allen österreichischen Parteien Gesellschaftspolitik. Der Unterschied in der Zugangsweise liegt darin, ob Frauenpolitik als eigener Bereich betrachtet wird oder Frauenpolitik als Teil der Gesellschaftspolitik gesehen wird.

dann vor, „wenn auf die strukturellen Ungleichheiten so hingewiesen wird, dass wirklich alle das Gefühl haben, es geht sie etwas an und betrifft sie selber, nämlich Frauen und Männer“ (Klinka 2009, 400). Diese unterschiedlichen und zumal konträren Interessen machen deutlich, in welchen vielfältigen Kraftfeldern mit unterschiedlichen Zielsetzungen sich Gleichstellungspolitik bewegt. Dazu ist auch noch anzumerken, dass Familienpolitik sowie der überwiegend in Österreich von den Parteien geführte Familiendiskurs heteronormativ[116] ist – also auf Frauen und Männer abzielt, die eine Familie gründen und idealerweise verheiratet sind. Einer gleichgeschlechtlichen Familienpolitik – Männer, die mit Männern Kinder erziehen, und Frauen, die mit Frauen Kinder erziehen – wurde mit dem Bundesgesetz über die eingetragene Partnerschaft (EPG) 2009 eine politische Absage erteilt.

Darüber hinaus weist Appelt (2009, 33) darauf hin, dass der vergeschlechtlichte österreichische Wohlfahrtsstaat auf die familiäre Rolle von Frauen aufsetzt und damit dazu beiträgt, die vorherrschende geschlechtsspezifische Arbeitsteilung und die damit verbundene Geschlechterhierarchie zu zementieren. Gleichzeitig sind Frauen aufgrund ihrer Arbeitsmarktposition wegen noch immer vorherrschender horizontaler und vertikaler Arbeitsmarksegregation (siehe Tabelle 3) einerseits und ihrer Familienzuständigkeit (modifiziertes male bread winner model) anderseits vom aktuellen Rückbau des Sozialstaates besonders betroffen.

Im Folgenden werden nun überblickmäßig statistische Daten zur Situation von Frauen und Männern am Arbeitsmarkt in Österreich präsentiert, um aufzuzeigen, in welcher de-facto-Situation Politiken für GGCG anzusiedeln sind. Die Daten sind dem Frauenbericht 2010 (vgl. Bundesministerin für Frauen und Öffentlichen Dienst, 2010) entnommen:

Was die Bildung und Ausbildung der männlichen und weiblichen Arbeitskräfte betrifft, so lassen sich statistisch folgende Unterschiede beobachten: Mehr Frauen als Männer haben nur einen Lehrabschluss und die Wahl der Ausbildungsfelder ist geschlechtsspezifisch: Die klassischen Männerberufe im Bereich Metall, Elektronik, Kraftfahrzeugtechnik, Installations- und Gebäudetechnik werden nur sehr selten von Frauen gewählt und auch nur die Hälfte aller weiblichen Lehrlinge wählt eine Lehre im kaufmännischen Bereich. Danach folgen die Berufe Friseurin und Perückenmacherin (Stylistin) und Restaurantfachfrau. Der Kochberuf rangiert bei den männlichen Lehrlingen an Platz 6 der meistgewählten Lehrlingsberufe und bei Frauen an Platz 5 (vgl. Lehrlingsstatistik 2010 der WKO).

---

[116] Zu Heteronormativität siehe die Beiträge von Hofmann und Eberherr in diesem Buch.

Auf Maturaniveau sind bereits 60 % der MaturantInnen Frauen und seit 2004/05 gibt es mehr Universitätsabsolventinnen als -absolventen.[117] Die Mehrzahl der Frauen geht jedoch sukzessive im Laufe der wissenschaftlichen Karriere verloren. Nur mehr 42 % der DoktorandInnen sind Frauen und auf der Ebene der ProfessorInnen finden sich österreichweit dann nur mehr 10% Frauen. Grundsätzlich zeigt die Statistik aber auch, dass Frauen generell aktiver sind beim lebenslangen Lernen, doch besuchen sie berufsbezogen Kurse eher in der Freizeit als während der Arbeitszeit.

Die Daten in der folgenden Tabelle 3 deuten trotz des gestiegenen formalen Ausbildungsniveaus von Frauen jedoch noch immer auf eine vertikale und horizontale Segregation des Arbeitsmarkts hin: noch immer sind mehr Männer als Frauen in Führungspositionen anzutreffen und als Unternehmer tätig, und wie auf Lehrlingsebene ist das Arbeitsvermögen von Frauen und Männern auf unterschiedliche Sektoren und Branchen verteilt:

Tabelle 3: Statistische Daten zur Situation der Geschlechter in Bezug auf Beruf (vertikale und horizontale Segregation, Geringfügig Beschäftigte, Branchenverteilung und Wiedereinstieg nach der Geburt)

Berufliche Situation nach Geschlecht
Allgemein • Im zentralen Erwerbsalter (25–54 Jahre) sind 80 % der Frauen und 90 % der gleichaltrigen Männer erwerbstätig • In den letzten Jahren nahm die Frauenerwerbstätigkeit zu, was in erster Linie auf den starken Anstieg von Teilzeitarbeit und die rückläufige Vollzeiterwerbstätigkeit zurückzuführen ist • Im Jahre 2008 arbeiten rund vier von zehn Frauen Teilzeit, was einer Teilzeitquote von Frauen von 41,5 % entspricht • 2008 betrug die Arbeitslosenquote von Frauen 4,1 % und lag damit leicht über der der Männer (3,6 %) • Der Arbeitsmarkt ist in hohem Maße geteilt: Niedrige berufliche Stellungen werden häufiger Frauen zugewiesen bzw. von diesen angenommen, höhere Positionen werden hingegen von Männern dominiert

[117] Wobei jedoch auch fachspezifische Unterschiede zu beachten sind. Während in den Sozial- und Wirtschaftswissenschaften bereits mehr AbsolventInnen Frauen sind, studieren in den technischen Studienrichtungen noch weit weniger Frauen als Männer und schließen das Studium ab.

Vertikale Segregation des Arbeitsmarkts • Im Bereich der Führungskräfte liegt der Frauenanteil bei 28,3 %, wobei sich besonders die nochmals niedrigeren Frauenanteile in den Führungsetagen großer Unternehmen niederschlagen; so sind nur 6 % der Aufsichtsräte Frauen • Im Jahre 2008 war lediglich jede vierte Stelle in der Geschäfts- oder Bereichsleitung von großen Unternehmen von einer Frau besetzt. Deutlich höher ist der Frauenanteil bei kleinen Unternehmen, wo jedes dritte Unternehmen von einer Frau geleitet wird (32,1 %)
Horizontale Segregation des Arbeitsmarkts • Produktionsbereich (12,4 % der erwerbstätigen Frauen und 37,4% der erwerbstätigen Männer) • Dienstleistungssektor (82 % der erwerbstätigen Frauen und 57 % der erwerbstätigen Männer) • Land- und Forstwirtschaft (6 % Frauen und 6 % Männer) • Reihung Wirtschaftsabschnitte nach Anzahl der Frauen: 1. Handel, 2. Gesundheitswesen, 3. Realitätenwesen und unternehmensbezogene Dienstleistungen • Reihung Wirtschaftsabschnitten nach Anzahl der Männer: 1. Sachgütererzeugung, 2. Handel, 3. Bauwesen • Frauen spielen eine wichtige Rolle bei den Lehrkräften (66 % der Erwerbstätigen) • Frauenanteil: 77,3 % Gesundheitswesen, 70,5 % Unterrichtswesen, 64,4 % Gaststättenwesen, Verkehrs- und Nachrichtenübermittlung 25 %, Energie- und Wasserversorgung 18,5 %, Bauwesen 13,7 %
Geringfügig Beschäftigte • Aufgrund der aktuellen neoliberalen Wirtschaftspolitik ist der Anteil an geringfügigen Beschäftigungsverhältnissen in den letzten Jahren sehr stark angestiegen; im Jahre 2007 hatten gemäß dem Hauptverband der österreichischen Sozialversicherungsträger 170.580 Frauen (9,8 % der Frauen) und 75.257 Männer (4,1 % der Männer) ein geringfügiges Beschäftigungsverhältnis • Der Anteil an Frauen an geringfügigen Beschäftigungsverhältnissen betrug 69,4 % Frauen
Wiedereinstieg nach Geburt eines Kindes • Die Geburt eines Kindes stellt für Frauen noch immer einen nachhaltigen Einschnitt bzw. Rückschritt in der Erwerbskarriere dar; 36,3 % der davor erwerbstätigen Frauen sind selbst 32 Monate nach der Geburt ohne Beschäftigung • Für Frauen geht mit der Elternschaft eine Unterbrechung und meist eine deutliche Reduzierung der Erwerbsarbeit (geringfügige Beschäftigung) einher; bei Männern ist eher ein umgekehrter Trend zu verzeichnen • 3,8 % der Väter sind in Väterkarenz (6.272 Männer bezogen Karenzgeld und 160.376 Frauen)

Quelle: Bundesministerin für Frauen und Öffentlichen Dienst 2010; Heidrick/ Struggles 2009

Wie die hohe Zahl an nicht erwerbstätigen Frauen 32 Monate nach der Geburt zeigt, haben sich trotz erhöhter Erwerbstätigkeit von Frauen die ArbeitgeberInnen noch immer nicht darauf eingestellt, dass die Frauen nach der Geburt ihres Kinder bzw. nach der Karenzzeit an ihren Arbeitsplatz zurückkehren wollen. Darüber hinaus hat der erschwerte berufliche Einstieg nach Kinderkarenz u.a. auch Einfluss auf die Gehaltshöhe, neben der Tatsache, dass Frauen eher in Niedriglohnbranchen zu finden sind als Männer. So erreichten im Jahre 2007 vollzeiterwerbstätige Frauen nur 78 % der durchschnittlichen Bruttojahreseinkommen der Männer, da die Bruttostundenverdienste von Frauen insgesamt um 25,5 % unter denen der Männer lagen. Bereinigt man das Lohngefälle um beobachtbare Unterschiede wie Alter, Ausbildung oder Beschäftigungsdauer sowie Segregationseffekte aufgrund der Unterschiede in der Verteilung von Frauen und Männern nach Branchen und Berufen, dann sinkt der geschlechtsspezifische Verdienstunterschied in Österreich von 25,5 % auf 18,1 %.

Auch bei den selbständig erwerbstätigen Frauen und Männern zeigen sich große Unterschiede zwischen den Einkommen: Im öffentlichen Dienst fallen die Einkommensnachteile hingegen weit geringer aus als bei selbständig und unselbständig Erwerbstätigen in der Privatwirtschaft. So liegen im öffentlichen Dient die Anteile des mittleren Fraueneinkommens am Einkommen der Männer zwischen 68,7 % (Hilfs- und angelernte Tätigkeiten) und 80,3 % (FacharbeiterInnen/MeisterInnen), während bei den mittleren Gesamteinkommen (vor Steuern) der selbständig Erwerbstätigen Frauen mit einem mittleren Gesamteinkommen von 14.708 € rund 62 % des vergleichbaren Einkommens der Männer (23.760 €) erzielen. Langfristig wirken sich diese Gehaltsunterschiede auch auf den Lebensstandard von Frauen und Männer aus, wobei demgemäß Frauen wesentlich armutsgefährdeter sind als Männer (siehe dazu BMASK 2011).

Praxis des Diversitätsmanagements

Ansatzpunkte zur Verbesserung dieser horizontalen und vertikalen Arbeitsmarktsegregation und erhöhter Armutsgefährdung von Frauen liegen neben politischen Initiativen des Bundes und insbesondere der Bundesministerin für Frauen und Öffentlichen Dienst, z. B. bei der Verpflichtung der Offenlegung der Gehälter oder einer verpflichtenden Quote von Frauen in Aufsichtsräten[118]. Doch dazu sei angemerkt, dass es sich bei diesen Initiativen

[118] „Die Bundesregierung verpflichtet sich, in den Unternehmungen, an denen der Bund mit 50 % und mehr beteiligt ist, einen Frauenanteil an der Bundesquote im jeweiligen Aufsichtsgremium von 25 % bis 31.12.2013 zu erreichen. Bis spätestens 31.12.2018 ist ein Anteil von 35 % zu erreichen. Es wird angestrebt,

zur Gleichstellung der Geschlechter am Arbeitsmarkt nicht um Erfindungen des 21. Jahrhundert handelt. Bereits in den 1980er Jahren und besonders in den 1990er Jahren lag der Schwerpunkt politischer und wissenschaftlicher Praxis auf Gleichstellung, Chancengleichheit und Gleichbehandlung am Arbeitsmarkt. Dazu wurden damals Frauenförderprogramme und Chancengleichheitsprogramme und nachfolgend von der EU veranlasst Gender Mainstreaming eingeführt.[119] Im Zuge der Implementierung von Diversitätsmanagement sind diese Maßnahmen zur Geschlechtergerechtigkeit am Arbeitsplatz dann unter der Diversitätsdimension Gender zusammengefasst worden. Gender ist jedoch bei vielen Unternehmen nach wie vor jene Diversitätsdimension, mit der sich Organisationen hauptsächlich beschäftigen. Dabei handelt es sich um Maßnahmen der Vereinbarkeit von Beruf und Privatleben, zur Erreichung einer geschlechtergerechten Unternehmenskultur und Maßnahmen im Bereich des Human Ressource Managements. Im Rahmen des Human Ressource Managements werden dann geschlechtergerechte Maßnahmen für die Personalbestandsanalyse, Personalbedarfsbestimmung, Personalwerbung und die Personalauswahl sowie für den Personaleinsatz, Personalentwicklung und Personalfreisetzung entwickelt. Detaillierte Maßnahmen dazu zeigt Tabelle 5. Mit diesen Maßnahmen soll auf betrieblicher Ebene Diskriminierung von Geschlecht entgegengewirkt werden und eine gesellschaftliche Gleichbewertung von Tätigkeiten erreicht werden, egal ob diese von Frauen und Männern verrichtet werden.

4.6 Religion

Kontextualisierung und Spezifikation

In Österreich dominiert zwar seit Jahrhunderten die römisch-katholische Glaubensgemeinschaft, es gibt aber auch viele andere Glaubensrichtungen, die hierzulande eine lange Geschichte haben. Insgesamt wurden bei der letzten Volkszählung im Jahr 2001 rund 48 unterschiedliche Glaubensrichtungen aufgezeichnet, 14 Glaubensgemeinschaften[120] sind gesetzlich

---

die oben beschriebenen Quoten auch im gesamten Gremium umzusetzen" (Vortrag an den Ministerrat, GZ BKA-140.200/0048-II/1/2011, Bundesministerin für Frauen und Öffentlichen Dienst).

[119] Eine ausführliche Darstellung dieser Konzepte siehe Bendl 1997; Bendl 2004 und auch den Beitrag von Bendl in diesem Buch.

[120] Katholische Kirche; Evangelische Kirche; Griechisch-orientalische (= orthodoxe) Kirche; Israelitische Religionsgesellschaft; Islamische Glaubensgemeinschaft in Österreich; Altkatholische Kirche Österreichs; Evangelisch-methodistische

anerkannt und verfügen dadurch über gewisse Grundrechte.[121] Anerkannte Glaubensgemeinschaften erhalten finanzielle Unterstützung durch den Staat. Ein klarer Trend in Österreich ist die stetige Säkularisierung, die sich insbesondere auch im Rückgang der Anzahl der Personen mit katholischem und evangelischem Glaubensbekenntnis zeigt. So bekannten sich 2001 rund 74 % der österreichischen Bevölkerung noch zur römisch-katholischen Glaubensrichtung (im Vergleich zu 92 % um 1900). 12 % gehörten keinem religiösen Bekenntnis an (0,2 % um 1900) (vgl. Goujon 2006 in Anl. an Statistik Austria). Zudem ist eine Heterogenisierung der Glaubensbekenntnisse in Österreich zu beobachten, die vorwiegend mit Migration zusammenhängt.

Als gesellschaftliche Institutionen nehmen Religionen auf das gesellschaftliche Zusammenleben, sowie die Entwicklung der Bevölkerung Einfluss, indem sie Normen und Wertesysteme für das individuelle Handeln vorgeben (Giddens 2009). Wesentliche Themen der Weltreligionen betreffen Sexualität, Familie, Fortpflanzung, Ehe oder Scheidung. Wenn Gläubige ihr Leben an den Lehren ihrer Religion ausrichten, wirkt sich dies unmittelbar auf das gesellschaftliche Zusammenleben, wie auch die Bevölkerungsstrukturen aus (z. B. Anzahl der Geburten) (Goujon et al. 2006). In Österreich, das trotz Säkularisierungstrend sowie trotz stetig zunehmender Kritik an der Institution nach wie vor als traditionell katholisch konservativ gelten kann, hat die lange Tradition des katholischen Glaubens institutionalisierte Praktiken hervorgebracht, die auch heute noch reproduziert werden, auch wenn sie häufig nicht mehr auf die katholische

---

Kirche in Österreich (EmK); Kirche Jesu Christi der Heiligen der Letzten Tage (Mormonen) in Österreich; Armenisch-apostolische Kirche in Österreich; Armenisch-apostolische Kirche in Österreich; Neuapostolische Kirche in Österreich; Österreichische Buddhistische Religionsgesellschaft; Syrisch-Orthodoxe Kirche in Österreich; Jehovas Zeugen in Österreich. Zuständig für gesetzlich anerkannte Religionsgemeinschaften ist derzeit das Ministerium für Unterricht, Kunst und Kultur http://www.bmukk.gv.at/ministerium/kultusamt/ges_anerk_krg.xml (Abfrage: 19.10.2010; [MEZ 10:28]).

[121] Anerkannte Religionsgemeinschaften haben gemäß dem 19. Bundesgesetz Rechtspersönlichkeit von religiösen Bekenntnisgemeinschaften folgende Rechte: öffentliche Religionsausübung, Ausschließlichkeitsrecht (Namensschutz, Anspruch auf exklusive religiöse Betreuung der eigenen Mitglieder), selbständige Ordnung und Verwaltung der inneren Angelegenheiten, Schutz der Anstalten, Stiftungen und Fonds gegenüber Säkularisation, Recht auf Errichtung konfessioneller Privatschulen, Erteilung des Religionsunterrichts an öffentlichen Schulen.

Kirche zurückgeführt werden[122]. Die gesellschaftliche Dominanz der katholischen Kirche in Österreich wurde nicht zuletzt durch die Unterzeichnung des Konkordats zwischen der Republik Österreich und dem Vatikan im Jahre 1933 verfestigt. „Seine Heiligkeit, Papst Pius XI. und die Republik Österreich, die in dem Wunsche einig sind, die Rechtslage der katholischen Kirche in Österreich zum Besten des kirchlichen und religiösen Lebens in gegenseitigem Einvernehmen in dauerhafter Weise neu zu ordnen, haben beschlossen, eine feierliche Übereinkunft zu treffen"[123]. Das Konkordat ist mit einigen Konsequenzen verbunden, die bis heute die bestehende Machtstellung der katholischen Kirche in Österreich festschreibt.[124] Das Festhalten am Konkordat wird öffentlich kritisiert, auch wenn es bisher keine breite öffentliche Ablehnung gibt[125].

Studien (z. B. Goujon 2006) die zukünftige Entwicklung der Glaubensgemeinschaften in Österreich betreffend gehen davon aus, dass sich bisherige Trends fortsetzen: Zum einen wird die Heterogenität der Glaubensrichtungen aufgrund der Migration zunehmen, zum anderen ist es doch sehr wahrscheinlich – auch wenn die Gruppe der römisch-katholisch Gläubigen am stärksten zurückgehen wird – dass sie über die nächsten Jahrzehnte die größte Gruppe bleibt. Am stärksten werden vermutlich die Gruppe der Personen ohne religiöses Bekenntnis und die Gruppe der muslimisch Gläubigen wachsen. Letztere einerseits aufgrund der Migration, andererseits auch aufgrund der (noch) höheren Geburtenrate (Goujon et al. 2006).

---

[122] Ein Beispiel dafür ist der „traditionelle" Fisch am Freitag, der in vielen Restaurants, Kantinen etc. zu finden ist oder das „Grüß Gott" als Begrüßung, die in Österreich sehr weit verbreitet ist.

[123] Das gesamte Konkordat kann unter http://www.verfassungen.de/at/konkordat33.htm nachgelesen werden (Abfrage: 31.10.2010; [MEZ 22:00]).

[124] Ein Beispiel ist die Allgegenwärtigkeit von Kruzifixen, die beispielsweise in allen Klassenzimmern öffentlicher Schulen aufgehängt sind. Private katholische Schulen werden auf Basis des Konkordats mit erheblichen finanziellen Mitteln unterstützt, insofern hat die katholische Kirche einen nicht unwesentlichen Einfluss im österreichischen Bildungssystem.

[125] http://www.ipetitions.com/petition/konkordat/ Die Atheistisch laizistische Organisation rief zur Petition für die Abschaffung des Konkordats auf.

Tabelle 4: Detailansicht der Bevölkerungsverteilung auf Glaubensgemeinschaften

Jahr	Gesamt	Römisch-Katholisch	Evangelisch	Islamisch	Ohne Bekenntnis
2001	8.032.926	5.915.421	376.150	338.988	963.263
		73,6 %	**4,7 %**	**4,2 %**	**12,0 %**
1991	7.795.786	6.081.454	388.709	158.776	672.251
		78,0 %	**5,0 %**	**2,0 %**	**8,6 %**
1981	7.555.338	6.372.645	423.162	76.939	452.039
		84,3 %	**5,6 %**	**1,0 %**	**6,0 %**
1971	7.491.526	6.548.316	447.070	22.267	321.218
		87,4 %	**6,0 %**	**0,3 %**	**4,3 %**
1961	7.073.807	6.295.075	438.663		266.009
		89,0 %	**6,2 %**	**0,0 %**	**3,8 %**

Quelle: Statistik Austria, Census 200, Census 1991, Census 1981, Census 1971, Census 1961

Der Kampf um Macht und Vormachtstellungen in Verbindung mit Ablehnung anderer Religionen hat seit jeher zu Konflikten und auch Kriegen geführt. Im 20. Jahrhundert sind etwa die gewaltsamen Auseinandersetzungen zwischen „Katholiken" und „Protestanten" in Nordirland ein prägendes Beispiel. Die Unterscheidung anhand der religiösen Ausrichtung führte zu einer gesellschaftlichen Teilung, verbunden mit sozialen, politischen und letztlich religiösen Divergenzen, die gewaltsam ausgetragen wurden (z. B. Frank 2005). Die politische Instrumentalisierung der Ablehnung „anderer" ist nicht nur, aber insbesondere was Religionen betrifft, problematisch. Weltweit zeigen sich spätestens seit 2001 massive islamophobe Tendenzen, die, ungeachtet der Heterogenität dieser Glaubensrichtung, ebenfalls politisch instrumentalisiert werden. Auf gesellschaftlicher Ebene ist es daher wesentlich, einen konstruktiven Dialog für mehr Verständnis und Akzeptanz unterschiedlicher Religionen zu führen.

Theoretische Einbettung: Religion und Gesellschaft sowie Religion und das Individuum

Die Frage des Einflusses von Religion auf die Gesellschaft und umgekehrt ist schon lange Gegenstand der Religionsforschung. Nach Wohlrab-Sahr (2003, 427f.) dienen Arbeiten von Max Weber und Karl Marx noch immer als

Grundlage für die aktuelle wissenschaftliche Auseinandersetzung in der Religionssoziologie: In seinem Werk „Die protestantische Ethik und der Geist des Kapitalismus“[126] beleuchtet Max Weber den Einfluss von Religion auf spezifische Verhaltensformen und sieht letztlich darin die Ursachen für die Herausbildung unterschiedlicher Wirtschaftssysteme, konkret des okzidentalen Kapitalismus. Weber ging davon aus, dass in der spezifischen Ausformung von Rationalität, die durch den Kalvinismus wesentlich geprägt wurde, die Ursache des wirtschaftlichen Erfolgs im Okzident lag, der durch den „Geist des Kapitalismus“ genährt war. Webers Theorie über den Zusammenhang von Protestantismus und Kapitalismus sowie sein Konzept der „Rationalität“ der Lebensführung und deren Auswirkung auf die Zukunft der Religion beeinflusst spätere wie aktuelle Forschungsbemühungen rund um die Säkularisierung.

Karl Marx (19. Jh.) brachte Religionen dahingehend in Zusammenhang mit den ökonomischen Verhältnissen seiner Zeit, als er diese als überaus funktional für den Kapitalismus ansah. Marx ging davon aus, dass Religion in erster Linie die Funktion hätte, Menschen über ihre irdischen Schwierigkeiten und Probleme hinwegzutäuschen in der Hoffnung auf ein heilbringendes Jenseits. In dieser Funktion sei Religion etwas Überdeckendes, etwas, das die Machtverhältnisse und Ungleichheiten, vor allem in kapitalistischen Systemen, stütze, indem es den Leidensdruck lindert und Trost spendet. „Religion ist Opium des Volkes“ (Marx 1842). Diese Droge, so Marx, sei solange notwendig, solange die sozialen Ungleichheiten bestehen würden. In diesem Sinne kann Marx als Religionskritiker verstanden werden, der Religion als eine wesentliche Institution zur Stützung bestehender Machtverhältnisse begriff.

Durch das Praktizieren von religiösen Ritualen fühlen sich Gläubige einer religiösen Glaubensgemeinschaft zugehörig (Giddens 2009). Strukturell gesehen, bildet Religion einen Rahmen, der Individuen Handlungsanleitungen bietet, indem hierfür Normen und Werte vorgegeben werden, an denen sich Individuen in ihrem Handeln orientieren und diesen Sinn zuordnen können (Giddens 1997). Während konformes Verhalten belohnt wird, wird non-konformes Verhalten sanktioniert. Dadurch wird sichergestellt, dass das Normensystem der Religion erhalten und reproduziert wird. Insofern haben religiöse Praktiken eine machtvolle und relativ stabile Stellung, auch wenn Giddens im Sinne seiner Strukturationstheorie (1997) grundsätzlich die Möglichkeit der Veränderung einräumt.

Die Idee, die auch Karl Marx vertrat, dass nämlich Religiosität im Zuge

---

[126] Die protestantische Ethik und der Geist des Kapitalismus ist eine zweiteilige Aufsatzsammlung Max Webers, erstmals erschienen in den Jahren 1904 und 1905.

der Modernisierung und fortschreitender sozialer Gerechtigkeit weniger Relevanz haben würden, bestreiten neuere religionssoziologische Arbeiten. So gehen z. B. Stark/Bainbridge (2000) eher davon aus, dass zunehmende Säkularisierung davon abhängt, wie sich der „Markt der Religionen" entwickelt, also ob sich das Angebot an Religion an veränderte Bedürfnisse der Menschen anpassen kann. Gleichzeitig argumentieren sie, dass sich grundsätzlich das Bedürfnis nach Religiosität mit fortschreitender Modernisierung und Rationalisierung jedoch nicht per se verringern würde.

Diese Entwicklung der Religionsforschung geht nicht zuletzt auf Luckmanns Kritik (1991) der Gleichstellung von „Entkirchlichung" und „Säkularisierung" zurück. Er ging davon aus, dass sich die „Sozialgestalt" der Religionen verändern werde hin zu einer „Privatisierung von Religion" (Religion als Thema der Privatsphäre), während die Bedeutung der spezifischen institutionalisierten Form von Religion zurückgehe. Die Kirche verliere zusehends das Deutungsmonopol von Religion (Luckmann 1991), indem „religiöse Repräsentationen ihre Integrationsfähigkeit für das alltägliche Handeln zunehmend verlören" (Wohlrab-Sahr 2003, 435). Mit dieser „Entkirchlichung" ist aber nach Luckmann nicht notwendigerweise auch eine Säkularisierung verbunden.

Luhmann (1987) wiederum verstand die Säkularisierung als einen Prozess der gesellschaftlichen Differenzierung, der auf das religiöse Feld zurückwirkt. Indem in funktional differenzierten Gesellschaften der Zugang zu Religion jedem frei steht, gleichzeitig aber die Verweigerung der Partizipation an Religion problemlos möglich ist, besteht Wahlfreiheit – die religiöse Entscheidung wird insofern „privatisiert", also zur Privatsache (Wohlrab-Sahr 2003).

In Anlehnung an „ältere" (Weber, Marx) und „neuere" Klassiker (Luckmann, Luhmann) widmet sich die moderne Religionsforschung unterschiedlichen bereits oben genannten Themengebieten wie z. B. der Säkularisierung, aber auch fundamentalistischen Entwicklungen innerhalb von Glaubensrichtungen (wie z. B. dem Christentum oder dem Islam) und deren Bedeutungskontext in der Gesellschaft; Des Weiteren der Unterscheidung zwischen Religionssoziologie und Kirchensoziologie, also der Bedeutung von Kirche und kirchlicher Aktivität für die Religion, bzw. der „Breite" der Definition von Religion (vgl. Wohlrab-Sahr 2003).

Praxis des Diversitätsmanagements

Betrachtet man die organisationale Praxis, wird deutlich, dass das Arbeitsjahr in Österreich, insbesondere was traditionelle Firmenfeiern betrifft, sehr stark an der christlichen Tradition – festgeschrieben durch gesetzliche Feiertage – orientiert ist. Dies beginnt bei der traditionellen Weihnachtsfeier und reicht bis zu Faschingsfesten oder Osterfeierlichkeiten. Geht man nun davon aus, dass es zunehmend weniger katholisch Gläubige gibt (laut einer Studie der ÖAW 2006), so stellt sich die Frage, ob diese Formen der Veranstaltungsplanung noch dauerhaft vorteilhaft sind.

Auch beeinflussen die Festivitäten muslimisch Gläubiger, wie etwa der Fastenmonat, zunehmend die Arbeitspraktiken der Unternehmen. Einige Unternehmen nehmen darauf schon Rücksicht, indem sie beispielsweise während des Ramadan die Kantinenöffnungszeiten ausweiten, um muslimisch Gläubigen nach dem Fastenbrechen Mahlzeiten anbieten zu können. Der betriebliche Ablauf, beispielsweise gewohnte Pausenzeiten in Schichtbetrieben, kann sich zu Zeiten des Ramadan für muslimische Gläubige ändern. Des weiteren können auch „KulturmittlerInnen" eingesetzt werden, deren Aufgabe es ist, als Bindeglied und VermittlerIn zu agieren, um gegenseitige Akzeptanz zu erhöhen und potentielle Konflikte zu reduzieren.

Insgesamt werden neue Herausforderungen auf Unternehmen zukommen, aufgrund von größerer Vielfalt von Religionen in der Bevölkerung und damit der Erwerbsbevölkerung. Eine rechtzeitige Anpassung der traditionellen Praktiken an neue Begebenheiten sollte zu einer positiven Integration unterschiedlicher Religionen im Arbeitsumfeld wie auch in der Gesellschaft führen.

4.7 Sexuelle Orientierung

Kontextualisierung und Spezifikation

Im Bericht der europäischen Kommission anlässlich des „Europäischen Jahres der Chancengleichheit für Alle 2007" wird festgestellt, dass sexuelle Orientierung (verglichen mit Alter, Gender, Religion oder Weltanschauung, Behinderung oder ethnische Herkunft) hinsichtlich der wahrgenommenen Notwendigkeit die Gleichstellung in der Arbeitswelt[127] zu verbessern, die schlechtesten Umfrageergebnisse (Eurobarometer 2008) erreicht. Diese Erkenntnis zeigt, dass verglichen mit anderen Diversitätsdimensionen das Problembewusstsein am schwächsten ausgeprägt sein dürfte. Auch in diesem Bericht wird, wie zumeist üblich, der Begriff sexuelle Orientierung synonym für Homosexualität verwendet, obwohl sexuelle Orientierung grundsätzlich alle Formen sexuellen Begehrens benennt, also auch Heterosexualität. Diese Konnotation in Richtung Homosexualität ist symptomatisch für gesell-

[127] Hinsichtlich rechtlicher Regelungen in Österreich siehe Lang in diesem Buch; weiterführend zum Bundesgesetz über eingetragene Partnerschaften auch Hofmann/Cserer 2010.

schaftliche Normverhältnisse, d.h. durch Nichtbenennen der heterosexuellen Norm wird Homosexualität als das Abweichende herausgestellt. Diese unhinterfragte gesellschaftliche Norm bzw. der gesellschaftliche Druck zur Heterosexualität wird als Heteronormativität (siehe z. B. de Lauretis 1987; Ingraham 1994) bezeichnet.

Auch wissenschaftliche Untersuchungen belegen, dass nicht-heterosexuelle Orientierungen gesellschaftlich und insbesondere im Erwerbsleben nach wie vor negativ konnotiert bzw. tabuisiert sind (vgl. Sullivan 2004; Gerhards 2007; Hofmann/Cserer 2010). So kommt eine in Österreich[128] durchgeführte explorative Untersuchung zur Erwerbstätigkeit lesbischer Frauen zu dem Ergebnis, dass „unabhängig von der Erwerbsform der Tabuisierungsgrad hinsichtlich der Thematisierung von sexueller Orientierung in Unternehmen bzw. Organisationen nach wie vor hoch ist" (Hofmann/ Cserer 2010, 5). Speziell in Österreich ist dies auch eine Konsequenz kirchlich-konservativer Einflüsse und religiöser Werthaltungen. Die Studie verweist weiters darauf, dass von lesbischen Frauen „viel Energie auf die Entwicklung von Selbstschutzmechanismen" (Hofmann/Cserer 2010, 5) aufgewandt werden muss, um (befürchteten) negativen Reaktionen oder Sanktionen des Arbeitsumfeldes zu begegnen. Zu ähnlichen Ergebnissen kommen auch jene Untersuchungen, die sich sowohl mit schwulen als auch mit lesbischen[129] Lebensrealitäten im Arbeitszusammenhang beschäftigen (siehe z. B. Friskopp/Silverstein 1995; Köllen 2010). Diskriminierungen am Arbeitsplatz können von Ausschlüssen aus informellen Bezügen, Informationsausschlüssen, soziale Isolierungen bis hin zur Androhung oder Anwendung von Gewalt reichen (vgl. z. B. Frohn, 2007). Aus betriebswirtschaftlicher Perspektive[130] wird in diesem Zusammenhang auch von einer lose/lose Situation für Organisation und Individuum (Baretto et al. 2006) gesprochen, da die Energie, die in das Verbergen oder Verschleiern sexueller Orientierungen investiert werden muss, negative Auswirkungen auf die Leistungsfähigkeit haben kann.

---

[128] Schätzungen für Österreich gehen davon aus, dass der Anteil homosexueller Personen in Österreich zwischen 5 % und 15 % liegen dürfte.

[129] Für andere Formen sexueller Orientierungen wie z. B. Bisexuelle etc. ist die wissenschaftliche Datenlage noch schlechter, weshalb auf diese genauere Differenzierung verzichtet werden muss; jedoch kann davon ausgegangen werden, dass Individuen, die von der heterosexuellen Norm abweichen, mit ähnlichen Phänomenen konfrontiert sein dürften.

[130] Hinsichtlich unterschiedlicher Zugänge von Diversitätsmanagement und betriebliche Nutzenerwartungen siehe Hanappi-Egger/Hofmann 2005 und Hofmann 2008.

Theoretische Einbettung

Postmoderne und poststrukturalistische sowie Queer Theory Ansätze[131] haben in den letzten Jahren verstärkt Eingang in die Organisationsforschung gefunden (siehe Hearn et al. 1989; Rastetter 1994; Williams et al. 1999; Ingraham 2002; Parker 2002; Ward/Winstanley 2003; Creed 2004; Bendl 2005; Calás/Smircich 2006; Bendl/Fleischmann/Walenta 2008; Pringle 2008; Bendl/Fleischmann/Hofmann 2009; Brand 2009). Um die gesellschaftlichen und organisationalen Bedeutungen von machtbasierten Dualismen wie Heterosexualität/Homosexualität theoretisch zu durchdringen, haben sich diese Theorietraditionen als besonders geeignet etabliert. Queer Theory, verstanden als spezielle Spielart postmoderner und poststrukturalistischer Theorietraditionen, führt die dekonstruktivistische Tradition der Ablehnung von Kategorisierungen und Dualismen fort und stellt sie als dominante gesellschaftliche und organisationale Machtverhältnisse zur Diskussion (vgl. Kirsch 2000). Dies bedeutet statische und essentialistische Identitätsfixierungen von Individuen als z. B. entweder heterosexuell oder homosexuell in Frage zu stellen und diese durch veränderbare, temporäre Bedeutungskonstruktionen zu ersetzen (vgl. Bendl/Fleischmann/Walenta 2008) und sie somit als gesellschaftliche Machtverhältnisse sichtbar zu machen. Heterosexualität als die Norm basiert in dieser Logik auf einem heteronormativen Gendermodell (Butler 1999), in dem Frauen und Männer jeweils gegengeschlechtliche Begehrensformen zugeschrieben werden, was dazu führt, dass andere Begehrensformen als das Andere wahrgenommen werden und gesellschaftliche und organisationale Abwertung erfahren. So zeichnet sich die Dimension sexuelle Orientierung auch in der Unternehmenspraxis dadurch aus, dass mit der Benennung „sexuelle Orientierung" die Abweichung von der Norm bezeichnet wird und dieser Begriff nicht die Vielfalt an sexuellen Orientierungen meint. Stärker als bei Geschlecht, ethnische Herkunft oder Alter konzentriert sich somit der Diskurs ausschließlich auf das sogenannte „Andere", indem die Norm der Heterosexualität implizit vorausgesetzt und nicht benannt wird (vgl. Losert 2007). Ebenso werden auch Menschen mit einem alternativen „Gender-Ausdruck"[132] oder/und einer alternativen Gender-Identität als „anormal" und „unnatürlich" und damit als sozial unerwünscht betrachtet" (Hofmann/Cserer 2010, 14). Entlang dieser „heterosexuellen Matrix" (vgl. Butler 1995; Hark 1996)

---

[131] Siehe auch Hofmann in diesem Buch.

[132] „Mit diesem Begriff wird die bisher häufig ignorierte Tatsache beschrieben, dass Menschen aufgrund ihrer Körpersprache und ihrer Selbstrepräsentation (feminine/maskuline Kleidung, Haarschnitt etc.) die Zugehörigkeit zu einem Geschlecht oder die Ablehnung von Geschlechterkategorien ausdrücken" (Hofmann 2009).

sind gesellschaftliche (z. B. soziale, politische, rechtliche, organisationale) Anerkennungs- bzw. Abwertungsverhältnisse organisiert, die den Ausschluss oder die eingeschränkte Teilhabe legitimieren. Ein Beispiel für die Abwertung homosexueller Begehrensformen auf rechtlicher Ebene ist z. B. die unterschiedliche Behandlung von homosexuellen und heterosexuellen Paaren im Eherecht bzw. im Bundesgesetz über eingetragene Partnerschaft. Es kann daher davon ausgegangen werden, dass der Umgang von Organisationen mit sexueller Orientierung bzw. mit den so genannten „sexuellen Minderheiten" unmittelbaren Einfluss auf den individuellen Umgang mit „Outing-Praktiken" hat (vgl. z. B. Gedro 2006; Köllen 2009). Untersuchungen zeigen, dass jeder/jede siebte Befragte seine/ihre Homosexualität am Arbeitsplatz geheim hält (vgl. Buba/Vaskovics 2001; Hofmann/Cserer 2010). Die jeweiligen organisationalen und kontextuellen Bedingungen erfordern von homosexuellen Personen im sozialen Umgang mit anderen „eine mehr oder weniger bewusste Abwägung von Vor- und Nachteilen eines Selbst-Outings" (Hofmann/Cserer 2010, 22). Die Befürchtungen reichen hier etwa von negativen Reaktionen des unmittelbaren Umfeldes, informellem Ausschluss, offene Feindseligkeit bis hin zu möglichen materiellen und existentiellen Folgen. Im Unterschied zu heterosexuellen Anerkennungsverhältnissen und Sichtbarkeiten (wie z. B. Einladungspolitiken bei Firmenfeiern, privaten Gegenständen am Arbeitsplatz, sozialem Austausch unter KollegInnen) wird die Thematisierung von Homosexualität im Unternehmen gerne dem Feld der Privatheit zugeschrieben und somit die Tabuisierung stabilisiert. Dennoch, auch das zeigen Studien (vgl. Losert 2007; Hofmann/Cserer 2010), entscheiden sich Lesben und Schwule vermehrt dafür, ihre sexuelle Orientierung auch am Arbeitsplatz nicht mehr geheim halten zu wollen.

Praxis des Diversitätsmanagements

In der österreichischen Unternehmenspraxis kommt Homosexualität/Heterosexualität respektive der Diversitätsdimension „sexuelle Orientierung" noch relativ wenig Bedeutung zu. Jedoch gibt es auch in Österreich Unternehmen, die im Rahmen ihrer Diversitätsstrategie „sexuelle Orientierung" auf ihre personalpolitische Agenda gesetzt haben. Dies sind insbesondere Unternehmen, die in enger Verbindung zum US-amerikanischen Markt stehen oder Unternehmen US-amerikanischer Konzerne sind. Aber auch innerhalb der Organisationsforschung dürfte die Dimension „sexuelle Orientierung" die am wenigsten erforschte sein (vgl. Tonks 2006). Jedoch kann in den letzten Jahren auch hier ein Anstieg von Untersuchungen beobachtet werden, die sich mit sexueller Orientierung beschäftigen (vgl. Frohn 2007; Losert 2007, Köllen 2009; Hofmann/Cserer 2010) sowie mit intersektionalen Verschränkungen[133] wie z. B. Gender und Heterosexualität (z. B. Pringle 2008).

Diese Verschränkung von Gender und Heterosexualität/Homosexualität lässt sich besonders gut beobachten, wenn ein Blick auf gängige Stereotype geworfen wird, mit denen Homosexualität gesellschaftlich und organisational konnotiert ist. Hier lässt sich beobachten, dass Schwulen tendenziell stereotyp weiblichere Eigenschaften zugeschrieben werden und Lesben tendenziell stereotyp männlichere (Madon 1997; Peplau/Fingerhut 2004). Dies zeigt die enge Verwobenheit von Gendered Organization[134] mit Heteronormativität bzw. in ihrer diskriminierenden Wirkungsweise als Heterosexismus entlang derer Ein- und Ausschlussmechanismen in Organisationen wirksam werden können (siehe weiterführend auch Hofmann/Cserer 2010).

Ansätze des Diversitätsmanagements[135] mit Fokus auf sexueller Orientierung zielen daher grundsätzlich darauf, Gleichstellung von MitarbeiterInnen hinsichtlich aller sexuellen Orientierungen herzustellen und ein inklusives offenes, anerkennendes Unternehmensklima zu fördern.[136] Maßnahmen zur Gleichstellung beziehen sich z. B. auf freiwillige Sozialleistungen des Unternehmens, Karenzierungspraktiken (z. B. bei Betreuungspflichten), auf sprachliche Inklusion und Sichtbarkeit, Reduktion und Vermeidung impliziter heteronormativer Annahmen oder auch Einladungspolitiken bei Firmenfeiern. Um die interne Sichtbarkeit zu erhöhen und auch beratende partizipative Strukturen aufzubauen, ist eine häufige Maßnahme der Aufbau von Gay Lesbian Bisexual Transgender Netzwerken (GLBT-Netzwerke). Um der vorherrschenden Tabuisierung von homosexuellen Orientierungen und Diskriminierungen in der Arbeitswelt gegenzusteuern, wurden auch in diesem Bereich spezielle Preise ins Leben gerufen wie z. B. der Meritus-Preis (Unternehmenspreis für den schwulen- und lesbenfreundlichsten Arbeitsplatz). Unternehmen, die sexuelle Orientierung explizit als Teil ihres Diversitätsmanagements benennen, verfolgen damit meist auch eine Marketingstrategie wie das Bewerben spezifischer KundInnensegmente.

Eine zentrale Aufgabe des Diversitätsmanagements besteht somit auch darin, Heterosexualität ebenfalls als sexuelle Orientierung sichtbar zu machen, um dem Ziel einer Enttabuisierung und Gleichberechtigung aller

---

[133] Siehe Eberherr in diesem Buch.

[134] Siehe Hanappi-Egger in diesem Buch.

[135] Siehe z. B. zu Strategien und Maßnahmen des Diversitätsmanagements Stonewall 2004; Queer Business Women/agpro 2008; Hill 2009.

[136] Siehe Warmuth und Hanappi-Egger/Hofmann in diesem Buch.

sexuellen Orientierungen näher zu kommen und Inklusion und Anerkennungsverhältnisse in Organisationen zu befördern.

4.8 Zusammenfassung und Ausblick

Der in diesem Kapitel vorgestellte Überblick zu den Diversitätsdimensionen Alter, Behinderung, Ethnizität, Gender, Religion und sexuelle Orientierung macht deutlich, dass sich die jeweiligen sozialen Kategorisierungen auf vielen Ebenen voneinander unterscheiden, wie z. B. hinsichtlich ihrer Sichtbarkeit, Körperbezogenheit, ihrer symbolischen Repräsentanz und Relevanz, ihrer Verwobenheit in machtbasierten Strukturen, ihrer Aktualisierung oder Neutralisierungen in Routinen und Praktiken organisationalen Handelns. Deren Unterschiedlichkeit und jeweiligen spezifischen Bedeutungen in organisationalen Kontexten zu bestimmen, ist ein Forschungsfeld, dem in Zukunft verstärkt Aufmerksamkeit zu schenken sein wird. Jedoch nicht nur die Unterschiedlichkeiten zwischen einzelnen Diversitätsdimensionen sind in den Blick zu rücken, sondern ebenso die Heterogenität, also die Unterschiede innerhalb einzelner Dimensionen. Diversitätsmanagement, welches mit Politiken der Sichtbarmachung und Anerkennung einhergeht, kann jedoch auch zu Konflikten innerhalb unterschiedlicher Gruppen (z. B. entlang Religion und sexueller Orientierung) führen, da Interessensgegensätze manifest werden können. Eine weitere spezifische Herausforderung im Rahmen des Diversitätsmanagements kann auch als folgendes grundsätzliches Dilemma beschrieben werden: Kritisches und reflexives Diversitätsmanagement bewegt sich zwischen Identitätskritik einerseits (also dem Versuch zu vermeiden, Personen- oder Gruppen in einer Identitätsposition zu fixieren bzw. zu essentialisieren) und dem Festschreiben von Identitäten bei gleichzeitigem Anerkennen dieser Identitätskonstruktionen andererseits (indem bestimmte soziale Kategorien benannt und gemanagt werden, geht immer auch eine Festschreibung einher). Als zentrales Handlungsfeld im Diversitätsmanagement ist somit die Reflexion und das Aufbrechen dualen, oft auch stereotypen Denkens im Umgang mit Gruppen- bzw. Personenzuschreibungen (wie z. B. jung/alt, männlich/weiblich etc.) in Organisationen und Gesellschaft zu benennen. Da aber Diversitätsmanagement kontextspezifisch ist, hängt es von der Organisation ab, welche Dimensionen in den Mittelpunkt aktiver Beschäftigung gerückt und wie diese bearbeitet werden. Grundsätzlich sollte Diversitätsmanagement möglichst viele Diversitätsdimensionen adressieren. Die Beschäftigung mit Vielfalt ist aber nicht nur auf jene Diversitätsdimensionen begrenzt, die wir in unserem Beitrag bearbeitet haben, sondern umfasst grundsätzlich jeden Unterschied und jede Ähnlichkeit zwischen Personen und Gruppen. Insofern können auch z. B. PendlerInnen, sportbegeisterte Personen, RaucherInnen Gegenstand aktiver taktischer oder strategieorientierter Bemühungen sein. Im Sinne der Definition von Diversitätsmanagement sind alle Diversitätsdimensionen nicht nur für die eigene Belegschaft, sondern auch für externe Stakeholder Gegenstand der Betrachtung.

Um Diversitätsdimensionen im Sinne der Zielsetzung der Organisation nutzbar zu machen, sind bei jeder einzelnen Diversitätsdimension zwei Punkte wichtig: erstens sie aus einer ganzheitlichen strategischen Perspektive in den Mittelpunkt der organisationalen Betrachtung zu stellen[137] und zweitens den Umgang damit auf struktureller und prozessualer Ebene einer Überprüfung zu unterziehen (also z. B. die Frage zu stellen, wo wird Alter in der Struktur und in den organisationalen Prozessen sichtbar und wie wirkt es). Ausgehend von einer strategisch-konzeptionellen Sichtweise können Maßnahmen des Diversitätsmanagements auf unterschiedlichen Ebenen ansetzen. Es handelt sich dabei um taktische (kurzfristige) und strategische (langfristige) Maßnahmen zur organisationalen Zielerreichung einerseits und zum organisationalen Lernen andererseits[138]. In den meisten Organisationen sind die Diversitätsagenden im Bereich des Human Ressource Management angesiedelt, da sie sich unweigerlich auf das Humankapital einer Organisation auswirken und damit internes Diversitätsmanagement verfolgt wird. Extern orientiertes Diversitätsmanagement in Bezug auf die unterschiedlichen Diversitätsdimensionen zielt darauf ab, neue Märkte bzw. KundInnensegmente anzusprechen oder aber bestehende besser bedienen zu können. Für diese Zielerreichung sind Diversitätskompetenzen im Bereich Marketing von großer Wichtigkeit.

In der folgenden Tabelle werden abschließend Praxisbeispiele in Bezug auf die in diesem Artikel beschriebenen Diversitätsdimensionen zusammenfassend dargestellt. Die Beispiele beziehen sich auf interne und externe Orientierungen. Dabei beziehen wir uns auf Maßnahmen der Unternehmenspraxis, die in den letzten Jahren im Rahmen von Diversitätsmanagement sowohl in multinationalen Unternehmen wie auch österreichischen Betrieben implementiert wurden:

---

[137] Siehe Warmuth in diesem Buch.

[138] Siehe Hanappi-Egger/Hofmann in diesem Buch.

Tabelle 5: Praxis des Diversitätsmanagements – Beispiele

Explizit angesprochene Dimensionen	**Maßnahmen/Programme**
Alter(n)	Alternsmanagement/alterns- und lebensphasenorientierte Arbeitsorganisation durch Maßnahmen in den Bereichen: • Unternehmenskultur (z. B. Code of Conduct, Kommunikation und Information, Inner Marketing) • Arbeitsorganisation (individuelle Arbeitszeitmodelle, Work-Life Balance Maßnahmen für Männer und Frauen) • vorbeugender Arbeits- und Gesundheitsschutz, Personalpolitik und Personalentwicklung (z. B. Bildungs- und Qualifizierungspläne, Führungskräfteschulungen)
Personen mit Behinderung	• Schulungen zur Nichtdiskriminierung und der Integration des Themas Behinderung für alle Beschäftigten, • Schulungen für BewerberInnen mit Behinderung zur Unterstützung langfristiger Beschäftigung • Barrierefreiheit in Bezug auf Zugang, Arbeitsplätze, Toiletteanlagen • Barrierefreiheit von Webseiten des Unternehmens • Marketingmaßnahmen als Arbeitgeber für Personen mit Behinderung • Abstimmung der Produkte auf Personen mit Behinderung
Ethnizität	• KundInnensegment von Personen mit Migrationshintergrund spezifisch bearbeiten • Multilingualität intern und extern (Servicepoints, Hotlines…) • Interkulturelle Teams für erhöhte interkulturelle Sensibilität bzw. interkulturelles Know-how • Menüpläne/Speisenangebot adaptiert für interkulturelle Bedürfnisse • Beratungsnetzwerke und Ombudsstellen für Personen mit Migrationshintergrund • Einstellungskampagnen für Personen mit Migrationshintergrund, um die demografische Realität widerzuspiegeln

Geschlecht	• geschlechtergerechte Personalbestandsanalyse (z. B. auf welchen Hierarchieebenen befinden sich Frauen und Männer im Betrieb) • geschlechtergerechte Personalbedarfsbestimmung (z. B. Nettopersonalbedarf an männlichen und weiblichen Arbeitskräften, Arbeitszeit nach Geschlecht, Qualifikationsstruktur von männlichen und weiblichen Arbeitskräften, Alter der Belegschaft nach Geschlecht, Durchschnittsdauer der Betriebszugehörigkeit nach Geschlecht) • geschlechtergerechte Personalwerbung (z. B. Bewerbungen pro Ausbildungsplatz nach Geschlecht, Vorstellungsquote nach Geschlecht, Personalbeschaffungskosten je Eintritt nach Geschlecht, Fluktuationsrate nach Geschlecht, Anzahl der Versetzungswünsche nach Geschlecht) • geschlechtergerechte Personalauswahl (z. B. Bevorzugung von Frauen bei gleicher Qualifikation auf Arbeitsplätzen, wo Frauen unterrepräsentiert sind) • geschlechtergerechter Personaleinsatz (z. B. Arbeitsproduktivität pro MitarbeiterIn, Verteilung des Jahresurlaubs nach Geschlecht, Überstundenquote nach Geschlecht, Durchschnittskosten je Überstunde nach Geschlecht, Leistungsspanne nach Geschlecht, Karenzierungen nach Geschlecht; Rückkehrquoten nach Karenz nach Geschlecht, Krankheitsquote nach Geschlecht, Lohn-, Gehaltseinstufungen nach Geschlecht) • geschlechtergerechte Personalentwicklung (Ausbildungsquote nach Geschlecht, Weiterbildungsquote nach Geschlecht, Weiterbildungszeit nach Geschlecht, Weiterbildungskosten pro Tag nach Geschlecht, Pool for Talents nach Geschlecht, Karriereprogramm für Frauen) • geschlechtergerechte Personalfreisetzung (z. B. darauf zu achten, wer beim Abbau von Arbeitsplätzen mit welcher Begründung freigesetzt wird) • Maßnahmen zur Vereinbarkeit von Beruf und Familie • Flexibilisierung der Arbeitsorganisation • Flexibilisierung des Arbeitsplatzes • Überprüfung von Löhnen und Gehältern in Bezug auf Geschlechtergerechtigkeit • Teilnahme an Wettbewerben (z. B. Great Place to Work, Emeritus, Total Equality, Gläserner Schuh)

Religion	• Anpassen der Firmenfeiern an unterschiedliche Glaubensbekenntnisse • Öffnungszeiten der Betriebskantine an religiöse Bedürfnisse anpassen (Fastenbrechen zu Ramadan) • KulturmittlerInnen zum besseren Verständnis und Akzeptanz bei religiösen Konflikten
Sexuelle Orientierung	• Gleichstellung aller sexueller Orientierungen in Betriebsvereinbarungen und betrieblichen Leistungen wie z. B. Pflegeurlaub • Einladungspolitiken bei Firmenfeiern, firmeninterne Dokumentationen und Formulare diskriminierungsfrei gestalten • Aufbau von Gay Lesbian Bisexual Transgender Netzwerken (GLBT Netzwerken oder Gruppen) • Schaffung eines angstfreien Arbeitsumfeldes, in dem Homophobie organisationskulturell nicht toleriert wird

Diese Vielzahl an Maßnahmen zu den einzelnen Diversitätsdimensionen macht deutlich, dass die Beschäftigung mit diesen Dimensionen bereits in der Unternehmenspraxis Realität ist. Insofern ist es für jene Personen bzw. Organisationen, die an der Umsetzung solcher Maßnahmen interessiert sind, möglich sich Anleihen bei jenen Unternehmen/Organisationen zu nehmen, welche die oben angeführten Maßnahmen bereits umgesetzt haben. Darüber hinaus ist es aber wichtig, unternehmensinterne Kompetenzen in Bezug auf die Handhabung der beschriebenen Diversitätsdimensionen aufzubauen[139] – denn die Komplexität im Umgang mit Vielfalt und die damit verbundenen Change Prozesse bedürfen einer kompetenten Handhabung, um eine Diversitätsdividende (Thomas 1992) auch wirklich erreichen zu können.

[139] Siehe Hanappi-Egger/Hofmann in diesem Buch.

4.9 Kontrollfragen

1. Was wird mit der Bezeichnung „doing age" ausgedrückt?
2. Welche Konstruktionsmöglichkeiten bieten sich bei Personen mit besonderen Bedürfnissen und welchen Einfluss haben diese auf den Umgang mit Behinderung am Arbeitsplatz?
3. Was wird unter essentialistische Sicht Ethnizität betreffend verstanden? Welche Probleme können bei einer solchen Sichtweise entstehen?
4. Welche Unterschiede zur Situation von Frauen und Männer am Arbeitsplatz zeigt die Statistik auf?
5. Inwiefern kann Diversitätsmanagement auf der Mikroebene den Umgang mit Religion beeinflussen?
6. Was wird mit dem Begriff „heterosexuelle Matrix" bezeichnet und was lernen wir daraus hinsichtlich Anerkennungs- und Abwertungsverhältnisse sogenannter sexueller Minderheiten in Organisationen?

Verwendete Literatur

Amann, Anton (2000a, Hrsg.): Kurswechsel für das Alter. Böhlau, Wien [u.a.].

Amann, Anton (2000b): Vom Erwerbsleben in den Ruhestand. In: Seniorenbericht 2000. Online im Internet, URL: http://www.bmask.gv.at/cms/site/liste.html?channel=CH0166 (Abfrage: 08.02.2011; [MEZ 11:15]).

Amann, Anton (2004). Die großen Alterslügen. Böhlau, Wien [u.a.].

Appelt, Erna (2009) (Hrsg.): Gleichstellungspolitik in Österreich. Eine kritische Bilanz. Studien Verlag, Innsbruck – Wien – Bozen, 25–41.

Arber, Sara (2002, Ed.): Connecting Gender and Ageing. A Sociological Approach. Open Univ. Press, Buckingham – Philadelphia.

Backes, Gertrud M. (2007): Geschlechter – Lebenslagen – Altern. In: Pasero, Ursula/Backes, Getrud M./Schroeter, Klaus R. (Hrsg.): Altern in Gesellschaft Ageing – Diversity – Inclusion. VS Verlag für Sozialwiss., Wiesbaden, 151–184.

Backes, Gertrud M./Clemens, Wolfgang (1998): Altern und Gesellschaft. Gesellschaftliche Modernisierung durch Altersstrukturwandel. Leske + Budrich, Opladen.

Barreto, Manuela/Ellemers, Naomi/Banal, Serena (2006): Working under cover: performance-related self-confidence among members of contextually devalued groups who try to pass. European Journal of Social Psychology 2006/36 (3), 337–352.

Bendl, Regine (2005): Revisiting Organization Theory: Integration and Deconstruction of Gender and Transformation of Organization Theory, Lang, Frankfurt/Main – Berlin.

Bendl, Regine (2008): Gender Subtexts – Reproduction of Exclusion in Organizational Discourse. In: British Journal of Management, 2008/19, 50–64.

Bendl, Regine (2011): Geschlecht* und Geschlechter*verhältnisse in Organisationen. In: Pauser, Norbert & Wondrak, Manfred (Hrsg.): Praxisbuch Diversity Management. Facultas, Wien, 81–106.

Bendl, Regine/Fleischmann, Alexander/Walenta, Christa (2008): Diversity management discourse meets queer theory. In: Gender in Management: An International Journal, 2008/23, 382–394.

Bendl, Regine/Fleischmann, Alexander/Hofmann, Roswitha (2009): Queer theory and diversity management: Reading codes of conduct from a queer perspective. In: Journal of Management and Organization, 2009/15 (5), 625–638.

BMASK (2011): Armutsgefährdung und Lebensbedingungen in Österreich. Ergebnisse aus EU-SILC 2009. Sozialpolitische Studienreihe: Band 5. Bundesministerium für Arbeit, Soziales und Konsumentenschutz, Wien.

Brand, Pamela A. (2009, Ed.): Lesbians and Work. The Advantages and Disadvantages of „Comfortable Shoes". Routledge, London – New York.

Buba, Hanspeter/Vaskovics Laszlo A. (2001, Hrsg.): Benachteiligung gleichgeschlechtlich orientierter Personen und Paare. Bundesanzeiger, Köln.

Bundesministerin für Frauen und Öffentlichen Dienst (2010): Frauenbericht 2010. Bericht betreffend die Situation von Frauen in Österreich im Zeitraum von 1998–2008. Bundeskanzleramt Österreich, Wien.

Bundesministerium für Soziales und Konsumentenschutz (2009): Behindertenbericht 2008. Bericht der Bundesregierung zur Lage von Menschen mit Behinderungen in Österreich. Bundesministerium für Arbeit, Soziales und Konsumentenschutz, Wien.

Büro Chancen und Nutzen (o.J.). Das Büro Chance und Nutzen. Eine Sozialpartnerinitiative. Downloadbar unter http://www.roomycompany.at/module/roomycontact/roomycontact.html (Abfrage: 26.10.2011; [MEZ 13:00]).

Butler, Judith (1995): Körper von Gewicht. Die diskursiven Grenzen des Geschlechts. Berlin Verlag, Berlin.

Butler, Judith (1999): Gender Trouble: Feminism and the Subversion of Identity, 10th Anniversary ed., Routledge, New York.

Calás, Marta B./Smircich, Linda (2006): From 'the woman's point of view' ten years later: towards a feminist organization studies. In: Clegg, Stewart R./Hardy, Cynthia/Lawrence, Thomas B./Nord, Walter R. (Eds.): The Sage Handbook of Organization Studies, Sage, London, 284–346.

Creed, Douglas (2004): Special Issue on Gay, Lesbian, Bisexual, and Transgender Workplace Issues. In: Group & Organization Management, 2004/29, 704–706.

Dawson, Ashley (2004): 'To remember too much is indeed a form of madness': Caryl Phillips's "The nature of blood" and the modalities of European racism. In: Postcolonial Studies, 2004/7, 83–101.

de Lauretis, Teresa (1987): The Female Body and the Heterosexual Presumption. In: Semiotica, 1987/67(3–4), 259–79.

Dohnal, Johanna/Thurner, Erika (2008, Hrsg.): Johanna Dohnal – Innensichten österreichischer Frauenpolitiken. Innsbrucker Vorlesungen. Studien Verlag, Innsbruck.

Duncan, Colin/Loretto, Wendy (2004): Never the Right Age? Gender and Age-Based Discrimination in Employment. In: Gender, Work and Organization, 2004/11, 95–115.

Eberherr, Helga/Fleischmann, Alexander/Hofmann, Roswitha (2011): Altern als Prozess: Integrative Organisationsstrategien. In: Pauser, Norbert/Wondrak, Manfred (Hrsg.): Praxisbuch Diversity Management. Facultas, Wien, 129–142.

Eberherr, Helga/Fleischmann, Alexander/Hofmann, Roswitha (2008): Labour Market and Organisational Perspectives on Age(ing) – Bringing Gender, Diversity, and Intersectionality into Focus. In: Beisheim, Margret/Maier, Florentine/Kreil, Linda/Gusenbauer, Bianca (Eds.): Constructions of Women's Age at the Workplace, Frauen, Forschung und Wirtschaft. Peter Lang, Frankfurt/Main, 15–30.

Eberherr, Helga/Fleischmann, Alexander/Hofmann, Roswitha (2007): Altern im gesellschaftlichen Wandel – Alternsmanagement als integrative organisationale Strategie. In: Koall, Iris/Bruchhagen, Verena/Höher, Friederike (Hrsg.): Diversity Outlooks. Managing Diversity zwischen Ethik, Profit und Antidiskriminierung. Lit. Verlag, Hamburg, 82–96.

Eberherr, Helga/Fleischmann, Alexander/Hofmann, Roswitha (2006): Alter(n)svielfalt im Betrieb. Strategien und Maßnahmen für eine nachhaltige Unternehmenspolitik in kleinen und mittleren Unternehmen. Broschüre im Rahmen des EQUAL Projekts AGEpowerment. Wien.

Eurobarometer 296 (2008): Discrimination in the European Union – Perceptions, experiences and attitudes, July 2008.

Europäische Kommission (2010): EUROPA 2020. Eine Strategie für intelligentes, nachhaltiges und integratives Wachstum. Brüssel. Online im Internet, URL: http://europa.eu/legislation_summaries/employment_and_social_policy/growth_and_jobs/em0028_de.htm (Abfrage: 10.01.2011; [MEZ 14:12]).

Europäische Kommission (2007): Mitteilung der Kommission. Wachsende Regionen, wachsendes Europa. Vierter Bericht über den wirtschaftlichen und sozialen Zusammenhalt. Luxemburg.

Europäische Kommission (2009): Eurobarometer 72. Autumn 2009. National Report, Executive Summary, Austria.

Europäischer Rat (2000): Richtlinie des Rates vom 27. November 2000 zur Festlegung eines allgemeinen Rahmens für die Verwirklichung der Gleichbehandlung in Beschäftigung und Beruf 2000/78/EG.

European Commission (2001): The employment situation of people with disabilities in the European Union – A study prepared by EIM Business and Policy Research. European Commission, Belgien.

European Commission (2008): The 2007 European Year of Equal Opportunities for All. Thematic Report on Sexual Orientation. December 2008. Online im Internet, URL: http://ec.europa.eu/social/main.jsp?catId=89&langId=en&newsId=483&moreDocuments=yes&tableName=news (Abfrage: 13.02.2011; [MEZ 13:22]).

Fasel, Gregor/Kailer, Norbert (2001): Ältere Arbeitnehmer/innen – Last oder Chance. Leitfaden zur Entwicklung und Nutzung der Kompetenzen älterer ArbeitnehmerInnen. WIFI Österreich, Wien.

Fassmann, Heinz/Münz, Rainer (1995): Einwanderungsland Österreich. Historische Migrationsmuster, aktuelle Trends und politische Maßnahmen. Verlag Jugend und Volk, Wien.

Firlinger, Beate (2003): Buch der Begriffe – Sprache, Behinderung, Integration. Hrsg. von Integration Österreich und Bundessozialamt, Wien.

Frank, Otto (2005): Der Nordirlandkonflikt. Ursprung, Verlauf, Perspektiven. Beck, München.

Friskopp, Annette/Silverstein, Sharon (1995): Straight Jobs, gay lives: Gay and lesbian professionals, the Harvard Business School, and the American workplace. Scribner, New York.

Frohn, Dominic (2007): „Out im Office?!" Sexuelle Identität, (Anti-)Diskriminierung und Diversity am Arbeitsplatz. Hrsg. von Schwules Netzwerk, Köln.

Garfinkel, Harold (1967): Studies in Ethnomethodology. Prentice-Hall, Englewood Cliffs/NJ.

Gedro, Julie (2006): Lesbians: Identifying, Facing, and Navigating the Double Bind of Sexual Orientation and Gender in Organizational Settings. In: Hill, Robert J. (Eds.): Challenging Homophobia and Heterosexism. Lesbian, Gay, Bisexual, Transgender, and queer Issues in Organizational Settings. Jossey-Bass, San Francisco, 41–50.

Gehmacher, Johanna (1988): „Völkische Frauenbewegung". Deutschnationale und nationalsozialistische Geschlechterpolitik in Österreich. Döcker Verlag, Wien.

Geiger, Brigitte/Hacker, Hanna (1989): Donauwalzer Damenwahl. Frauenbewegte Zusammenhänge in Österreich. Promedia, Wien.

Gerhards, Jürgen (2007): EU Policy on Equality between Homo- and Heterosexuals and Cititzens' Attitudes toward Homosexuality in 26 EU Member States and Turkey. Berliner Studien zur Soziologie Europas Nr. 8, Berlin.

Geulen, Christian (2007): Geschichte des Rassismus. C.H. Beck Verlag, München.

Giddens, Anthony (1997): Die Konstitution der Gesellschaft. Grundzüge einer Theorie der Strukturierung. Campus Verlag, Frankfurt-New York.

Giddens, Anthony (2009). Sociology. Polity Press, Cambridge.

Gilman, Sander L. (1985): Black bodies, white bodies: Toward an iconography of female sexuality in late 19th century art, medicine and literature. In: Gates, Henry Louis J. (Ed.): "Race", writing and difference. University Press, Chicago.

Gingrich, Andre (2008): Ethnizität für die Praxis. In: Wernhart, Karl/Zips, Werner (Hrsg.): Ethnohistorie. Rekonstruktion und Kulturkritik. Eine Einführung. Promedia, Wien, 99–111.

Goffman, Erving (1977): The Arrangement Between the Sexes. In: Theory and Scociety, 1977/4, 301–331.

Goffman, Erving (1979): Gender advertisements. Harvard U.P., Cambridge/Mass.

Goujon, Anne/Skirbekk, Vergard/Fliegenschnee, Katrin/Strzelecki, Pawel (2006): New Times, old beliefs: projecting the future size of religions in Austria. Working Papers. Austrian Academy of Sciences, Vienna.

Gunaratnam, Yasmin (2003): Researching Race and Ethnicity. Sage, London.

Haas, Barbara/Steiber, Nadja/Hartel, Margit/Wallace, Claire (2006): Household Employment Patterns in an Enlarged European Union Work. In: Employment and Society, 2006/20 (4), 751–772.

Hagenloch, Thorsten (1995): Religionssoziologie und Wissenschaftslehre bei Max Weber: Kulturgeschichtliche Aspekte zur Entwicklung des modernen Kapitalismus. Schuch, Weiden.

Hall, Stuart (2000): Conclusion: The multi-cultural question. In: Hesse, Barney (Ed.): Un/settled multiculturalism: diasporas, entanglements, "transruptions". Zed Books, London.

Hanappi-Egger, Edeltraud/Hofmann, Roswitha (2005): Organisationale Kosten-Nutzen-Perspektiven aus Gender-Sicht. Working Paper Vol. 2, Abteilung Gender & Diversity in Organizations, Wirtschaftsuniversität Wien.

Hanappi-Egger, Edeltraud (2006): Diversitätsmanagement und Diversitätspolitik in der Kommunalverwaltung am Beispiel der MA 17: ergänzende oder widersprüchliche Ansätze? In: Bendl, Regine/Hanappi-Egger, Edeltraud/Hofmann, Roswitha (Hrsg.): Agenda Diversität: Gender- und Diversitätsmanagement in Wissenschaft und Praxis. Rainer Hampp Verlag, München-Mering, 95–108.

Hardmeier, Sibylle/Vinz, Dagmar (2007): Diversity und Intersectionality. Eine kritische Würdigung der Ansätze für die Politikwissenschaft. In: femina politica, 2007/1, 23–33.

Hark, Sabine (1996, Hrsg.): Grenzen lesbischer Identität. Quer Verlag, Berlin.

Hauch, Gabriella (2009): Frauen bewegen Politik. Österreich 1848–1938. Studien Verlag, Innsbruck.

Hausmann, Ricardo/Tyson Laura/Zahidi, Saadia (2009): The Global Gender Gap Report. Word Economic Forum, Switzerland.

Healey, Joseph F. (2004): Diversity and Society. Race, Ethnicity and Gender. Pine Forge Press, Thousand Oaks.

Hearn, Jeff/Sheppard, Deborah L./Tancred-Sheriff, Peta/Burrell, Gibson (1989, Eds.): The Sexuality of Organization. Sage, London.

Heidrick/Struggles (2009): Boards in turbulent times. Corporate Governance Report 2009. Heidrick & Struggles International, Inc.

Heyer, Klaus /Henkel, Hardo (1995): Älter werden im Betrieb. Risiko und Chance. RKW, Eschborn.

Hill, Robert J. (2009): Incorporating Queers: Blowback, Backlash, and Other Forms of Resistance to Workplace Diversity Initiatives That Support Sexual Minorities. In: Advances in Developing Human Resources, 2009/11, 37–53.

Hofmann, Roswitha (2008): Gender- und Diversitätsmanagement in der österreichischen Wirtschaft – noch ein weiter Weg. In: Appiano-Kugler, Iris/Kogoj, Traude (Hrsg.): Going Gender and Diversity. Facultas, Wien, 21–31.

Hofmann, Roswitha (2009): Beinhaar(T) – Enthaarung als Selbsttechnologie und Normierungsphänomen. In: Koryphäe. Medium für feministische Naturwissenschaft und Technik, 2009/45, 33–39.

Hofmann, Roswitha/Cserer, Amelie (2010): Forschungsbericht „Lesben am Werk". Explorationsstudie zur Erwerbstätigkeit lesbischer Frauen in Österreich. Working Papers, Abteilung Gender and Diversity in Organizations, Heft 3. WU Vienna University of Economics and Business, Vienna.

Höpflinger, François/Perrig-Chiello, Pasqualina (2005): Ageing parents and their middle-aged children. Demographic and psychosocial challenges. In: European Journal of Ageing, 2005/2, 183–191.

Huainigg, Franz (2009): Früher wurden Behinderte umgebracht, heute werden sie nicht mehr geboren! Online im Internet, URL: http://www.wohnen-mit-behinderung.de/ (Abfrage: 05.07.2010; [MEZ 12:56]).

Hudler-Seitzberger, Michaela/Stromberger, Christian/Talos, Emmerich (2007): „Ageing Society" – eine Herausforderung für Unternehmen und Gesellschaft. Bestandsaufnahme und Analyse unternehmerischer Ansätze im Umgang mit einer immer älter werdenden Belegschaft. Zukunftsforum Österreich. Reihe Forschungsberichte. Eigenverlag, Wien.

Ingraham, Chrys (1994): The Heterosexual Imaginary: Feminist Sociology and Theories of Gender. In: Sociological Theory, 1994/12, 203–219.

Ingraham, Chrys (2002): Heterosexuality: It's just not natural! In: Richardson, Diane/Seidman, Steven (Eds.): Handbook of Lesbian & Gay Studies. Sage, London, 73–82.

Karlsson, Irmtraud (1998, Hrsg.): Frauen in Bewegung – Frauen in der SPÖ. Locker Verlag, Wien.

Kirsch, Max H. (2000): Queer Theory and Social Change. Routledge, New York.

Klinger, Cornelia/Knapp, Gudrun-Axeli (2007): Achsen der Ungleichheit – Achsen der Differenz: Verhältnisbestimmungen von Klasse, Geschlecht, „Rasse"/Ethnizität. In: Klinger, Cornelia/Knapp, Gudrun-Axeli/Sauer, Birgit (Hrsg.): Achsen der Ungleichheit. Zum Verhältnis von Klasse, Geschlecht und Ethnizität. Campus Verlag, Frankfurt-New York, 19–41.

Kohli, Martin/Künemund, Harald (2005, Hrsg.): Die zweite Lebenshälfte. Gesellschaftliche Lage und Partizipation im Spiegel des Alters-Survey. VS Verlag für Sozialwiss., Wiesbaden.

Kolland, Franz (2005): Bildungschancen für ältere Menschen. Ansprüche an ein gelungenes Leben. Lit.-Verlag, Wien.

Köllen, Thomas (2009): Über den Umgang von Lesben und Schwulen mit der eigenen Homosexualität am Arbeitsplatz. Der Zusammenhang von Diversity Management und arbeitsplatzbezogenen Selbstentwürfen. Dissertation, Wien.

Konrad, Alison M./Prasad, Pushkala/Pringle, Judith K. (2006, Eds.): The handbook of workplace diversity. Sage Publ., London [u.a.].

Kunow, Rüdiger (2005): Ins Grau. Zur kulturellen Konstruktion von Altern und Alter. In: Hartung, Heike (Hrsg.): Alter und Geschlecht. Repräsentationen, Geschichten und Theorien des Alter(n)s. Transcript Verlag, Bielefeld, 21–43.

Leitner, Barbara (2008): Menschen mit Beeinträchtigungen. Ergebnisse der Mikrozensus-Zusatzfragen im 4. Quartal 2007. In: Statistische Nachrichten 12/2008, 1132–141.

Loomba, Ania (1998): Colonialism/Postcolonialism. London, Routledge.

Losert, Anett (2007): Die Diversity-Dimension ‚sexuelle Orientierung' in Theorie und Praxis – eine Bestandsaufnahme mit Ausblick. In: Koall, Iris/Bruchhagen, Verena/Höher, Friederike (eds.): Diversity Outlooks,

Managing Diversity zwischen Ethik, Profit und Antidiskriminierung. Lit. Verlag, Hamburg, 320–336.

Luckmann, Thomas (1991): Die unsichtbare Religion. Suhrkamp, Frankfurt/Main.

Luhmann, Niklas (1987): Die Unterscheidung Gottes. In: Luhmann, Niklas (Hrsg.): Soziologische Aufklärung 4: Beiträge zur funktionalen Differenzierbarkeit der Gesellschaft. Westdeutscher Verlag, Opladen, 236–253.

Madon, Stephanie (1997): What do people believe about gay males? A study of stereotype content and strength. In: Sex Roles 1997/37, 663–685.

Marx, Karl (1842): Debatten über Preßfreiheit und Publikation der Landständischen Verhandlungen. In: Rheinische Zeitung, 130.

Maschke, Michael (2008): Behindertenpolitik in der Europäischen Union. Lebenssituation behinderter Menschen und nationale Behindertenpolitik in 15 Mitgliedsstaaten. VS Verlag für Sozialwissenschaften, Wiesbaden.

Maier, Florentine (2009): Scrap iron and old stagers. Constructions of old age in unemployment. Lang, Frankfurt/Main.

Mayerhofer, Peter/Palme, Gerhard/Sauer, Christoph (2006): Urbane Wirtschaftspolitik unter neuen Rahmenbedingungen. Strategien für eine wachstumsorientierte Förderpolitik in Wien. Österreichisches Institut für Wirtschaftsforschung, vorläufige Endfassung. Wien.

Miles, Robert (1999): Rassismus: Einführung in die Geschichte und Theorie eines Begriffs. Argument-Verlag, Hamburg.

Morschhäuser, Martina/Ochs, Peter/Huber, Achim (2003): Erfolgreich mit älteren Arbeitnehmern. Strategien und Beispiele für die betriebliche Praxis. Bertelsmann Stiftung, Bundesvereinigung der Deutschen Arbeitgeberverbände. Verlag Bertelsmann Stiftung, Gütersloh.

Münchmeier, Richard (1998): Jugend als Konstrukt. In: Zeitschrift für Erziehungswissenschaft 1998/1, 103–118.

Nandy, Ashis (1983): The intimate enemy: Loss and recovery of self under colonialism. Oxford University Press, Dehli.

Nutzinger, Hans. G. (2002): Zur Einleitung. In: Nutzinger, Hans G. (Hrsg.): Religion, Werte und Wirtschaft. Metropolis, Marburg, 3–15.

Nutzinger, Hans G./Perlman, Mark/Peukert, Helge/Priddat, Bürger P./ Schneider, Dieter/Schumann, Jochen/Sturn, Richard (2007, Hrsg.): Studien zur Entwicklung der ökonomischen Theorie XXI. Ökonomie und Religion. Duncker & Humblot

OECO (2010): Employment Outlook. Online im Internet, URL: http://www.oecd.org/ (Abfrage: 22.10.2010; [MEZ 13:35]).

o.V.: Arbeitsmigration nach Österreich in der zweiten Republik, Online im Internet, URL: http://www.demokratiezentrum.org/wissen/timelines/arbeitsmigration-nach-oesterreich-in-der-zweiten-republik.html (Abfrage: 22.08.2011; [MEZ 11:08]).

Parker, Martin (2002): Queering management and organization. In: Gender, Work and Organization 2002/9 (2), 146–66.

Pasero, Ursula/Backes, Getrud M./Schroeter, Klaus R. (2007, Hrsg.): Altern in Gesellschaft. Ageing – Diversity – Inclusion. Verlag für Sozialwiss., Wiesbaden.

Peplau, Letitia Anne/Fingerhut, Adam (2004): The Paradox of the Lesbian Worker. In: Journal of Social Issues 2004/60, 719–735.

Prasad, Anshuman (1997): The colonizing consciousness and representations of the other. In: Prasad, Pushkala/Mills, Albert J./Elmes, Michael/Prasad, Anshuman (Eds.): Managing the organizational melting pot. Sage, Thousand Oaks, 285–311.

Prasad, Anshuman (2003): The Gaze of the Other: Postcolonial Theory and Organizational Analysis. In: Prasad, Anshuman (Ed.): Postcolonial Theory and Organizational Analysis: A Critical Engagement. Palgrave Macmillan, New York, 3–43.

Prasad, Anshuman (2007): The Jewel in the Crown: Postcolonial Theory and Workplace Diversity. In: Konrad, Alice M./Prasad, Anshuman/Pringle, Judith K. (Eds.): Handbook of Workplace Diversity. Sage, London, 121–144.

Pringle, Judith K. (2008): Gender in Management: Theorizing Gender as Heterogender. In: British Journal of Management 2008/19 (1), 110–119.

Queer Business Women/agpro (2008): work:out. Zur Sichtbarkeit von Schwulen und Lesben im Erwerbsleben. Eine Information für ArbeitgeberInnen und ArbeitnehmerInnen. Online im Internet, URL: www.queer-business-women.at (Abfrage: 20. 10. 2010; [MEZ 10:35]).

Rastetter, Daniela (1994): Sexualität und Herrschaft in Organisationen. Westdeutscher Verlag, Opladen.

Reinprecht, Christoph (2006): Nach der Gastarbeit. Prekäres Altern in der Einwanderungsgesellschaft. Braumüller, Wien.

Rosenmayr, Leopold/Böhmer, Franz (2003): Hoffnung Alter. Forschung, Theorie, Praxis. WUV-Univ.-Verl., Wien.

Saake, Irmhild (1998): Theorien über das Alter. Perspektiven einer konstruktivistischen Alternsforschung. Phil. Diss. Münster, Opladen.

Schimany, Peter (2003): Die Alterung der Gesellschaft. Ursachen und Folgen des demographischen Umbruchs. Campus-Verlag, Frankfurt/Main.

Schmidt, Viviane (2004): Diversity Dimension Alter. Der demographische Wandel als Erfolgsfaktor für das Personalmanagement. VDM Verlag Dr. Müller, Düsseldorf.

Schmitt, Reinhard (2005): Ratgeber für Arbeitnehmer und Arbeitnehmerinnen mit Behinderung. Kammer für Arbeiter und Angestellte Niederösterreich, Wien.

Schönbauer, Ulrich (1998): Ältere am Arbeitsmarkt. Kammer für Arbeiter und Angestellte Wien: Eigenverlag. Online im Internet, URL: www.arbeitundalter.at (Abfrage: 26.04.201; [MEZ 10:40]).

Schroeter, Klaus R. (2006, Hrsg.): Altern und bürgerschaftliches Engagement. Aspekte der Vergemeinschaftung und Vergesellschaftung in der Lebensphase Alter. VS Verlag für Sozialwiss., Wiesbaden.

Shepherd, William R. (1911): Historical Atlas. Holt, New York.

Sherman, Susan R. (1994): Changes in age identity: self perceptions in middle and late life. In: Journal of Aging Studies, 1994/8, 397–412.

Sima, Cornelia (2010): Benachteiligung von Menschen mit besonderen Bedürfnissen in der Arbeitswelt – eine empirische Studie aus der Sicht der Arbeitnehmer/innen-Vertretung. Diplomarbeit Wirtschaftsuniversität Wien, Wien.

Smith, Kenneth (2002): Some critical observations on the use of the concept of "ethnicity" in Modood et al., Ethnic Minorities in Britain. In: Sociology, 2002/36, 399–417.

Smith, Phil (2004): Whiteness, Normal Theory and Disability Studies.

Stark, Rodney/Bainbridge, William S. (2000): Acts of faith: Explaining the Human Side of Religion. University of California Press, Berkley.

Statistik Austria (2009): Arbeits- und Lebenssituation von Migrantinnen und Migranten in Österreich. online im Internet, URL: http://www.statistik.at (Abfrage: 19.07.2011; [MEZ: 12:40])

Steingruber, Alfred (2006): Der Behindertenbegriff im österreichischen Recht. Diplomarbeit Karl Franzens Universität Graz, Graz.

Stonewall (2004): The Employment Equality (Sexual Orientation) Regulations. Guidelines for Employers. 2nd Edition.

Struppe, Ursula (2006): Vielfalt fördern, Zusammenhalt stärken – Diversity Management am Beispiel der MA 17: Ergänzende oder widersprüchliche Ansätze. In: Bendl, Regine/Hanappi-Egger, Edeltraud/Hofmann, Roswitha: Agenda Diversität: Gender- und Diversitätsmanagement in Wissenschaft und Praxis. Rainer Hampp Verlag, München-Mering, 83–94.

Sullivan, Lynne (2004): Sexual orientation – the last 'accaptable' bias. In: Canadian HR Reporter, 2004/17 (22), 9–11.

Tajfel, Henri (1981, Ed.): Human groups and social categories. Studies in social psychology. Cambridge Univ. Press, Cambridge.

Tálos, Emmerich/Hudler-Seitzberger, Michaela/Stromberger, Christian (2007): Ageing Society. Eine Herausforderung für Unternehmen und Gesellschaft. Bestandsaufnahme und Analyse unternehmerischer Ansätze im Umgang mit einer immer älter werdenden Belegschaft. Zukunftsforum Österreich. Reihe Forschungsberichte, Wien.

Tews, Hans P. (1993): Neue und alte Aspekte des Strukturwandels des Alters. In: Naegele, Gerhard/Tews, Hans P. (Hrsg.): Lebenslagen im Strukturwandel des Alters. Westdt. Verl., Opladen, 15–42.

Thanem, Torkild (2008): Embodying disability in diversity management research. In: Equal Opportunities International, 2008/27 (7), 581–595.

Tonks, Graeme (2006): Sexual Identity. HRM's Invisible Dimension of Workplace Diversity. In: The International Journal of Diversity in Organisations, Communities & Nations, 2006/6 (1), 35–48.

Trus, Armin (2003): „... vom Leid erlösen“ – Zur Geschichte der nationalsozialistischen „Euthanasie“-Verbrechen. Mabuse Verlag, Frankfurt/Main.

Ward, James/Winstanley, Diana (2003): The absent presence: Negative space within discourse and the construction of minority sexual identity in the workplace. In: Human Relations, 2003/56 (10), 1255–1280.

Weber, Max (1934): Die protestantische Ethik und der Geist des Kapitalismus. J.C.B. Mohr, Tübingen.

West, Candace/Zimmerman, Don H. (1991): Doing Gender. In: Lorber, Judith/Farrell, Susan A. (Eds.): The Social Construction of Gender. Sage, Newbury Park/London/New Delhi, 13–37.

Wernhart, Karl R. (2008): Ethnos – Identität – Globalisierung. In: Wernhart, Karl R./Zips, Werner (Hrsg.): Ethnohistorie. Rekonstruktion und Kulturkritik. Eine Einführung. Promedia, Wien, 113–134.

Williams, Christine/Giuffre, Patti A./Dellinger, Kirstin (1999): Sexuality in the Workplace: Organizational Control, Sexual Harassment, and the Pursuit of Pleasure. In: Annual Review of Sociology, 1999/25, 73–93.

Wohlrab-Sahr, Monika (2003): Religionssoziologie. In: Orth, Barbara/Schwiertring, Thomas/Weiß, Johannes (Hrsg.): Soziologische Forschung: Stand und Perspektiven. Leske+Budrich, Opladen, 427–448.

Young, Robert (1995): Colonial desire. London, Routledge.

Young, Robert (2001): Postcolonialism: An historical introduction. Blackwell Publishers, Oxford.

Zimmermann, Eberhard (2003): Chancen und Risiken innovativer Arbeitszeitmodelle für ältere Arbeitnehmer. In: Badura, Bernhard/Schellschmidt, Henner/Vetter, Christian (Hrsg.): Fehlzeiten-Report 2002. Demographischer Wandel. Herausforderung für die betriebliche Personal- und Gesundheitspolitik. Springer, Berlin, 167–183.

5 Rechtliche Standards für den Umgang mit Diversität – Antidiskriminierungsbestimmungen im Gleichbehandlungsgesetz

Eva Lang

Kurzfassung

Nach dem 1979 in Kraft getretenen Gleichbehandlungsgesetz, das zunächst nur die Lohngleichheit für Frauen und Männer verlangte und nach und nach zu einem Gesetz für die Gleichbehandlung von Frauen und Männern in der Arbeitswelt erweitert wurde, war Österreich aufgrund EU-rechtlicher Vorgaben ab dem Jahr 2000 gefordert, einen wirksamen Diskriminierungsschutz für Menschen zu etablieren, die wegen ihrer ethnischen Zugehörigkeit, ihrer Religion oder Weltanschauung, ihres Alters, ihrer sexuellen Orientierung oder einer Behinderung unsachlich gegenüber anderen benachteiligt werden. Neben der Festlegung der Lebensbereiche, in denen Diskriminierung verboten sein soll, mussten auch entsprechend abschreckende Sanktionen gesetzlich festgelegt sowie unabhängige Einrichtungen geschaffen werden, die der Beratung und Unterstützung der Betroffenen dienen.

Der Gesetzgeber hat es bisher verabsäumt, alle Diskriminierungsmerkmale einheitlich zu regeln und für den gleichen Schutz aller Betroffenen zu sorgen. Für Diskriminierungen aufgrund einer Behinderung wurden eigene Gesetze, Institutionen und Verfahren geschaffen; alle anderen Merkmale sind im Gleichbehandlungsgesetz geregelt. Schadenersatzansprüche und ein neben dem gerichtlichen Klagsweg mögliches spezielles Verfahren vor der Gleichbehandlungskommission sollen die Durchsetzbarkeit der Rechte diskriminierter Menschen sichern.

5.1 Einleitung

Österreichs Rechtslandschaft ist zersplittert, was den Schutz vor Diskriminierung betrifft. Seit 1973 verbietet ein Verfassungsgesetz jede Form rassischer Diskriminierung durch Gesetzgebung und Vollziehung[140]. Danach ist

[140] BVG betreffend das Verbot rassischer Diskriminierung, BGBl Nr 390/1973.

jede Unterscheidung aus dem alleinigen Grund der Rasse, der Hautfarbe, der Abstammung, der nationalen oder ethnischen Herkunft zu unterlassen. Wer eine Person aus einem dieser Gründe oder wegen ihres religiösen Bekenntnisses oder einer Behinderung ungerechtfertigt benachteiligt oder sie hindert, Orte zu betreten oder Dienstleistungen in Anspruch zu nehmen, die für den allgemeinen öffentlichen Gebrauch bestimmt sind, macht sich einer Verwaltungsübertretung schuldig.[141] Eine öffentliche Beschimpfung oder Verspottung anderer wegen deren Herkunft kann als Beleidigung strafbar sein[142]. Die EU-rechtlich gebotene Bekämpfung der Diskriminierung wegen einer Behinderung in Beschäftigung und Beruf, die den Arbeitgeber zu angemessenen Vorkehrungen für Menschen mit Behinderung verpflichtet, wurde im Behinderteneinstellungsgesetz[143] umgesetzt. Weitere Vorgaben zum Abbau von Diskriminierungen von Menschen mit Behinderung erfolgten im Bundesbehindertengleichstellungsgesetz[144], das eine umfassende gleichberechtigte Teilhabe am Leben in der Gesellschaft und eine selbständige Lebensführung z. B. durch die Vermeidung baulicher Barrieren gewährleisten will. Die Behindertenanwaltschaft und ein der gerichtlichen Geltendmachung von Schadenersatz vorgelagertes Schlichtungsverfahren sollen die Rechtsdurchsetzung erleichtern.

Von besonderer praktischer Relevanz zur Bekämpfung diskriminierender und rassistischer Handlungen und Haltungen sind die – wegen der föderalistischen Kompetenzverteilung teilweise auf Bundes-, teilweise auf Landesebene ergangenen – Gleichbehandlungs- bzw. Antidiskriminierungsgesetze[145], von denen im Folgenden das österreichweit für die Privatwirtschaft

---

[141] Gemäß Art III Abs 1 Z 3 EGVG ist ein solches Verhalten mit einer Geldstrafe bis zu € 1.090,– zu bestrafen.

[142] § 115 StGB. Zur Äußerung „Scheiß-Neger" hat der OGH ausgesprochen, dass der dadurch Beleidigte im unverzichtbaren Kernbereich seiner Persönlichkeit getroffen und von einer grob diskriminierenden, die Menschenwürde verletzenden Beschimpfung auszugehen ist: OGH 14.1.2004, 13 Os 154/03.

[143] BGBl Nr 22/1970 idF 7/2011.

[144] BGBl I Nr 82/2005 idF 7/2011.

[145] Das sog. Bundes-Gleichbehandlungsgesetz schützt Bedienstete des Bundes und Personen, die sich um Aufnahme in ein Bundesdienstverhältnis bewerben, vor Diskriminierung am Arbeitsplatz. Analog dazu gibt es neun Landes-Gleichbehandlungsgesetze, die verbieten, dass die jeweiligen Landes- und Gemeindebediensteten von ihrem Dienstgeber diskriminiert werden. Zugleich wird jegliche Diskriminierung durch Organe des Landes und der Gemeinden in den Bereichen Gesundheit, Soziales, Bildung sowie beim Zugang zu und der Versorgung mit Gütern und Dienstleistungen, die der Öffentlichkeit zur Verfügung stehen, untersagt, sofern diese Bereiche landesgesetzlich geregelt werden. Siehe exemplarisch

geltende Gleichbehandlungsgesetz (GlBG) dargestellt werden soll. Dem kurzen Überblick über die Entwicklung des Gesetzes folgen die Vorstellung der geschützten Merkmale und der allen Abschnitten gemeinsamen Bestimmungen und Definitionen. Die daran anschließenden Kapitel widmen sich den Geltungsbereichen, die durch Fallbeispiele illustriert werden, sowie Ausführungen über Rechtsfolgen und einzuhaltende Fristen. Schließlich werden Einrichtungen vorgestellt, die vom Gesetzgeber zur Unterstützung jener Personen, die sich im Sinne des GlBG für diskriminiert erachten, berufen sind.

5.2 Vom geschlechtsbezogenen Gleichbehandlungs- zum Antidiskriminierungsgesetz

Die am 1. Juli 1979 in Kraft getretene Stammfassung des Gleichbehandlungsgesetzes enthielt ausschließlich die Forderung nach der Gleichbehandlung von Frau und Mann bei der Festsetzung des Entgelts. In mehreren Novellen wurde der Umfang des Gleichbehandlungsgebots erweitert und umfasste schließlich sämtliche Bereiche des Arbeitsverhältnisses vom Bewerbungsvorgang bis zur Beendigung sowie das Verbot der sexuellen Belästigung[146]. Aufgrund EU-rechtlicher Vorgaben – einerseits durch die Richtlinie 2000/43/EG vom 29.6.2000 zur Anwendung des Gleichbehandlungsgrundsatzes ohne Unterschied der Rasse oder der ethnischen Herkunft (Antirassismus-RL), andererseits durch die Richtlinie 2000/78/EG vom 27.11.2000 zur Festlegung eines allgemeinen Rahmens für die Verwirklichung der Gleichbehandlung in Beschäftigung und Beruf (Rahmen-RL) – war der österreichische Gesetzgeber aufgerufen, Regelungen in die Rechtsordnung aufzunehmen, die Diskriminierungen aufgrund der ethnischen Zugehörigkeit, der Religion oder Weltanschauung, des Alters und der sexuellen Orientierung in der gesamten privaten Arbeitswelt sowie darüber hinaus Diskriminierungen aufgrund der ethnischen Zugehörigkeit auch in den Bereichen Sozialschutz, Gesundheitsdienste und Bildung sowie bei der Versorgung mit Gütern und Dienstleistungen einschließlich beim Zugang zum Wohnraum hintanhalten sollten. Mit der RL 2004/113/EG kam noch die Verpflichtung hinzu, den Grundsatz der Gleichbehandlung von Männern und Frauen beim Zugang zu Gütern und Dienstleistungen zu implementieren. Der Gesetzgeber entschied sich dazu, das bisher geltende

Kärntner Antidiskriminierungsgesetz, LGBl Nr 63/2004 idF 11/2010, abrufbar unter www.ris.bka.gv.at.

[146] Zur Entwicklung des GlBG im Detail vgl. Hopf/Mayr/Eichinger 2009, 62ff.

GlBG zur Gleichbehandlung von Frauen und Männern in der Arbeitswelt in ein Antidiskriminierungsgesetz[147] umzugestalten, übernahm einen Großteil der Inhalte aus der Vorgängerregelung und erweiterte diese um die EU-rechtlich gebotenen Schutzbestimmungen. In einem eigenen Gesetz[148] wurden gleichzeitig Regelungen über die Gleichbehandlungskommission (GBK) und die Gleichbehandlungsanwaltschaft (GAW) zusammengefasst, also jener Institutionen, deren Aufgabe die Einhaltung und Durchsetzung des Gleichbehandlungsgebots im Vorfeld der Gerichtsbarkeit ist.

Geschützte persönliche Merkmale

Das GlBG kennt derzeit neben dem Geschlecht fünf weitere personenbezogene Merkmale („Gründe"), die nicht zu einem Anknüpfungspunkt für eine Benachteiligung gemacht werden dürfen. Diese Merkmale dürfen also für Entscheidungen oder Handlungen jener Personen, an die sich das Diskriminierungsverbot richtet (insbesondere ArbeitgeberInnen und AnbieterInnen von Gütern und Dienstleistungen), keine Rolle spielen und müssen außer Acht gelassen werden, damit es nicht *wegen* ihnen zu einer unzulässigen Ungleichbehandlung kommt, die ohne Vorhandensein dieses konkreten Merkmals nicht stattgefunden hätte[149].

Für den Begriff *„ethnische Zugehörigkeit"* gibt es keine Definition im GlBG. Die RL 2000/43/EG spricht von „ethnischer Herkunft", umschreibt diesen Begriff aber auch nicht näher, sondern setzt dessen Verständnis offenbar voraus. Im Gegensatz zur RL verwendet das GlBG auch den Begriff „Rasse" nicht. In den Materialien[150] wird betont, dass Theorien, mit denen versucht werde, die Existenz verschiedener menschlicher Rassen zu belegen, zurückgewiesen werden. Selbst wo der Begriff verwendet werde, sei die

---

[147] BG, mit dem ein BG über die Gleichbehandlung (GlBG) erlassen und das BG über die Gleichbehandlung von Frau und Mann im Arbeitsleben geändert werden, BGBl I Nr 66/2004, nunmehr idF BGBl I Nr //2011. Abrufbar unter www.ris.bka.gv.at

[148] BG über die Gleichbehandlungskommission und die Gleichbehandlungsanwaltschaft – GBK/GAW-G, BGBl Nr 108/1979 idF BGBl I Nr 7/2011. Abrufbar unter www.ris.bka.gv.at

[149] Der OGH hat erkannt, dass in der Praxis oft mehrere Motive zusammentreffen können (sog. „Motivbündel"), das Diskriminierungsverbot jedoch entwertet würde, wenn jedes dazu tretende Motiv den geforderten Zusammenhang wieder beseitigen würde. Es genügt daher, wenn das geschützte Merkmal (bzw damit in Verbindung stehende Eigenschaften, Handlungen, Verhaltensweisen oder Zustände) innerhalb des Motivbündels mit ausschlaggebend und damit mitursächlich für die Diskriminierung ist: OGH 2.4.2009, 8 ObA 8/09y.

[150] 307 Blg XXII.GP RV S. 14.

Akzeptanz solcher Theorien nicht impliziert. Vielmehr kommen als Auslegungsmaßstab für die weit und offen auszulegende RL völkerrechtliche Normen in Betracht. Verwiesen wird auf das Abkommen zur Eliminierung jeder Form der rassischen Diskriminierung (CERD), das jede Diskriminierung aufgrund der Rasse, der Hautfarbe, der Abstammung, das nationalen Ursprungs und des Volkstums umfasst. Art. 26 des Internationalen Paktes über zivile und politische Rechte (ICCPR) verpflichtet die ratifizierenden Staaten, Schutz vor Diskriminierungen u.a. wegen der Rasse, der Hautfarbe, der Sprache, der Religion und der nationalen Herkunft zu gewähren. Art 14 MRK bezieht das Diskriminierungsverbot u. a. auf Hautfarbe, Sprache, nationale oder soziale Herkunft und die Zugehörigkeit zu einer nationalen Minderheit. Die Materialien halten zwar fest, dass der Begriff „Rasse" in der Rechtssprache durchaus gebräuchlich ist, wobei aber weder „Rasse" noch „ethnische Herkunft" im Sinne einer Abstammungslehre so verstanden werden dürfen, dass es auf biologische Verwandtschaftsverhältnisse zu bestimmten Volksgruppen ankomme. Die Definition müsse sich vielmehr stärker kulturell orientieren. Geschützt sind demnach Personen, die als fremd wahrgenommen werden, weil sie von der regionalen Mehrheit nicht als zugehörig angesehen werden. Angeknüpft wird dabei an Unterschiede, die als natürlich angesehen werden und die die betroffene Person nicht oder nicht ohne weiteres ändern kann. Ethnien werden demnach als „imaginierte Gemeinschaften" umschrieben, die durch Bekenntnis oder Fremdzuschreibung entstehen und deren Gemeinsamkeit sich aufgrund von Hautfarbe, Herkunft, Religion, Sprache, Kultur oder Sitten ergibt. An dieser weiten Auslegung ist der Schutzbereich des GlBG zu messen.

Für die Merkmale *Religion und Weltanschauung* gilt ebenfalls, dass keine Definition durch die RL 2000/78/EG und das GlBG erfolgt. Auch hier sind die Materialien[151] daher besonders aufschlussreich. Zunächst wird klargestellt, dass die Begriffe wegen des Ziels der Rahmen-RL weit auszulegen sind. Dem zufolge ist der Schutz aufgrund der Religionszugehörigkeit keinesfalls auf Angehörige gesetzlich anerkannter Religionsgemeinschaften und Gemeinschaften nach dem Bekenntnisgemeinschaftengesetz beschränkt. Für die Bejahung des Vorliegens einer Religion sind aber zumindest ein Bekenntnis, Vorgaben für die Lebensweise und ein Kult essentiell. Die Zugehörigkeit zu einer Gemeinschaft wird vorausgesetzt. Welchen Formalerfordernissen eine solche Mitgliedschaft genügen muss, ist offen. Geschützt werden soll die Identifizierung mit einem Glaubenssystem, das in Lehre und Praxis die letzten Sinnfragen menschlicher Gemeinschaft und Individuen aufgreift und zu beantworten sucht. Die Materialien gehen davon aus, dass es in

[151] 307 Blg XXII.GP RV S. 14 f.

jeder Religion ein Heilsziel gibt, das in Beziehung steht zu einer unverfügbaren personalen (Gott) oder nicht personalen (Weltgesetz, Erkenntnis, Wissen) Transzendenz. Das Tragen religiöser Symbole und Kleidungsstücke (wie etwa Kippa, islamisches Kopftuch) fällt in den Schutzbereich, da aus diesen Kleidungsstücken die Religionszugehörigkeit der TrägerInnen abgeleitet wird bzw. sie Ausdruck einer bestimmten Religionszugehörigkeit sind. Schwieriger gestaltet sich die Umschreibung des Begriffs „Weltanschauung". Die Materialien sehen ihn als eng mit dem Begriff „Religion" verbunden an. Er wird als Sammelbezeichnung für alle areligiösen, ideologischen, politischen und sonstigen Leitauffassungen vom Leben und von der Welt als einem Sinnganzen gesehen, das der Deutung des persönlichen und gemeinschaftlichen Standortes für das individuelle Lebensverständnis dient. Persönliche Überzeugungen wie Menschenbilder, Wert- und Moralanschauungen sollen dadurch geschützt werden. Wichtig ist, dass diese nicht punktuell vertreten werden[152], sondern sich in einen Blick auf das Weltganze einbetten. Jedenfalls als Weltanschauungen im Sinne des GlBG gelten wohl Atheismus und Pazifismus; unklar ist, ob die Zugehörigkeit zu einer politischen Partei davon umfasst wäre. Der OGH[153] hat sich zu dieser Frage bisher nicht eindeutig geäußert, wegen der ausdrücklichen Erwähnung politischer Leitauffassungen in den Materialien spricht aber einiges für eine diesbezügliche gesetzgeberische Intention. Klargestellt ist, dass, wer sich auf seine Ideologiefreiheit beruft, nicht den Schutz durch eine Weltanschauung für sich in Anspruch nehmen kann[154].

Zum Kriterium *Alter* wird ausgeführt[155], dass vom Schutz des Gesetzes jedes Alter, auch das jugendliche, umfasst ist. Man spricht von einem „Verlaufskriterium"[156]. So ist nicht das Alt-Sein als solches der verpönte Differenzierungsgrund, vielmehr ist eine sachfremde benachteiligende Anknüpfung arbeitsrechtlicher Entscheidungen an jede beliebige Altersstufe verboten; das Kriterium ist also relational.[157] Grundsätzlich sind alle unabhängig von einem Mindest- oder Höchstalter und sowohl in Bezug auf das Lebens- als auch auf das Dienstalter geschützt. Allerdings wird auf die im Gesetzestext weitgehenden Ausnahmebestimmungen verwiesen, die z. B. ein Höchstalter für die Einstellung dann zulassen, wenn es spezifische Ausbil-

---

[152] OGH 24.2.2009, 9 ObA 122/07t. Demnach sind Ansichten über das österreichische Asylrecht für sich genommen keine Weltanschauung.

[153] OGH 21.12.2009, 8 ObA 69/09v.

[154] OGH 24.2.2009, 9 ObA 122/07t.

[155] 307 Blg XXII.GP RV S. 15.

[156] Reissner 2010.

[157] Reissner 2010.

dungsanforderungen für einen bestimmten Arbeitspatz gibt oder eine noch angemessene Beschäftigungszeit vor dem Eintritt in den Ruhestand erreicht werden soll.[158] Ob eine solche zulässige Ausnahme vorliegt, ist immer im Einzelfall nach einem strengen Maßstab zu prüfen. Auch körperliche Anforderungen wie jene an Beschäftigte im Einsatzdienst bei Berufsfeuerwehren können laut EuGH Neueinstellungen bis zu einem bestimmten Höchstalter zulässig machen.[159] Vom Schutzbereich des GlBG nicht unmittelbar umfasst sind Bestimmungen über die Festsetzung von Altersgrenzen für den Eintritt in den Ruhestand, weil es sich dabei nicht um arbeits-, sondern um sozialversicherungsrechtliche Regelungen handelt. Die Tatsache, dass Frauen ihre Pension derzeit noch früher antreten dürfen als Männer, darf jedoch nicht zu Zwangspensionierungen von Mitarbeiterinnen durch einseitige ArbeitgeberInnenentscheidungen („Ruhestandsversetzung") führen. Unerwünschtes Hinausdrängen von Frauen aus dem Unternehmen vor deren 65. Lebensjahr stellt jedenfalls eine Diskriminierung aufgrund des Geschlechts[160] dar. Die GBK[161] hat in solchen Fällen auch eine Altersdiskriminierung bejaht; eine klare diesbezügliche Aussage des EuGH ist noch ausständig.

Das Kriterium *sexuelle Orientierung* entspricht dem in der RL 2000/78/EG verwendeten Begriff der sexuellen Ausrichtung. Beide werden nicht näher definiert, sind aber nach den Materialien[162] weit auszulegen. Jedenfalls soll ein Diskriminierungsschutz für heterosexuelle ebenso wie für homo- und bisexuelle Menschen geschaffen werden. Die Benachteiligung homosexueller Lebensgemeinschaften gegenüber unverheirateten heterosexuellen Paaren ist unzulässig; inwieweit Privilegierungen verheirateter Paare gegenüber solchen, die in eingetragener Partnerschaft leben, zulässig sind, ist im Einzelfall an einem strengen Maßstab zu prüfen. Für den Bereich der Arbeitswelt sind seit dem Inkrafttreten des EPG[163] erlaubte Unterschiede kaum noch denkbar.[164] Solche können sich allenfalls daraus ergeben, dass Rechtsvorschriften über den Familienstand und davon

---

[158] Vgl. § 20 Abs 4 GlBG.

[159] EuGH 12.1.2010, Rs C-229/08.

[160] EuGH 18.11.2010, Rs C-356/09.

[161] GBK I/155/08-M, I/161/08-M, I/175/09-M.

[162] 307 Blg XXII.GP RV S. 15.

[163] Eingetragene Partnerschaft-Gesetz, BGBl I Nr 135/2009.

[164] Derzeit besteht kein Anspruch auf Pflegefreistellung eines eingetragenen Partners/einer eingetragenen Partnerin für das in die EP mitgebrachte Kind des anderen Partners. Im Hinblick auf das GlBG, wonach es keine Diskriminierungen aufgrund der sexuellen Orientierung bei den Arbeitsbedingungen (zu denen die Pflegefreistellung zählt) geben darf, müsste ein solches Recht jedoch wohl gewährt werden. Eine entsprechende Sanierung durch den Gesetzgeber ist geboten.

abhängige Leistungen nicht der EU-rechtlichen Regelungskompetenz, sondern dem souveränen Entscheidungsbereich der Mitgliedsstaaten unterliegen.[165]

Diskriminierungen gegenüber intersexuellen Menschen oder Transgenderpersonen stellen nicht Diskriminierungen aufgrund der sexuellen Orientierung, sondern solche aufgrund des Geschlechts dar.

Der Schutz vor Diskriminierung ist unabhängig davon gegeben, ob der Umstand, auf Grund dessen die Benachteiligung erfolgt (z. B. ethnische Herkunft oder sexuelle Orientierung), tatsächlich vorliegt oder nur vermutet wird. Wer als Arbeitgeber also jemanden nur deshalb nicht einstellt, weil er aufgrund des Namens eine bestimmte ethnische, z. B. afrikanische, Herkunft vermutet, verletzt das Gleichbehandlungsgebot unabhängig davon, ob er mit seiner Vermutung recht hatte oder der Name beispielsweise von einer gebürtigen Österreicherin durch Heirat erworben wurde.

Gemeinsame Bestimmungen und Definitionen

Das GlBG gliedert sich in fünf Abschnitte. Während Teil IV Grundsätze für die Regelung der Gleichbehandlung im Arbeitsleben in der Land- und Forstwirtschaft und Teil V Schlussbestimmungen enthält, sind in den Teilen I bis III die Gleichbehandlungsgebote für die Arbeitswelt in der Privatwirtschaft und für die Bereiche Sozialschutz, Bildung sowie Zugang zu und Versorgung mit Gütern und Dienstleistungen geregelt. Gemeinsam sind allen Abschnitten die Definitionen der verschiedenen Formen von Diskriminierung.

Eine *unmittelbare Diskriminierung* liegt vor, wenn eine Person wegen eines vom Gesetz geschützten Grundes – Geschlecht, ethnische Zugehörigkeit, Religion, Weltanschauung, Alter oder sexuelle Orientierung – in einer vergleichbaren Situation eine weniger günstige Behandlung erfährt, als eine andere Person erfährt, erfahren hat oder erfahren würde. Eine hypothetische Vergleichsperson genügt.

Von einer *mittelbaren Diskriminierung* spricht man, wenn dem Anschein nach neutrale Vorschriften, Kriterien oder Verfahren Personen, die eines der vom Gesetz geschützten Merkmale aufweisen, gegenüber anderen Personen in besonderer Weise benachteiligen können, es sei denn, die betreffenden Vorschriften, Kriterien oder Verfahren sind angemessen und erforderlich und durch ein rechtmäßiges Ziel sachlich gerechtfertigt. Eine mittelbare Diskriminierung liegt z. B. vor, wenn es eine unternehmensinterne Regelung gibt, nach der nur Vollzeitbeschäftigte zu Fortbildungen zugelassen werden. Wenn sich unter den Teilzeitbeschäftigten, die von dieser Möglichkeit aus-

---

[165] Vgl. Erwägungsgrund 22 der RL 2000/78/EG.

geschlossen sind, mehrheitlich Frauen befinden, ist eine Diskriminierung aufgrund des Geschlechts gegeben.

Eine weitere Form von Diskriminierung ist die Anweisung an eine andere Person, zu diskriminieren. Wer als Vermieter/in einem Maklerbüro vorgibt, in einem Wohnungsinserat nur nach MieterInnen mit österreichischer Staatsbürgerschaft zu suchen, verwirklicht ebenso eine Diskriminierung wie das Maklerbüro, das sich an diese gesetzwidrige Vorgabe hält.

Diskriminierung ist auch dann gegeben, wenn jemand nicht wegen eines eigenen persönlichen Merkmals, sondern aufgrund eines Naheverhältnisses zu einer anderen Person wegen deren Geschlecht, ethnischer Zugehörigkeit, deren Religion oder Weltanschauung, deren Alters oder deren sexueller Orientierung diskriminiert wird.[166] Man spricht in diesem Fall von „Diskriminierung durch Assoziierung". Wird etwa eine mitteleuropäisch aussehende Frau, die in Begleitung eines schwarzafrikanischen, dunkelhäutigen Partners ist, nicht in eine Diskothek eingelassen, so wird auch sie diskriminiert, obwohl sie selbst nicht Trägerin des inkriminierten Merkmals „dunkle Hautfarbe" ist.

Schließlich werden auch Belästigungen als Diskriminierungen definiert. Sie sind verwirklicht, wenn unerwünschte, unangebrachte oder anstößige Verhaltensweisen, die im Zusammenhang mit einem der geschützten Merkmale stehen, bezwecken oder bewirken, dass die Würde der betroffenen Person verletzt wird und ein für sie einschüchterndes, feindseliges oder beleidigendes Umfeld geschaffen wird.

In allen Teilen des GlBG ist ein ausdrückliches Benachteiligungsverbot statuiert. Demnach darf niemand als eine Reaktion auf eine Beschwerde oder auf die Einleitung eines Verfahrens zur Durchsetzung des Gleichbehandlungsgebots benachteiligt werden.

Wichtig ist die Klarstellung, dass positive Maßnahmen zulässig sind. Darunter sind konkrete Aktivitäten zu verstehen, die durch Gesetze, Verordnungen, Instrumente der kollektiven Rechtsgestaltung, aber auch auf andere generelle Weise getroffen werden und die Benachteiligungen aufgrund des Geschlechts, der ethnischen Zugehörigkeit, der Religion oder Weltanschauung, des Alters oder der sexuellen Orientierung verhindern oder ausgleichen sollen. Sie dienen der Förderung der Gleichstellung und gelten ausdrücklich nicht als Diskriminierung. Eine positive Maßnahme im Bereich der Arbeitswelt wäre z. B. die verbindliche Erklärung eines Unternehmens, zur Förderung der Diversität bei gleicher Qualifikation in Hin-

---

[166] So erstmals EuGH 17.7.2008, Rs C-303/06 (Coleman), mit Bezug auf die Behinderung des Kindes der deswegen vom Arbeitgeber benachteiligten Arbeitnehmerin.

kunft Menschen mit Migrationshintergrund bevorzugt einzustellen, bis in allen Abteilungen eine Quote von 25 % erreicht ist.[167]

Von Bedeutung für die Rechtsdurchsetzung ist eine spezielle Regelung zur Beweislastverteilung. Grundsätzlich gilt in arbeitsrechtlichen Verfahren wie in jedem Zivilprozess, dass die Partei, die ein Vorbringen erstattet, auch die entsprechenden Beweise beibringen muss. In gleichbehandlungsrechtlichen Verfahren ist die Beweisführung für jene Partei, die sich für diskriminiert erachtet und ihre Ansprüche einklagen will, aber oft nicht möglich. So werden Gehaltsdaten von Kollegen oder Kolleginnen, mit denen man sich vergleichen möchte, um eine Entgeltdiskriminierung nachzuweisen, in den wenigsten Fällen im Unternehmen offen kommuniziert. Selbst dort, wo grundsätzlich Gehaltsschemata oder Lohntabellen gelten, kommen sehr häufig weitere Entgeltbestandteile wie Zulagen, Prämien oder Boni zur Auszahlung, ohne dass es für deren Gewährung transparente Kriterien gäbe. Auch wer sich in einem Unternehmen bewirbt und die Stelle trotz vermuteter Bestqualifizierung nicht erhält, wird sich schwer tun, zu beweisen, dass er/sie tatsächlich besser geeignet ist als die eingestellte Person, weil die Bewerbungsunterlagen anderer InteressentInnen grundsätzlich nicht verfügbar sind und nur dem Arbeitgeber zur Verfügung stehen. Um in solchen Konstellationen eine Klagsführung nicht von vornherein zu verunmöglichen, hat das GlBG eine Beweislasterleichterung eingeführt. Die betroffene Person muss den Diskrimininierungstatbestand zunächst nicht voll beweisen, sondern nur glaubhaft machen. Das an die Beweisführung gestellte Maß ist damit herabgesetzt. Der beklagte Teil muss in der Folge beweisen, dass es bei Abwägung aller Umstände wahrscheinlicher ist, dass ein anderes von ihm glaubhaft gemachtes Motiv für die unterschiedliche Behandlung ausschlaggebend war oder ein Rechtfertigungsgrund vorliegt. Im Falle einer behaupteten Belästigung muss der/die Beklagte beweisen, dass es bei Abwägung aller Umstände wahrscheinlicher ist, dass die von ihm/ihr glaubhaft gemachten Tatsachen der Wahrheit entsprechen.

---

[167] Gemäß der Judikatur des EuGH muss eine solche Quotenregelung aber eine Öffnungsklausel beinhalten. Demnach dürfte migrantischen BewerberInnen kein automatischer Vorrang eingeräumt werden, vielmehr müsste garantiert werden, dass alle Bewerbungen objektiv und individuell unter Berücksichtigung der jeweils persönlichen Lage geprüft werden. Vgl. EuGH 6.7.2000, Rs C-407/98, Abrahamsson; EuGH 28.3.2000, Rs C-158/97, Badeck; EuGH 11.11.1997, Rs C-409/95, Marschall.

Geschützte Lebensbereiche

1. Arbeitswelt

Teil I regelt die Gleichbehandlung von Frauen und Männern in der Arbeitswelt. Die einzelnen Tatbestände, die eine geschlechtsspezifische Diskriminierung im Bereich der Arbeitswelt verbieten, sind inhaltsgleich mit den Bestimmungen des II. Teils und werden dort im Detail vorgestellt. Verwiesen sei hier jedoch auf zwei Besonderheiten, die sich nur in Teil I finden:

Ausdrückliches Ziel dieses Abschnittes ist die angestrebte de-facto-Gleichstellung beider Geschlechter im gesamten Bereich der Berufswelt. Demnach darf niemand auf Grund des Geschlechts, insbesondere auch nicht unter Bezugnahme auf den Ehe- und Familienstand, in unsachlicher Weise benachteiligt werden. Damit ist auch klargestellt, dass eine Schwangerschaft oder die Inanspruchnahme eines Karenzurlaubs bzw. einer Pflegefreistellung zum Zwecke der Betreuung von Kindern keinesfalls zu beruflichen Nachteilen führen dürfen. Dieses Diskriminierungsverbot soll dazu beitragen, die traditionelle Rollen- und Aufgabenverteilung zwischen den Geschlechtern abzubauen. So soll erreicht werden, dass seitens des Arbeitgebers/der Arbeitgeberin nicht von vornherein in stereotyper Weise angenommen wird, dass Frauen aufgrund familiärer Verpflichtungen berufliche Abstriche machen müssen. Eine weitere Sonderbestimmung zur rascheren Herbeiführung der Geschlechtergleichstellung beim Entgelt ist die mit der Novelle 2011 eingeführte Verpflichtung zur Erstellung von unternehmensinternen Einkommensberichten. Jede/r Arbeitgeber/in, der/die eine bestimmte Zahl von Personen beschäftigt[168], muss alle zwei Jahre die Anzahl der weiblichen und männlichen ArbeitnehmerInnen in den einzelnen kollektivvertraglichen oder betrieblichen Verwendungsgruppen sowie deren Durchschnittsentgelt im Kalenderjahr erheben und die Ergebnisse dem Betriebsrat zur Verfügung stellen bzw. dort, wo kein Betriebsrat eingerichtet ist, für die ArbeitnehmerInnen zur Einsicht auflegen. Durch diese Maßnahme soll die innerbetriebliche Entgelttransparenz erhöht und der ArbeitnehmerInnenvertretung ein Instrument in die Hand gegeben werden, um eine diskriminierungsfreie Gehaltsfestsetzung nicht nur im Einzelfall, sondern strukturell und systematisch zu erreichen.

Fall 1: Herr Z. wird als enger Mitarbeiter eines neuen Geschäftsführers in den Strategieentwicklungsprozess miteinbezogen. Ihm wird nicht nur ein Führungs-

[168] Für ArbeitgeberInnen, die dauernd mehr als 1000 Personen beschäftigen, ist die Verpflichtung zur Erstellung des Einkommensberichts seit 1. März 2011 in Kraft; der Bericht ist für das Jahr 2010 zu erstellen. Stufenweise wird diese Verpflichtung jährlich ausgedehnt, bis sie ab 2014 auch für jene gilt, die zumindest 150 ArbeitnehmerInnen beschäftigen.

kräftevertrag angeboten, er wird auch hausintern als Leiter einer Stabsfunktion vorgestellt. Nach Bekanntgabe seiner Absicht, Elternkarenz in Anspruch zu nehmen, werden ihm Teile seines Aufgabenbereichs entzogen, zudem wird plötzlich bestritten, dass er Führungskraft sei. Herr Z. beschließt, die strittigen Punkte mit seinem Vorgesetzten nach Rückkehr aus der Karenz zu klären. Als er zum angegebenen Termin den Dienst wieder antritt, findet er keinen Tätigkeitsbereich mehr vor, auch sein Gehalt wird nicht überwiesen. Nach Urgenz bekommt er zwar eine Projektleitung übertragen, wird aber nach Ablauf des einmonatigen Kündigungsschutzes sofort gekündigt.

Lösung: *Die GBK stellt eine Diskriminierung bei den Arbeitsbedingungen und bei der Beendigung des Dienstverhältnisses fest und erteilt dem Unternehmen detaillierte Aufforderungen, wie es den Umgang mit ArbeitnehmerInnen, die Karenz in Anspruch nehmen wollen, zu verbessern hat.*[169]

Fall 2: Frau A. beginnt in einem Unternehmen zu arbeiten. Zeitgleich mit ihr fangen auch zwei Männer an, mit denen sie anfangs sogar ein Zimmer teilt. Alle drei sind in derselben Verwendungsgruppe eingestuft und erfüllen vergleichbare Tätigkeiten. Erst nach Monaten erfährt Frau A., dass beide Kollegen seit Beginn der Tätigkeit Zulagen beziehen, die sie nicht erhält. Ob eine solche Funktionszulage für besondere Leistungen gewährt wird, bestimmt nach der betriebsinternen Regelung der unmittelbare Vorgesetzte, der die jeweilige Person dafür der Geschäftsführung vorschlagen muss. Die Höhe wird dann von der Geschäftsführung je nach Budgetlage festgelegt. Grundsätzlich gibt es dabei kein Mitsprache- oder Berufungsrecht des unmittelbar betroffenen Arbeitnehmers oder der unmittelbar betroffenen Arbeitnehmerin. Der von der Frau konfrontierte Vorgesetzte meint zu ihr nur: „Sehen Sie das doch nicht so emotional!".

Lösung: *Das Gebot der Gleichbehandlung beim Entgelt muss sich auf jeden einzelnen Entgeltbestandteil beziehen. Intransparente Gewährungskriterien für eine Zulage indizieren eine Diskriminierung. Soll damit der angeblich höhere Marktwert der männlichen Mitarbeiter abgegolten werden, ist dieser Marktwert anhand objektiver Kriterien transparent zu machen. Dies ist dem Arbeitgeber nicht gelungen. Da die GBK zur Auffassung kam, dass die Tätigkeit von Frau A. jener ihrer Kollegen gleichwertig war, hätte auch sie die Zulage erhalten müssen.*[170]

---

[169] Vgl. GBK I/190/09, abrufbar unter http://www.frauen.bka.gv.at/DocView.axd?CobId=39971

[170] Vgl. GBK I/116/07, abrufbar unter http://www.frauen.bka.gv.at/DocView.axd?CobId=40091

Neben der sexuellen Belästigung[171] ist nunmehr auch die geschlechtsbezogene Belästigung verboten. Darunter sind Äußerungen oder Verhaltensweisen zu verstehen, die nicht der sexuellen Sphäre zuzurechnen sind, sondern Bezug zur Geschlechtszugehörigkeit einer Person nehmen. Stereotype Abwertungen wie Blondinenwitze oder Kundgaben, dass Frauen besser die Finger von der Technik lassen sollten, machen schadenersatzpflichtig, wenn dadurch ein die Würde verletzendes Ausmaß erreicht und eine feindselige oder demütigende Arbeitsumwelt geschaffen wird.

Teil II des GlBG enthält Bestimmungen zur Gleichbehandlung in der Arbeitswelt ohne Unterschied der ethnischen Zugehörigkeit, der Religion oder Weltanschauung, des Alters und der sexuellen Orientierung[172] und bildet damit den Kernbereich des Antidiskriminierungsgesetzes. Das Gleichbehandlungsgebot richtet sich an Arbeitgeber/innen bzw. die eine juristische Person (AG, GmbH) vertretenden Organe und gilt für Arbeitsverhältnisse aller Art, die auf privatrechtlichem Vertrag beruhen, aber auch für Heimarbeitsverhältnisse und arbeitnehmerInnenähnliche Beschäftigungen, und zwar bereits ab dem Zeitpunkt der ersten vorvertraglichen Kontaktaufnahme bis zum Ende des Dienstverhältnisses oder sogar darüber hinaus. Auch wer von einem Unternehmen ohne Sitz in Österreich im Rahmen einer Arbeitskräfteüberlassung oder zur fortgesetzten Arbeitsleistung ins Bundesgebiet entsendet wird, ist geschützt. Da jedoch über die eigentliche Arbeitstätigkeit innerhalb eines Dienstverhältnisses hinaus der gesamte Bereich der Arbeitswelt diskriminierungsfrei gestellt werden soll, darf aus Gründen der ethnischen Zugehörigkeit, der Religion oder Weltanschauung, des Alters und der sexuellen Orientierung auch niemand beim Zugang zur Berufsbe-

[171] Von der sexuellen Belästigung im GlBG ist jene im Strafgesetzbuch (§ 218 StGB) zu unterscheiden. Während nach GlBG auch sexuell konnotierte Bemerkungen, scheinbar unabsichtliche Berührungen an Hüften oder Knie sowie Griffe an den Po als Belästigung qualifiziert werden, werden unter „geschlechtlicher Handlung" im Sinne des StGB nur nicht bloß flüchtige Berührungen der zur unmittelbaren Geschlechtssphäre gehörigen Körperpartien verstanden, z. B. das intensive Begrapschen der weiblichen Brust oder Griffe direkt auf die Geschlechtsorgane. Während die Haftung der unmittelbar belästigenden Person nach GlBG verschuldensunabhängig ist, muss zur Verwirklichung des § 218 StGB auf subjektiver Seite zumindest bedingter Vorsatz gegeben sein. Da beide Normen unterschiedliche Tatbestände regeln, kann aus einer Einstellung eines Strafverfahrens wegen § 218 StGB oder einem Freispruch in einem solchen Verfahren nicht der Umkehrschluss gezogen werden, es liege auch keine sexuelle Belästigung nach GlBG vor (vgl. Amon-Konrath/Prisching 2010).

[172] Teil I enthält inhaltsgleiche Bestimmungen für das Diskriminierungsmerkmal Geschlecht.

ratung, zur Berufsaus- und Weiterbildung, Umschulung und praktischen Berufserfahrung unsachlich benachteiligt werden. Damit sind beispielsweise Kurse und Schulungen des AMS, des WIFI, des Berufsförderungsinstituts (bfi) und anderer Träger gemeint. Gleiches gilt für die Mitgliedschaft oder Mitwirkung in einer ArbeitnehmerInnen – oder ArbeitgeberInnenorganisation und in berufsständischen Kammern, einschließlich bei der Inanspruchnahme der Leistungen solcher Organisationen. Schließlich müssen auch die Bedingungen für den Zugang zu selbständiger Erwerbstätigkeit, etwa bei der Verleihung von Konzessionen, diskriminierungsfrei gestaltet und gehandhabt werden.

Intendiert ist also, dass das Arbeitsleben auf jeder Stufe und in jeder Phase vor Diskriminierungen geschützt ist und dass Menschen, die sich in einer beruflichen Ausbildung befinden, ebenso wie Arbeitssuchende, Arbeitnehmende und solche, die selbständig erwerbstätig sein wollen, ausschließlich nach ihrer Qualifikation, Erfahrung und Kompetenz, nicht aber nach persönlichen Merkmalen und Eigenschaften beurteilt werden. Anerkannt ist, dass der Zugang zu Beschäftigung und beruflicher Weiterentwicklung für jede/n von grundlegender Wichtigkeit ist, nicht nur als Mittel, um den Lebensunterhalt zu verdienen, sondern auch als wichtige Art der Ausschöpfung der eigenen Fähigkeiten[173]. Mit der Ausübung des (beruflichen) Selbstbestimmungsrechtes werden die persönliche Integrität und das Gefühl der Würde und Selbstachtung konkretisiert.[174]

Dem folgend, bejaht der OGH das Rechtsgut, sich diskriminierungsfrei am Arbeitsmarkt zu bewerben.[175] Schon eine Stellenausschreibung darf nicht in diskriminierender Weise erfolgen, es sei denn, das betreffende (gewünschte) Merkmal stellt aufgrund der konkreten beruflichen Tätigkeit oder der Bedingungen ihrer Ausübung eine wesentliche und entscheidende berufliche Anforderung dar. Zudem muss ein rechtmäßiger Zweck gegeben sein, der die ausnahmsweise erlaubte Bevorzugung eines bestimmten Merkmals rechtfertigt. Auf Antrag von StellenwerberInnen oder des zuständigen Mitglieds der Gleichbehandlungsanwaltschaft überprüft die Bezirksverwaltungsbehörde die Gesetzeskonformität der Formulierung und kann ArbeitgeberInnen im Falle eines Verstoßes zunächst ermahnen und bei weiteren Verstößen mit Geldstrafe bis zu € 360,– bestrafen.

---

[173] EuGH C 303/06, Coleman, Gutachten vom 31.1.2008, Schlussanträge des Generalanwalts.

[174] Raz, J., The Morality of Freedom, 1986, 154, zitiert in EuGH C 303/06, Coleman, Gutachten vom 31.1.2008, Schlussanträge des Generalanwalts, Anm 9 und 10.

[175] OGH 23.4.2009, 8 Ob A 11/09 i.

Fall 3: Ein Unternehmer sucht per Inserat eine Küchenhilfe, die über ausgezeichnete Deutschkenntnisse verfügen und die österreichische Staatsbürgerschaft besitzen soll.

Lösung: *Damit werden im Ergebnis Personen mit Migrationshintergrund von einer Bewerbung ausgeschlossen. Küchenhilfstätigkeiten können auch von Menschen, die nicht die österreichische Staatsbürgerschaft besitzen, entsprechend den an sie stellbaren Anforderungen wunschgemäß erbracht werden. Ausgezeichnete Deutschkenntnisse sind für die Tätigkeit einer Küchenhilfe keineswegs erforderlich.*[176]

Fall 4: Ein Arbeitgeber sucht eine Führungskraft für seine Notrufzentrale im Mindestalter von 25 Jahren und begründet dies mit dem Erfordernis einer gewissen beruflichen Erfahrung und Reife, die für diese verantwortungsvolle Position erforderlich seien.

Lösung: *Ob ein/e Bewerber/in über die gewünschte Reife verfügt, lässt sich erst bei einer individuellen Überprüfung bzw persönlichen Begegnung im Bewerbungsgespräch feststellen. Die geforderte berufliche Erfahrung kann grundsätzlich auch von einer Person im Alter von erst 24 Jahren erbracht werden. Ob diese Kriterien erfüllt sind, hängt nicht von der Erreichung eines Mindestalters, sondern vom individuellen Werdegang und der Persönlichkeit ab, die Altersvorgabe im Inserat ist daher diskriminierend.* [177]

Wer eine Stellenausschreibung schaltet, ist weiters verpflichtet, das für den ausgeschriebenen Arbeitsplatz geltende kollektivvertragliche oder sonst durch Gesetz, Satzung oder Betriebsvereinbarung geltende Mindestentgelt anzugeben und auf die Bereitschaft zur Überzahlung hinzuweisen, wenn eine solche besteht. Um ArbeitgeberInnen und ArbeitsvermittlerInnen Gelegenheit zu geben, sich auf diese erst mit 1.3.2011 in Kraft getretene Vorschrift einzustellen, werden Sanktionen bei Zuwiderhandeln erst ab 1.1.2012 verhängt.

Aufgrund der ethnischen Zugehörigkeit, der Religion oder Weltanschauung, des Alters und der sexuellen Orientierung darf in weiterer Folge niemand bei der Begründung des Arbeitsverhältnisses, der Festsetzung des Entgelts, bei der Gewährung freiwilliger Sozialleistungen, bei Maßnahmen der Aus- und Weiterbildung, beim beruflichen Aufstieg, bei sonstigen Arbeitsbedingungen oder bei der Beendigung des Arbeitsverhältnisses diskriminiert werden.

Fall 5: Eine 44-jährige Frau stellt sich als Sekretärin in einem Immobilienbüro vor. Laut Stellenausschreibung sind auch Wiedereinsteiger/innen willkommen. Im Bewerbungsgespräch ist der Arbeitgeber besonders von den Außendienst-

---

[176] UVS Wien, 11.3.2008, GZ 06/42/318/2008.

[177] MBA 06 – S/64191/10 (nicht veröffentlicht).

erfahrungen der Frau angetan, fragt, ob sie auch Interesse hätte, Objekte und Kunden kennenzulernen, und testet ihr Verkaufsgeschick. Schließlich will er noch wissen, ob sie ein Problem damit hätte, für Kunden Kaffee zu kochen und abends die Küche aufzuräumen. Die Frau ist zu diesen Tätigkeiten bereit. Trotzdem erhält sie ein Absageschreiben mit der Begründung, dass ihr Alter für die Position leider nicht passend gewesen sei. Auf ihre Qualifikation wird mit keinem Wort eingegangen.

Lösung: *Im wegen Altersdiskriminierung angestrengten Gerichtsverfahren entschuldigt sich der Arbeitgeber damit, dass diese Äußerung ein Versehen gewesen sei und die Firma nachweislich auch ältere Mitarbeiter beschäftige, daher nicht diskriminierend vorgehe. Die rechtmäßige Behandlung anderer ArbeitnehmerInnen kann aber die gegenüber der Bewerberin erfolgte Diskriminierung nicht aufheben oder rechtfertigen. Wegen der ausgezeichneten Beweislage gelingt sehr rasch der Abschluss eines Vergleiches. Die Frau erhält 2 Monatsgehälter in der Höhe von insgesamt EUR 3.600,– und EUR 500,– an Schadenersatz für die persönliche Beeinträchtigung.*[178]

Fall 6: Eine aus Südafrika stammende Frau bewirbt sich aufgrund eines beim AMS geschalteten Inserats um eine Stelle als Kellnerin. Beim Vorstellungstermin wird ihr gesagt, dass niemand mit dunkler Hautfarbe als Servierkraft beschäftigt werde. Außerdem sei die Position schon besetzt. Man könne ihr aber eine Stelle als Küchenhilfe anbieten.

Lösung: *Da laut Stellenausschreibung fünf Stellen zu besetzen waren, die Arbeitgeberin aber nicht darlegen konnte, nach welchen Kriterien die angeblich bereits eingestellten Personen ausgewählt worden waren, ging die angerufene GBK von einem grundsätzlich intransparenten, Diskriminierungen indizierenden Bewerbungsverfahren aus. Die Erklärung der Arbeitgeberin, dass in ihren Geschäftslokalen sehr wohl Personen unterschiedlicher Herkunft und Hautfarbe beschäftigt würden, konnte die konkret behauptete Diskriminierung deshalb nicht widerlegen, weil sich aus den Anmeldungen der Beschäftigten zur Sozialversicherung ergab, dass Arbeitnehmer/innen nichtösterreichischer Nationalität fast ausschließlich als Küchenhilfspersonal beschäftigt waren. Schließlich waren für die GBK die Ausführungen eines dem Verfahren beigezogenen Fachexperten einer NGO überzeugend, wonach bei der Nichteinstellung von „visible minorities" – also von Menschen, die für alle äußerlich sichtbar nicht der Mehrheitsgesellschaft zugehörig sind – häufig der Aspekt der Antizipierung von (vermeintlichen) Kundenwünschen im Vordergrund stehe und deshalb Menschen mit nicht-weißer Hautfarbe in der Gastronomie erfahrungsgemäß hauptsächlich im unsichtbaren Küchenbereich, nicht aber als Servierpersonal beschäftigt würden.*[179]

---

[178] GAW II/39/09.

[179] GBK II/1/05, abrufbar unter http://www.frauen.bka.gv.at/DocView.axd?CobId=20622

Fall 7: In einem Kollektivvertrag werden Leistungen aus der Witwen- oder Witwerpension auch auf Lebensgemeinschaften ausgeweitet. Der Begriff der Lebensgemeinschaft liegt laut Kollektivvertrag vor, wenn diese entsprechend dem Mietrechtsgesetz oder dem Einkommenssteuergesetz gesetzliche Anerkennung findet. Es wird jedoch nicht auf homosexuelle Paare und deren Leistungsanspruch eingegangen.

Lösung: *Gemäß dem Europäischen Gerichtshof für Menschenrechte und dem Obersten Gerichtshof umfasst der Begriff der Lebensgemeinschaft im Mietrechtsgesetz auch gleichgeschlechtliche Lebensgemeinschaften, weshalb von einem Leistungsanspruch auch für gleichgeschlechtliche Paare im Rahmen des Kollektivvertrags auszugehen ist.*[180]

Fall 8: Ein in Iranisch-Kurdistan geborener Mann lebt seit beinahe 30 Jahren in Österreich. Über einen Zeitraum von 13 Jahren ist er in verschiedenen Abteilungen einer Versicherungsanstalt beschäftigt, zuletzt als Kanzleihilfskraft. Er sieht sich von Anbeginn seiner Tätigkeit dort rassistischen Aussagen und Belästigungen durch die KollegInnen ausgesetzt, die auch den jeweiligen Vorgesetzten bekannt sind. Abhilfe wird jedoch nur insofern geleistet, als der Mann insgesamt drei Mal die Abteilungen wechselt. Doch immer wieder ist er ähnlichen Schwierigkeiten und Belästigungen auf Grund seiner Herkunft ausgesetzt. Der Mann schließt in dieser Zeit berufsbegleitend sein Doktoratsstudium der Politikwissenschaften ab und absolviert eine Ausbildung zum diplomierten Sozialarbeiter. Er erhofft sich durch diese Zusatzqualifikationen auch in der Versicherungsanstalt einen beruflichen Aufstieg, allerdings ohne Erfolg. Die Personalleitung gibt ihm unmissverständlich zu verstehen, dass es für ihn kein berufliches Weiterkommen geben wird. Die erdrückende Situation löst gesundheitliche Probleme bei ihm aus, weswegen er schließlich eine einvernehmliche Auflösung des Dienstverhältnisses anstrebt.

Lösung: *Zwischen den Parteien kann eine gütliche Einigung erreicht werden, die unter anderem eine Abschlagszahlung in der Höhe eines Jahresgehalts (€ 25.000,– brutto) beinhaltet.*[181]

Fall 9: Um sich ihr Studium zu finanzieren, arbeitet Frau M. einmal pro Woche an der Kassa eines Supermarktes. Aufgrund ihrer religiösen Überzeugung als Muslima beschließt sie eines Tages, ab sofort auch am Arbeitsplatz das Kopftuch zu tragen. Von ihrer Vorgesetzten vor die Alternative gestellt, das Kopftuch wieder

---

[180] GAW II/81/09, vgl. Bundesministerin für Frauen und Öffentlichen Dienst im Bundeskanzleramt Österreich (Hrsg.), Gleichbehandlungsbericht für die Privatwirtschaft 2008 und 2009, Teil II. Wien 2010, 71.

[181] GAW II/4/07, vgl. Gleichbehandlungsbericht 2010, 65f.

abzulegen oder gleich selbst zu kündigen, fühlt sich Frau M. so unter Druck gesetzt, dass sie gegen ihren Willen die Kündigung erklärt. Sie muss mit Erstaunen zur Kenntnis nehmen, dass sie als Kundin mit Kopftuch an der Kassa jederzeit willkommen wäre, als Arbeitskraft aber nicht.

Lösung: *Die häufigsten von Unternehmensseite vorgebrachten Argumente, mit denen versucht wird, die Beschäftigung von Frauen ausschließlich wegen des islamischen Kopftuchs zu verhindern, sind: Sicherheitsbedenken (das Kopftuch könne sich z. B. in einer Maschine verfangen); die Behauptung, dass ein Kopftuch nicht zur Dienstkleidung passe; schließlich wirtschaftliche Bedenken (Kunden und KundInnen könnten wegen der kopftuchtragenden Mitarbeiterin in Hinkunft die Konkurrenz aufsuchen). Diese Argumente stellen jedoch zumeist keine Rechtfertigung für den Ausschluss kopftuchtragender Muslimas von der Beschäftigung dar. Insbesondere lassen – so der Europäische Gerichtshof –- rein individuelle Motive, die der Situation eines Arbeitgebers/einer Arbeitgeberin eigen sind, wie z. B. die Verbesserung der Wettbewerbssituation oder die Entwicklung des Umsatzes, keine Ausnahmen vom Diskriminierungsverbot zu. Auch im gegenständlichen Fall war die Frau durch das Kopftuch nicht an der Ausübung der Kassatätigkeit gehindert, sodass letztlich neben einer Schadenersatzzahlung ihre Wiedereinstellung erreicht werden konnte.*[182]

In der Praxis ebenso bedeutsam ist der Diskriminierungsschutz für die Teilnahme an außerbetrieblichen Ausbildungen und Umschulungen:

Fall 10: Herr P. möchte eine Ausbildung zum Elektroanlagentechniker machen. Seine Betreuerin beim AMS (Arbeitsmarktservice) hält ihn für sehr gut geeignet und möchte ihn dabei unterstützen, in den begehrten Kurs zur Facharbeiterausbildung aufgenommen zu werden. Herr P. hat nur ein Problem: er ist 50 Jahre alt. Der Kurs steht laut Vorgaben aber ausschließlich jüngeren InteressentInnen offen. Das ist für Herrn P. deswegen nur schwer nachvollziehbar, weil er bereits früher einige Male mit dem Bemühen vorgesprochen hat, eine Umschulung zu erreichen. Dieses Ersuchen war immer mit dem Hinweis abgelehnt worden, dass er für eine solche Maßnahme noch zu jung sei. Man müsse Umschulungskurse ArbeitnehmerInnen ab 50 vorbehalten, da diese ansonsten auf dem Arbeitsmarkt völlig chancenlos seien.

Lösung: *Die arbeitsmarktpolitische Einrichtung hat die Altersgrenze von 45 für eine ca. 18 Monate lang dauernde Ausbildung im Lehrberuf Elektroanlagentechniker/in damit begründet, dass sich die hohen Kosten dieser Ausbildung in einer entsprechend langen Berufstätigkeit vor dem Pensionsantritt amortisieren müssen. Selbst wenn man nicht das gesetzliche Regelpensionsalter von 60 Jahren für Frauen und 65 Jahren für Männer, son-*

---

[182] GAW II/39/10, vgl Fall des Monats 08/2010 „Wer darf mit Kopftuch an die Kassa?“, abrufbar unter http://www.gleichbehandlungsanwaltschaft.at/site/cob__40314/currentpage__0/7240/default.aspx

dern das durchschnittliche aktuelle Pensionsantrittsalter von 59 Jahren bei Männern und 56,9 Jahren bei Frauen als Maßstab nimmt, ist davon auszugehen, dass sich die konkret zu erwartenden Ausbildungskosten auch dann gesamtgesellschaftlich amortisieren, wenn Personen erst im Alter von 50 Jahren mit dem Kurs beginnen. Herr P. wurde nach einem individuellen Aufnahmegespräch, in dem sein Gesundheitszustand und seine Motivation überprüft wurden, zur Ausbildung zugelassen.[183]

Fall 11: Ein Sikh, der aus religiösen Gründen einen Kirpan – einen 22 cm langen Dolch – sichtbar am Körper trägt, wird von der Trainerin einer Qualifizierungsmaßnahme für Langzeitarbeitslose aufgefordert, diesen vor Kursbeginn abzulegen, da im Haus ein allgemeines Waffenverbot herrsche. Der Mann weigert sich unter Verweis auf eine religiöse Vorschrift, die ihm gebiete, den Kirpan niemals abzulegen. Daraufhin wird er aus Sicherheitsgründen aus dem Kurs ausgeschlossen.

Lösung: *Versuche der Trainerin, den Mann zu einem Kompromiss in der Form zu bewegen, dass er den Kirpan während des Kurses in der Hose verstecken oder aber einen symbolischen Kirpan als Anhänger tragen solle, führten nicht zum Erfolg. Die vom Mann angerufene GBK zog eine Religionswissenschafterin als Fachperson bei, die ausführte, es gebe kein religiöses Gebot, das das Tragen des Kirpans in Form eines Kettenanhängers verbiete; dies sei z. B. auch bei Flugreisen oder bei Gerichtswegen üblich. Die GBK stellte nach Abwägung der gegenteiligen Interessen wegen des Vorhandenseins einer religiös erlaubten Alternative fest, dass keine Diskriminierung des Sikh beim Zugang zur Berufsausbildung vorlag.*[184]

Von besonderer Bedeutung ist der Schutz vor Belästigungen. Damit sind alle unerwünschten Verhaltensweisen gemeint, die mit der ethnischen Zugehörigkeit, der Religion oder Weltanschauung, dem Alter oder der sexuellen Orientierung einer Person in Zusammenhang stehen und die Würde des/der Betroffenen verletzen oder dies bezwecken, von ihm/ihr als unangebracht oder anstößig empfunden werden und ein einschüchterndes oder beleidigendes Umfeld schaffen. Der Tatbestand der Belästigung kann vom Arbeitgeber selbst, aber auch von Kollegen, Kunden, Geschäftspartnern verwirklicht werden.[185] Verschulden ist nicht erforderlich. Selbst wer also subjektiv davon überzeugt ist, nur einen Scherz zu machen, ohne damit

---

[183] GAW II/122/09, vgl. Fall des Monats 05/2010 „Von der Kunst, richtig alt zu sein", abrufbar unter http://www.gleichbehandlungsanwaltschaft.at/site/cob__39395/currentpage__0/7240/default.aspx

[184] GBK II/5/05, abrufbar unter http://www.frauen.bka.gv.at/DocView.axd?CobId=24551

[185] Bewusst wird bei diesen Personenbezeichnungen nur die männliche Form gewählt, da belästigende Frauen erfahrungsgemäß eine verschwindend geringe Minderheit sind.

eine Kränkungsabsicht zu verfolgen, kann schadenersatzpflichtig werden. Eine Ausnahme gilt nur für ArbeitgeberInnen, die von einer Belästigung durch Dritte in ihrem Unternehmen Kenntnis erlangen. Sie sind in diesem Fall verpflichtet, angemessene Abhilfe zu schaffen; unterlassen sie dies schuldhaft, liegt nach der Definition des GlBG auch eine Belästigung seitens der untätig gebliebenen ArbeitgeberInnen vor.

Fall 12: Ein Lagerarbeiter jordanischer Herkunft und islamischen Glaubens wird von seinen Kollegen immer wieder als „Kameltreiber" und „Araberarsch" beschimpft, es kommt auch zu Aussagen wie „Da muss ein Hitler her, dann sehen wir ja, was mit euch passiert." Der Mann meldet dem Prokuristen der Firma wiederholt die Vorfälle, die Gruppe wird aber nur ermahnt, sich besser zu vertragen. Bei einem tätlichen Angriff, währenddessen er als „arabisches Arschloch" bezeichnet wird, wird der Mann verletzt und muss ins Spital. Der von ihm kontaktierte Prokurist meint nur, er könne nicht Stellung beziehen, er sei bei dem Streit nicht dabei gewesen. Da für den Lagerarbeiter eine Fortsetzung seiner Tätigkeit unter diesen Umständen unerträglich ist, kommt es zu einer einvernehmlichen Auflösung des Arbeitsverhältnisses.

Lösung: *Vor der GBK stellt sich heraus, dass im Unternehmen gegenseitige Titulierungen wie „Trottel" und „Idiot" gang und gäbe waren. Die gängige Bezeichnung als „Tschusch" wurde nicht als Beschimpfung aufgefasst. Die GBK wertete die übereinstimmenden Aussagen der befragten Kollegen, wonach es im Betrieb – trotz des allgemein rauen Umgangstones – keinerlei Beschimpfungen mit ethnischem Hintergrund gegeben hätte, als reine Schutzbehauptungen und stellte fest, dass es ArbeitgeberInnen bereits im Rahmen der ihnen zukommenden allgemeinen Fürsorgepflicht geboten ist, für ein Arbeitsklima zu sorgen, in dem beleidigende Äußerungen unter der Belegschaft nicht an der Tagesordnung stehen oder gar schon als normaler Umgangston angesehen werden müssen. Es entspreche der allgemeinen Lebenserfahrung, dass raue Formen zwischenmenschlicher Kommunikation Eingriffe in die durch das Gleichbehandlungsgesetz geschützte persönliche Sphäre geradezu begünstigen.*[186]

Fall 13: Ein 59-jähriger Chefredakteur wird gekündigt, wobei als Begründung wirtschaftliche Gründe genannt werden. Er vermutet, dass der wahre Grund für die Beendigung des Dienstverhältnisses in seinem Alter zu suchen ist, da es mehrfach Äußerungen des Arbeitgebers wie „Sie gehören ja schon zum alten Eisen!" gegeben hat. Der Chefredakteur bewirbt sich sofort weiter in der Branche, da er jedenfalls weiterarbeiten möchte. Bei einer Veranstaltung für Werbetreibende, Verlage und Medienmacher berichtet der ehemalige Arbeitgeber den Teilnehmen-

---

[186] GBK II/2/05, abrufbar unter http://www.frauen.bka.gv.at/DocView.axd?CobId=20623

den, dass der Chefredakteur altersbedingt aus dem Unternehmen ausgeschieden sei. Auf seine Bewerbungen erhält er daraufhin lauter Absagen unter Hinweis auf sein Alter und seinen angeblichen Pensionsantritt.

Lösung: *Die GBK stellt eine Diskriminierung bei der Beendigung des Dienstverhältnisses, aber keine Belästigung aufgrund des Alters fest.*[187]

Fall 14: Ein Mann ist als LKW-Fahrer bei einem Unternehmen tätig, das als Frächter für eine andere Firma fungiert. Bei dieser sind zwei Arbeiter beschäftigt, die sich beim Ausladen der LKWs wiederholt spöttisch und beleidigend über die Homosexualität des Fahrers äußern. Er wird als „Arschficker" bezeichnet; anderen Kollegen gegenüber wird er nur als „der Schwule" vorgestellt. Bei Männern, mit denen der Fahrer spricht, erkundigen sich die beiden Arbeiter, ob sie auch schwul seien. In Gegenwart anderer wird der Fahrer mit obszönen Worten beschimpft, sodass sich schließlich einige Kollegen von ihm zu distanzieren beginnen.

Lösung: *Die beiden Lagerarbeiter werden zu Schadenersatzzahlungen verurteilt. Das Gericht kommt zum Schluss, dass wegen der obszönen und verletzenden Wortwahl eine Überreaktion und ein bloßes Missverständnis auf Seiten des Klägers ausgeschlossen werden könne. Schutzobjekt des GlBG ist die Willensfreiheit und Selbstbestimmung eines Menschen bezüglich seiner Geschlechtssphäre. Handlungen, die geeignet sind, die soziale Wertschätzung der Betroffenen durch Verletzung ihrer Intimsphäre und der sexuellen Integrität herabzusetzen und ihr Ehrgefühl grob zu verletzen, sind als Gewaltakte anzusehen.*[188]

Um zu verhindern, dass Betroffene, die sich innerbetrieblich wegen einer Diskriminierung oder Belästigung beschweren und die Einhaltung des GlBG fordern, mit gravierenden Nachteilen bis hin zu einer Versetzung oder gar Kündigung konfrontiert werden, wird ein ausdrückliches Benachteiligungsverbot statuiert. Demnach darf niemand als Reaktion auf eine Beschwerde oder auf die Einleitung eines Verfahrens zur Durchsetzung des Gleichbehandlungsgebotes entlassen, gekündigt oder anders benachteiligt werden. Auch ArbeitnehmerInnen, die als ZeugInnen oder Auskunftspersonen auftreten oder sonst die Beschwerde unterstützen, dürfen keine Nachteile erfahren.

Fall 15: In einem Unternehmen äußert sich der Arbeitgeber spöttisch über die Homosexualität eines Mitarbeiters, der wegen einer angeblichen Verfehlung in der Folge entlassen wird. Der Mann ficht die Entlassung an und kündigt zudem an, auch die erfolgten Belästigungen thematisieren zu wollen. Als dies dem Arbeitgeber zu Ohren kommt, beschwert er sich bei einem anderen Mitarbeiter, der

---

[187] GBK II/92/09, abrufbar unter http://www.frauen.bka.gv.at/DocView.axd?CobId =42928

[188] LG Salzburg, 14.7.2006, 18 Cga 120/05 t.

jedoch erwidert, sein entlassener Kollege habe mit seiner Absicht durchaus recht, denn er selbst sei ja auch Zeuge jener beleidigenden Äußerungen gewesen. Als der zweite Mitarbeiter bestätigt, dass er bereit ist, vor Gericht auszusagen, was er in eigener Wahrnehmung gehört hat, beendet der Arbeitgeber das Dienstverhältnis mit ihm wegen mangelnder Vertrauenswürdigkeit.

Lösung: *Die GBK stellte eine Verletzung des Benachteiligungsverbots fest; im gerichtlichen Verfahren, das auf Schadenersatz gerichtet war, kam es zu einem Vergleich.*[189]

Das GlBG kennt jedoch auch Ausnahmen vom unbedingten Gleichbehandlungsgebot. Bei einer Ungleichbehandlung wegen eines geschützten Merkmals liegt dann keine Diskriminierung vor, wenn das betreffende Merkmal auf Grund der Art einer bestimmten beruflichen Tätigkeit oder der Bedingungen ihrer Ausübung eine wesentliche und entscheidende berufliche Voraussetzung darstellt, sofern es sich um einen rechtmäßigen Zweck handelt und die Anforderung an das Merkmal angemessen ist. Wie bei allen Einschränkungen des Gleichbehandlungsgebots ist bei der Überprüfung, ob eine gerechtfertigte Ausnahme vorliegt, ein strenger Maßstab anzulegen. Wenn eine MigrantInnenberatungsstelle für die Unterstützung von behördlichen Verfahren von Flüchtlingen und AsylwerberInnen aus dem nordafrikanischen Raum BewerberInnen mit arabischen Sprachkenntnissen sucht, ist dies ein zulässiges Kriterium, wenn die Beratung in der Muttersprache der MigrantInnen ein wesentliches Element der Tätigkeit bilden soll. Hingegen wäre es unter Umständen überzogen, zu verlangen, dass die BeraterInnen selbst Arabisch als Muttersprache haben, da diese Anforderung BewerberInnen ausschließen würde, die Arabisch z. B. als Fremdsprache studiert haben. Soll in der Unterstützung oder Beratung der Schwerpunkt auch auf die Aufarbeitung erlebter Traumata gerichtet sein, kann es andererseits sogar zulässig sein, eine Person zu suchen, die aus dem gleichen Kulturraum stammt, weil sie die politischen und sozialen Hintergründe aus eigener Erfahrung kennt und daher zielgerichteter und einfühlsamer unterstützen kann als jemand, dem die Umstände, die die Flucht ausgelöst haben, nur aus Medien bekannt sind. Immer wird eine einzelfallbezogene Prüfung vorzunehmen sein.

Eine konkrete Ausnahme vom Gleichbehandlungsgebot wird zugunsten von religiösen und weltanschaulichen Einrichtungen statuiert. Organisationen, deren Ethos auf religiösen Grundsätzen oder Weltanschauungen beruht, begehen keine Diskriminierung, wenn sie für berufliche Tätigkeiten innerhalb ihrer Organisation die eigene Religion oder Weltanschauung voraussetzen,

---

[189] GBK II/80/09, abrufbar unter http://www.frauen.bka.gv.at/DocView.axd?CobId=42931

sofern dies nach der Art der Tätigkeit oder der Umstände ihrer Ausübung eine wesentliche, rechtmäßige und gerechtfertigte berufliche Anforderung darstellt. Unumstritten ist, dass es zulässig ist, Führungsaufgaben und Funktionen mit Verkündigungsauftrag auf Angehörige des eigenen Bekenntnisses zu beschränken. Fraglich ist dies jedoch für Tätigkeiten, die nicht in erster Linie das Ethos der Einrichtung repräsentieren, sondern unterstützende Dienste – vielleicht sogar ohne Kontakt zu Dritten – leisten, wie z. B. Reinigungskräfte oder BuchhalterInnen. Während den in Österreich gesetzlich anerkannten Kirchen und Religionsgemeinschaften bereits durch Art 15 StGG das Recht eingeräumt ist, ihre inneren Angelegenheiten, zu denen auch das kirchliche Dienstrecht gehört, selbständig zu ordnen und zu verwalten, umfasst die Ausnahmeregelung im GlBG auch nicht gesetzlich anerkannte Gemeinschaften, sofern sie auf religiösem oder weltanschaulichem Ethos beruhen.

Den größten Spielraum räumt das Gesetz im Zusammenhang mit dem Merkmal „Alter" ein. So können insbesondere dann, wenn dies durch rechtmäßige Ziele aus den Bereichen Beschäftigungspolitik, Arbeitsmarkt und berufliche Bildung gerechtfertigt ist, besondere Bedingungen für den Zugang zur Beschäftigung und zur beruflichen Bildung festgelegt werden, um die berufliche Eingliederung von Jugendlichen, älteren ArbeitnehmerInnen und Personen mit Fürsorgepflichten zu fördern oder ihren Schutz sicherzustellen. Auch hier kann immer nur im Einzelfall geprüft werden, ob eine bestimmte Maßnahme eine gerechtfertigte Ausnahme darstellt. Mindestanforderungen an das Alter, die Berufserfahrung oder das Dienstalter für den Zugang zur Beschäftigung oder damit verbundene Vorteile sind ebenfalls zulässig, wenn sie im Hinblick auf das angestrebte Ziel angemessen sind. Diese Bestimmung ist im Hinblick auf die Erlaubtheit von Biennalsprüngen relevant, die in der österreichischen Arbeitslandschaft häufig anzutreffen sind. In der Literatur[190] werden sie grundsätzlich für zulässig gehalten und argumentiert, dass ein mit steigender Berufserfahrung verbundenes Senioritätsprinzip eine allgemeine Vermutung für sich in Anspruch nehmen kann, nicht diskriminierend zu sein. Wer sich als Arbeitnehmer/in jedoch durch die Bezugnahme auf das Dienstalter benachteiligt fühlt, kann diese Vermutung widerlegen, wenn Anhaltspunkte dafür geliefert werden, dass das Kriterium des Dienstalters angesichts der zu verrichtenden Arbeit objektiv nichts mehr mit steigender Berufserfahrung zu tun hat. Dabei soll aber die Berufserfahrung nicht allein streng fachlich geprüft werden, auch sozialer Kompetenzerwerb soll finanziell honoriert werden können[191]. Völlig überzogenen Entgeltsystemen, die etwa eine Vielzahl hoher Biennalsprünge

---

[190] Reissner 2010, 30, unter Bezug auf EuGH 3.10.2006, Rs C-17/05, Cadman.
[191] Reissner 2010, 30, mwN.

vorsehen oder Vordienstzeiten aus der Branche extensiv anrechnen, wird es jedoch an der Verhältnismäßigkeit fehlen[192].

2. Geschützte Bereiche außerhalb der Arbeitswelt

Teil III des GlBG regelt die Gleichbehandlung ohne Unterschied des Geschlechts und der ethnischen Zugehörigkeit in den sonstigen Bereichen. Von sämtlichen mit dem Thema Antidiskriminierung befassten Stellen wird seit Inkrafttreten des Gesetzes moniert[193], dass es eine Diskriminierung in sich ist, durch eine Art Hierarchisierung der geschützten Merkmale nur das Geschlecht und die ethnische Zugehörigkeit auch in Lebensbereichen außerhalb der Arbeitswelt zu schützen, nicht aber Personen, die in diesen Bereichen aufgrund der Religion oder Weltanschauung, des Alters oder der sexuellen Orientierung benachteiligt werden. Im Ministerialentwurf[194] für die jüngste Novelle des GlBG war vorgesehen, dass der Schutzbereich beim Zugang zu Gütern und Dienstleistungen für alle Merkmale vereinheitlicht wird. Leider wurde dieses ambitionierte Vorhaben, durch das Österreich mit anderen europäischen Staaten im Schutzstandard hätte gleichziehen können, letztlich nicht umgesetzt.[195] Die Betroffenen werden warten müssen, bis die EU eine entsprechende RL erlässt, die Österreich dann jedenfalls wird umsetzen müssen.

Der zögerlichen Haltung des österreichischen Gesetzgebers, umfassenden Diskriminierungsschutz zu gewähren, ist auch zuzuschreiben, dass es sogar innerhalb der derzeit von Teil III umfassten Merkmale Geschlecht und ethnische Zugehörigkeit gravierende Differenzierungen im Schutzbereich gibt.

Für das Merkmal Geschlecht besteht ein Diskriminierungsverbot nur für Rechtsverhältnisse einschließlich deren Anbahnung und Begründung sowie die Inanspruchnahme von Leistungen außerhalb eines Rechtsverhältnisses beim Zugang zu und bei der Versorgung mit Gütern und Dienstleistungen, die der Öffentlichkeit zur Verfügung stehen, einschließlich Wohnraum, sofern für die genannten Materien die Regelungskompetenz des Bundes gegeben ist. Dies ist etwa beim Mietrechtsgesetz der Fall, nicht aber bei Förderungen für Wohnhaussanierungen, die in die jeweilige Landeskompetenz

---

[192] Reissner 2010, 36.

[193] Vgl. die Stellungnahme der Gleichbehandlungsanwaltschaft in: Bundesministerin für Frauen und öffentlichen Dienst im Bundeskanzleramt Österreich (Hrsg), Gleichbehandlungsbericht für die Privatwirtschaft 2008 und 2009, Teil II. Wien 2010, 160, weitere Hinweise auf der Homepage des Klagsverbands http://www.klagsverband.at/archives/4075.

[194] 179/ME XXIV. GP Ministerialentwurf Gesetzestext (zum geplanten § 31).

[195] Vgl. die Novelle des GlBG BGBl Nr 7/2011, in Kraft seit 1.3.2011.

fallen. Die umständliche gesetzliche Formulierung nimmt Bezug darauf, dass Güter und Dienstleistungen oftmals durch Rechtsgeschäft, meistens durch Kaufvertrag, erworben oder in Anspruch genommen werden, aber unter bestimmten Umständen auch faktisch ohne vertragliche Grundlage in Anspruch genommen werden können. Ein solcher Sachverhalt wäre verwirklicht, wenn eine Frau in ein Tourismusbüro geht, um sich einen frei aufliegenden Prospekt mitzunehmen, und bei dieser Gelegenheit von einem Angestellten belästigt wird.

Unter den Begriff Dienstleistungen fällt ein weites Spektrum an Leistungen, etwa von HandwerkerInnen, Versicherungen, Transportunternehmen, Einrichtungen der Gastronomie, des Unterhaltungs- und Freizeitsektors, von Sportveranstaltungen sowie ärztliche Leistungen. Der Dienstleistungsbegriff des GlBG ist im Lichte des Vertrags über die Arbeitsweise der Europäischen Union[196] zu interpretieren und bezieht sich auf Leistungen, die in der Regel gegen Entgelt erbracht werden wie z. B. gewerbliche, kaufmännische, handwerkliche und freiberufliche Tätigkeiten.[197] Das Gebot der Gleichbehandlung von Männern und Frauen bei Versicherungen gilt für Verträge, die nach dem 30.11.2007 abgeschlossen wurden. Bei diesen dürfen Kosten im Zusammenhang mit Schwangerschaft und Mutterschaft nicht zu höheren Prämien führen. Sofern aber versicherungsmathematische Faktoren, die auf aktuellen und genauen Daten der statistischen Risikobewertung beruhen, zu unterschiedlichen Prämien führen, kann dies auf Grund einer Ausnahmebestimmung weiterhin erlaubt sein. Da die versicherungsmathematische Darstellung solcher Faktoren nur für SpezialistInnen lesbar ist, kann von potentiell Betroffenen nur sehr schwer erkannt werden, ob tatsächlich eine Diskriminierung bei der Prämiengestaltung vorliegt oder nicht.

Fall 16: Eine Friseurkette preist in ihrem Werbefolder Modehaarschnitte für Frauen um € 30,–, für Männer um € 17,50 an, wobei Haarwäsche mit Spezialshampoo, Wohlfühl-Kopfmassage, Föhnen und alle Stylingprodukte sowohl bei Frauen als auch bei Männern im Preis beinhaltet sind. Das Angebot gilt für Haarlängen bis zur Schulter.

Lösung: *Die Firma rechtfertigt sich im amtswegig eingeleiteten GBK-Verfahren damit, dass die Bedienung von Kundinnen durch ausführlichere Beratung und Endkontrolle zeitaufwendiger sei als von Kunden. Auch sei der Qualitätsanspruch bei Damen wesentlich höher. Bei Männern werde häufig ein klassischer, rasch zu schneidender Haarschnitt verlangt, während bei Frauen die individuelle Kopf- und Nackenform berücksichtigt werden müsse.*

---

[196] Art 59; siehe Amtsblatt der Europäischen Union, 30.3.2010, C 83/49.

[197] Das Einschreiten der Polizei kann daher nicht als Dienstleistung im Sinne des GlBG angesehen werden.

Die GBK kam nach der Befragung von Fachpersonen zur Überzeugung, dass diese Argumentation auf überholten Rollenstereotypen gründet, und stellte daher eine Diskriminierung aufgrund des Geschlechts fest.[198]

Fall 17: In einer Diskothek gibt es zwei Eingänge. Männer müssen den rechten benützen und € 8,– Eintritt zahlen, Frauen kommen beim linken gratis hinein und erhalten einen Getränkegutschein um € 20,–. Ein Mann verlangt vom Betriebsleiter unter Hinweis auf das GlBG das Eintrittsgeld zurück, wird aber mit der Begründung, es handle sich um eine spezielle Aktion für Samstagabende, abgewiesen.

Lösung: *Der Geschäftsführer beruft sich darauf, dass Frauen weniger verdienen als Männer und es heute nicht mehr üblich sei, dass Mädchen von Burschen beim Ausgehen eingeladen werden. Würde man den Mädchen den Eintritt nicht erlassen, so kämen sie überhaupt nicht mehr in die Disco. Ein Lokal, in dem keine Frauen seien, würden aber auch Männer nicht gerne aufsuchen, sodass letztlich mit wirtschaftlichen Einbußen zu rechnen sei. Die GBK verneint das Vorliegen eines rechtmäßigen Zieles durch diese Marketingstrategie und ist der Ansicht, dass Frauen dabei sogar diskriminierend als Lockvögel herhalten müssten. Der Geschäftsführer wird aufgefordert, diese Preispolitik abzustellen.*[199]

Fall 18: Ein 62-jähriger Pensionist findet sich ungerecht behandelt, weil er die Jahreskarte der städtischen Verkehrsbetriebe nur zum Vollpreis erhalten kann, während Frauen ab 60, selbst wenn sie noch erwerbstätig sind, einen vergünstigten Tarif erhalten.

Lösung: *Der VfGH hob die diesem Tarif zugrundeliegende Verordnung des Verkehrsministeriums als verfassungswidrig auf. Bis zum Außerkrafttreten der Verordnung am 31.12.2011 können Männer unmittelbar aufgrund der EU-Antidiskriminierungsrichtlinie den Seniorentarif zu gleichen Konditionen wie Frauen geltend machen.*[200]

Bei der Inanspruchnahme von Dienstleistungen sind geschlechtsbezogene und sexuelle Belästigungen verboten.

Fall 19: Eine Frau wird während des Unterrichts für den Theorieteil der Führerscheinprüfung vor allen anderen vom Fahrlehrer gefragt, wann sie das letzte Mal Geschlechtsverkehr hatte.

---

[198] GBK III/50/09, abrufbar unter http://www.frauen.bka.gv.at/DocView.axd?CobId=39970

[199] GBK III/38/08, abrufbar unter http://www.frauen.bka.gv.at/DocView.axd?CobId=34578

[200] VfGH 15.12.2010, V 39/10, V 40/10.

Lösung: *Nach Information über die Rechtslage durch die Gleichbehandlungsanwaltschaft führt die Betroffene selbst ein Gespräch in der Fahrschule und erreicht eine Entschuldigung durch den Fahrlehrer.*[201]

Auch Teil III sieht Ausnahmen vom grundsätzlichen Gebot der Gleichbehandlung von Frauen und Männern bei Dienstleistungen vor. Demnach liegt keine Diskriminierung aufgrund des Geschlechts vor, wenn es ein rechtmäßiges Ziel für ausschließlich oder überwiegend für nur ein Geschlecht bereitgestellte Dienstleistungen gibt und die eingesetzten Mittel einer Verhältnismäßigkeitsüberprüfung standhalten.

Fall 20: Ein Mann meldet sich bei einem Bauträger für eine Mietwohnung an. In der Folge fühlt er sich beschwert, weil Mietverträge nur an Frauen vergeben würden und Männer nur Mitbewohner ohne Rechtsstatus am Mietobjekt sein könnten. Beim Bauprojekt handelt es sich um ein von einem Verein initiiertes spezielles Frauenwohnprojekt. Laut Vereinsstatuten soll damit besonders das gemeinsame Wohnen von Frauen unterschiedlicher Generationen, Kulturen, Lebens- und Liebeszusammenhänge sowie die Belebung des Grätzels rund um das Frauenwohnprojekt unter frauentypischen Gesichtspunkten erreicht werden. Für den Abschluss der Mietverträge hat der Verein allerdings nur ein Vorschlagsrecht; abgeschlossen werden die Verträge durch den Bauträger. Durch die Konzeption der Bevorzugung von Frauen beim Mietvertrag soll die rechtliche Stellung von Frauen gestärkt und ihnen im Fall einer Trennung das Beibehalten der Wohnung erleichtert werden. Der Verein betont, dass er den Mann zu einem Vorgespräch eingeladen hat, dem dieser nicht Folge geleistet habe. Dieses Verhalten habe seine nicht vorhandene Identifikation mit den Projektzielen widergespiegelt. Bei derartigem Desinteresse wäre auch eine weibliche Wohnungswerberin dem Bauträger nicht zum Abschluss eines Mietvertrags vorgeschlagen worden.

Lösung: *Die GBK kommt zum Schluss, dass keine Diskriminierung, sondern eine zulässige Ausnahme vom Gleichbehandlungsgebot vorliegt. Der Verein habe an Hand von statistischem Material schlüssig dargestellt, dass insbesondere für Alleinerzieherinnen und ältere Frauen der Zugang zu geeignetem und leistbarem Wohnraum deutlich schwieriger sei als für Männer. Ziel des Pilotprojektes sei es auch, ein sicheres, gewaltfreies und soziales Leben förderndes Umfeld für Frauen zu schaffen. Dadurch sollen strukturelle Benachteiligungen von Frauen beim Wohnraum ausgeglichen werden. Die Zielvorstellung des Projektes liege damit in der Förderung der Gleichstellung der Geschlechter durch den Abbau struktureller Nachteile aufgrund eines mangelnden Angebotes von für die konkrete Zielgruppe finanzierbaren Wohnungen. Die Angemessenheit der bevorzugten Wohnungsvergabe an Frauen sei gegeben, weil Mietverträge auf Wunsch von heterosexuellen (Ehe-)Paaren auch gemeinsam abgeschlossen werden können. Der Bauträger biete*

---

[201] GAW IIIa/36/2009, vgl. Gleichbehandlungsbericht 2010, 113f.

außerdem insgesamt 20.000 Wohnungen an. Da lediglich 38 davon im Zuge des Projekts vergeben werden und Männer somit die Möglichkeit haben, im Rahmen zahlreicher anderer Wohnprojekte Zugang zu Wohnraum zu erhalten, ist die privilegierte Vergabe an Frauen jedenfalls verhältnismäßig.[202]

Fall 21: Ein Mann muss höhere Prämien für seine Unfallversicherung bezahlen als Frauen. Das Versicherungsunternehmen erklärt, dass sich die Prämienkalkulation an der Freizeit- und Unfallstatistik des Kuratoriums für Verkehrssicherheit orientiere, die bei Männern eine deutlich höhere Unfallhäufigkeit zeige. Auf Basis dieser Grundlage für die Risikobewertung würden versicherungsmathematische Berechnungen zur bestehenden Differenz bei den Prämien führen.

Lösung: *Nach Ansicht der GAW liegt diesfalls eine Ausnahme vom gesetzlichen Gleichbehandlungsgebot vor; eine gerichtliche Überprüfung steht noch aus.*[203]

Grundsätzlich darf auch Wohnraum nicht in diskriminierender Weise inseriert werden. Allerdings darf das Angebot auf Männer oder auf Frauen beschränkt werden, wenn durch die Bereitstellung des Wohnraums ein besonderes Nahe- oder Vertrauensverhältnis der Vertragsparteien oder ihrer Angehörigen begründet wird. Eine Frau, die ein Zimmer in ihrer eigenen Wohnung vermietet, wobei Bad und WC gemeinsam genutzt werden, darf zu Recht ein Inserat schalten, in dem sie nur Frauen anspricht.

Einen gegenüber dem Merkmal Geschlecht deutlich erweiterten Schutzbereich gibt es im Falle einer Diskriminierung aufgrund der ethnischen Zugehörigkeit. Zunächst ist der Zugang zu und die Versorgung mit Gütern und Dienstleistungen, die der Öffentlichkeit zur Verfügung stehen, einschließlich Wohnraum, in gleicher Weise geschützt. Darüber hinaus aber werden drei weitere Lebensbereiche vom Gleichbehandlungsgebot umfasst: Rechtsverhältnisse einschließlich deren Anbahnung und Begründung sowie die faktische Inanspruchnahme von Leistungen außerhalb eines Rechtsverhältnisses (z. B. durch Antragstellung bei einer Behörde) unterliegen beim Sozialschutz einschließlich der sozialen Sicherheit und der Gesundheitsdienste, weiters bei sozialen Vergünstigungen und schließlich auch bei der Bildung dem Diskriminierungsverbot, sofern die genannten Bereiche in die Regelungskompetenz des Bundes fallen.

Fall 22: Ein junger Mann ägyptischer Herkunft hat bereits mehrmals eine bestimmte Diskothek aufgesucht. Laut Türpolitik der Disco dürfen Alkoholisierte, nicht dem Dresscode entsprechend Gekleidete und Personen unter 18 Jahren

---

[202] GBK III/42/09, abrufbar unter http://www.frauen.bka.gv.at/DocView.axd?CobId=37497

[203] GAW IIIa/29/2009, vgl. Gleichbehandlungsbericht 2010, 118f.

nicht in das Lokal. Das Alter wird durch Einsichtnahme in den Pass oder Führerschein überprüft. Eines Tages wartet der junge Mann mit Freunden auf den Einlass. Während alle seine Begleiter problemlos hineinkommen, wird ihm vom Türsteher nach einem Blick in den Ausweis erklärt, heute sei das Lokal nur für Stammgäste offen. Auch die Freunde des Mannes sind jedoch keine Stammgäste. An einem weiteren Tag macht er dieselbe Erfahrung. Wieder dürfen seine Begleiter sowie Personen, die nach ihm in der Reihe stehen, in das Lokal, während ihm der Eintritt mit den Worten „heute nicht" verweigert wird. Er ist überzeugt, dass die Verweigerung aufgrund seines fremdländischen Aussehens und dem im Führerschein ausgewiesenen Namen erfolgt ist.

Lösung: *Vor Gericht wird durch Zeugenaussagen bestätigt, dass der Mann nicht durch einen Grund aufgefallen ist, der eine Eintrittsverweigerung gerechtfertigt hätte, wie Alkoholisierung, aggressives Verhalten oder unangemessene Kleidung. Ein Zeuge bestätigt, dass er selbst keineswegs Stammgast sei, aber problemlos eingelassen wurde. Im Lokal gebe es auch kaum Gäste, die aufgrund ihres Aussehens als Personen fremder Herkunft erkennbar wären. Der junge Mann erhält einen Schadenersatz in der Höhe von € 1440,–.*[204]

Fall 23: Ein Mann auf der Suche nach einer Mietwohnung, der bereits mehrfach Absagen erhielt, wird nunmehr von seiner Partnerin unterstützt, die über ein Immobilienportal im Internet Interesse an einer bestimmten Wohnung bekundet. Die Maklerin vereinbart mit ihr einen Besichtigungstermin. Die Frau ist von der Wohnung angetan und meint zur Maklerin, sie werde ihren Partner anrufen, um ihn zu fragen, ob sie die Wohnung nehmen solle, da sie eigentlich für ihn gedacht sei. Auf die Frage der Maklerin, woher ihr Partner komme, meint die Frau, er sei schwarz. Daraufhin erklärt die Maklerin, dass das nicht gehe, weil der Vermieter keine Schwarzen in der Wohnung wünsche. Die Hinweise der Frau, dass der Mann ein geregeltes Einkommen als Buchhalter in einer Bank habe, werden nicht mehr zur Kenntnis genommen.

Lösung: *Die GBK kann zwar nicht verifizieren, dass die Aussage „Das geht nicht, weil der Vermieter keine Schwarzen wünscht" wirklich gefallen ist, sie stellt aber fest, dass bereits die Frage, woher der Partner komme, nicht nachvollziehbar sei. Bei einem Anruf erfährt die Frau von der Maklerin, dass die Entscheidung über die Wohnungsvergabe noch nicht gefallen sei und sie sich melden werde. Als der Mann zehn Minuten später selbst mit der Maklerin telefoniert, teilt sie ihm mit, dass die Wohnung schon vergeben sei. Schließlich weist die GBK auf einen Widerspruch hin, weil das Maklerbüro einerseits dargestellt hat, es frage nie nach der Herkunft von WohnungswerberInnen, andererseits aber angibt, man*

---

[204] BG St. Pölten, 29.1.2010, 4 C 480/09x-12. Ein ähnlicher Sachverhalt liegt dem Urteil LG Wien 30.8.2010, 36 R 198/10z, zugrunde. Um eine Belästigung im Zuge der Einlassverweigerung geht es im Urteil HG Wien 19.1.2011, 1 R 129/10g.

teile den Vermietern die Herkunft potentieller MieterInnen mit, weil diese daran ein Interesse hätten. Die GBK bejaht das Vorliegen einer Diskriminierung.[205]

Fall 24: Eine Frau, ihr Ehemann und ihre drei Kinder sind seit ihrer Geburt österreichische Staatsbürger. Der Ehemann ist Angehöriger der slowenischen Volksgruppe. Die Vornamen von zwei Söhnen sind entsprechend den orthographischen Regeln der slowenischen Sprache geschrieben. Die Eltern beantragen Familienbeihilfe und erhalten ein Schreiben der Behörde mit der Aufforderung, Kopien der Schulbesuchsbestätigung, der Kindergartenbestätigung und des Staatsbürgerschaftsnachweises beizubringen. Als die Frau nach dem Grund fragt, erhält sie die Auskunft, dass die „ausländischen" Namen der Anlass für diese Überprüfung seien. Es gebe viele Probleme mit AusländerInnen, da diese die Sozialleistung für nicht im Inland lebende Kinder beziehen würden. Die Frau solle die geforderten Unterlagen mit dem Vermerk beibringen, dass ihr Mann der Volksgruppe der Kärntner Slowenen angehört. Bei Nichtübermittlung werde sie im kommenden Jahr keine Sozialleistung bekommen. Trotz rechtzeitiger Übergabe der verlangten Unterlagen wird die Familienbeihilfe erst nach Urgenz ausbezahlt und die Befristung der Leistungsgewährung für die beiden älteren Kinder aufgehoben.

Lösung: *Im Verfahren vor der GBK kann seitens der Behörde nicht nachvollzogen werden, aus welchen Gründen bei der internen Bearbeitung die Eingabe des „Dokumentencodes" erfolgte, die die Vorlage des Staatbürgerschaftsnachweises und der Kindergarten- bzw. Schulbesuchsbestätigung notwendig gemacht hat. Laut den Vorgaben des Organisationshandbuches der Behörde war das Verlangen dieser Nachweise im konkreten Fall weder notwendig noch zweckmäßig. Zudem ist die österreichische Staatsbürgerschaft keine zwingende Voraussetzung für den Bezug der Sozialleistung. Nach Ansicht der GBK hat die Behörde aufgrund der Namen der Kinder auf eine bestimmte ethnische Zugehörigkeit geschlossen und deshalb in außergewöhnlicher Weise Befristungen für die Gewährung der Familienbeihilfe vorgenommen bzw. diese verspätet ausgezahlt. Die GBK verweist auch auf eine Missstandsfeststellung der Volksanwaltschaft, die aufzeigt, dass es mitunter zu Problemen beim Bezug der Sozialleistung für nicht-österreichische Familien kommt.*[206]

Fall 25: Ein Vater mit Migrationshintergrund hat den Eindruck, dass die Lehrerin seinen Sohn strenger behandle und weniger beim Lernen fördere als Kinder österreichischer Herkunft. Die Lehrerin verweist den Mann mit seiner Beschwerde an die Direktion. Er nimmt mit dem Bezirksschulrat Kontakt auf, die Situation bleibt jedoch unverändert.

---

[205] GBK III/63/10, abrufbar unter http://www.frauen.bka.gv.at/DocView.axd?CobId=41902

[206] Vgl. GBK III/34/08, abrufbar unter http://www.frauen.bka.gv.at/DocView.axd?CobId=34257

Lösung: *Nach Intervention durch die GAW erklärt der Bezirksschulrat, das Thema bei der nächsten Konferenz mit den DirektorInnen behandeln zu wollen, um mehr Sensibilität zu erreichen.*[207]

Von besonderer praktischer Relevanz ist das Verbot, jemanden aufgrund der ethnischen Zugehörigkeit zu belästigen. Erfahrungsgemäß kommen Beschimpfungen und Beleidigungen, die die fremdländische Herkunft, die Hautfarbe, Mängel der deutschen Sprachkenntnisse oder ein als fremd empfundenes Erscheinungsbild zum Gegenstand haben, häufig vor. Dabei werden Menschen nicht nur individuell beschimpft. Es kann auch zur Belästigung einer ganzen ethnischen Gruppe durch entsprechende Schilder, Kundmachungen etc. kommen, sofern dadurch der Zugang zu Gütern und Dienstleistungen, zum Sozialschutz oder zur Bildung erschwert oder verunmöglicht werden kann.

Fall 26: Eine Frau tunesischer Herkunft betritt mit ihrem Kinderwagen ein Geschäft. Sie probiert Kleidungsstücke, wird aber vom Inhaber mit den Worten „Wir verkaufen nicht an Ausländer" unter Anwendung von Tritten in den Rücken und einem Schlag ins Gesicht aus dem Geschäft gedrängt.

Lösung: *Der der Belästigung Beschuldigte bringt vor Gericht vor, er habe die Frau nur aufgefordert, mit dem anprobierten Mantel nicht am verschmutzten Kinderwagen anzustoßen, woraufhin diese das Geschäft wortlos verlassen habe. Weil sie dann aber zurückgekommen sei und ihn beschimpft habe, habe er sie am linken Arm aus dem Geschäft geschoben. Diese Rechtfertigung scheint dem Gericht weniger glaubwürdig als die Aussage der Klägerin. Da eine Zeugin noch am nächsten Tag eine Schwellung im Gesicht bemerkt und auch der eine Strafanzeige aufnehmende Polizist die Frau mit der Rettung in ein Krankenhaus geschickt hat, wurde ein körperlicher Gewaltakt bejaht. Der zugesprochene Schadenersatz betrug € 800,–.*[208]

Fall 27: An der Rezeption eines Campingplatzes ist ein Schild angebracht: „Kein Platz für Zigeuner!"

Lösung: *Die GBK kam zum Schluss, dass die Bezeichnung „Zigeuner" diskriminierend ist. Sie nahm dabei Bezug auf die Empfehlung Nr. 3 der European Commission against Racism (ECRI), die den Mitgliedstaaten unter anderem empfiehlt, sicherzustellen, dass der offiziell für verschiedene Roma-Gruppen verwendete Name auch der Name ist, mit dem die Gruppe bezeichnet werden möchte. Auch die Meinung des Zentralrates Deutscher Sinti und Roma, wonach der Begriff „Zigeuner" eine in ihren Ursprüngen bis ins Mittelalter zurückreichende Fremdbezeichnung der Mehrheitsbevölkerung ist und von der Minderheit selbst*

---

[207] GAW III/5/2008, vgl Gleichbehandlungsbericht 2010, 107.

[208] LG ZRS Wien, 30.3.2001, 35 R 68/07w.

als diskriminierend abgelehnt werde, sowie Aussagen des Vorsitzenden des Kulturvereins österreichischer Roma und eines Historikers fanden Beachtung.[209]

Niemand darf Wohnraum in diskriminierender Weise inserieren. Vermerke wie „Nur Inländer!" sind demnach unzulässig. Wer diesem Gebot zuwiderhandelt, ist auf Antrag eines Interessenten bzw. einer Interessentin oder der Gleichbehandlungsanwaltschaft beim ersten Verstoß von der Bezirksverwaltungsbehörde zu ermahnen und bei weiteren Verstößen mit Geldstrafe bis zu € 360,– zu bestrafen. Eine Diskriminierung liegt aber nicht vor, wenn die Einschränkung auf eine bestimmte ethnische Zugehörigkeit durch ein legitimes Ziel gerechtfertigt und die gewählte Vorgangsweise angemessen und erforderlich ist, um dieses Ziel zu erreichen. Ein türkischer Kulturverein, der ein Heim für Studierende betreibt, um jungen Menschen türkischer Herkunft eine akademische Bildung zu erleichtern, wird zumindest den Großteil der Zimmer gezielt für diese Zielgruppe ausschreiben und anbieten dürfen[210].

Rechtsfolgen und Fristen

Als zentrale Sanktion im Falle einer Verletzung des GlBG besteht ein Schadenersatzanspruch auf Seiten des/der Betroffenen, der allerdings je nach Tatbestand unterschiedlich festgelegt ist. Er setzt sich zusammen aus dem entstandenen Vermögensschaden und einer Entschädigung für die erlittene persönliche Beeinträchtigung. Nur im Falle einer Kündigungsanfechtung oder einer Klage auf Feststellung des unbefristeten Bestehens eines Arbeitsverhältnisses nach diskriminierender Beendigung, die beide binnen 14 Tagen geltend zu machen sind, besteht kein Anspruch auf immateriellen Schadenersatz. Wer aber die Beendigung des Dienstverhältnisses gegen sich gelten lässt, kann innerhalb von sechs Monaten auf Ersatz des Vermögensschadens klagen und hat in diesem Fall auch Anspruch auf eine Entschädigung für die erlittene persönliche Beeinträchtigung.

Wird ein Arbeitsverhältnis wegen einer Verletzung des Gleichbehandlungsgebots nicht begründet, sind zwei Fälle zu unterscheiden: war die diskriminierte Person bestqualifiziert, hätte sie also bei diskriminierungsfreier Auswahl die Stelle erhalten müssen, besteht ein Anspruch in der Höhe von mindestens zwei Monatsentgelten, bezogen auf die konkret in Rede stehende Position. Wenn der/die ArbeitgeberIn nachweisen kann,

---

[209] GBK III/7/05, abrufbar unter http://www.frauen.bka.gv.at/DocView.axd?CobId =21410

[210] Das Verhältnismäßigkeitsgebot ist jedoch immer zu beachten, vgl. den Fall „Frauenwohnprojekt" oben Fall 20.

dass der durch die Diskriminierung entstandene Schaden nur darin besteht, dass die Berücksichtigung der Bewerbung verweigert wurde, besteht ein Ersatzanspruch bis zu € 500,–. Eine solche Konstellation tritt z. B. ein, wenn ein Unternehmen Bewerbungen von Personen über einem bestimmten Lebensalter von vornherein ohne nähere Prüfung ausselektiert, diese BewerberInnen aber nicht bestqualifiziert gewesen wären und die Stelle ohnehin nicht erhalten hätten. In beiden Fällen ist der Schadenersatzanspruch (inklusive eines zusätzlichen immateriellen Schadenersatzes) binnen sechs Monaten geltend zu machen.

Fast dasselbe gilt im Falle einer Diskriminierung beim beruflichen Aufstieg. Wer bei diskriminierungsfreier Auswahl intern aufgestiegen wäre, hat Anspruch auf die Entgeltdifferenz für mindestens drei Monate. Wessen Bewerbung zwar aus einem diskriminierenden Grund nicht berücksichtigt wird, wer aber die Stelle ohnehin nicht erhalten hätte, kann bis zu € 500,– geltend machen, beides innerhalb von sechs Monaten.

Wer aus einem diskriminierenden Grund für eine gleiche oder gleichwertige Arbeit ein geringeres Entgelt bezieht, hat Anspruch auf die Bezahlung der Differenz und ebenfalls auf Entschädigung für die erlittene persönliche Beeinträchtigung. Für diese Ansprüche gilt eine dreijährige Verjährungsfrist. Wer also am Ende des dritten Arbeitsjahres in einer Firma herausfindet, dass andere für die gleiche Tätigkeit mehr Gehalt beziehen, kann die Differenz für die gesamte Dauer der Tätigkeit rückwirkend einklagen.

Bei einer Diskriminierung im Zusammenhang mit den betrieblichen Aus- und Weiterbildungen sowie den außerbetrieblichen Umschulungen und Berufsberatungsmaßnahmen besteht Anspruch auf Einbeziehung in die entsprechenden Maßnahmen oder auf Ersatz des Vermögensschadens, jeweils samt immaterieller Entschädigung. Beides muss binnen drei Jahren eingeklagt werden.

Kommt es aus einem diskriminierenden Grund zu einer Ungleichbehandlung bei den Arbeitsbedingungen, besteht Anspruch auf Anpassung der Arbeitsbedingungen oder auf Ersatz des Vermögensschadens plus immateriellen Schadenersatz. Auch hier beträgt die Frist drei Jahre.

Wer von einer ArbeitgeberInnen- oder ArbeitnehmerInnenorganisation in diskriminierender Weise behandelt wird, hat Anspruch auf Mitgliedschaft und Mitwirkung sowie auf die Inanspruchnahme der jeweiligen Leistungen. Alternativ dazu besteht ein Anspruch auf Ersatz des Vermögensschadens. Gleiches gilt für jene, die beim Zugang zur selbständigen Erwerbstätigkeit gehindert werden. In allen Fällen besteht zusätzlich Anspruch auf den Ersatz des immateriellen Schadens bei Geltendmachung binnen 3 Jahren.

Im Falle einer (sexuellen) Belästigung in der Arbeitswelt wird ein Mindestschadenersatz von € 1.000,– plus allfälliger Vermögensschäden gewährt, der innerhalb eines Jahres eingeklagt werden muss. Für Belästigungen außerhalb der Arbeitswelt, z. B. beim Zugang zu Gütern und Dienstleistungen, gilt derselbe Mindestschadenersatz von € 1.000,–, aber eine Frist von drei Jahren.

Diese Frist ist auch bei allen sonstigen Schadenersatzansprüchen außerhalb der Arbeitswelt einzuhalten. Eingeklagt werden können jeweils ein entstandener Vermögensschaden sowie eine Entschädigung für die erlittene persönliche Beeinträchtigung.

Für alle Tatbestände hemmt die Einbringung eines Antrags (durch die betroffene Person selbst) oder eines Verlangens (seitens der Gleichbehandlungsanwaltschaft) an die Gleichbehandlungskommission die Fristen zur gerichtlichen Geltendmachung. Sobald ein Antrag oder Verlangen eingebracht ist, kann die Verjährungsfrist nicht ablaufen. Erst wenn den Betroffenen das Prüfungsergebnis oder aber ein Schreiben der Kommission zugestellt wird, dass die Voraussetzungen für eine Fortführung des Verfahrens nicht mehr vorliegen, wird die Fristenhemmung beendet. Aufgrund gesetzlicher Bestimmung verbleiben danach drei weitere Monate, innerhalb derer eine Klage bei Gericht eingebracht werden kann. Nur in jenen Fällen, in denen nach dem GBK-Verfahren eine Kündigungsanfechtung oder eine Feststellungsklage auf unbefristeten Bestand des Arbeitsverhältnisses eingebracht wird, muss dies innerhalb von 14 Tagen erfolgen.

Gleichbehandlungskommission (GBK) und Gleichbehandlungsanwaltschaft (GAW)

Wie soeben gezeigt, kann ein Verfahren vor der GBK in mehrfacher Hinsicht sinnvoll sein: einerseits können Betroffene anhand eines – rechtlich unverbindlichen – Prüfungsergebnisses, das den Charakter eines Gutachtens hat, ihre Chancen, vor Gericht erfolgreich zu sein, einschätzen und ein allfälliges Gerichtsverfahren anhand eines positiven Ergebnisses argumentativ aufbereiten[211]; andererseits kann das GBK-Verfahren aber auch dazu genutzt werden, zu einem zufriedenstellenden Ergebnis zu gelangen, ohne dass danach noch ein Gericht befasst werden muss. Dies kann etwa durch erfolgreiche Vergleichsverhandlungen während des Verfahrens erreicht werden oder indem der/die AntragsgegnerIn die Aufträge der GBK, die im Prüfungsergebnis erteilt werden, umsetzt. Manchen diskriminierten Menschen genügt auch die Genugtuung, dass sie ein positives Verfahrensergebnis erreicht haben und ihnen eine Institution Glauben geschenkt hat.

[211] Gerichte sind an die Entscheidung der GBK nicht gebunden.

Verfahren vor der GBK sind für Betroffene kostenlos und niederschwelliger als Gerichtsverfahren. Bis zur Novelle 2011 waren die Sitzungen vertraulich, sodass alle Auskunftspersonen einzeln und gesondert voneinander befragt wurden und auch die jeweiligen Protokolle der Gegenseite nicht zur Kenntnis gebracht wurden. Dies hatte den Vorteil, dass diskriminierte Personen über ihre Erfahrungen sehr offen sprechen konnten, aber den Nachteil, dass die mangelnde Transparenz des Verfahrens zunehmend in die Kritik geriet. Seit 1.3.2011 ist die Vertraulichkeit aufgehoben. Grundsätzlich sollen Sitzungen nunmehr in Anwesenheit der jeweiligen Gegenseite geführt werden, es besteht aber nach wie vor ein Antragsrecht auf abgesonderte Befragung. Das Protokoll einer solchen Einzelbefragung wird aber der Gegenseite nun jedenfalls zugestellt. Tabelle 1 zeigt die Unterschiede in den Verfahren auf:

Tabelle 1: Unterschiede GBK / Gerichtsverfahren

GBK	Gericht
Sitzungen nicht öffentlich, auf Antrag abgesonderte Befragung	Öffentlichkeitsgrundsatz
Prüfungsergebnisse rechtlich nicht bindend	Vergleiche bzw. Urteile rechtlich durchsetzbar
Flexible Vorschläge an diskriminierende Personen/Stellen	Zuspruch von Schadenersatz
Beschlussfassung durch SpezialistInnen	RichterInnen sind nicht unbedingt ExpertInnen im Gleichbehandlungsrecht
Untersuchungsmaxime, materielle Wahrheitsfindung	Parteienmaxime; strikte Einhaltung von Verfahrensvorschriften

Quelle: GAW 2011

Die GBK tagt in drei spezialisierten Senaten, die sich aus VertreterInnen der Sozialpartner und verschiedener Fachministerien zusammensetzen. Die GAW hat ein Rede- und Fragerecht; auf ihr Verlangen sind auch Fachpersonen der Sitzung beizuziehen.

Kernaufgabe der GAW ist es, Personen, die sich diskriminiert fühlen, zu unterstützen, zu beraten und in einem allfälligen Verfahren vor der GBK zu begleiten. Dabei sind ExpertInnen für die jeweils unterschiedlichen Bereiche zuständig, sodass auch versteckte Diskriminierungen durch die spezialisierte Erfahrung erkannt werden können. Die GAW führt auf Wunsch Vergleichsverhandlungen mit der diskriminierenden Person oder Einrichtung und kann, wenn eine Diskriminierung glaubhaft erscheint, ein Verlangen auf Überprüfung des Sachverhalts an die GBK richten. Auch ihre Tätigkeit ist für Betroffene kostenlos. Über die Einzelfallberatung hinaus ist die GAW durch vielfältige Schulungsmaßnahmen, Vorträge, Workshops und Publikationen in der Bewusstseinsbildung aktiv.

5.3 Weitere Entwicklungen und Ausblick

Als problematisch anzusehen ist, dass derzeit der Rechtsschutz für Gerichtsverfahren nur unzureichend gewährt ist. Für im Rahmen der Arbeitswelt Diskriminierte gibt es zumindest die Möglichkeit, über die Interessenvertretungen (Arbeiterkammer und Gewerkschaften) Rechtsschutz gewährt zu erhalten, sodass das Kostenrisiko eines Gerichtsverfahrens nicht von den Betroffenen selbst getragen werden muss. Bei Diskriminierungen außerhalb der Arbeitswelt kann auf diese Unterstützung nicht zurückgegriffen werden. Wenn nicht eine NGO wie der Klagsverband[212] bereit ist, das Kostenrisiko für ein zivilgerichtliches Verfahren zu übernehmen, wagen sich oft nur Menschen mit einer privaten Rechtsschutzversicherung überhaupt an die Einbringung einer Klage heran. Noch dazu gilt im Zivilverfahren das Prinzip der Erfolgshaftung, das bedeutet, dass jene Partei, die gänzlich unterliegt, der obsiegenden Partei auch deren Kosten zur Gänze zu ersetzen hat. In arbeitsgerichtlichen Verfahren gibt es insofern eine Kostenerleichterung, als in erster und zweiter Instanz jede Partei nur ihre Kosten zu tragen hat.

Während der Gesetzgeber jedenfalls aufgefordert ist, für sämtliche Diskriminierungsmerkmale einen einheitlichen Schutzbereich zu schaffen, wäre auch die Zivilgesellschaft gefragt, Wege zu finden, um Diskriminierungen hintanzuhalten und zu verhindern. Dazu gehört, dass jede/r selbst immer wieder bereit ist, sich seiner/ihrer blinden Flecken bewusst zu werden und die eigenen Vorurteile zu überprüfen; dazu gehört aber auch der Mut, bei selbst wahrgenommenen Diskriminierungen einzuschreiten und auf die Rechtswidrigkeit eines solchen Verhaltens aufmerksam zu machen. Letztlich wird das Gleichbehandlungsgesetz seine – auch präventive – Wirkung nur dann entfalten, wenn einem Großteil unserer Gesellschaft bewusst wird, dass Diskriminierung die Verletzung eines Menschenrechts ist und die Bejahung der gleichen Würde aller selbstverständlich eingefordert wird.

---

[212] Klagsverband zur Durchsetzung der Rechte von Diskriminierungsopfern; www.klagsverband.at

5.4 Kontrollfragen

1. Inwiefern kann man im österreichischen Gleichbehandlungsrecht von einer Hierarchisierung des Schutzbereichs sprechen?
2. Nennen Sie je ein Beispiel für eine Diskriminierung aufgrund der ethnischen Zugehörigkeit innerhalb und außerhalb der Arbeitswelt.
3. Sind Diskriminierungen aufgrund des Geschlechts außerhalb der Arbeitswelt verboten? Wenn ja, in welchen Bereichen? Nennen Sie dafür zwei Beispiele.
4. Welche Rechtsfolgen hat es, wenn
   a) eine Frau wegen ihrer sexuellen Orientierung gekündigt wird?
   b) einem Mann aufgrund seines fortgeschrittenen Alters der Eintritt in eine Disco verwehrt wird?

Verwendete Literatur

Amon-Konrath, Cornelia/Prisching, Susanne (2010): Sexuelle Belästigung – straf- und zivilrechtliche Aspekte. In: das Recht der Arbeit 1/2010, 80 ff.

Bundesministerin für Frauen und öffentlichen Dienst im Bundeskanzleramt Österreich (Hrsg): Gleichbehandlungsbericht für die Privatwirtschaft 2008 und 2009, Teil II. Wien 2010.

Hopf, Herbert/Mayr, Klaus/Eichinger, Julia (2009): Gleichbehandlungsgesetz. Kommentar. Manz´sche Verlags- und Universitätsbuchhandlung, Wien.

Raz, Joseph (1986): The Morality of Freedom. Oxford University Press.

Reissner, Gert-Peter (2010): Der ältere Arbeitnehmer – Altersbezogene Schutzbestimmungen im Lichte des Antidiskriminierungsrechts. In: Das Recht der Arbeit 1/2010, 24ff.

Smutny, Petra/Mayr, Klaus (2001): Gleichbehandlungsgesetz. Gesetze und Kommentare 174. ÖGB Verlag, Wien.

6 Die Rolle von Gender und Diversität in Organisationen: Eine organisationstheoretische Einführung[213]

Edeltraud Hanappi-Egger

Kurzfassung

Das vorliegende Kapitel präsentiert ausgewählte relevante Organisationsansätze und diskutiert deren Bedeutung aus Gender- und Diversitätssicht. Insbesondere wird auf die „Geschlechts- und Diversitätslosigkeit" früherer Theorieentwicklung in der Organisationsforschung eingegangen und der Beitrag erster AutorInnen kritisch gewürdigt, die Pionierarbeit in Bezug auf Gender- und Diversitätsperspektiven in Organisationen geleistet haben. Im Zuge dieser theoretischen Betrachtung gilt es, den Einfluss dieser Theorieansätze für die Analyse und Verbesserung organisationalen Handelns nutzbar zu machen. Im Anschluss daran werden begründet ausgewählte Konzepte herangezogen, die geeignet sind, die Reproduktion von Gender- und Diversitätsverhältnissen in Organisationen sichtbar zu machen, strukturelle Bedingungen für Diversitätsmanagement zu erkennen, sowie Ansatzpunkte für das Veränderungspotenzial zu identifizieren.

6.1 Klassische Organisationstheorien: Genderneutral oder genderblind?

Die ersten (wissenschaftlichen) Beiträge zu Organisationen und Management hängen historisch gesehen eng mit der Entstehung erster großer Produktionsstätten im Zuge der industriellen Revolution zusammen: Die Ablöse des Handwerkertums des 18. Jahrhunderts durch die Schaffung von Fabriken stellte neue Herausforderungen an die Organisation von Produktionsabläufen. Zum einen musste eine entsprechende Arbeitsteilung, zum anderen aber auch wieder die Koordination und Synchronisation der einzelnen Teilarbeiten etabliert werden. Diese neue Organisation von Arbeit hatte aber auch einen nachhaltigen sozialen Effekt: Die Trennung von Privatbe-

---

[213] Eine frühe Version dieses Beitrages wurde als Hanappi-Egger 2004a veröffentlicht.

reich und Erwerbstätigkeit, die vorwiegend außer Haus stattfand, führte zu einer ausgeprägten Vergeschlechtlichung der Arbeitsteilung: Während es in der ersten Hälfte des 19. Jahrhunderts in den Arbeiterfamilien noch keine ausgeprägte Geschlechtersegregation zwischen bezahlter Arbeit und (unbezahlter) Hausarbeit gab, setzte sich gegen Ende des Jahrhunderts auch dort ein bourgeoises Familienmodell durch. Die Verbesserungen der Arbeitsbedingungen führte zu dem Trend, dass zunehmend vor allem Männer in den Fabriken arbeiteten, und an Frauen vermehrt die Verantwortlichkeit für Haushalt und Kinderbetreuung delegiert wurde (vgl. auch Nelson/Bridges 1999; Hanappi-Egger 2011).

Die ersten Publikationen zum Management (das sich vom Wort manus = Hand ableitet, also eigentlich die Handhabung bedeutet) beriefen sich vor allem auf wissenschaftliche Erkenntnisse zur optimalen Gestaltung des Produktionsprozesses und versuchten dadurch, die politischen Auseinandersetzungen um die Interessenskonflikte seitens der Kapitaleigner und der ArbeitnehmerInnen zu umgehen. Das vordergründige Organisationsbild der Fabriken war in dieser Zeit stark das einer Maschine – die am besten funktioniert, wenn die einzelnen Teile optimal aufeinander abgestimmt sind. Neben betriebswirtschaftlichen Modellen (z. B. zur optimalen Maschinenbeschickung) entstanden auch erste Organisationstheorien, die einen theoretisch-wissenschaftlichen Überbau für Produktionsabläufe lieferten. Ein organisationstheoretischer Ansatz beispielsweise war, Organisationen als rationale Systeme zu betrachteten (siehe dazu Webers Bürokratiemodell; Weber 1980). In weiterer Folge entstanden zahlreiche Organisationstheorien, die sich vor allem dadurch unterschieden, welche Organisationsmetapher (wie z. B. Maschine, Organismus, ...) verwendet wurde und welche Interessenerkenntnisse im Vordergrund standen. So fokussieren neoklassische Ansätze z. B. auf die sozialen Aspekte der Organisationsgestaltung, verhaltensorientierte Zugänge auf die Motivations- und Bedürfnislage von Personen. Moderne Organisationstheorien betonen die situative Bedeutung beteiligter AkteurInnen und daher die nur temporäre Gültigkeit von Organisationsforschungserkenntnissen[214] (Hatch 2006).

In der Zwischenzeit findet sich eine Fülle von verschiedenen Zugängen, die je nach Untersuchungsfrage mehr oder weniger adäquate Theorierahmen für organisationales Handeln bieten und teilweise durchaus widersprüchlich sind.

Die Behandlung des Themas „Gender" vollzog sich zeitlich gesehen analog zum Managementdiskurs. Krell (1999) zeigt z. B. auf, dass schon in frühen

---

[214] Für einen entsprechenden Überblick der Organisationstheorien siehe Ortmann/Sydow/Türk 2000; Schreyögg 2008; Wolf 2005.

Publikationen der Frage nach der Beschäftigung von Frauen in Organisationen nachgegangen wurde: Im Jahr 1868 etwa äußerte sich Emminghaus in seiner „Allgemeinen Gewerkslehre" gegen die Beschränkung der Frauenarbeit, gegen Niedriglöhne für Frauen und betonte die Wichtigkeit von einer der weiblichen Konstitution gemäßen Beschäftigung. Da er um die Sittlichkeit am Arbeitsplatz fürchtete, schlug er eine klare örtliche Trennung von Frauen und Männern in den Betrieben vor. Dietrich verwehrte sich bereits 1914 gegen ungleiche Bezahlung von Männern und Frauen bei gleicher Tätigkeit, Seyffert widmete sich 1922 den sozialen Verhältnissen von Verkäuferinnen, erkennend, dass der Detailhandel vor allem eine Frauendomäne war. Generell beziehen sich diese frühen Publikationen zu Frauen in Betrieben auf die angeblichen physischen und psychischen Besonderheiten von Frauen und den davon abzuleitenden Bedürfnissen am Arbeitsplatz. Dabei wird offensichtlich davon ausgegangen, dass das biologische Geschlecht ausschlaggebend ist für Können, Fähigkeit und besondere Bedürfnisse. Demzufolge wird daher unterstellt, dass es eine eindeutige Zuordnung von Personen zu der Gruppe „der Frauen" bzw. zu der Gruppe „der Männer" gibt[215]. Aus der biologischen Konstitution werden Verantwortlichkeiten für bestimmte Bereiche abgeleitet: Frauen wird der Reproduktionsbereich (also Haushalt und versorgende Tätigkeiten), den Männern der Erwerbsbereich zugeordnet. Dieses „Ernährermodell" hat weitreichende Folgen, wie noch dargestellt wird.

Viele WissenschafterInnen (z. B. Hartmann 1976, Wetterer 1995) gehen davon aus, dass gerade diese Trennung des „öffentlichen Bereichs" (Erwerbsbereich, Bereich der bezahlten Arbeit) von dem privaten Bereich (Reproduktionsbereich, Bereich der unbezahlten Arbeit) eine ganz wesentliche Ursache der Geschlechtssegregation ist: Die geschlechtsspezifische Trennung scheint einer natürlichen Ordnung zu folgen. So wird oft argumentiert, dass es in der Natur der Frauen liege (insbesondere aufgrund ihrer Gebärfähigkeit[216]), sich um die Beziehungsebene zu kümmern – und daher seien Frauen besonders kommunikativ und sozial kompetent. Männern hingegen wird ein besonderes Maß an Aktivität, Konkurrenzdenken und Ergebnisorientierung zugeschrieben (z. B. Hausen 1976). Diese Vorstellung hat nicht nur zur Folge, dass Frauen eben „natürlich" für den Reproduktionsbereich zuständig sind, sondern dass sich diese Form der Rollenverteilung auch im Erwerbsleben zeigt und zwar in Form sogenannter „Männer- bzw. Frauendomänen": Laut EUROSTAT-Bericht (2008) arbeiten fast fünfzig Prozent der erwerbstätigen Frauen in nur vier von 60 identifizierten Aktivitätsfeldern,

---

[215] Siehe Hofmann in diesem Buch.

[216] Die im Übrigen nicht bei allen Frauen vorhanden ist.

nämlich Gesundheits- und Pflegebereich, Erziehung, öffentliche Verwaltung und Einzelhandel (vgl. Hanappi-Egger 2004a). Männliche Erwerbstätige haben im Vergleich dazu ein weiter gestreutes Tätigkeitsfeld und wählen aus einer breiteren Palette von Berufsmöglichkeiten, in den seltensten Fällen allerdings im Sozialbereich.

Dass die geschlechtsspezifische Arbeitsteilung aber keine Naturgesetzmäßigkeit, sondern das Ergebnis sozialer Aushandlungsprozesse ist, zeigt Teubner (1998) an zahlreichen Beispielen von „Geschlechtswandel" von Tätigkeiten: So war z. B. Programmieren in seinen ersten Phasen in den 1940er Jahren eine typische Frauenarbeit und wurde erst im Zuge der gesellschaftlichen Aufwertung eine vor allem von Männern ausgeführte Tätigkeit. Ähnlich verhält es sich mit dem Beruf der ImmobiliemaklerInnen: Wurden die für diesen Beruf notwendigen Qualifikationsbeschreibungen eher männlich codiert (z. B. in Form von Verhandlungsgeschick), gab es vor allem Makler, also Männer. In der Zwischenzeit gehen vor allem Frauen dieser Tätigkeit nach. Entsprechend weiblich codiert lesen sich die heutigen Qualifikationsbeschreibungen (z. B. kunden- und kundinnenorientiert). Es zeigt sich an vielen anderen Beispielen, dass der Geschlechtswechsel von Arbeit historisch eng mit der Veränderung der Positionierung im Statusgefüge von Berufen verbunden ist (Teubner 2008).

Zurückkommend auf die organisationstheoretischen Beiträge und die Auseinandersetzung mit der Frage von Geschlecht, kann also festgehalten werden, dass vor allem eine biologistische Sicht eingenommen wurde, die davon ausging, dass Fähigkeiten, Kompetenzen und Fertigkeiten von Männern und Frauen von ihrem biologischen Geschlecht abgeleitet werden können.

Die meisten Organisationstheorien beziehen sich allerdings auf Organisationen als Institutionen und gehen nicht explizit auf Personen bzw. deren Geschlechtlichkeit ein. Sie erheben meist den Anspruch der *Geschlechtsneutralität.* Dabei werden Organisationen zwar als soziale Systeme behandelt, in denen hinsichtlich ihrer Prozesse und Strukturen Geschlecht aber keine Rolle spielt. Beispiel dieser Argumentation ist etwa die Leistungsperspektive, nach der Organisationsangehörige (also ArbeitsnehmerInnen) „ausschließlich" nach Leistungen beurteilt werden und Karriere machen können, was nichts mit Genusgruppenzugehörigkeit zu tun habe. Entsprechende Analysen zeigen allerdings, dass die Sicht der Geschlechter und deren Zuschreibungen integraler Bestandteil dieser Theorien und Modelle sind, indem auf die gesellschaftliche Geschlechterordnung implizit Bezug genommen wird (vgl. z. B. Acker 1992). In diesem Zusammenhang wird daher wohl besser von *Geschlechtsblindheit* gesprochen, die sich auf den implizit gegebenen Geschlechtsbias in Organisationstexten bezieht (Hanappi-Egger 2004b).

So kann z. B. das bereits erwähnte Bürokratiemodell von Weber (1980) aus geschlechtsanalytischer Sicht diskutiert werden. Dann zeigt sich, um nur einen Aspekt zu nennen, dass die Vorstellung des Berufs als Berufung und die damit verbundene Laufbahn sehr stark an männliche Lebenskontexte orientiert ist: Laufbahnen als kontinuierliche Zeitsequenzen zu sehen, in denen Karriereschritte gemacht werden, setzt voraus, dass es zu keinen „Störungen" aus dem Privatbereich kommen wird. Mit dieser Sicht haben Frauen sehr oft Probleme, weil sie aufgrund der geschlechtsspezifischen Rollen und den damit verbundenen Aufgaben häufig „verschlungene" Biographien aufweisen oder aber soziale Ereignisse (Beziehungen, Geburten, Krankheits-, Todesfälle) ihre beruflichen Wege stark beeinflussen, unterbrechen, verändern (vgl. Becker-Schmidt 2002).

Das bedeutet also, dass, obwohl in zahlreichen Organisationstheorien davon ausgegangen wird, dass Organisationen nichts mit Geschlecht zu tun haben, doch implizit und indirekt immer wieder auf Geschlecht, Geschlechterverhältnisse und Rollenzuschreibungen Bezug genommen wird.

Feministische Analysen von Organisationstheorien bringen diesen impliziten Geschlechteraspekt zu Tage, der sich dadurch äußert, dass es meist Zuschreibungen und Vorherrschaften spezieller Geschlechtskonstruktionen gibt (z. B. Calás 1993, Mumby/Putnam 1992, Benschop/Dooreward 1998). Obwohl also oft nicht auf Geschlecht als relevante Dimension explizit referenziert wird, fließen Vorstellungen über Normen (z. B. Geschlechterrollenkonformität und Heterosexualität) und ihre Positionierung innerhalb von Geschlechterverhältnissen ein. Im Sinne von Hierarchisierung erfolgt die systematische Abwertung „weiblich" codierter Aspekte und Aufwertung „männlich" konnotierter Aspekte.

Dieser Frage haben sich inzwischen zahlreiche WissenschafterInnen gewidmet, und es wurde in neueren Organisationstheorien Geschlecht als eine zentrale Strukturkategorie eingeführt. Die wichtigsten Ansätze und ihre Erweiterung in Hinblick auf andere Diversitätskategorien werden in Folge überblicksartig präsentiert:

6.2 Gender und Diversität in Organisationen

Da es einen sehr langen und breiten Diskurs vor allem in Zusammenhang mit Geschlecht und den stereotypen Zuschreibungen im organisationalen Kontext gibt, werden vorerst die entsprechenden organisationstheoretischen Konzepte zur dieser Diversitätskategorie dargestellt, um dann entsprechende neuere organisationale Forschungsarbeiten zu Diversität und anderen Sozialkategorien zu diskutieren.

In den letzten Jahren wurde eine Vielzahl an Beiträgen zu Gender/Diversität in der Organisationsforschung publiziert. Die AutorInnen nehmen dabei meist Bezug auf einige sehr grundlegende Werke, die im Folgenden dargestellt werden sollen.

Eines der ersten umfassenden Werk zur Frage nach der Bedeutung von Geschlecht in Organisationen wurde von *Kanter* (1977) veröffentlicht. Sie beschäftigt sich vor allem mit Fragen der Macht in Organisationen und den Zusammenhang von Macht und Geschlecht. Dabei verweist sie auf die beobachtbaren Geschlechterhierarchien und betont, dass „What looks like sex differences may really be power differences" (Kanter 1977, 9). Das Zusammenwirken von Macht und Geschlecht betrachtet sie auch als einen symbolischen Ausdruck von Wertesystemen, die beeinflussen, wie Frauen und Männer wahrgenommen werden. Eine Konzentration von Frauen auf den unteren Hierarchieebenen und ein entsprechender Mangel an Frauen in Führungspositionen signalisieren eine geringe Wertschätzung von Frauen. Gleichzeitig entspricht aber eben diese Geschlechterhierarchi, auch der Verteilungsstruktur von Macht: Frauen, die relativ machtlos sind, können daher auch weit weniger das Organisationsgeschehen beeinflussen. Kanter (1977) ist in diesem Sinne zuversichtlich, dass durch entsprechende Modernisierungsschübe in Organisationen diese Geschlechterphänomene ein Ende finden werden.

Kanter verfolgt einen Ansatz, der darauf abzielt, zahlenmäßige Repräsentationen von unterschiedlichen Gruppen (vor allem Frauen) in Organisationen herzustellen, die dann – weil es eben eine kritische Masse gibt – auch zu qualitativen Veränderungen führen. Diese Idee wird sehr oft im Rahmen von Diversitätsmanagement verfolgt.

Mills (1992) untersucht die Rolle von Geschlecht in Zusammenhang mit drei Aspekten:

- Sogenannte „männlich" codierte Wertvorstellungen werden in vielen Organisationen bevorzugt: Dies bedeutet, dass Werte wie „kompetitiv", „pro-aktiv", „logisch-abstrakt", „rational" in den meisten Organisationen positiv gesehen werden. Aufgrund von Erwartungen hinsichtlich Geschlechterrollenkonformität ist es aber oft für Männer authentischer als für Frauen, diesen Zuschreibungen gerecht zu werden.
- Spezielle Organisationen spielen eine wichtige Rolle in geschlechtsstereotyper Sozialisation (z. B. Schulen): Mills geht also davon aus, dass es im Vorfeld von Arbeitskontexten bereits Institutionen gibt, die Geschlechterzuschreibungen (und damit auch Selbstverständnisse) prägen, die dann in weiterer Folge für den Arbeitskontext relevant sind (z. B. die Berufs- oder Studienwahl beeinflussen).
- Organisationsprozesse wie Rekrutierung und Förderung basieren oft auf

geschlechtsbezogenen Wertesystemen in Organisationen. Auch dieser Punkt bezieht sich auf „versteckte Gendercodes", die sich hinter den Vorstellungen von Jobbeschreibungen verstecken und in konkreten Entscheidungssituationen wirksam werden.

Mills identifiziert also vergeschlechtlichte Normsetzungen indirekter Natur (durch Schulen, aber auch Jobbeschreibungen und darin verpackte Vorstellungen von Maskulinität und Femininität), die zu Geschlechtersegregationen führen.

Acker (1990, 1992), in Folge u.a. auch Gherardi (1995) identifiziert mehrere Prozesse, über die Geschlechterzuschreibungen in Organisationen reproduziert werden: (1) Die geschlechtsspezifische Arbeitsteilung repräsentiert Machtverhältnisse. Als „männlich codierte" Tätigkeiten werden dabei meist hoch, „weiblich codierte" niedrig bewertet. Das führt dazu, dass machtvolle Jobs meist mit hohem Prestige (und in weiterer Folge mit Gehalt) ausgestattet sind – und mit männlichen Zuschreibungen belegt werden. (2) Auf der strukturellen Ebene tragen Symbole und Bilder (in Form von z. B. Geschichten, Sprache, Dresscode usw.) zur Stützung der Geschlechterverhältnisse bei. So wird z. B. in der Regel eine vergeschlechtlichte Vorstellung von Business-Kleidung transportiert (Anzug für Männer, Kostüm für Frauen). (3) Interaktionen unter den Individuen sind geprägt von den bestehende Herrschaftsverhältnissen, die auch Geschlechteraspekte inkludieren. So wird das „Kaffeekochen" meist an Sekretärinnen delegiert. (4) Die einzelnen Individuen tragen zur Erhaltung der Geschlechterverhältnisse dadurch bei, indem sie spezielle Geschlechtsidentitäten auch einnehmen und auf sozial konstruierte Bedeutungszusammenhänge in Hinblick auf Geschlecht zurückgreifen. Das bedeutet, dass die Befolgung bis hin zur Internalisierung dieser Normsetzungen dazu beitragen, dass sie erhalten bleiben.

Bemerkenswert ist also, dass Gender sich auf die sozialen Konstruktionen bezieht, die helfen, ein Verständnis von „Geschlecht" in Form von Femininität und Maskulinität herzustellen und dies in sozialen Interaktionen und Begegnungen anzuwenden. Diese Genderkonzepte werden zwar in erster Linie als wichtiges Einordnungsprinzip auf die Genusgruppen Männer und Frauen zurückgeführt, ermöglichen aber auch eine darüber hinausgehende Ausdifferenzierung. Jones (1998) weist am Beispiel des Bankbereichs etwa darauf hin, dass Gender in Organisationen in Form von genderbezogenen Verhaltens- und Verhaltenserwartungsmustern eine Rolle spielen: *„Certain patterns of gender dominate others: they are hegemonic. E.g. Investment banks: strongly masculine environment where several hegemonic masculinities compete: the paternal, „blue-blooded", gentlemanly masculinity of the boardroom and the aggressive, sexy/greedy, yuppie imagery of the trading floor."* Das bedeutet, dass auch innerhalb einer Genusgruppe zusätzliche vergeschlechtlichte Zuschreibungen stattfinden und für Männer als auch für Frauen weitere Sozialkategorien verwendet werden (vgl. auch Connell 2000; McDowell 2001; Hanappi-Egger 2011). Im Arbeitskontext werden diese Zuschreibungen häufig auch mit bestimmten Tätigkeiten in Verbindung gebracht, gerade so, als ob es eine eineindeutige Kausalität zwischen Gender und Job gäbe. Jones (1998) hat auch empirische Studien durchgeführt, die zeigen, dass in der Personalrekrutierung verschiedene Genderaspekte eine Rolle spielen:

- Geschlechtssozialisation beginnt nicht erst in Unternehmen, vielmehr bringen BewerberInnen bereits pre-organisationelle Gender-Kulturfacetten mit, die aber im Verständnis der Unternehmen eine Rolle spielen (Familie, Schulbildung, ...). So zeigt sich, dass z. B. im Bankbereich die erfolgreichen KandidatInnen oft ähnliche Schultypen besucht haben, die z. B. konkurrenz- und/oder sportorientiert sind.
- Genderspezifische Selektionsmechanismen kommen zum Tragen, da im Personalbereich sehr oft von geschlechtsstereotypischen Bildern und Zuschreibungen ausgegangen wird (z. B. „Schwangerschaftsrisiko" bei Frauen ohne Beachtung ihrer spezifischen Lebenszusammenhänge).

Wie diese ausgewählten Beiträge zeigen, setzen wissenschaftliche Untersuchungen bei sehr unterschiedlichen Geschlechterkonzepten an[217]:

Beiträge, die sich stark auf biologische Geschlechtsdefinitionen („sex", Genusgruppe) beziehen, gehen von „natürlichen" Dispositionen aus, auf deren Basis Zuschreibungen über Fertigkeiten und Fähigkeiten getätigt werden. Aus dieser Sicht gibt es naturalisierte Arbeitsteilungen und geschlechtsspezifische Verhaltensmuster, die sich aus der Biologie erklären lassen. Demnach scheinen Frauen insbesondere durch ihre potenzielle Gebärfähigkeit naturverbundener zu sein und sich durch Hang zum Kommunikativen und Fürsorglichen auszuzeichnen. Männer scheinen wegen ihrer hormonellen Konstellation aggressiver und aktiver zu sein. Auf dieser Basis formieren sich (vergeschlechtlichte) Erwartungshaltungen gegenüber Personen.

Im Gegensatz dazu leitet sich aus sozialisationstheoretischer Sicht (beobachtbares) geschlechtsspezifisches Verhalten vor allem von der Sozialisation (d. h. angelernte Verhaltensmuster) ab. Es wird daher nicht der Biologie, sondern vor allem den sozialen Mechanismen zur Herausbildung von Geschlechterrollen und Rollenerwartungen Beachtung geschenkt. Darüber hinaus werden von zahlreichen Autorinnen (z. B. Fenstermaker/West 2002; Knapp/Wetterer 2002) insbesondere Geschlechterverhältnisse in den Blick

[217] Für die entsprechenden soziologischen Theorien siehe Hofmann in diesem Buch.

genommen, also die Hierarchisierung und Hegemonie von Geschlechtszuschreibungen und deren Beziehung untereinander. Im Ansatz des „doing gender" wird davon ausgegangen, dass sich Genderzuschreibungen und entsprechende stereotype Erwartungen in sozialen Interaktionen herauskristallisieren und Bedeutung erhalten. Dies gilt auch für Interaktionen in Organisationen, in denen über alltägliche Praktiken Bezüge zu Geschlecht hergestellt und kontextspezifisch interpretiert werden (siehe auch Calás/Smircich 2009).

Poststrukturalistische und dekonstruktivistische Ansätze fokussieren insbesondere auf die Rolle der Sprache zur Herstellung und Reproduktion von vergeschlechtlichten Machtverhältnissen und identifizieren sogenannte „Subtexte" in organisationstheoretischen Texten (siehe z. B. Bendl 2005).

Wie bereits angemerkt, spielt Gender eine wichtige Rolle in Organisationen, und es gibt eine lange Forschungstradition zu diesem Thema. Darüber hinaus sind aber auch andere Diversitätskategorien im organisationalen Handeln bedeutsam. Die unterschiedlichen Diversitätsdimensionen (wie z. B. Alter, sexuelle Orientierung, Ethnizität/Hautfarbe, ...) und ihre Rolle in Organisationen werden zunehmend untersucht.

Entsprechende Konzepte von Diversität gehen davon aus, dass es mehrere Identifikationsfaktoren sind, die die sozialen Chancen, also Ein- und Ausschließungsmechanismen bestimmen. Geschlecht spielt dabei eine wichtige Rolle, aber im Gegensatz zu den Gender-Studies stellt aus der Sicht von Diversität Geschlecht nicht immer den primären Faktor dar (vgl. auch Hanappi-Egger 2006)[218]. Allerdings werden in vielen Ansätzen, die sich mit Diversität beschäftigen, Personen unterschiedliche Eigenschaften und Fähigkeiten (in Bezug auf Alter, Ethnizität, Religion usw.) zugeschrieben und damit soziale Kategorisierungen reproduziert. Entlang dieser Sozialkategorien können sich selbst Gruppen bilden (oder aber Gruppen gebildet werden) bzw. sich Gruppen voneinander unterscheiden (oder voneinander unterschieden werden). Das heißt, dass sich Diversität im Spannungsfeld von Identifikation und Abspaltung bewegt, weil immer „ingroups" und „outgroups" gebildet werden.[219]

Aus organisationstheoretischer Sicht wird in der Analyse von Diversität häufig auf das folgende Vier-Schichtenmodell von Diversität Bezug genommen (vgl. auch Gardenswarz/Rowe 1994):

[218] Siehe Eberherr in diesem Buch.
[219] Siehe Hermann in diesem Buch.

Abbildung 1: Dimensionen von Diversität

Quelle: in Anlehnung an ASD (2008), zitiert in Bendl/Hanappi-Egger 2009, 561

Persönlichkeit bildet sich demnach im Laufe der Sozialisation heraus und besteht aus verschiedenen charakterlichen Eigenschaften. Interne Dimensionen (Alter, sexuelle Orientierung, Ethnizität, physische Gegebenheiten, Geschlecht) sind Teil von nicht disponiblen Eigenschaften. Externe Dimensionen (wie z. B. Familienstand, Einkommen, persönliche Gewohnheiten, Religion, Ausbildung, Arbeitserfahrungen, Erscheinung, geographischer Lebensmittelpunkt usw.) sind bis zu einem gewissen Grad veränderbar. Dazu kommen aus organisationaler Sicht noch Dimensionen, die sich aus den Arbeitszusammenhängen ergeben (wie z. B. funktionale Zugehörigkeit, Seniorität, Arbeitsinhalt, Interessenvertretungen, Management Status, Abteilungszugehörigkeit usw.). Die Ausprägungen der unterschiedlichen Faktoren machen in diesem Modell Diversität aus.

Im Rahmen der Personalentwicklung wird dann z. B. davon ausgegangen, dass es sehr unterschiedliche Bedürfnisse von MitarbeiterInnen gibt, denen durch verschiedene Maßnahmen Rechnung getragen werden kann.[220] Es gibt zwar weitere Konzepte von Diversität, die die Sozialka-

[220] Siehe Eberherr und Hofmann in diesem Buch.

tegorien nach anderen Gesichtspunkten ordnen (z. B. Voigt, 2001) unterscheidet zwischen sichtbaren und unsichtbaren Merkmalen, Thomas (2001) zwischen personen- und verhaltensimmanenter Diversität), allen ist gemeinsam, dass sie eben eine starke differenzorientierte Sicht einnehmen. Dies bedeutet, dass angenommen wird, Menschen ließen sich in diese schein-objektiven Kategorien zusammenfassen. Die Zuordnung von stereotypen Vorstellungen zu einer bestimmten Person, die das Gruppenmerkmal aufweist, kann zu Vorurteilen führen – und in weiterer Folge, wenn dies handlungsanleitend wirkt, zu Diskriminierung. Dazu ein Beispiel: Die Vorstellung, wie „Musliminnen" oder „Homosexuelle" seien, führt zu einer entsprechenden Einordnung einer Person, z. B. Frau Müller oder Herr Schmid, die dieses Gruppenmerkmal aufweisen. Wenn nun davon ausgegangen wird, dass die mit „Muslimisch-Sein" bzw. „Homosexuell-Sein" in Verbindung gebrachten Eigenschaften also auch für Frau Müller bzw. Herrn Schmid gelten müssen (ohne zu hinterfragen, ob dem wirklich so ist), dann sind das Vorurteile. Wird dies als Entscheidungsgrundlage für z. B. eine Personalauswahl herangezogen, ist das eine Form der Diskriminierung, weil eben nicht die Fähigkeiten/Fertigkeiten für die Entscheidung ausschlaggebend sind, sondern die Assoziationen mit diesen Sozialkategorien (Bendl/Hanappi-Egger 2009).

Zusammenfassend werden zurzeit häufig folgende Diskriminierungsformen (im Sinne von „-ismen") angeführt:

Tabelle 1: Diskriminierungsformen verschiedener Diversitätsdimensionen und Normbezügen

-ismus	Diversitätsdimension	„Norm"-Bezug
Sexismus	Genusgruppe	Mann (Frau)
Heterosexismus	Sexuelle Orientierung	Heterosexuelle Personen
Rassismus	Hautfarbe	Weiße
Ageismus	Alter	Junge
Ableismus	Behinderung	Ohne Behinderung
Islamophobismus	Religion/Weltanschauung	Christ/innen
Classismus	Soziale Schicht	Bürgerliche Schicht

Quelle: in Anlehnung an Bendl/Hanappi-Egger 2009, 568

Abgesehen von dem Problem, diskriminierend zu handeln, ist das Konzept des differenzorientierten Zugangs unter Kritik geraten, weil es dadurch oft zu einer Reproduktion von Stereotypen und zu einer Stigmatisierung von entsprechenden Personengruppen kommt. Das bedeutet, dass selbst in positiver Absicht eine „Zielgruppenansprache“ zu Problemen führen kann. Weiters ist zu bedenken, dass diese Diversitätsdimensionen meist nicht als disjunkte Mengen betrachtet werden können, sondern mehrere Diversitätsdimensionen wirken, sodass von Intersektionalität gesprochen wird (McCall 2005).[221]

6.3 Ausgewählte organisationstheoretische Konzepte zur Analyse von Gender- und Diversitätsprozessen

Wie ein Blick in Publikationsdatenbanken schnell zeigt, gibt es zahlreiche organisationstheoretische Veröffentlichungen. Es würde den Rahmen dieses Beitrages sprengen, zu versuchen, einen generellen Überblick zu geben. In Zusammenhang mit der Frage nach dem organisationalem Umgang mit Gender und Diversität (in weiterer Folge also Diversitätsmanagement) wird daher eine Auswahl von Organisationstheorien getroffen, die auf folgendem Verständnis von Diversität im organisationalen Kontext basiert:

- Organisationales Handeln, das sich auf Aspekte von Diversität bezieht, wird als dynamischer Prozess gesehen. Daher werden insbesondere „Theorien des Organisierens“, also des tatsächlichen „Tuns“ herangezogen.
- Der Umgang mit Diversität betrifft in hohem Maße Normvorstellungen, daher sind organisationskulturelle Ansätze für entsprechende Organisationsanalysen hilfreich.
- Da die kritische Reflexion von Dominanzstrukturen immer auch gegebene Machtverhältnisse in Frage stellt, braucht es mikropolitische Ansätze für entsprechende Analysen.

6.3.1 Prozessorientierte Ansätze und Konzepte der organisationalen Praktiken

Obwohl es im wissenschaftlichen Diskurs zahlreiche und ausdifferenzierte Zugänge zur Rolle von Diversität in Organisationen gibt (siehe z. B. Krell et al. 2007), ist die Beharrlichkeit von Stereotypen in Organisationen basierend auf einer biologistischen und damit differenzorientierten Sichtweise interessant. Dieses Phänomen kann z. B. anhand des Ansatzes von Weick (1985) erklärt werden: Im Ansatz der „Sinnstiftung“ wird prinzipiell davon ausgegangen, dass Personen daran interessiert sind, in sozialen Situationen

[221] Siehe Eberherr in diesem Buch.

Kontrolle zu bewahren, also zu versuchen, ihnen „Sinn" zu geben. Aus diesem Verlangen der Sinngebung werden verschiedene Einordnungskategorien angewandt, die sich insbesondere auf vorhandenes Wissen stützen.

Abbildung 2: Theorie des Organisierens

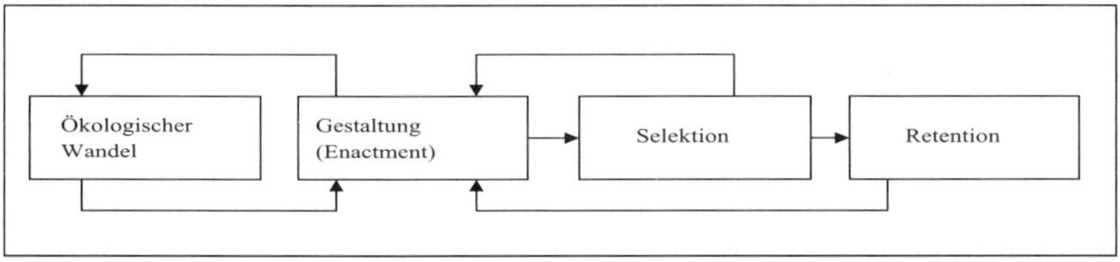

Quelle: Hanappi-Egger/Hofmann 2006, 222 in Anlehnung an Weick 1979, 132

Werden Routineprozesse durch Ereignisse (z. B. durch Veränderungen im Umfeld wie etwa Gesetzesvorgaben etc.) gestört, rufen diese bei entsprechender Stärke die Aufmerksamkeit der Personen hervor. Die Situation wird analysiert und aufgrund vorhandenen Wissens eingeordnet. Dies kann zu einer weiteren Verstärkung bestehender Vorstellungen führen oder aber zur Erweiterung in Form der Entwicklung neuer Bedeutungsmuster.[222]

Im Zuge von Sozialisationsvorgängen in Organisationen werden über verschiedene Referenzen solche Bedeutungsmuster generiert und erlernt, die auf verschiedenen Ebenen ansetzen:

- Über Ideologien werden geteilte, relativ kohärente, miteinander verkoppelte und emotional besetzte Überzeugungen, Werte und Normen vermittelt, die vor allem auf Simplifizierung beruhen, auf einfachen Ursache-Wirkung-Zusammenhänge (vgl. auch Lieber 1985; Hanappi-Egger 2011).
- Kontrolle dritter Ordnung[223] bezieht sich auf den Wortschatz der Organisation (vgl. Perrow 1986). Der Wortschatz inkludiert vor allem selbstverständlich gewordene Annahmen, die nicht mehr hinterfragt werden, aber wesentlich zur Verhaltensregelung beitragen (siehe auch Alvesson/Empson 2006).
- Paradigmen beinhalten von Gruppen geteilte Definitionen von Umwelt, vereinbarte Autoritätssysteme, standardisierte Heuristiken und Handlungsroutinen.
- "Theories of actions" stellen Bezugsrahmen für Handeln in Organisationen dar (siehe Argyris/Schön 1978).

---

[222] Siehe Hanappi-Egger/Hofmann in diesem Buch.

[223] Kontrolle erster Ordnung ist nach Perrow (1986) direkte Führung und Aufsicht, Kontrolle zweiter Ordnung beruht auf Programmen und Routinen.

- Traditionen transportieren Vorstellungen über Handlungen aus der Vergangenheit und erheben Anspruch auf Gültigkeit.

Diese genannten Referenzrahmen der Sinnstiftung beeinflussen auch Wissen und Annahmen über Sozialkategorien und tragen wesentlich zum Verständnis von Diversitätsverhältnissen bei. Insbesondere der Bezug auf Naturgesetze (biologische Dispositionen) stärkt Stereotypisierung von Gruppen, ohne den politischen Diskurs zur sozialen Konstruktion von Diversität zu bedenken. Es wird also oft etwas als „natürlich" gesehen, nicht mehr hinterfragt und geht dadurch in Alltagsverständnisse über (siehe auch Hanappi-Egger 2011).

Im organisationalen Kontext bedeutet dies vor allem, dass zum einen individuelle Zugänge und persönliche Hintergründe der Organisationsmitglieder (die sie in die Organisation mitbringen) Ausschlag geben für den Umgang mit Diversität. Zum anderen spielen das organisationsinterne Selbstverständnis und die damit verbunden Wertesysteme und Vorstellungen auch eine wichtige Rolle, ob und welche Bedeutung Diversität hat (Martin 2002).

Aus betriebswirtschaftlicher Sicht stellt sich im Zusammenhang mit Diversität vor allem die Frage, wie auf organisationaler Ebene Strukturen und Prozesse geschaffen werden, die nicht diskriminierend wirken. Dabei wird vor allem mit der „business case" Perspektive argumentiert, also der Idee, dass sich ein positives Organisationsklima förderlich auf die Unternehmenskennzahlen auswirkt.[224] Dies bedeutet also, dass sich eine Organisation, die sich zu Diversitätsmanagement bekennt, sich die Aufgabe der Schaffung von inklusiven Strukturen stellt, worauf in Folge eingegangen wird.

Wie oben ausgeführt, wird sehr oft auf eine differenzorientierte Sicht Bezug genommen, wenn Diversitätsaspekte in Organisationen behandelt werden. Der Ansatz der „inklusiven Organisationen" geht davon aus, dass Diversität immer im organisationalen Kontext betrachtet werden muss – und daher insbesondere eine Frage der Organisationskultur ist. Um dem Problem der Stigmatisierung vorzubeugen, bedarf es einer prozessorientierten Sichtweise von Diversitätsmanagement, die alle Ebenen der Organisation einschließt.

In diesem Zusammenhang spielen daher weiters Organisationstheorien eine besondere Rolle, die eine Lernperspektive in den Blickwinkel nehmen.[225] Im Sinne eines organisationskulturellen Ansatzes wird davon aus-

---

[224] Siehe Mensi-Klarbach in diesem Buch.

[225] Siehe auch Hanappi-Egger/Hofmann in diesem Buch.

gegangen, dass Diversitätsmanagement einen grundlegenden Kulturwandel initiiert, der vor allem bislang gültige Strukturen und Prozesse in Frage stellt. Mit einem derartigen Kulturwandel sind oft Konflikte und Widerstände verbunden, daher stellen Organisationstheorien zu organisationalen Mikropolitiken ebenfalls adäquate theoretische Einbettungen dar. Auf diese unterschiedlichen Theorieansätze wird in Folge kurz eingegangen:

6.3.2 Organisationskulturelle Ansätze

Das Interesse an Fragen der Organisationskultur entstand vor allem in den früher 1980er Jahren als Kritik an den klassischen Organisationstheorien, die wie bereits erwähnt, viele Facetten organisationalen Wirkens ausblendeten, wie etwa Werte, Einstellungen (siehe z. B. Deal/Kennedy 2000). Auch wenn es keine eindeutige Definition von Organisationskultur gibt, bezieht sich der Begriff generell auf die internen Werte und Konventionen. In der Literatur wird zwischen verschiedenen Zugängen unterschieden:

- Eine funktionalistische Vorstellung betrachtet Kultur als ein Merkmal von Organisationen, das wie andere auch analysiert und in entsprechenden Organisationsentwicklungsprojekten behandelt werden kann.
- Der subjektivistisch-interpretative Zugang betrachtet Organisationskultur als latent vorhandene Einflussgröße, die z. B. über Führungsstil, Regeln, Kommunikation reproduziert wird.
- Der integrative Ansatz geht davon aus, dass die Kombination von diesen beiden Zugängen wichtig ist, um die Komplexität von Organisationen fassbar zu machen.

Letzteres findet sich vor allem im von Schein (2004) entwickelten Modell der Kulturebenen wieder: Auf der Ebene der Artefakte werden Wertvorstellungen sichtbar über z. B. räumliche Ausstattung, Symbole, aber auch beobachtbarem Verhalten. Die Ebene der Werte und Normen bezieht sich auf die sozialen Prinzipien, auf die sich eine Organisation beruft und die zur Orientierung für Verhalten dienen. Die dritte Ebene bezieht sich auf die Grundannahmen einer Organisation, die eben bei der Gründung spezifiziert werden, oft als gegeben und nicht hinterfragbar angenommen werden. Diese drei Ebenen stehen selbstverständlich in Beziehung zueinander.

Organisationsinterne Werte gelten im Allgemeinen als sehr beharrlich (siehe Schreyögg 2008), was bereits am Beispiel Stereotypen diskutiert wurde. Allerdings können sie als Ergebnis von Aushandlungsprozessen unterschiedlicher Interessensgruppen in Organisationen begriffen werden, sodass sich der Blick auf den Gestaltungsspielraum richtet, der für Diversitätsmanagement genutzt werden kann. In diesem Sinne bezieht sich Thomas (1991) eben auf das Modell der Kulturebenen von Schein (2004), um darauf zu verweisen, dass sich ein entsprechender Wandel nicht nur auf der offensichtlichen Ebene (ausgedrückt in Mission Statements) vollziehen muss, sondern auch sehr versteckte und unsichtbare Ebenen betrifft, wie z. B. die Einstellung der Organisationsmitglieder (siehe auch Aaltio/Mills 2002).

In Anlehnung an organisationskulturelle Ansätze verweisen Hanappi-Egger und Walenta (2007) auf die Notwendigkeit der Etablierung eines Diversitätsklimas, in das konkrete Diversitätsprogramme eingebettet werden.[226]

6.3.3 Theorien zu organisationalen Mikropolitiken

Sowohl in wissenschaftlichen also auch in praktischen Beispielen zeigt sich oft, dass der Umgang mit Diversität und die Implementierung eines entsprechenden Diversitätsmanagements vor allem mit Nutzenargumenten legitimiert wird. Dabei stehen die produktivitätssteigernden Aspekte im Vordergrund.[227] Eine derartige „celebrating diversity" Sichtweise suggeriert, dass es jedenfalls gute Gründe für entsprechende Organisationsmaßnahmen gibt und vernachlässigt dabei oft die Frage der Konflikte und Widerstände, die in Zusammenhang mit Umgang mit Diversität in Organisationen auftreten können. Mikropolitische Ansätze tragen aber gerade diesen Themen Rechnung, indem davon ausgegangen wird, dass Organisationen immer auch Orte der interessensgeleiteten Interaktionen sind, in denen es gilt, Vorherrschaften zu erlangen/erhalten und entsprechende Machtkämpfe ausgetragen werden. Dies bedeutet aber auch, dass es in den gegebenen Organisationsstrukturen Interpretationsspiel- und Handlungsräume geben muss, die für bestimmte Zwecke genützt werden können.

Die aus Diversitätssicht interessanten Beiträge sind solche, die Organisationen in ihrem Zusammenspiel von Struktur und Handlung betrachten und der Frage nach Macht besonderes Augenmerk schenken. Ein wichtiger Ansatz ist z. B. *Giddens Strukturationstheorie*, die besagt, dass organisationales Handeln in Strukturen eingebettet ist, daher von diesen bestimmt wird, aber auch wieder darauf zurückwirkt.

Giddens (1997) unterscheidet dabei zwischen verschiedenen Ebenen, nämlich der Strukturebene und der Handlungsebene, die durch unter-

---

[226] Siehe Hanappi-Egger/Hofmann in diesem Buch.

[227] Siehe Mensi-Klarbach in diesem Buch.

schiedliche Modalitäten verknüpft sind und sich eben wechselseitig beeinflussen. Auf der *Strukturebene* werden ganz bestimmte Deutungsschemata (wie z. B. über die Formulierung von Leitbildern) vorgegeben (wird als Signifikation benannt). Macht wird über entsprechende allokative Ressourcen (Geld, Sachmittel) aber auch autorative Ressourcen (Hierarchien) zum Ausdruck gebracht (Dominanz). Legitimation erfolgt durch Normen (wie z. B. Prämiensysteme, Sanktionen).

Auf der *Handlungsebene* (AkteurInnenebene) beeinflussen diese strukturellen Vorgaben die Kommunikation, Formen der Machtausübung und der Rechtfertigung. Umgekehrt aber werden gerade dadurch wieder die Strukturen produziert, reproduziert oder aber auch verändert.

Abbildung 3: Strukturationstheoretischer Ansatz

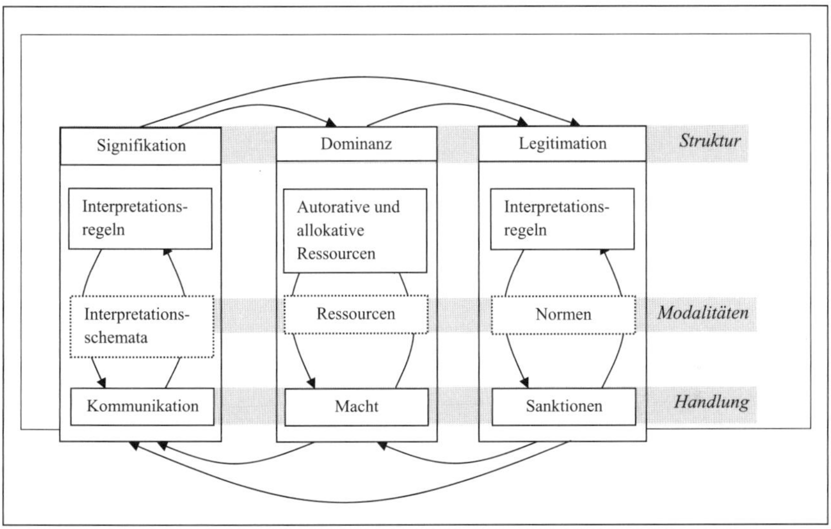

Quelle: in Anlehnung an Giddens (1997) adaptiert von Ortman/Sydow/Windeler 2000, 325

Im Sinne von Diversitätsmanagement kann damit der Frage nachgegangen werden, wie in Organisationen z. B. Macht (Entscheidungsfunktionen), aber auch Ressourcen verteilt sind und welche Gruppierungen systematisch ausgeschlossen, marginalisiert oder aber untergeordnet werden.

Ein ähnlicher Zugang findet sich auch bei anderen Ansätzen, die zunehmend für die Organisationsforschung aufbereitet werden. In der *Sozialtheorie von Bourdieu* (1985) ist die Handlungsfähigkeit von Personen dadurch bestimmt, inwieweit sie in einem sozialen Feld über den notwendigen Habitus (also Wissen über Verhaltenscodes) verfügen und mit notwendigen Kapitalien ausgestattet sind: Ökonomisches Kapital bezieht sich dabei auf Einkommen und Reichtum, kulturelles Kapital auf Ausbildung, soziales Kapital auf die Einbindung in soziale Netzwerke. Personen können über die Verteilung dieser Kapitalien mehr oder weniger am Organisationsgeschehen teilhaben. Der besonders interessante Aspekt bei Bourdieu (1985) ist, dass eine Gruppenbildung nicht ausschließlich über Sozialkategorien, sondern über gleiche Positionen im sozialen Feld definierbar wird (für Anwendungen der Sozialtheorie von Bourdieu in Organisationsstudien siehe auch Hanappi-Egger 2011).

Generell wird also in den mikropolitischen Organisationstheorien der Fokus auf die wechselseitige Bedingtheit von Handlungen der AkteurInnen und den gegebenen organisationalen Verhältnissen gelegt. Das ist für die Diskussion über den Umgang mit Diversität wichtig, weil eben nicht vorausgesetzt werden kann, dass allein ManagerInnen und ihre Kompetenzen ausschlaggebend für den Erfolg von Diversitätsmaßnahmen sind, sondern dass es eben auch einen strukturellen Wandel in Organisationen braucht, um die Reproduktion von Stereotypen zu verhindern. Ebenso erlauben diese Ansätze Machtverhältnisse in den Blick zu nehmen und zu erkennen, dass gegebene Herrschaftsstrukturen in Frage gestellt werden – und das zu Widerstandsformen führen kann. Dies soll im Folgenden kurz diskutiert werden.

6.4 Praktische Umsetzung von Diversitätsmanagement und Widerstandsformen

Die Anwendung der kurz skizzierten Organisationstheorien erfordert ein sehr umfassendes Verständnis von Diversität und Diversitätsmanagement – ebenso wie gute Kenntnisse des jeweiligen Organisationskontextes. In diesem Zusammenhang wurden mehrere Implementierungsmodelle entwickelt.[228] Ein erster Versuch, die Implementierung von Diversitätsmanagement insbesondere als einen *evolutionären Prozess* zu sehen, der kontextsensibel eingebettet werden muss, um ein möglichst hohes Maß an Akzeptanz zu gewährleisten, wurde von Aretz und Hansen (2002) unternommen.[229]

---

[228] Siehe Warmuth in diesem Buch.

[229] Das „AGIL"-Konzept geht auf Talcott Parsons zurück, der 1956 in seinem Modell auf diese vier existentiellen Funktionen zur Systemerhaltung hinweist (siehe auch Münch 2004).

Abbildung 4: Implementierungsschritte von Diversitätsmanagement im AGIL-Konzept

L (latente Strukturerhaltung)	**I (Integration)**
• Förderung des kritischen Dialogs • Legitimation von Diversität • Überwindung von Stereotypen • Akzeptanz von Komplexität und Spannung	• Einheit in der Vielheit herstellen • Vertrauen schaffen • Diversity Management kontextsensibel einbetten • Dominanzen abbauen
A (Adaption/ Ressourcenmobilisierung)	**G (Goal Attainment/Zielrealisierung)**
• Verständnis fördern • Lernprozesse initiieren • Ressourcen bereitstellen • Diversity Management praktisch umsetzen (Top down – Bottom up)	• Verantwortung übernehmen • Prioritäten setzen • Veränderungsprozesse partizipativ durchführen • Controlling installieren

Quelle: in Anlehnung an Aretz/Hansen 2002, 70

Das von den Autorinnen genannte AGIL-Konzept beginnt also zuerst bei der Phase der Adaption/Ressourcenmobilisierung, in der einige grundlegende Maßnahmen gesetzt werden. Diese Phase braucht offensichtlich eine entsprechende Organisationsanalyse (IST-Analyse) des Organisationsgeschehens und eine strategische Zieldefinition. Als zweiter Schritt erfolgt im Sinne der Zielrealisierung die Entscheidung der Verantwortlichkeiten und damit die Klärung der Machtverhältnisse (z. B. im Sinne der strukturellen Bevorzugung/Benachteiligungen bestimmter Individuen und Gruppen). Die Integrationsphase inkludiert die Identifikation von mikropolitischen Handlungsoptionen: Im Sinne einer kontextsensiblen Einbettung braucht es das Erkennen von Entscheidungsspielräumen und damit zusammenhängende Begründungs-, Legitimationsnotwendigkeiten und Sanktionsmöglichkeiten. Die Förderung des kritischen Dialogs als integrativer Bestandteil der Schaffung eines positiven Diversitätsklimas beinhaltet auch die Hinterfragung und Überwindung von Stereotypen sowie die Schulung des Umgangs mit Spannung und Komplexität.

Wie bereits erwähnt, geht das AGIL-Konzept davon aus, dass eine erfolgreiche Implementierung eines Diversitätskonzepts eine sehr organisationsspezifische Einbettung braucht. Insbesondere Maßnahmen mit Blick auf Dialogfähigkeit, Legitimation, Vertrauen und positiver Umgang mit Widersprüchlichkeiten setzen bei einem Verständnis an, dass es gilt, Widerstand gegen Diversitätsmanagement möglichst zu vermeiden. Entsprechende Aufklärung, Information und Diskurse sollen diesem Ziel dienen.

Aus einer mikropolitischen Sicht erscheint das illusorisch zu sein. Da bislang dominante Gruppen im Zuge der stärkeren Auseinandersetzung mit Diversität in Frage gestellt werden, es daher zu Verschiebungen von Machtstrukturen kommt, ist leicht einzusehen, dass Widerstand entstehen wird und es folglich darum geht, diesen auch anzuerkennen und zu bearbeiten.

Äußerungsformen von Widerstand gegen Diversitätsmanagement

Wie sich Widerstand gegen Diversität in Organisationen konkret auswirkt, wird von Thomas/Plaut (2008) wie folgt dargestellt. Für die AutorInnen ist eine Organisation erst dann offen für Diversität, wenn diese von einem Lern- und Effektivitätsansatz nach Thomas/Ely (1996) ausgeht.[230] Widerstand wird dabei definiert als: „a range of practices and behaviors within and by organizations that interfere, intentionally or unintentionally, with the use of diversity as an opportunity for learning and effectiveness" (Thomas/Plaut 2008, 5).

Abbildung 5: Diversitätswiderstand in Organisationen

Diversitätswiderstand		**Ebenen auf denen sich Widerstand gegen Diversität am Arbeitsplatz manifestiert**	
		individuell	**organisational**
Manifestierung des Diversitätswiderstandes	**offen**	• verbale und körperliche Belästigung • absichtliche und feindselige Diskriminierung	• absichtlich diskriminierende Personalmanagement-Strategien und -Praktiken • Vergeltung
	subtil	• Schweigen gegenüber Chancenungleichheiten • Vermeidung und Exklusion basierend auf Differenz • Diskreditierung von Ideen/Personen, die sich von der Norm unterscheiden	• Kultur des Schweigens um das Thema Diversität und Diskriminierung • Diversität ist kein Thema • Diversität wird als zu zeitaufwändig und zu kompliziert betrachtet • ‚secondary victimization'- Opfer der Diskriminierung werden als Schuldige dargestellt

Quelle: Thomas/Plaut 2008, 6

[230] Siehe Warmuth in diesem Buch.

Die Abbildung verdeutlicht einige Formen von Widerständen in Organisationen gegenüber Diversität. Es wird zwischen individueller und organisationaler Ebene unterschieden. Auf beiden Ebenen kann es zu offenem und/oder subtilem Widerstand Diversität gegenüber kommen. Explizite, offene Diskriminierung ist einfach zu identifizieren und kann meist mit institutioneller und sozio-politischer Regulierung begegnet werden. Subtile Widerstandsformen können viel schwieriger erfasst werden. Beispiele hierfür wären auf individueller Ebene das Totschweigen von Chancenungleichheiten, Diskriminierung oder Belästigung anderer oder aber Abgrenzungsformen von im Unternehmen marginalisierten Gruppen. Auf organisationaler Ebene nennen Thomas/Plaut (2008, 6) als mögliche Widerstandserscheinungen basierend auf Differenzperspektiven die systematische Exklusion, Unterordnung und Belästigung „anderer".

Je nach Ebenen muss nach Sabattini/Crosby (2008) Widerstand in verschiedener Weise begegnet werden. Erstens auf strukturell, organisationaler Ebene mit Strategien und Praktiken, die Diversität auf allen Ebenen der Organisation fördert und zweitens auf individueller Ebene und Gruppenebene in Form von Trainings und Weiterbildungsangeboten zur Bewusstseinsschaffung und Kompetenzentwicklung. Auf individueller bzw. Einstellungsebene muss ein klarer Informations- und Kommunikationsprozess mit der Veränderung einhergehen. Sabattini/Crosby (2008, 275) weisen darauf hin, dass sowohl eine ausschließliche Konzentration auf entweder die strukturelle oder die individuelle Einstellungsebene nur kurzfristig funktionieren kann, während Veränderungen auf beiden Ebenen einen verstärkenden, ergänzenden Effekt haben und nur so langfristig erfolgreich sein können. Die AutorInnen beschreiben diese Abhängigkeit als kybernetische Schleife, da sie gegenseitig voneinander beeinflusst werden. Ein Beispiel hierfür wäre ein Unternehmen, das zur Erhöhung der Work-Life Balance ihrer MitarbeiterInnen flexiblere Arbeitszeiten einführt, ohne diese aktiv zu implementieren. In der Folge kann passieren, dass dieses neue Angebot kaum genutzt wird und auf Widerstand stößt. Wenn alte Normen z. B. genau vorgeben, wie die Arbeitszeiten eingeteilt werden, also feststeht, wer wann wo arbeitet, werden möglicherweise flexible Modelle nicht angenommen, wenn die Befürchtung besteht, z. B. durch Abweichung von den „normalen" Arbeitszeiten Karrierenachteile zu haben.

Wie zu Beginn des Abschnittes erwähnt, ist Widerstand ein durchaus häufig vorkommendes Phänomen in Veränderungsprozessen. Daher ist es wichtig, ihn nicht zu ignorieren, sondern zu identifizieren und zu bearbeiten. Ständige Kommunikation über den organisationalen Wandel, aber vor allem das Schaffen von Partizipationsmöglichkeiten sind wesentliche Voraussetzungen für das Gelingen von Diversitätsmanagement.

6.5 Zusammenfassung und weiterführende Überlegungen

Wenngleich sich die Organisationstheorien zu Beginn sehr stark aus einem betriebswirtschaftlichen Interesse herausgebildet haben, ist das Fach in der Zwischenzeit ein sehr breites und vielseitiges geworden. Insbesondere in Zusammenhang mit Gender- und Diversitätsfragen sind interessante und sehr heterogene Diskurse entstanden, die auch laufend erweitert werden. Im Rahmen dieses Kapitels wurde davon ausgegangen, dass sich „Geschlecht" und in Folge „Diversität" auf Sozialkategorien bezieht, die in sozialen Interaktionen und organisationalen Strukturen immer wieder produziert und reproduziert werden und gleichzeitig die Basis für Interaktionen und Sinnstiftungen sind. Es wurden insbesondere solche Theoriegebäude als aus Diversitätssicht relevant identifiziert, die verschiedene Aspekte des Organisationsgeschehens beleuchten: Theorien der Sinnstiftung erlauben die Untersuchung von beharrlichen Stereotypisierungsprozessen und ihren organisationalen Referenzrahmen. Organisationskulturansätze nehmen in den Blick, wie und welche Wertesysteme und Normen etabliert werden und damit „Ab-Normalität" als das „Andere" konstruiert wird. Mikropolitische Organisationstheorien dienen der Analyse von Machtverhältnissen und struktureller Rahmenbedingungen für Ein- und Ausschließungsmechanismen.

Abschließend sei noch erwähnt, dass, wie dargestellt wurde, die Benennung von Gruppen („die" Frauen, „die" Muslime, „die" Schwulen, „die" ...) oft zu einer Reproduktion stereotyper Zuschreibungen und zu einer Stigmatisierung der Personen führen. Aus der Sicht der Organisationsforschung stellt sich demnach die Frage, inwieweit Diversität analysiert werden kann, ohne dabei nicht sofort Gefahr zu laufen, gerade diese identifizierten Faktoren festzuschreiben.

Im Rahmen des organisationalen Kontextes sind Sozialkategorien für Analysen aber wichtig und müssen daher immer benannt – und damit wieder hergestellt – werden. Wesentlich dabei ist allerdings, diese auch gleichzeitig zu hinterfragen und sie eben als Analyserahmen zu verstehen und nicht als Handlungsanleitung, die in der Tat zu einer Reproduktion führen würde. Gender und Diversität sind integrative Bestandteile von organisationalen Prozessen und Strukturen. Diese zu erforschen, zu erkennen, deren ausschließende Wirksamkeit zu verstehen und in weiterer Folge zu kritisieren, sowie neue Konzepte zu entwickeln und diese im organisationalen Kontext umzusetzen, sind Aufgaben entsprechend qualifizierter Personen.

6.6 Kontrollfragen

1. Was wird unter Geschlechtsneutralität bzw. Geschlechtsblindheit verstanden?
2. Wie lässt sich die Hartnäckigkeit von Stereotypisierung erklären?
3. Was sind die Hauptkritikpunkte an der differenzorientierten Diversitätssicht?
4. Welche Widerstandsformen lassen sich aus Diversitätssicht identifizieren?

Verwendete Literatur

Aaltio, Iiris/Mills, Albert J. (2002, Eds.): Gender Identity and the Culture of Organizations. Management, Organizations and Society. Routledge, London – New York.

Acker, Joan (1990): Hierarchies, Jobs, Bodies: A Theory of Gendered Organizations. In: Gender and Society, 1990/4 (2), 139–158.

Acker, Joan (1992): Gendering Organizational Theory. In: Mills, Albert J./ Tancred, Peta (Eds.): Gendering organizational analysis. Sage, London, 248–260.

Alvesson, Mats/Empson, Laura (2006): The Construction of Organizational Identity. Lund Institute of Economic Research Working Paper Series. Lund. 3.

Aretz, Hans-Jürgen/Hansen, Katrin (2002): Diversity und Diversity Management im Unternehmen. Eine Analyse aus systemtheoretischer Sicht. Managing Diversity Band 3., LIT Verlag, Münster – Hamburg – London.

Argyris, Chris/Schön, Donald A. (1978): Organizational learning: A theory of action perspective. Addison Wesley, Reading, Mass.

Becker-Schmidt, Regina (2002, Hrsg.): Gender and Work in Transition. Schriftenreihe der Internationalen Frauenuniversität „Technik und Kultur". Leske + Budrich, Opladen.

Bendl, Regine (2005): Revisiting Organization Theory. Integration and Deconstruction of Gender and Transformation of Organization Theory. Peter Lang Verlag, Frankfurt/Main.

Bendl, Regine/Hanappi-Egger, Edeltraud (2009): Über die Bedeutung von Gender- und Diversitätsmanagement in Organisationen. In: Kasper, Helmut/Mayerhofer, Wolfgang (Hrsg.): Personalmanagement, Führung, Organisation. Linde Verlag, Wien, 553–574.

Benschop, Yvonne/Doorewaard, Hans (1998): Six of One and Half a Dozen of the Other: The Gender Subtext of Taylorism and Team-based Work. In: Gender, Work and Organization, 1998/1 (5), 5–18.

Bourdieu, Pierre (1985): Praktische Vernunft. Zur Theorie des Handelns. Suhrkamp, Frankfurt/Main.

Calás, Marta (1993): Deconstruction Charismatic Leadership: Re-reading Weber from the Darker Side. In: Leadership Quarterly, 1993/3,4, (4), 305–328.

Calás, Marta/Smircich, Linda (2009): Feminist Perspectives on Gender in Organization Research: What is and is Yet to be. In: Buchanan, David A./ Bryman, Alan (Eds.): The SAGE Handbook of Organizational Research Methods. Sage, London, 246–269.

Connell, Robert W. (2000): The Men and the Boys. Allen&Unwin Australia, Sydney.

Deal, Terrence E./Kennedy, Allan A. (2000): Corporate Cultures. Perseus, New York.

Dietrich, Rudolf (1914): Betrieb-Wissenschaft. München/Leipzig, zitiert nach Krell Gertraude (1999) Geschichte der Personallehren. Duncker &Humblot, München.

EUROSTAT (2008): The Life of Women and Men in Europe. A statistical potrait. Statistical Office of the European Communities. Brussels.

Fenstermaker, Sarah/West, Candace (2002): Doing Gender, Doing Difference. Inequality, Power, and Institutional Change. Routledge, New York – London.

Gardenswartz, Lee/Rowe, Anita (1994): The Managing Diversity Survival Guide. A Complete Collection of Checklists, Activities, and Tips. McGraw-Hill, Boston, Madison, New York, San Francisco.

Gherardi, Silvia (1995): Gender, Symbolism and organizational culture. Sage, London.

Giddens, Anthony (1997): Die Konstitution der Gesellschaft. Campus Verlag, Frankfurt/Main – New York.

Hanappi-Egger, Edeltraud (2004a): Einführung in die Organisationstheorie unter besonderer Berücksichtigung von Gender- und Diversitätsaspekten. In: Bendl, Regine/Hanappi-Egger, Edeltraud/Hofmann, Roswitha (Hrsg.): Interdisziplinäres Gender- und Diversitätsmanagement. Linde Verlag, Wien, 21–42.

Hanappi-Egger, Edeltraud (2004b): Organisationale Ausschließungsmechanismen von Frauen am Beispiel des technisch-naturwissenchaftlichen Bereichs. In: Heitzmann, Karin/Schmidt, Angelika (Hrsg.): Wege aus der Frauenarmut. Peter Lang Verlag, Wien, 123–135.

Hanappi-Egger, Edeltraud (2006): "Gender and diversity from a management perspective: Synonyms or complements?" Journal of Organisational Transformation & Social Change, 3 (2): 121–134.

Hanappi-Egger, Edeltraud (2011): Man, Management and Myth. Springer, Wien – New York.

Hanappi-Egger, Edeltraud/Walenta, Christine (2007): An Integrative Multidisciplinary Model of Diversity Management. Paper presentation at the 13th European Congress of Work and Organizational Psychology, Stockholm, Schweden, 09.05.–12.05. 2007.

Hartmann, Heidi (1976): Capitalism, Patriarchy, and Job Segregation by Sex. In: Signs. Women and the Workplace: The Implications of Occupational Segregation, 1(3): 137–169.

Hatch, Mary Jo (2006): Organization theory: Modern, symbolic and postmodern perspectives. Oxford University Press, New York.

Hausen, Karin (1976): Die Polarisierung der „Geschlechtercharaktere“. Eine Spiegelung der Dissoziation von Erwerbs- und Familienleben In: Conze, Werner (Hrsg): Sozialgeschichte der Familie in der Neuzeit Europas. Klett, Stuttgart, 363–393

Jones, Andrew (1998): (Re)producing Gender Cultures: Theorizing Gender in Investment Banking Recruitment. In: Geoforum, 1998/29 (4), 451–474.

Kanter, Rosabeth Moss (1977): Men and Women of the Corporation. Basic Books, New York.

Knapp, Gudrun-Axeli/Wetterer, Angelika (2002, Hrsg.): Soziale Verortung der Geschlechter. Schriftenreihe der Sektion Frauenforschung in der Deutschen Gesellschaft für Soziologie. Westfälisches Dampfboot, Münster.

Krell, Gertraude (1999): Geschichte der Personallehren. In: Lingenfelder, Michael (Hrsg.): 100 Jahre Betriebswirtschaftslehre in Deutschland 1898 –1998. Verlag Vahlen, München, 125–139.

Krell, Gertraude/Riedmüller, Barbara/Sieben, Barbara/Vinz, Dagmar (Hrsg., 2007): Diversity Studies: Grundlagen und disziplinäre Ansätze. Campus, Frankfurt/Main.

Lieber, Hans-Joachim (1985): Ideologie.UTB, Paderborn.

Martin, Joanne (2002, Ed.): Organizational Culture. Foundations for Organizatonal Science. Sage Publications, London, New Delhi.

McCall, Leslie (2005): The Complexity of Intersectionality. In: Signs: Journal of Women in Culture and Society, 2005/30, 1771–1800.

McDowell, Linda (2001): Men, management and multiple masculinities in organizations. In: Geoforum, 2001/32 (2), 181–198.

Mills, Albert J. (1992): Organizations, Gender, and Cultures. In: Mills, Albert J./Tancred, Peta (Eds.): Gendering Organizational Analysis. Sage, London, 93–112.

Mumby, Dennis/Putnam, Linda (1992): The Politics of Emotion: A Feminist Reading of Bounded Rationality. In: Academy of Management Review, 1992/ 3, 465–486.

Münch, Richard (2004): Soziologische Theorie, Band 3: Gesellschaftstheorie. Campus, Frankfurt/Main.

Nelson, Robert L./Bridges, William P. (1999): Legalizing Gender Inequality. Cambridge University Press, Cambridge, New York.

Ortmann, Günther/Sydow, Jörg/Türk, Klaus (2000, Hrsg.): Theorien der Organisation. Westdeutscher Verlag, Opladen, 2. Auflage.

Perrow, Charles (1986): Complex Organization. A Critical Essay. Random House, New York.

Sabattini, Laura/Crosby, Faye (2008): Overcoming Resistance. Structures and Attitudes. In: Thomas, Kecia (Eds.): Diversity Resistance in Organizations. LEA Taylor & Francis Group, New York, 273–302.

Schein, Edgar H. (2004): Organizational Culture and Leadership. Wiley, San Francisco.

Schreyögg, Georg (2008): Organisation. Grundlagen moderner Organisationsgestaltung. Gabler Verlag, Wiesbaden.

Seyffert, Rudolf (1922): Der Mensch als Betriebsfaktor. Eine Kleinhandelstudie. Stuttgart, zitiert nach Krell Gertraude (1999) Geschichte der Personallehren. Duncker&Humblot, München.

Teubner, Ulrike (1998): Professionalisierung und Geschlechterhierarchie. In: Dokumentation der EU-Konferenz Arbeit 2002, Zukunft der Frauen, 3.–4.September 1998, Ars Electronica Center Linz.

Teubner, Ulirke (2008): Beruf: vom Frauenberuf zur Geschlechterkonstruktion im Berufssystem. In: Becker, Ruth/Kordetiek, Beate (Hrsg.): Handbuch Frauen- und Geschlechterforschung. VS Verlag für Sozialwissenschaften, Wiesbaden, 491–498, 2. Auflage.

Thomas, David/Ely, Robin (1996): Making Differences Matter: A New Paradigm for Managing Diversity. In: Harvard Business Review, 1996/September–October, 79–90.

Thomas, Kecia/Plaut, Victoria (2008): The Many Faces of Diversity Resistance in the Workplace. In: Thomas, Kecia (Ed.): Diversity Resistance in Organizations. LEA Taylor & Francis Group, New York, 1–22.

Thomas, R. Roosevelt Jr. (1991): Beyond Race and Gender. Unleashing the Power of Your Total Work Force by Managing Diversity. Amacom, New York.

Thomas, R. Roosevelt (2001): Management of Diversity – Neue Personalstrategien für Unternehmen. Gabler, Wiesbaden.

Voigt, Bernd (2001): Measures & Benchmarks. Komparatives Diversity-Measurement. Konferenz-Präsentation auf der 3. Internationale Managing Diversity Konferenz, Potsdam. 5.–6. Juli 2001.

Weber, Max (1980): Wirtschaft und Gesellschaft. Grundriss der verstehenden Soziologie. Suhrkamp, Tübingen.
Weick, Karl E. (1979) The Social Psychology of Organizing. Random House, New York.
Weick, Karl E. (1985): Der Prozess des Organisierens. Suhrkamp, Frankfurt/Main.
Wetterer, Angelika (1995, Hrsg.): Die soziale Konstruktion von Geschlecht in Professionalisierungsprozessen. Suhrkamp, Frankfurt/Main.
Wolf, Joachim (2005): Organisation, Management, Unternehmensführung: Theorien und Kritik. Gabler Verlag, Wiesbaden, 2. Auflage.

Weiterführende Literatur

Kieser, Alfred (2006, Hrsg.): Organisationstheorien. Kohlhammer, Stuttgart, 6. Auflage.
Kirton, Gill/Greene, Anne-Marie (2010): The Dynamics of Managing Diversity. 3rd edition. Elsevier, Burlington.
Nelson, Julie (1995): Feminism and Econonomics. In: Journal of Economic Perspectives, 1995/9 (2), 131–148.
Fraser, Nancy/Honneth, Axel (2003): Umverteilung oder Anerkennung? Eine politisch-philisophische Kontroverse. Suhrkamp, Frankfurt/Main.
Wilson, Fiona M. (2003): Organizational Behaviour and Gender. Ashgate Publishing Limited, Hants.

7 Die strategische Implementierung von Diversitätsmanagement in Organisationen

Gloria-Sophia Warmuth

Kurzfassung

Diversitätsmanagement wird in Organisationen zunehmend als Instrument zur Steigerung von Wettbewerbsvorteilen und Entwicklungspotenzialen erkannt. Organisationen, die sich für die Implementierung von Diversitätsmanagement entscheiden, stehen vor der Herausforderung, ihr eigenes Maßnahmenkonzept zu entwickeln, das sehr stark organisations- und kontextabhängig ist. Um Diversitätsmanagement und das damit einhergehende Potenzial für die Organisation nutzbar machen zu können, ist daher ein strategisch umfassender Ansatz erforderlich. Ziel des Beitrages ist es, die Bedeutung von Strategien im Zusammenhang mit Diversitätsmanagement aufzuzeigen und den Implementierungsprozess von Diversitätsmanagement in Organisationen darzustellen. Dies im Sinne eines ganzheitlichen Diversitätsmanagements, das einer strategischen Ausrichtung folgt und mit Veränderungen in Organisationen sowie einer nachhaltigen Organisationsentwicklung einhergeht. Nach der Begriffsklärung wird auf organisationale Perspektiven in Bezug auf Diversitätsmanagement eingegangen, und es wird aufgezeigt, welche organisationale Diversitätslogik eine strategische Ausrichtung der Organisation begünstigt. Im Anschluss daran wird exemplarisch ein ganzheitlich strategischer Implementierungsprozess von Diversitätsmanagement vorgestellt und die einzelnen Phasen dieses Prozesses analysiert. Abschließend werden jene Faktoren präsentiert, deren Beachtung über den gesamten Veränderungsprozess hinweg ebenfalls eine erfolgreiche Umsetzung ermöglichen.

7.1 Diversitätsmanagement als strategischer Managementansatz

Die Auseinandersetzung mit Diversität und das Nutzbarmachen dieser für Organisationen werden auf Grund der fortschreitenden Internationalisierung, demographischen Veränderungen, sich ändernden Lebensbedingungen und wandelnden gesellschaftlichen Anforderungen immer wichtiger (vgl. z. B. Krell/Riedmüller/Sieben/Vinz 2007; Bendl/Hanappi-Egger/Hofmann 2010). Um in einer immer komplexeren Umwelt handlungsfähig zu bleiben, stehen Organisationen verstärkt vor der Herausforderung, Diversitätsmanagement als strategische Ausrichtung in der Organisation anzuerkennen und zu fördern, um dessen volles sowohl betriebswirtschaftliches als auch inklusives Potenzial ausschöpfen zu können.

Schon Thomas (1991) verdeutlicht in seiner Definition, wie wichtig Diversitätsmanagement zur Erreichung organisationaler Ziele ist. Demnach ist Diversitätsmanagement ein „holistischer Ansatz", um eine organisationale Atmosphäre zu schaffen, die es allen Menschen erlaubt, ihr volles Potenzial in Verbindung mit den organisationalen Zielen zu entfalten. (Thomas 1991, 167). Damit wird eine erste Brücke zu einer strategischen Bedeutung von Diversitätsmanagement in der organisationalen Praxis geschlagen. Neuere Definitionen von Diversitätsmanagement streichen die strategische Komponente noch deutlicher hervor. Beispielsweise bedeutet für Friday/Friday (2003, 865) Diversitätsmanagement: „[...] supervising or coordinating and directing the diversity of differences individuals bring to the organization to ensure the organization's strategic goals are being fully and effectively met". Somit wird Diversitätsmanagement in dieser Definition als strategischer Erfolgsfaktor postuliert. Auch in der 2008 entwickelten ÖNORM S2501 für Diversitätsmanagement wird gezielt darauf hingewiesen, dass es sich bei Diversitätsmanagement um einen „strategische[n] Managementansatz" handelt (ÖNORM 25015 2008, 5).

Durch die Integration unterschiedlicher Diversitäten in die strategischen Ziele der Organisation, ermöglicht sich die Organisation, effektiv und flexibel auf dynamische organisationsinterne und -externe Veränderungen zu reagieren, um Wettbewerbsvorteile erzielen zu können (vgl. Schulz 2009, 3). Trotz des Erfolgspotenzials, das mit der strategischen Ausrichtung von Diversitätsmanagement in Bezug auf Wettbewerbsvorteile und die optimale Nutzung von Humanressourcen einhergeht, wird dieses Potenzial noch nicht in hinreichendem Maße von Organisationen genutzt. Grund dafür ist die oft noch fehlende Verknüpfung des Diversitätsmanagementkonzeptes mit der Ausrichtung der Organisationsführung und den organisationalen Zielsetzungen (vgl. Schulz 2009, 178)[231].

Auch in österreichischen Organisationen konzentriert sich die Umsetzung von Diversitätsmanagement meist nur auf einzelne Maßnahmen, die abgekoppelt von organisationalen Kernzielen und Strategien entwickelt werden. Die umfassende, strategische Verankerung von Diversitätsmanagement ist in Österreich[232] noch die Ausnahme (vgl. Gitzi/Köllen 2006; Häuslschmid

---

[231] Siehe auch Hanappi-Egger/Hofmann in diesem Buch.

[232] Für die internationale Entwicklung von Diversitätsmanagement siehe auch Özbilgin/Tatli 2008.

2006; Brunner 2009; Bendl/Hanappi-Egger/Hofmann 2010). Im nächsten Abschnitt werden unterschiedliche Perspektiven auf Diversität und Formen der Implementierung von Diversitätsmanagement dargestellt.

7.2 Verständnisansätze von Diversitätsmanagement

Die Umsetzung von Diversitätsmanagement in Organisationen umfasst eine Vielzahl von verschiedenen Verständnisansätzen. Der folgende Überblick verdeutlicht, wie unterschiedlich Diversität in Organisationen behandelt wird, wie Diversitätsmanagement in Abhängigkeit vom jeweiligen Diversitätsverständnis in die Organisationspraxis umgesetzt wird und welche Folgen die jeweilige Diversitätsperspektive auf die Organisation und ihre Mitglieder sowie auf die Veränderungs- und Lernwilligkeit und strategische Orientierung hat. Thomas/Ely (1996) präsentieren in ihrer Arbeit drei Verständnisansätze von Diversität in Organisationen: den sozio-moralischen Fairness- und Antidiskriminierungsansatz, den ökonomisch-marktorientierten Marktzutritts- und Legitimationsansatz sowie den ressourcenorientierten Lern- und Effektivitätsansatz. Diese drei Ansätze wurden von Dass/ Parker (1999) um den Resistenzansatz und schließlich von Schulz (2009) um den strategischen Verantwortungs- und Sensibilitätsansatz erweitert. Jeder dieser Zugänge impliziert eine bestimmte Strategie in Hinblick auf die Konzeption von Diversitätsmanagement. Nur in zwei der in Folge dargestellten Perspektiven (Lern-/Effektivitätsansatz und Verantwortungs-/ Sensibilitätsansatz) wird Diversitätsmanagement als ganzheitliches und umfassendes Managementinstrument gesehen, das in der Organisation auf allen Ebenen, wie auch in allen Strukturen und Prozessen umgesetzt und integriert werden muss. Im Folgenden werden die unterschiedlichen Verständnisansätze näher erläutert:

Abbildung 1: Organisationale Verständnisansätze von Diversität

Diversitätsverständnisse	**Grundorientierung**	**Perspektive**	**Fokus**	**Ziel**
Homogenitätsansatz	Diversitätsresistent	Diversität als Gefahr	Homogenes Ideal als Majorität in der Organisation	Verteidigung des homogenen Status Quo
Fairness & Antidiskriminierungsansatz	Moralisch-ethisch-orientiert	Diversität als Problem	Benachteiligte Minorität in der Organisation	Gleichbehandlung von Majorität und Minorität
Marktzutritts- & Legitimitätsansatz	Ökonomisch-ergebnisorientiert	Diversität als Wettbewerbsvorteil	Organisation im Markt und Wettbewerb	Zugang zu neuen KundInnen und Märkten
Lern- & Effektivitätsansatz	Ressoucen-orientiert	Diversität als Ressource	Personelle Ressourcen in der Organisation	Organisationales Wissen und Lernen, Nutzen von Diversitätspotenzialen
Verantwortungs- & Sensibilitätsansatz	Strategisch-gesellschafts-orientiert	Diversität als strategischer Umweltfaktor	Organisationen als Bürger der Gesellschaft	Übernahme gesellschaftlicher Verantwortung

Quelle: nach Schulz 2009, 66

7.2.1 Der Homogenitätsansatz

Der Homogenitätsansatz ist durch seine Diversitätsresistenz charakterisiert. Dabei definiert sich die Organisation mit diesem Blick auf Diversität über eine dominante, normgebende Gruppe, die Diversität in dieser vorgeblich homogenen Gruppe verleugnet, unterdrückt oder ignoriert (vgl. Hanappi-Egger/Hofmann 2008, 19; Bendl/Hanappi-Egger 2009, 563). Die daraus resultierende künstliche Gleichheit aller Mitglieder innerhalb der Organisation kann zu einer Diversitätsblindheit führen, die in ihrer extremsten Form Unterschiede und von der Norm abweichende Ausprägungen nicht einmal mehr erkennt (vgl. Schulz 2009, 67). Die „Majorität" stellt das homogene Ideal in der Organisation dar und es besteht die Überzeugung, dass eine auf Homogenität ausgerichtete Organisation sowohl wettbewerbsfähiger ist, als auch mit weniger Konflikten zu kämpfen hat als eine heterogen offene. Daher wird der homogene Status Quo verteidigt und Gegenkonzepten und Argumenten keine Beachtung geschenkt. Der Begriff der Strategie kommt in diesem Verständnis nur als Strategie der Vermeidung von Diversität zum Einsatz (vgl. Dass/Parker 1999, 70).

7.2.2 Der Fairness- und Antidiskriminierungsansatz

Beim Fairness- und Antidiskriminierungsansatz stehen die moralisch-ethischen, aber auch rechtlichen Aspekte im Vordergrund. Ziel ist es, eine faire Behandlung und Gleichberechtigung aller MitarbeiterInnen zu gewährleisten, unabhängig von Geschlecht, Alter, Herkunft, Religionszugehörigkeit, sexueller Orientierung oder ihren körperlichen und geistigen Fähigkeiten etc. Diese Perspektive wird auch durch gesetzliche Rahmenbedingungen[233] geprägt, wie zum Beispiel durch Affirmative-Action und Equal-Employment-Opportunities Programme in den USA, durch die EU-Antidiskriminierungsrichtlinie in Europa oder durch das Gebot der Frauenförderung im Bundesdienst in Österreich[234] (vgl. Dass/Parker 1999, 70; Bendl/Hanappi-Egger 2009, 563; Schulz 2009, 68).

Diese Perspektive auf Diversität in Organisationen veranschaulicht, dass primär die Erfüllung rechtlicher Gleichbehandlungsvorgaben im Vordergrund steht, jedoch Diversität als potenzieller Erfolgsfaktor nicht berücksichtigt oder eingesetzt wird. Die Strategie, welche die Organisation in diesem Ansatz verfolgt, ist eine auf Problemvermeidung ausgerichtete. Es gibt zwar ein Ziel und den konkreten Plan, nämlich rechtliche Vorgaben zu befolgen, jedoch wird verabsäumt, durch die Problemvermeidungsabsicht auch nutzenstiftende Aspekte von Diversität für die Organisation zu erkennen und somit Diversitätsmanagement als ganzheitliches Konzept in die Organisation zu integrieren (Schulz 2009, 69f.). Dennoch stellt der Fairness- und Antidiskriminierungsansatz durch die bewusste Thematisierung von Diversität, Fairness und Gleichbehandlung die Basis für einen organi-

---

[233] Siehe Lang in diesem Buch.

[234] Siehe Bendl in diesem Buch.

satorischen Veränderungsprozess dar, wenngleich dadurch kaum Lernmöglichkeiten gefördert werden.[235]

7.2.3 Der Marktzutritts- und Legitimitätsansatz

Im Gegensatz zum Fairness- und Antidiskriminierungsansatz erkennt der Marktzutritts- und Legitimitätsansatz den ökonomischen Mehrwert von Diversität in der verstärkten Wettbewerbsfähigkeit und nützt diese, um neue Märkte zu erschließen. Die MitarbeiterInnenstruktur soll die vielfältige KundInnenstruktur widerspiegeln, um dadurch optimierte, individualisierte Marktbearbeitung zu erlauben. Die Repräsentanz von MitarbeiterInnen mit unterschiedlichen Nationalitäten, Sprachkenntnissen, Religionszugehörigkeiten, unterschiedlicher sexueller Orientierung sowie Geschlecht und körperlichen und geistigen Fähigkeiten sind aus dieser Perspektive relevant, um auf die Bedürfnisse und Erwartungen der vielfältigen KundInnengruppen in bestmöglicher Art und Weise eingehen zu können (vgl. Thomas/Ely 1996, 83; Dass/Parker 1999, 71). Dieser Verständnisansatz setzt voraus, dass sich Personen mit ähnlichen demographischen Merkmalen ein größeres Vertrauen entgegenbringen. Die Gefahr, die sich daraus ergibt, ist die Fortschreibung impliziter Stereotype, da davon ausgegangen wird, dass Personen z. B. mit ähnlichem kulturellen Hintergrund oder gleichem Geschlecht ähnliche Einstellungen und Verhaltensweisen verbindet und das Konzept der Existenz multipler Identitäten[236] nicht berücksichtigt wird (vgl. Schulz 2009, 71).

Weiters ist der Marktzutritts- und Legitimitätsansatz dadurch gekennzeichnet, dass er Diversität als ein ausschließlich marktorientiertes und wettbewerbsförderndes Instrument darstellt und Vielfalt in der Organisation nicht an sich wertgeschätzt wird, sondern nur ein Mittel zum Zweck ist (vgl. Schulz 2009, 71f.). Die Strategie, die hier verfolgt wird, ist eine rein ökonomische, also am Business Case[237] orientierte. Anzumerken ist auch, dass dieser Ansatz eine langfristig strukturelle Integration der MitarbeiterInnen in die Organisation durch die fehlende Aufnahme der unterschiedlichen Kenntnisse und Fähigkeiten erschwert. Diversitätsmanagement stellt aus dieser Perspektive oft nur ein kurzfristig und punktuell ausgerichtetes Managementkonzept dar, wodurch Diversität weder für organisationales Lernen noch als langfristige Wissensressource genutzt wird.

---

[235] Siehe Hanappi-Egger/Hofmann in diesem Buch.
[236] Siehe Eberherr und Hofmann in diesem Buch.
[237] Siehe Mensi-Klarbach in diesem Buch.

7.2.4 Der Lern- und Effektivitätsansatz

Der Lern- und Effektivitätsansatz ist durch seine Ressourcenorientierung charakterisiert und schließt sowohl das Fairness- und Antidiskriminierungsverständnis als auch das Marktzutritts- und Legitimitätsverständnis von Diversität in das Zusammenspiel von Diversität und Organisation mit ein. Diversität stellt in diesem Ansatz eine Ressource dar, die es für die Organisation nutzbar zu machen, aber gleichzeitig auch zu schützen und zu fördern gilt. Die Unternehmenskultur zeichnet sich durch ihre Offenheit und Dynamik gegenüber vielfältigen Normen, Einstellungen und Werten aus. Zum einen wird versucht, Fairness und gleiche Chancen für alle Mitglieder herzustellen, zum anderen werden Unterschiede wertgeschätzt und unterschiedliche Kenntnisse, Erfahrungen und Einstellungen berücksichtigt, aber auch Gemeinsamkeiten erkannt und nach dem Prinzip des organisationalen Lernens in der Organisation erhalten. Diversitätsmanagement wird als ganzheitliches Konzept verstanden, das auch langfristig zu organisationalem Lernen beitragen soll (vgl. Thomas/Ely 1996, 84; Dass/Parker 1999, 72). Die VertreterInnen dieses Ansatzes distanzieren sich einerseits von Assimilation, die vor allem vom Fairness- und Antidiskriminierungsansatz gefordert wird und andererseits auch von einer Differenzierung mit dem hauptsächlichen Ziel der Markterschließung. Sie verbinden vielmehr die Differenzierung mit einer kontinuierlichen lern- und effektivitätsfördernden Integrationspolitik (vgl. Sepheri, 2002, 153f.; Schulz, 2009, 75). Dabei werden das Wissen, die Erfahrungen und das Können aller, unabhängig von ihrer Herkunft, ihrem Geschlecht, ihrer Religion, ihren körperlichen und geistigen Fähigkeiten, ihrer sexuellen Orientierung, ihrem Alter etc. wertschätzend einbezogen. Das fördert wiederum das Lernen in Organisationen.[238] Mit diesem Diversitätsverständnis wird die ganzheitliche Implementierung von Diversitätsmanagement erstmals sichtbar und verdeutlicht, was in diesem Kapitel als strategisch ganzheitliche Umsetzung von Diversitätsmanagement verstanden wird.

7.2.5 Der strategische Verantwortungs- und Sensibilitätsansatz

Im strategischen Verantwortungs- und Sensibilitätsansatz beschreibt Schulz (2009) einerseits das organisationsinterne Diversitätsmanagement und dessen Verknüpfung mit der übergeordneten strategischen Unternehmensführung und andererseits auch die organisationsexterne Vielfalt der Gesell-

[238] Siehe Hanappi-Egger/Hofmann und Eberherr in diesem Buch.

schaft. Dieser Verständnisansatz geht davon aus, dass Diversitätsmanagement erst dann seine volle Wirkung entfalten kann, wenn es auch mit den übergeordneten Organisationszielen, den Organisationsstrategien sowie mit der Organisationsumwelt verknüpft ist. Damit wird der strategische Fokus dieses Ansatzes verdeutlicht. Wichtig ist hier die gesellschaftliche Verantwortung, die Organisationen im Rahmen von zum Beispiel Corporate-Social-Responsibility-Aktivitäten auch über Organisationsgrenzen hinweg verfolgen (vgl. auch Hanappi-Egger 2011). Diese aufeinander bezogene Abstimmung des Diversitätsmanagements mit der gesamten Organisationsstrategie und der Organisationsumwelt ist erforderlich, „um nicht als kurzfristige, isolierte und nicht integrierte Einzelmaßnahme in der Unternehmensorganisation zu verpuffen, sondern vielmehr als ökonomisch sinnvolle Maßnahmenkombination die langfristige strategische Ausrichtung des Gesamtunternehmens nachhaltig zu stärken" (Schulz 2009, 77).

Es ist festzuhalten, dass die genannten Ausprägungen als analytische Vereinfachung begriffen werden müssen. In der Praxis kann es durchaus vorkommen, dass unterschiedliche Verständnisse von Diversität in einer Organisation auch parallel vorhanden sein können. Ein Beispiel hierfür wäre eine Organisation, in dem das Management auf die Umsetzung des strategischen Gedankens abzielt und sich daher durch eine Lern- und Effektivitätsperspektive oder strategische Verantwortungs- und Sensibilitätsperspektive auszeichnet, während andere Abteilungen noch durch Diversitätsresistenz charakterisiert sind (vgl. Bendl/Hanappi-Egger 2009, 564).

7.2.6 Strategische Verankerung von Diversitätsmanagement

Aufgrund der unterschiedlichen Perspektiven von Organisationen auf Diversität ergeben sich in der Praxis auch unterschiedliche Formen der Implementierung. Dass/Parker (1999) differenzieren drei Arten der Implementierung: den episodischen, den freistehenden und den systemischen Ansatz, die sich in der Intensität ihrer strategischen Ausrichtung unterscheiden.

Der *episodische Implementierungsansatz* von Diversität, der durch einen geringen Druck und eine geringe Priorität der Organisation für Diversität gekennzeichnet ist, äußert sich in punktuellen Maßnahmen, die isoliert und abgespalten von organisationalen Kernaktivitäten umgesetzt werden. Er führt daher zu wenig bis keinem organisationalen Wandel und Lernen.

Der *freistehende Ansatz* ist durch moderaten Druck zu Diversität und deren wachsende Bedeutung charakterisiert, die jedoch noch als Randthematik betrachtet wird. Maßnahmen, die im Zuge dieser Implementierung durchgeführt werden, sind auch hierbei noch nicht vollständig in die Organisation eingebettet und werden oft nur in einigen wenigen Bereichen verankert (Marketing oder Human Resource Management).

Erst mit dem *systemischen Implementierungsansatz* werden Diversitätsmanagement-Gesamtkonzepte entwickelt, die alle Geschäftsbereiche umfassen und nicht nur z. B. im Personalbereich verhaftet bleiben (Dass/Parker 1999, 73). Umgelegt auf die einzelnen Perspektiven kann daher davon ausgegangen werden, dass der systemische Implementierungsansatz von Diversität sowohl mit einer Lern- und Effektivitäts- als auch mit einer Verantwortungs- und Sensibilitätsperspektive einhergeht.

Zusammenfassend kann also Folgendes festgehalten werden: Der Homogenitätsansatz ignoriert Diversität als Wert in der Organisation vollständig. Der Antidiskriminierungs- und Fairnessansatz sowie der Marktzutritts- und Legitimationsansatz, erkennen zwar Diversität, verstehen sie aber nicht als strategisches Instrument des organisationalen Lernens. Erst der Lern- und Effektivitätsansatz und der strategische Verantwortungs- und Sensibilitätsansatz beziehen organisationales Lernen und Diversität als langfristige Ressource in die Organisation ein. Diese Ansätze betrachten Diversität als strategisches Instrument auf organisationaler Ebene, das umfassend und ganzheitlich auf allen Ebenen der Organisation eingesetzt wird und unterstreichen somit die Bedeutung der strategischen Komponente eines erfolgreichen Diversitätsmanagements.

7.3 Die strategische Implementierung von Diversitätsmanagement als Veränderungsprozess

Aufbauend auf den bisherigen Ausführungen wird in diesem Abschnitt der Frage nachgegangen, wie eine strategische Implementierung von Diversitätsmanagement konzipiert werden kann, die einen nachhaltigen Veränderungsprozess zum Ziel hat. In Abbildung 2 wird ein idealtypischer Veränderungsprozess und die damit einhergehenden, markantesten Meilensteine eines solchen Prozesses exemplarisch vorgestellt. Die abgebildeten Schritte stellen dabei keine abgeschlossenen Punkte dar, die sequentiell nacheinander in der angegebenen Reihenfolge ablaufen müssen, sondern zeigen einen Prozess, in dem sich die angeführten Phasen teilweise gegenseitig beeinflussen, aufeinander beziehen und ineinander fließen.[239] Da die Implementierung von Diversitätsmanagement immer mit einer Veränderung der Organisationskultur einhergeht, muss grundsätzlich von einem langfristigen

[239] Weiterführend wird hier auf folgende Change Management Literatur verwiesen: Senge 1999; Carnall 2007; Hayes 2007; Prammer 2009; Price 2009.

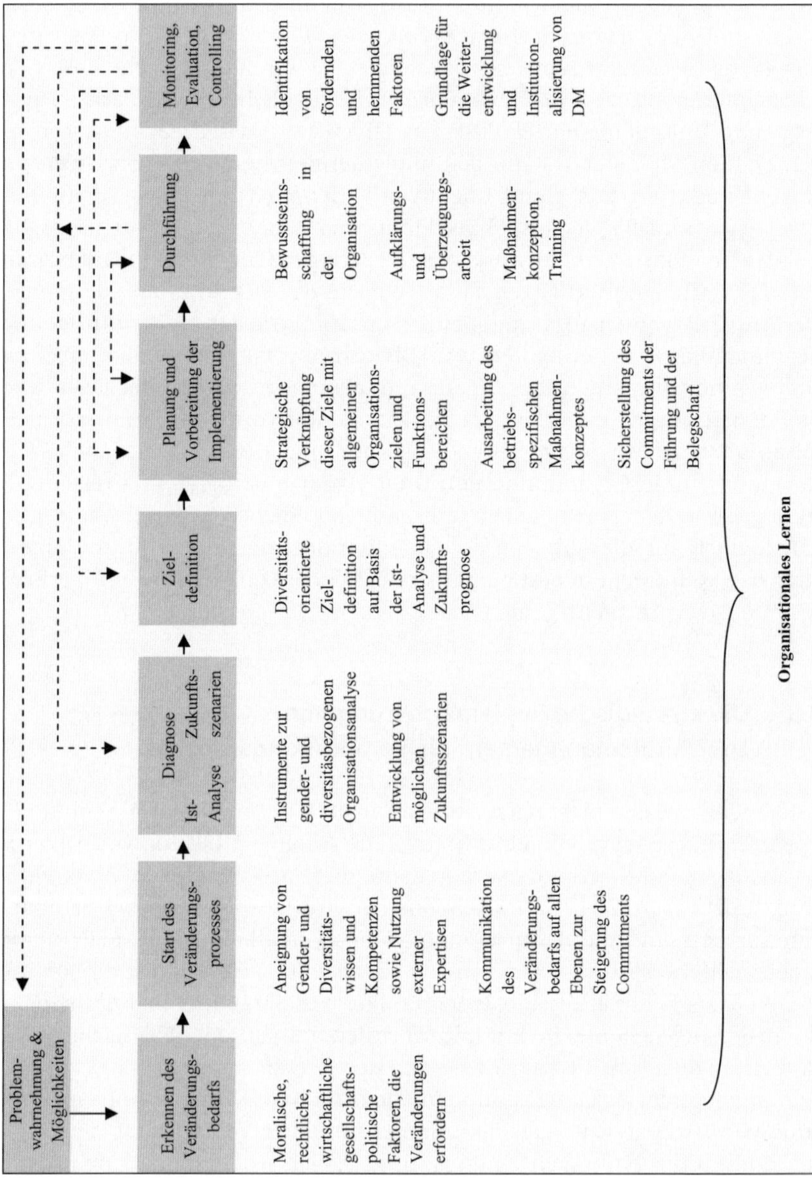

Abbildung 2: Strategische Implementierung von Diversitätsmanagment, Quelle: in Anlehnung an Hayes 2007, 88, Hanappi-Egger/Hofmann 2008, 28

Prozess ausgegangen werden, der Entwicklungs- und Lernprozesse sowohl auf der Individual- als auch Organisationsebene voraussetzt (Schulz 2009, 184).

Aufgrund der starken Kontextgebundenheit eines solchen Veränderungsprozesses soll und kann im Zuge dieser Darstellung keine Ideallösung geboten werden. Vielmehr wird versucht, wichtige Phasen und Themen exemplarisch aufzuzeigen, die mit der Implementierung von Diversitätsmanagement einhergehen. VeränderungsakteurInnen sollte immer bewusst sein, dass jeder Veränderungsprozess von kontextuellen Rahmenbedingungen abhängt und daher situativ an diese angepasst werden muss.

Anschließend wird auf die einzelnen Phasen und Prozessschritte näher eingegangen. Aus LeserInnensicht sollte, trotz linearer Abhandlung und Darstellung, der zyklische Charakter des Implementierungsprozesses, der weder einen klar definierten Anfangs- noch Endpunkt kennt, immer mitgedacht werden.

7.3.1 Problemwahrnehmung und Erkennen des Veränderungsbedarfs

Die Problemwahrnehmung und/oder das Erkennen neuer Möglichkeiten und Potenziale für eine Organisation geben Anstoß für Veränderung. Auf organisationsexterne und interne Signale zu reagieren, Probleme wahrzunehmen und Veränderungspotenzial zu identifizieren stellen wichtige Fähigkeiten für VeränderungsakteurInnen und ManagerInnen dar. Da Organisationen keine in sich geschlossenen Systeme sind, sondern von ihrer externen Umwelt maßgeblich beeinflusst werden, ist es für die Wettbewerbsfähigkeit von Organisationen unerlässlich, Veränderungen wahrzunehmen und auch adäquat darauf zu reagieren. Potenzielle Signale und Auslöser für die Implementierung von Diversitätsmanagement sind unter anderem moralische, rechtliche, wirtschaftliche und gesellschaftspolitische Faktoren, die auf die Organisation einwirken (Hanappi-Egger/Hofmann 2008, 22).

Abbildung 3: Potenzielle Signale und Auslöser für Diversitätsmanagement

Quelle: DiversityWorks 2007, 8

Welche Auslöser und Signale für die jeweilige Organisation wahrgenommen und wirksam werden, hängt sowohl vom Verständnisansatz von Diversität in der Organisation sowie der Art der Organisation, ihrer Größe, der Branche und ihrem Internationalisierungsgrad ab.

7.3.2 Start des Veränderungsprozesses

Sobald Veränderungsbedarf erkannt wird, beginnt genau genommen schon der Veränderungsprozess. Neben der Identifikation des Veränderungsbedarfs ist für VeränderungsakteurInnen die Aneignung von diversitätsbezogenem Fachwissen und Kompetenzen[240] eine grundlegende Voraussetzung, um sowohl der Führungsebene als auch der Belegschaft nicht nur den organisationalen, sondern auch den individuellen Nutzen von Diversitätsmanagement vermitteln zu können (vgl. Hanappi-Egger/Hofmann 2008, 23). Da dieses Wissen anfänglich nur einzelnen VeränderungsakteurInnen zugänglich ist, muss die Strategie auf allen Ebenen der Organisation gleich zu Beginn des Prozesses kommuniziert werden, um eine breite Zustimmung zu erhalten. Ein solcher Veränderungsprozess setzt die Unterstützung der Führungsebene voraus, da Rahmenbedingungen in Form von neuen Leitbildern, Zielen, Strukturen und Prozessen geschaffen werden müssen, in denen Veränderungen auf Basis langfristiger Prozesse stattfinden können (Cox 2001). Generell kann davon ausgegangen werden, dass erfolgreiche Veränderungsprozesse von einer umfassenden Aufklärungs-, Überzeugungs- und

[240] Siehe Hanappi-Egger/Hofmann in diesem Buch.

Kommunikationsarbeit sowie der Partizipation der Organisationsmitglieder begleitet werden (vgl. Schreyögg 1991, 211), besonders diejenigen, die mit der Veränderung der Organisationskultur einhergehen. Diese Informations- und Beteiligungspolitik sollte sich nicht nur auf diese Prozessphase erstrecken, sondern ist im Verlauf des gesamten Veränderungsprozesses von besonderer Bedeutung. Darüber hinaus ist es auch wichtig, in dieser Phase möglichen Widerstand zu erkennen und zu hinterfragen, aber auf keinen Fall zu ignorieren. Die Gründe für und der Umgang mit Widerstand werden am Ende dieses Beitrags noch genauer erläutert.

7.3.3 Diagnose

In der Phase der Diagnose geht es um die Analyse der momentanen Situation der Organisation und ihrer Umwelt. Da es kein Standardrezept für Veränderungen gibt, ist vor jeder Initiierung einer Veränderung eine Ist-Analyse der Organisation und der diversitätsbezogenen Denk- und Handlungsmuster, Strukturen und Prozesse durchzuführen, um die Ausgangsbedingung sowie den derzeitigen Stand der Organisation in Bezug auf Diversität zu analysieren und zu erkennen, wo mit dem Veränderungsprozess angesetzt werden kann.

Die Methoden der Analyse sind vielfältig und können je nach Erkenntnisinteresse von quantitativen Methoden wie standardisierten Fragebögen, quantitativer Inhaltsanalyse bis hin zu qualitativen Methoden reichen, wie narrative oder leitfadengestützte Interviews, Fokusgruppendiskussionen und Gruppeninterviews, Beobachtungsverfahren, Artefaktanalysen und Methoden zur Visualisierung (vgl. Bendl/Hanappi-Egger/Hofmann 2004, 85f.; Titscher/Meyer/Mayrhofer 2008, 199f.).

Ziel der Organisationsanalyse ist es, neben tiefgreifenden Grundannahmen und Stereotypen auch gender- und diversitätsbezogene Denk- und Handlungsmuster, formelle und informelle Strukturen wie auch Machtstrukturen und Mikropolitiken zu identifizieren.[241] Mikropolitik ist ein alltägliches Phänomen in Organisationen, das durch interessengeleitete Handlungen einzelner Individuen gekennzeichnet ist. Es wird davon ausgegangen, dass in Organisationen, gleichgültig wie strukturiert und durchorganisiert diese aufgebaut sind, immer Grauzonen und Handlungsspielräume bleiben, die AkteurInnen nutzen können, um eigene Interessen zu verfolgen. Außerdem werden über Reglementierungen und institutionalisierte Organisationsformen ganz bestimmte Machtverhältnisse festgeschrieben

[241] Siehe Hanappi-Egger in diesem Buch.

und damit bestimmte Interessen höher gewichtet (vgl. Weik/Lang 2001, 291f.). Werden durch eigene interessengeleitete Handlungen andere in ihren Interessen oder Bedürfnissen berührt, kommt unweigerlich auch die Frage der Macht ins Spiel. Macht wird dabei definiert als die Einflussnahme auf andere, um eigene Interessen durchzusetzen und fremde abzuwehren (vgl. Weik/Lang 2001, 293). Besonders im Diversitätsmanagement und vor allem in der Diagnose sind solche Machtverhältnisse und mikropolitische Praktiken aufzuspüren und sichtbar zu machen, um einerseits Ansatzpunkte für Veränderungen feststellen zu können und andererseits schon im Vorfeld erkennen zu können, wo es zu Problemen bzw. Konflikten und Widerständen in der Umsetzung kommen könnte.

7.3.3.1 Instrumente zur diversitätsbezogenen Organisationsanalyse

Im Folgenden werden zwei Instrumente zur gender- und diversitätsbezogenen Organisationsanalyse – die Diversitätsanalyse von Organisationen und die 4-R-Methode – im Detail präsentiert, deren Ziel es ist, die Ist-Situation einer Organisation zu beleuchten.[242] Diese Instrumente stellen ein vorgefertigtes Handwerkszeug dar, das als Hilfestellung und nicht als fixer Handlungsleitfaden gelten soll. Individuelle Adaptionen an situative Rahmenbedingungen in der Organisation müssen bei der Durchführung berücksichtigt werden:

- **Diversitätsanalyse von Organisationen**

Ursprünglich als Genderanalyse entwickelt, um Genderverhältnisse in Organisationen zu analysieren, soll diese Darstellung die Möglichkeit zur Umlegung auf andere Diversitätsdimensionen illustrieren. Der unten vorgestellte Fragenkatalog kann von VeränderungsakteurInnen in Organisationen eingesetzt werden, um diversitätsspezifische Aspekte in der institutionellen Geschichte der Organisation, den vorherrschenden Werten, Normen und strategischen Orientierungen offenzulegen, sowie die Organisationskultur und die Beschaffenheit von Zeit-, Orts- und Vereinbarkeitsverständnissen zu analysieren. Darüber hinaus können auch Hierarchie- und Führungsstrukturen, Leistungsbewertungen und fachliche Arbeit in Bezug auf Diversitätsspezifizierungen hinterfragt werden. Die im Folgenden dargestellte Gender- und Diversitätsanalyse von Organisationen stammt von Blickhäuser und v. Bargen und wurde von Lange (2006) weiterentwickelt und im

---

[242] Bei näherem Interesse an Genderanalyseinstrumenten siehe u.a: 6-Schritte-Methode, Gender Impact Assessment (GIA), Gender-orientierte Projektplanung (GOPP) in Lange 2006; Bendl/Hanappi-Egger/Hofmann 2004; Blickhäuser/v. Bargen 2003, 2006.

Rahmen dieser Darstellung in einigen Punkten adaptiert:

Tabelle 1: Diversitätsanalyse

Analyseebene	Fragen zu Diversität im organisationalen Kontext
Institutionelle Geschichte und Ziele der Organisation	• Wie ist die Organisation entstanden? Wer hat sie gegründet? Welche Ziele wurden mit der Gründung verfolgt? • Welche Interessen wurden vorrangig vertreten? • Wer gehört zu den Zielgruppen/KundInnen der Organisation? • Welche „Kernbotschaft“ oder „Mission“ verkörpert die Organisation nach innen und außen (Image, Marke, Corporate Identity)? • Wie deutlich und durchgängig werden bei den institutionellen Zielen diversitätsbezogene Dimensionen thematisiert?
Ideologien, Werte, Regeln, strategische Orientierung	• Beschreiben Sie herausragende Werte und Prinzipien der Organisation, z. B. zukunftsorientiert, karrierefördernd, familienorientiert, ökologiebewusst, leistungsorientiert? Welche Konnotationen bezogen auf Diversität sind dabei bedeutsam? • Berücksichtigt die Organisation die Heterogenität von Interessen, Bedürfnissen und Wünschen von MitarbeiterInnen bezogen auf Diversitätsdimensionen wie Geschlecht, Alter, Herkunft, sexuelle Orientierung, soziokultureller Hintergrund, Religionspraxis, unterschiedliche geistige und körperliche Fähigkeiten usw.? Worin zeigt sich dies? • Wie stark sind diversitätspolitische Strategien, Konzepte und Maßnahmen an das strategische Management gebunden?
Organisationskultur und Struktur	• Was ist Ihnen an ihrer Organisationskultur besonders wichtig? • Gibt es diversitätsbezogene Besonderheiten (z.B: Frauen und Männerdomänen in bestimmten Hierarchie- und Fachbereichen; hierarchische Altersstrukturen)? • Wie vielfältig ist die Belegschaft zusammengesetzt (Herkunft, Gender, religiöse Orientierung, Alter, Hautfarbe) und wie wirkt sich dies auf Kultur und Betriebsklima aus? Wird Vielfalt eher als Bereicherung oder als Belastung erlebt?

	• Welche Diversitätsexpertise und welches Maß an Diversitätskompetenz ist in der Belegschaft vorhanden? Auf welchen Hierarchieebenen sind diese Personen angesiedelt? • Gibt es ein Wissensmanagementsystem, das institutionelles Diversitätswissen speichert?
Hierarchie, Führung	• Welche Leitungsebenen gibt es? • Wie sind z. B. Frauen und Männer, MitarbeiterInnen unterschiedlicher Altersgruppen und/oder ethnischer Herkunft auf Leitungsebenen auf jeweilige Fachbereiche und in formellen und informellen Netzwerken repräsentiert (vertikale und horizontale Segregation)? • Wem werden welche Führungsaufgaben, Verantwortungen, Machtbefugnisse und -spielräume zugewiesen? • Welche Personengruppen sind nicht in der Organisation vertreten? Was bedeutet das für die Organisation nach innen und nach außen? • Was tut das Management, um die Unterrepräsentanz von Frauen und anderen marginalisierten Gruppen in Entscheidungspositionen zu korrigieren (z. B. Quoten, Mentoring-Programme etc.) • Werden diese Maßnahmen professionell gesteuert und evaluiert?
Fachliche Arbeit	• Welche fachlichen und professionellen Schwerpunkte gibt es in der Organisation (Kernkompetenzen, wesentliche Expertise)? • Welche diversitätsbezogenen Fragen haben auf fachlicher Ebene bereits eine Rolle gespielt?
Zeit, Ort, Vereinbarkeit und andere Aufgaben	• Welche Arbeitszeitmodelle und -praxen gibt es in der Organisation? • Wie erlebt die Belegschaft diese Form der Arbeitszeitgestaltung? Gibt es in Bezug auf Diversität auffällige Besonderheiten, Präferenzen und Auswirkungen? • Wie häufig und in welchem Ausmaß sind Überstunden erforderlich und wie groß ist die Bereitschaft, außerberufliche Verpflichtungen von MitarbeiterInnen zu respektieren? • Was wird konkret unternommen, um die Vereinbarkeit von Beruf, Familie und Freizeit zu gewährleisten? (z. B. Teilzeitarbeit, flexible Arbeitszeitgestaltung, maternity/paternity/care leave etc.)

	• Welche Fortbildungsmaßnahmen zu Diversität werden angeboten? Wie gut sind diese Angebote in Veränderungsprozesse und an den Arbeitsalltag zurückgebunden? • Ist das Diversitätsmanagement mit den strategischen Zielen der Organisation verbunden?
Leistungsbewertung	• Welche Leistungen von Einzelpersonen oder Gruppen werden besonders gewürdigt? • Wie wird Anerkennung ausgesprochen und unter welchen Umständen finden Beförderungen aufgrund guter Leistungen statt? • Welche Unterschiede hinsichtlich der finanziellen und sozialen Bewertungen von Leistungen werden gemacht? • Werden alle MitarbeiterInnen (Frauen u. Männer, Jüngere u. Ältere etc.) hinsichtlich ihrer Leistungsfähigkeit und- bereitschaft an den gleichen Maßstäben gemessen?

Quelle: in Anlehnung an Blickhäuser/v. Bargen, 2003; Bendl/Hanappi-Egger/Hofmann 2004; Blickhäuser/v. Bargen, 2006; Lange 2006

Der Fragenkatalog muss auf den jeweiligen organisationalen Kontext angepasst werden und gegebenenfalls in manchen Punkten gekürzt oder erweitert werden. Dabei hängt es vom Erkenntnisinteresse und von der damit verknüpften strategischen Zielsetzung ab, welche Fragen gestellt werden. Vor allem bei Fragen, die tabuisierte Themen (z. B. sexuelle Orientierung, sexuelle Belästigung etc.) behandeln, sollte auf eine sensible Fragetechnik und eine angstfreie Atmosphäre bei der Erhebung Rücksicht genommen werden.

- **Die 4-R-Methode**

In Schweden wurde im Zusammenhang mit Gender Mainstreaming[243] die 3-R-Methode entwickelt und für kommunale Maßnahmen und Projekte eingesetzt (Döge 2002, 27). Die 3-R stehen für die Analysedimensionen: Repräsentation, Ressourcen und Realisierung. Lange (2006, 168f.) hat die 3-R um eine vierte Dimension nämlich Recht erweitert. Generell kann diese Methode auch auf andere kontextuelle Rahmenbedingungen und Diversitätsdimensionen übertragen werden. Darauf wird im Folgenden eingegangen:

---

[243] Siehe Bendl in diesem Buch.

Repräsentation

Diese Dimension soll aufzeigen, wie divers die Belegschaft in Bezug auf die Diversitätsdimensionen (z. B. Gender, Alter, Herkunft, sexuelle Orientierung, körperliche und geistige Beeinträchtigung, Religion etc.) ist und wie unterschiedliche Gruppen in der Organisation repräsentiert sind. Dabei stellt diese Dimension die quantitative, statistische Abbildung und Verteilung von unterschiedlichen Gruppen (in Bezug auf die oben genannten Dimensionen) dar. Wird als Analyseeinheit das Geschlechterverhältnis betrachtet, zielt diese Dimension vor allem darauf ab, die horizontale (nach Bereichen oder Abteilungen) und vertikale Verteilung (Hierarchiestufen) von Frauen und Männern in Organisationen aufzuzeigen. Wenn körperliche und geistige Beeinträchtigung als Analyseeinheit herangezogen wird, wird die Repräsentanz und Sichtbarkeit von Personen unterschiedlicher körperlicher und geistiger Fähigkeiten in der Organisation analysiert. Das Ergebnis dieser Analyse soll ein Bild über die Beteiligung unterschiedlicher Personengruppen an den Entscheidungsprozessen geben und ihr Einflusspotenzial auf allen Ebenen in der Organisation oder in Projekten zeigen (vgl. Bendl/Hanappi-Egger/Hofmann 2004, 92).

Ressourcen

Die Dimension der „Ressourcen" betrachtet die Verteilung hauptsächlich knapper Ressourcen in der Organisation. Knappe Ressourcen stellen dar z. B. Geld (Einkommen, Fördermittel usw.), Zeit (selbst- und fremdbestimmte Zeitressourcen, flexible Arbeitszeitmodelle etc.), Macht (formelle und informelle Führung, Entscheidungsbefugnisse, Verantwortungsbereiche), Bildung (Zugang zu Personalentwicklungsmaßnahmen, Fachwissen usw.), Raum (wer hat wie viel Raum zur Verfügung: individueller Arbeitsplatz, kollektive Räume; wie viel Raum im Sinne von Zeit wird in Gesprächen und bei Meetings von welchen Personen eingenommen) etc. (vgl. Döge 2002, 27; Lange 2006, 167). Dabei wird der Frage nachgegangen, welche Ressourcen wem zustehen und ob in der/dem zu analysierenden Organisation/Projekt offensichtliche Diversitätsmuster bzw. Unausgewogenheiten in Bezug auf die Verteilung dieser Ressourcen bestehen. Wird beispielsweise Alter als Analyseeinheit herangezogen, muss untersucht werden, ob Ressourcen gleich verteilt sind oder bestimmte Altersgruppen von bestimmten Ressourcenverteilungen stärker profitieren als andere.

Realisierung

Die Realisierung beschreibt die qualitative Abbildung der in einer Organisation vorherrschenden Wertestruktur, Organisationskultur sowie der Beschaffenheit der von einer Organisation hergestellten Güter. Die Ursachen allfälliger Unausgewogenheiten, die in den ersten zwei Dimensionen identifiziert wurden, werden hinterfragt und benannt. Diese Analysephase ist die anspruchsvollste, da die vorher rein deskriptiv dargestellten Muster abstrahiert und die dahinter liegenden Mechanismen verstanden werden müssen. Zur Veranschaulichung kann das vorhergehende Beispiel des Alters herangezogen werden. Wenn die Analyse beispielsweise erkennen lässt, dass älteren ArbeitsnehmerInnen nicht mehr dieselben Bildungschancen zuteil werden, muss hinterfragt werden, warum dem so ist und welche Ursachen es für diese ungleiche Ressourcenverteilung in Bezug auf den Zugang zu Weiterbildung gibt. Dabei werden stereotype Bilder, organisationale Selbstverständnisse und Strukturen, die diese Ungleichbehandlung fördern, identifiziert und hinterfragt (vgl. Eberherr/Fleischmann/Hofmann 2008). Aufbauend auf dieser Analyse werden Strategien zur Veränderung erarbeitet (vgl. Döge 2002, 27f.).

Recht
Bei der Dimension „Recht“ geht es um die Berücksichtigung etwaiger Umfeldbedingungen wie Gesetze, Weisungen, Reglements, Leitbilder etc. im Veränderungsprozess[244]. Besonders für die Planung und Umsetzung von Maßnahmen ist dieses Wissen wichtig, um diese Maßnahmen entweder rechtskonform ausgestalten oder eine Überarbeitung normativer Grundlagen rechtfertigen zu können (Lange 2006, 168).

Die exemplarische Darstellung dieser zwei Instrumente zeigt, auf welchen Ebenen eine Ist-Analyse der Organisation durchgeführt werden kann. Mit der Analyse wird der Ausgangspunkt für die weiteren Veränderungsschritte festgestellt. Darüber hinaus kann durch die Erhebung und Rückkopplung der Daten bei den MitarbeiterInnen Verpflichtung erzeugt werden (Cox 2001, 61).

Die Phase der Diagnose beinhaltet neben der Ist-Analyse auch die Ausarbeitung von Zukunftsszenarien. Damit kann illustriert werden, wie die Zukunft aussähe, wenn kein Veränderungsprozess einsetzte. Das Aufzeigen unterschiedlicher Zukunftsszenarien dient der Veranschaulichung der Veränderungsrelevanz und bietet damit gleichzeitig auch die Argumentationsgrundlage für verantwortliche AkteurInnen zur Rechtfertigung des Veränderungsprozesses.

---

[244] Siehe Lang in diesem Buch.

7.4 Zieldefinition sowie Planung und Vorbereitung der strategischen Implementierung

Die detaillierte Ist-Analyse und die Szenarienbildung identifiziert Veränderungs- bzw. Verbesserungspotenziale, auf deren Basis diversitätsorientierte Ziele definiert werden können und auf die in weiterer Folge die Planung und Vorbereitung aufbauen kann. Die Formulierung klarer, konkreter, messbarer Ziele und die genaue Planung und Vorbereitung der Implementierung eines Diversitätsmanagementkonzeptes ist eine wesentliche Voraussetzung für dessen langfristigen Erfolg.

7.4.1 Strategische Verknüpfung des DM-Konzepts mit allgemeinen Organisationszielen und Funktionsbereichen

Ein nachhaltig trag- und entwicklungsfähiges Diversitätsmanagementkonzept basiert auf dessen Verankerung in der Organisationsstrategie, dem Leitbild und den Grundsätzen der Organisation und dessen umfassender Kommunikation. Das bedeutet, dass Diversitätsmanagement und die damit verbundenen Zieldefinitionen mit der gesamten Organisation abgestimmt werden müssen. Davidson (1999, 164) bringt die Bedeutung des ganzheitlichen Ansatzes, der mit einem respektvollen Umgang mit der Belegschaft einhergehen soll, wie folgt auf den Punkt: „The most skillfully-designed diversity initiatives do not tackle just isolated disputes and crises. Rather they inform business strategy, implementation, and managerial practices. Moreover, they encourage policy and system change that signal to employees that they are respected and valued members of the organization". Sind diese strukturellen, strategischen Bedingungen nicht vorhanden, werden einzelne Diversitätsmaßnahmen niemals das Potenzial entfalten können, welches sie eingebettet in ein Gesamtkonzept und eine gemeinsame Vision hätten.

Cox (2001) nennt fünf Faktoren, die eine Integration von Diversitätsmanagement in die strategische Ausrichtung der Organisation begünstigen. Der erste Schritt der Integration ist die Verlinkung der Diversitätsstrategie mit dem Leitbild der Organisation. Demnach soll das Leitbild nicht nur in schriftlicher Form dokumentiert werden, sondern ist auch klar und für alle verständlich zu erklären und zu kommunizieren. Im Falle eines Diversitätskonzeptes an einer Universität würde es beispielsweise bedeuten, deutlich zu erklären, warum die Berücksichtigung von Diversität innerhalb Studierender und der Fakultäten, in Bezug auf unterschiedliche Geschlechter, ethnische Herkunft, Religion, Behinderung, sexuelle Orientierung etc.

eine qualitative Verbesserung der Lehr- und Wissenschaftsqualität zur Folge hätte (siehe Danowitz/Bendl 2010). Für Profit-Organisationen liegt die Bedeutung darin, den Einfluss von Diversitätsmanagement auf die Profitabilität und das Organisationsklima zu beschreiben. Dieses muss immer wieder konsistent und überzeugend kommuniziert und dargestellt werden, um die Ernsthaftigkeit des Vorhabens zu signalisieren (vgl. Cox 2001, 51). Hayes (2007) fügt hinzu, dass es auch auf die Art der Kommunikation ankommt. Eine einfache, nüchterne, rationale Erklärung reicht oft noch nicht aus, um die Unterstützung aller Beteiligten zu gewährleisten. Vielmehr ist es das Anbieten einer inspirierenden Vision, einer besseren Zukunft, die einerseits ganz klar die Richtung der Organisation und andererseits ein deutliches Bild der benötigten organisationalen Ressourcen zur Erreichung des Ziels vorgibt (vgl. Hayes 2007, 248).

Weiters ist ein Zeithorizont, der kurz-, mittel- und langfristige Ziele abdeckt, für die Entwicklung und Umsetzung von Aktionsplänen und Maßnahmen von Bedeutung, um diese im Zuge der Evaluierung auch einem Controllingprozess unterziehen zu können. Selbstverständlich muss dieses Vorgehen und die Definition von kurz-, mittel-, und langfristigen Zeithorizonten als Teil des Prozesses und Teil eines kontinuierlichen Lernprozesses betrachtet werden, der nicht aufhört, sobald einzelne Maßnahmen vermeintlich umgesetzt sind. Die praktische Umsetzung einzelner Maßnahmen bzw. einer ganzen Diversitätsstrategie kann mitunter Jahre dauern (vgl. Thomas 1991, 50ff.; Cox 2001, 52). Eine allgemeingültige Aussage über den einzuplanenden Zeitraum ist nicht möglich, da es auch hier sehr stark auf die Organisation, ihre Ausgangsbedingungen sowie auf ihre internen und externen Rahmenbedingungen ankommt.

Ein weiterer Aspekt der strategischen Integration von Diversitätsmanagement in die Organisation ist das Erkennen der Bedeutung von Personalmanagement als gewinnbringender Erfolgsfaktor der Organisation. Erst durch ein Personalmanagement, das strategisch mit den organisationalen Diversitätszielen verknüpft ist, können Finanz-, Marketing- und Technologiepläne erfolgreich umgesetzt werden. Diversitätsmanagement muss seinerseits ein wesentlicher Bestandteil dieser gesamten Personalmanagementstrategie sein, da wichtige Entscheidungen über Personalbeschaffung, Organisation, Entwicklung und Entlohnung in diesem Bereich stattfinden.

Als letzten Punkt nennt Cox (2001, 52f.) die Kommunikation und Koordination innerhalb einzelner Organisationsbereiche sicherzustellen, um Transparenz und somit eine erfolgreiche strategische Integration erreichen zu können. Neben der nach innen gerichteten Informations- und Kommunikationspolitik soll auch zwischen der Organisation und seiner Umwelt vermittelt werden (vgl. Beger/Gärtner/Mathes 1989, 37).

Zusammenfassend wird nochmals auf die Bedeutung der Verknüpfung von Diversitätsmanagement mit Organisationszielen und der Diversitätsverankerung in Organisations- und Führungsgrundsätzen hingewiesen. Mit Maßnahmen wie der Integration von Diversitätsmanagement in Zielvereinbarungen und Anreizsystemen, sowie der Verankerung von Diversitätskompetenzen in das Anforderungsprofil für Führungskräfte wird die strategische Ausrichtung forciert (vgl. Aretz/Hansen 2002, 52f.). Es ist wichtig, dieses Vorhaben als kontinuierlichen Prozess anzusehen, der immer wieder auf sich ändernde Ziele und Ausrichtungen der Organisationen angepasst werden soll.

7.4.2 Entwicklung einer Maßnahmenkonzeption

Neben der strategischen Verknüpfung von Diversitätsmanagement mit allgemeinen Organisationszielen und Funktionsbereichen wird in dieser Phase eine für die Organisation adäquate Maßnahmenkonzeption erarbeitet. Diese richtet sich zum einen nach dem Veränderungsbedarf, der mittels der durchgeführten diversitätsbezogenen Analysen identifiziert wurde, und zum anderen nach den definierten Zielen. Dabei ist die Maßnahmenkonzeption als ein auf laufenden Anpassungs- und Weiterentwicklungprozessen unterzogenes Konzept anzusehen.

Maßnahmen, die von ExpertInnen der Wissenschaft und Praxis in einer Untersuchung von Süß/Kleiner (2006, 60) als zentral für Diversitätsmanagement genannt wurden, sollen hier angeführt werden, um mögliche Handlungsfelder darzustellen:

- Ermittlung und Überprüfung des Diversitätsmanagement-Bedarfs,
- Strukturelle Institutionalisierung des Diversitätsmanagements (Schaffung einer Stelle oder Abteilung),
- Verankerung von Diversität in der Organisationskultur,
- Beratungsangebote für „Minderheiten“ Gruppen,
- Mentoringprogramme,
- Diversitätstrainings, Diversitätsorientierte Betriebsvereinbarungen,
- Diversitätsorientierte Gestaltung personalwirtschaftlicher Aufgabenfelder,
- Diversitätsorientierte Einrichtungen (z. B. Kindergärten, Gebetsräume, barrierefreier Zugang zu Gebäude und innerhalb des Gebäudes, eine Kantine, die auf unterschiedlichste Essensgewohnheiten Rücksicht nimmt),
- Flexible Arbeitszeiten,
- Gemischte Teams,
- Kommunikation der Diversitätsaktivitäten,
- Evaluation der Maßnahmen des Diversitätsmanagements.

Die Zusammenstellung des geeigneten Maßnahmenkonzeptes richtet sich jedoch schlussendlich nach situativ kontextuellen Gegebenheiten der Organisation. Dabei wird die Konzeption und Auswahl der Maßnahmen sowohl von der Perspektive der Organisation auf Diversitätsmanagement als auch von der jeweiligen Implementierungsstrategie beeinflusst.

7.4.3 Durchführung

Neue strategische Ausrichtungen einer Organisation gehen mit Veränderungen einher und bleiben nicht ohne Konsequenzen auf Strukturen, Prozesse, die Organisationskultur, sowie die Verteilung finanzieller und personeller Ressourcen. Die Durchführung zählt daher zu der kritischsten Phase im Verlauf des Prozesses, da von diesem Zeitpunkt an der Veränderungsprozess tatsächlich ins Rollen gebracht wird und die vorher geplanten Maßnahmen umgesetzt werden. Im Zuge der Implementierung eines strategisch ausgerichteten Diversitätsmanagements könnte vor allem bei der derzeit dominanten, begünstigten Gruppe die Angst entstehen, früher oder später gewohnte Privilegien zu verlieren, u.a. in Form ausschließlicher Wertschätzung oder Ressourcenverfügbarkeit.

Dieser Angst kann nach Catalyst (2002) mit einem „broad umbrella for diversity" begegnet werden, bei dem alle Mitglieder einer Organisation, auch bisher Begünstigte, in den Prozess einbezogen werden. „By making inclusion everyone's business, organizations are more likely to involve employees at all levels and hence sustain and implement change" (Sabattine/Crosby 2008, 294). Ein inklusives Diversitätsmanagement sucht alle Beteiligten, nicht nur bisher mehr oder weniger exkludierte, in den Veränderungsprozess einzubinden. Allen die Möglichkeit zu geben, einen Beitrag leisten zu können, ist – neben dem Commitment der Führung – ein wesentlicher Erfolgsfaktor für eine gelungene Umsetzung von Diversitätsmanagement. Letztendlich hängt der Erfolg der Umsetzung maßgeblich vom Engagement und der Bereitschaft der gesamten Belegschaft ab. Daher ist für die Implementierung von Diversitätsmanagement von einer partizipativen Interventionsstrategie auszugehen. Auch Lange (2006) spricht sich für die direkte Mitwirkung unterschiedlicher Stakeholder aus, die in Form von Arbeitsgruppen in die Entscheidungsprozesse eingebunden werden können und dadurch zu organisationalem Wandel und einer lernfähigen Organisation beitragen können. Eine empirische Untersuchung von Köllen/Gitzi (2006, 39f.), die die Rolle von Partizipation im Diversitätsmanagement untersucht, bestätigt diese Annahme. Den Untersuchungsergebnissen ist darüber hinaus zu entnehmen, dass die Erhöhung der Partizipation als ein Effekt von Diversitätsmanagement betrachtet werden kann.

Konkrete Diversitätsmaßnahmen, wie zum Beispiel die Einführung flexibler Arbeitszeitformen, die eine Vielfalt an Lebensmodellen und -realitäten der MitarbeiterInnen ermöglichen, sowie die Gestaltung einer offenen Kommunikationskultur fördern diese Partizipation (Schulz 2009, 185). Andere Maßnahmen, die zu einer partizipativen Umsetzung von Diversitätsmanagement beitragen können, sind die Beteiligung von Minderheitengruppen an Entscheidungsgremien und Führungsverantwortung, das Beteiligen unterschiedlicher Interessengruppen an der Konzeptentwicklung und Steuerung sowie der Einsatz von Arbeitsgruppen zum Thema. Der Erfolg all dieser Maßnahmen hängt stark von der Feedback- und Kommunikationskultur ab, die schwache Signale des Widerstandes sorgfältig aufnimmt, ernst nimmt und adäquat beantwortet (vgl. Aretz/Hansen 2002, 52f.).

In der Umsetzung kann zwischen einer Top-Down- und Bottom-up-Einführung (vgl. Finke 2005, 58f.) und einer Kombination aus beiden (Stuber 2004, 157f.) unterschieden werden. Bei einer Top-Down-Einführung beginnt die Planung der Diversitätsstrategie an der Hierarchiespitze. Die dort entwickelten Ziele werden anschließend von einer Ebene zur anderen weitergeleitet (von oben nach unten) und von den jeweiligen Führungskräften konkretisiert. Hier wird vor allem deutlich, welche entscheidende Rolle die aktive Beteiligung der mittleren Managementebene für den Erfolg von Diversitätsmanagement spielt. Vorteil dieser Planung ist die Transparenz und Übersichtlichkeit des Gesamtplans. Nachteilig sind jedoch die geringen Partizipationsmöglichkeiten der Belegschaft, woraus sich eine höhere Wahrscheinlichkeit von Widerstand und geringem Engagement ergibt.

Die Bottom-up-Einführung startet in den unteren Ebenen mit Teilplänen, die dann an obere Hierarchieebenen weitergereicht werden. In der mittleren Hierarchieebene werden diese Teilpläne zusammengefasst, aufeinander abgestimmt und an die Unternehmensspitze weitergeleitet. Die Entwicklung des Gesamtplanes und dessen Implementierung liegt ab dann im Verantwortungsbereich der Führungsebene. Das Engagement der Belegschaft ist damit gesichert, jedoch besteht die Gefahr, dass der Gesamtplan nicht über einzelne Maßnahmen hinausgeht und eine strategisch tiefgreifende Implementierung nicht erreicht wird. Außerdem wird oft die Arbeit, die in diesem Zusammenhang von den unteren Hierarchieebenen geleistet wird, nur als „Privatvergnügen" angesehen und nicht als Arbeit für die Organisation. Dies kann wiederum zu Demotivation führen.

Eine Kombination aus Top-Down und Bottom-Up macht sich dagegen die Vorteile beider Strategien zu Nutze, erhöht jedoch auch die Komplexität. Idealtypisch stellt die Unternehmensspitze die Rahmenbedingungen auf und formuliert Oberziele, die in der Folge nach dem Top-Down-Prinzip nach unten hin konkretisiert werden. Dort werden dann einzelne Teilpläne adaptiert, ergänzt und wieder zurückgespielt. Erst wenn beide Richtungen abgeschlossen sind, kann ein Gesamtplan erstellt werden. Es ist vor allem die Komplexität dieses Modells und das damit einhergehende hohe Engagement sowohl der Belegschaft als auch der Führungsebene, das die Stärke dieses Modells auszeichnet. Der damit verbundene höhere Aufwand und die größere Komplexität dieses Vorgehens erscheinen jedoch in Hinblick auf ein nachhaltigeres Ergebnis gerechtfertigt (Stuber 2004, 189). Durch die Schaffung von Arbeitsgruppen, die aus Personen unterschiedlicher Hierarchiestufen und Stakeholdergruppen zusammengesetzt sind, kann dieser Prozess vereinfacht und Partizipation nach dem Vorbild der Kombination von Top-Down und Bottom-Up ermöglicht werden.

Die folgende Abbildung illustriert die Aktivitäten einzelner AkteurInnenguppen im Verlauf der Durchführung.

Abbildung 4: Aktivitäten der AkteurInnengruppen

	Orientierung schaffen	Bewegung erzeugen	Handeln intensivieren	Selbstverständlichkeit erzielen
Top-Management	○○○○○	○○○	○	○
Mittleres Management	○○	○○○	○○○	○○
MitarbeiterInnen		○○	○○○	○○○○○

Quelle: Anwander 2002, 382

Die Führungsspitze zeigt sich vor allem für die Phasen der Schaffung von Orientierung und der Erzeugung von Bewegung verantwortlich. Ab dieser Phase übernimmt dann das mittlere Management, welches den Weg für die Intensivierung des Handelns ebnet, mit dem Ziel, einen Zustand der Selbstverständlichkeit zu erzielen. Die MitarbeiterInnen beteiligen sich zunehmend ab der Phase „Bewegung erzeugen", bis sie schlussendlich in der Phase „Selbstverständlichkeit erzielen" selbst zu tragenden Säulen der Entwicklung werden und wesentlich zur Veränderung vorhandener Denkstrukturen, Grundannahmen und der Organisationskultur beitragen (Anwander 2002, 382).

7.4.4 Monitoring/Evaluation/Controlling

Ein Monitoringsystem und die Durchführung von Maßnahmenevaluierungen sowie die Anbindung an das Controlling sind wesentlich, um eine Qualitätssicherung des Diversitätsmanagementkonzeptes zu gewährleisten, das durch laufende Anpassung und Weiterentwicklung gekennzeichnet sein sollte. „Strategy evaluation involves setting control processes to continuously review, evaluate, and provide feedback concerning the implementated strategies to determine if the desired results are being accomplished, such that corrective measures may be taken if warranted" (Friday/Friday 2003, 869). Rückkopplungsprozesse zu anderen Phasen können und sollen in diesem Prozess stattfinden, um Verbesserungen, Adaptionen und allfällige Korrekturen vorzunehmen. Hier ist es vor allem wichtig festzustellen, ob die Diversitätsmaßnahmen ihre Ziele/Teilziele erreicht haben, welche Stärken und Schwächen ausgemacht werden können, wer am meisten und wer am wenigsten von den Initiativen profitierte, als auch welche Veränderungen und Modifizierungen vorgenommen werden können.

Nach Rabl (1990) sollen vor allem drei Bereiche des Strategieentwicklungsprozesses (Strategieformulierung, Strategiebewertung und -auswahl, Strategieimplementierung) kontrolliert und bewertet werden. Bei der Evaluation der Strategieformulierung wird der Frage nachgegangen, ob alle wichtigen Informationen berücksichtigt wurden und ob zukünftig noch andere Faktoren einbezogen werden sollen. In der Phase der Strategiebewertung und -auswahl wird die Strategieumsetzung dahingehend überprüft, ob diese formal richtig und hinsichtlich der Kriterienauswahl vollständig durchgeführt wurde. In diesem Zusammenhang ist auch die Realisierbarkeit der Strategien zu klären. Abschließend wird die Strategieimplementierung inklusive der bereits erzielten Ergebnisse überprüft und die Akzeptanz bei unterschiedlichen Stakeholdern kontrolliert (vgl. Rabl 1990, 56f.). Der Grad der Akzeptanz kann in der Belegschaft unter anderem mittels MitarbeiterInnenbefragungen ermittelt werden (vgl. Anwander 2002, 336f.). Vor allem Widerstand kann somit frühzeitig identifiziert werden.

Ein Instrument, mit dem eine Diversitätsmanagement Evaluation[245] durchgeführt werden kann, ist die Diversity Balance Scorecard[246]. Die Diversity Balance Scorecard stellt die vielfältigen Nutzenpotenziale den Kostenrisiken mit den dazugehörigen Kennzahlen gegenüber und ermöglicht durch die

---

[245] Die Diversity Balance Scorecard ist nicht ausschließlich ein Evaluierungsinstrument, sondern kann auch in den Planungsprozess als Planungsinstrument einbezogen werden. Siehe dazu auch den Beitrag von Mensi-Klarbach in diesem Buch.

[246] Siehe Mensi-Klarbach in diesem Buch.

Berücksichtigung sowohl harter als auch weicher Faktoren die Verknüpfung einzelner Aktivitäten des Diversitätsmanagements mit der übergeordneten Strategie und Vision der Organisation (Schulz 2009, 224). Stuber (2004) schlägt eine Erfolgsmessung vor, die sich auf weiche Faktoren bezieht und vereinbarte Ziele mit der vorherrschenden Ist-Situation vergleicht. Die folgende Abbildung veranschaulicht diese Herangehensweise an Beispielen:

Abbildung 5: Erfolgsmessung von Diversitätsmanagement

Ist-Analyse	Ziele	Erfolgsmessung
Demographische Vielfalt von KundInnen und Beschäftigten	Vielfalt der Belegschaft erhöhen	Veränderung der Repräsentation vielfältiger Gruppen
Organisationskultur, Umgang, gelebte Werte	Produktives Arbeitsumfeld für alle Beteiligten	Mitarbeiter-Befragung zu Diversität, Vielfalt, Wertschätzung von Individualität, Zufriedenheit; Fluktuation, Fehlzeiten

Quelle: Stuber 2004, 228

Aus betriebswirtschaftlicher Sicht stellt das zentrale Problem des Diversitätscontrollings die vielfältigen Wirkungsinterdependenzen zwischen verschiedenen diversitätsbezogenen Maßnahmen und den nicht diversitätsbezogenen Aktivitäten dar. Die durch Diversitätsmanagement angestrebte Steigerung der Motivation, Teamfähigkeit, Innovationskraft und Flexibilität des Systems kann, falls identifizierbar, nicht nur auf Diversitätsmanagement zurückzuführen sein, sondern zahlreiche andere Gründe haben, wie z. B. allgemeine wirtschaftliche Entwicklungen, Veränderungen auf Führungsebene etc. (Schulz 2009, 225). Auch die fehlende Quantifizierbarkeit etwaiger Wertsteigerungs- und Kostensenkungspotenziale erschwert aus betriebswirtschaftlicher Sicht die Argumentation für Diversitätsmanagement, da der Nettonutzen nicht in Relation zu den notwendigen Investitionen gesetzt werden kann.

In einigen Studien (z. B. Nutek 1999; Prognos 2003; CSES 2003; Catalyst 2004) konnte ein positiver Zusammenhang zwischen betriebswirtschaftlichen Kenngrößen und Diversitätsmanagement nachgewiesen werden[247] (vgl. Bendl/Hanappi-Egger 2009; Mensi-Klarbach 2010). Das Problem der vielfältigen Wirkungsinterdependenzen können jedoch auch diese Studien nicht ausschalten. Auch andere Managementbereiche wie zum Beispiel das Qualitätsmanagement sowie das Personalmanagement haben erhebliche Schwierigkeiten mit einer kausalen Ergebniszuschreibung.

[247] Siehe Mensi-Klarbach in diesem Buch.

Die Frage, die sich hier aufdrängt ist, ob dieses in der Betriebswirtschaft vorherrschende positivistische Quantifizierbarkeitsparadigma, das den Erfolg einer Maßnahme nur mittels Zahlen, sprich betriebswirtschaftlichen Kennzahlen gelten lässt, nicht ein überholtes Modell darstellt und nicht eher neueren Evaluierungsmechanismen weichen sollte, die auch andere, wie zum Beispiel qualitative Evaluierungsmethoden zur Überprüfung angestrebter Ziele zulassen.

7.5 Voraussetzungen für eine erfolgreiche Umsetzung des strategischen Diversitätsmanagements

Neben intensiver Kommunikation sind vor allem der Umgang mit Widerstand und Konflikten und die Bereitschaft zu organisationalem Lernen während des gesamten Veränderungsprozesses Grundvoraussetzungen für die strategische Umsetzung von nachhaltigem Diversitätsmanagement. Aufgrund der herausragenden Bedeutung dieser beiden Faktoren wird in Folge darauf näher eingegangen:

7.5.1 Umgang mit Widerstand in Veränderungsprozessen

Widerstand ist ein allgegenwärtiger Begleiter bei Veränderungsprozessen, da Prozesse der Veränderung Interessen und Machtverhältnisse berühren.

Gründe für Widerstand in Veränderungsprozessen gibt es nach Kanter (2009, 176f.) zahlreiche: Angst vor einem Kontrollverlust; zu große Unsicherheit; zu späte Kommunikation der Veränderung; Routinen und Gewohnheiten müssen hinterfragt und ggf. aufgegeben werden für Neues, Anderes; Gefahr des Gesichtsverlustes, da das Gefühl entstehen kann, dass Dinge in der Vergangenheit falsch gemacht wurden; Angst, dass die benötigte Kompetenz für das Neue nicht mitgebracht wird; aufgrund privater Interessen, die nicht primär mit der Organisation an sich zu tun haben; aufgrund des erhöhten Arbeits-, Energie- und Zeitaufwands, der mit Veränderungsprozessen einhergeht; ungeklärte in der Vergangenheit entstandene Ressentiments gegenüber der Organisation und das damit einhergehende fehlende Commitment; eine tatsächliche Bedrohung, in der es GewinnerInnen und VerliererInnen gibt.

Es ist wichtig, diese Gründe zu identifizieren, ernst zu nehmen und darauf einzugehen. Das stetige Kommunizieren des Wandels, seiner Bedeutung sowie das Informieren über die Veränderung, den damit einhergehenden Prozess und das Schaffen von Partizipationsmöglichkeiten sind wesentliche

Voraussetzungen, um Unsicherheit zu nehmen und Unterstützung zu erhalten.[248]

Widerstand gegen Wandel betrifft nach Jones/Bouncken (2008, 608): „das passive Ignorieren von Veränderungen und das aktive Bekämpfen der neuen Bedingungen in Organisationen". Aktiver Widerstand äußert sich in Widerspruch, Aufregung und der aktiven Äußerung dieses Unbehagens. Passiver Widerstand drückt sich in Fluchtreaktionen wie Ausweichen und Lustlosigkeit aus, wodurch er schwierig zu erkennen ist, weil er oft nur in verschlüsselter Form zu Tage tritt (vgl. Doppler/Lauterburg 2005, 327).

Assoziationen zu Widerstand und Konflikt sind zumeist negativ behaftet. Daher wird leider allzu oft das positive Potenzial übersehen, das mit Widerstand und Konflikten einhergeht. Widerstand kann als Indikator, auf dysfunktionale Aspekte in der Organisation hinweisen und stellt bei Beachtung eine wertvolle Lernchance für Menschen und Organisationen dar (vgl. Lange 2006, 32).

7.5.2 Organisationales Lernen in Veränderungsprozessen

Die Umsetzung eines nachhaltigen Diversitätsmanagements, das strategisch implementiert wird, setzt die Lernwilligkeit und -fähigkeit der jeweiligen Organisationsmitglieder voraus.

Lernen in Organisationen beinhaltet Lernen sowohl auf individueller Ebene, Gruppenebene, organisationaler Ebene als auch auf interorganisationaler Ebene. Individuelles Lernen stellt dabei eine grundlegende Voraussetzung für organisationales Lernen dar, da Wissen in Organisationen nur über das Wissen ihrer MitarbeiterInnen generiert werden kann (Argyris/Schön 1978). Von organisationalem Lernen wird dann gesprochen, wenn das auf individueller Ebene beziehungsweise das auf Gruppenebene Erlernte durch die Veränderung von Strukturen, Prozessen und der Kultur der Organisation im Allgemeinen unabhängig von Individuen oder Gruppen in die Organisation nachhaltig eingebettet, gehalten, integriert und eingeschlossen wird.[249] Lernen auf Gruppenebene oder organisationaler Ebene kann daher nicht ausschließlich als Summe des Wissens ihrer Individuen gesehen werden, sondern ist durch die Differenzierung und Integration des Wissens charakterisiert: „Die Unterscheidung impliziert beispielsweise, dass Gruppen im Vergleich zu Individuen in der Lage sind, differenzierter

---

[248] Wie sich Widerstand gegen Diversität in Organisation konkret auswirkt, wird im Beitrag von Hanappi-Egger in diesem Buch genauer behandelt.

[249] Siehe Hanappi-Egger/Hofmann in diesem Buch.

und integrierter wahrzunehmen, zu interpretieren und zu bewerten, weil sie eine Vielzahl spezifisch ausgeprägter Interpretations- und Reflexionsprozesse und aus unterschiedlichen Perspektiven die interne und externe Unternehmensumwelt wahrnehmen können" (Weik/Lang 2001, 263). Dadurch steigert organisationales Lernen das Potenzial, auf kollektiver Ebene effektiver zu handeln.

7.6 Zusammenfassung und weiterführende Überlegungen

Diversitätsmanagement wird zukünftig durch soziokulturelle Veränderungen, Globalisierungstendenzen, rechtliche und kulturelle Veränderungen immer größere Bedeutung gewinnen. Die Anpassung an veränderte Rahmenbedingungen verlangt Organisationen Veränderungswillen als auch Lernfähigkeit ab. Ziel des Beitrags ist es, die Bedeutung der Strategie im Zusammenhang mit Diversitätsmanagement hervorzustreichen und den damit einhergehenden Veränderungsprozess darzustellen. Die strategische Verankerung von Diversitätsmanagement bedeutet für eine Organisation, die Bereitschaft zu zeigen, langfristige Perspektiven einzunehmen, klare diversitätsbezogene Ziele zu formulieren, die im Einklang mit der Gesamtausrichtung und dem Leitbild der Organisation stehen und das Erreichen dieser Ziele mittels geeigneter Maßnahmenkonzeption auf allen Organisationsebenen anzustreben und umzusetzen. Dieses Vorgehen entspricht der eingangs erwähnten Lern- und Effektivitätsperspektive sowie der Verantwortungs- und Sensibilitätsperspektive, die es zum einen verstehen, Diversitätsmanagement für die Organisation nutzbar zu machen und zum anderen gesellschaftliche und soziale Verantwortung zu übernehmen. Der Ausbau dieser ganzheitlichen Diversitätsmanagementkonzeption in der Praxis als auch die wissenschaftliche Auseinandersetzung mit ihr stellen noch wesentliche Handlungspotenziale für die Zukunft dar.

7.7 Kontrollfragen

1. Beschreiben Sie einen kontextsensiblen Implementierungsprozess von Diversitätsmanagement anhand einer von Ihnen gewählten Organisation.
2. Inwiefern unterscheiden sich der Fairness- und Antidiskriminierungsansatz und der Lern- und Effektivitätsansatz in Bezug auf deren strategische Implikation/Ausrichtung?
3. Was unterscheidet eine strategisch ganzheitliche Implementierung von Diversitätsmanagement von anderen Implementierungsansätzen?
4. Beschreiben Sie Ihr Vorgehen bei einer Diversitätsanalyse in einer Organisation anhand einer von Ihnen gewählten Diversitätsdimension. Welche Fragen würden Sie stellen? Worauf müssen Sie achten?

Verwendete Literatur

Anwander, Armin (2002): Strategien erfolgreich verwirklichen. Wie aus Strategien echte Wettbewerbsvorteile werden. Springer, Heidelberg.

Aretz, Hans-Jürgen/Hansen, Katrin (2002): Diversity und Diversity Management im Unternehmen. Eine Analyse aus systemtheoretischer Sicht. Managing Diversity Band 3. LIT Verlag, Münster – Hamburg – London.

Argyris, Chris/Schön, Donald (1978): Organizational Learning – A Theory of Action Perspective. Reading. Addison Wesley, Mass.

Bendl, Regine/Hanappi-Egger, Edeltraud/Hofmann, Roswitha (2010): Diversitätsmanagement in Österreich: Bedingungen, Ausformungen und Entwicklungen. In: Diversitas. Zeitschrift für Managing Diversity und Diversity Studies, 2010/1 (1), 17–34.

Bendl, Regine/Hanappi-Egger, Edeltraud (2009): Über die Bedeutung von Gender- und Diversitätsmanagement in Organisationen. In: Kasper, Helmut/Mayrhofer, Wolfgang (Hrsg.): Personalmanagement, Führung, Organisation. Linde Verlag, Wien, 4. Auflage, 553–574.

Bendl, Regine/Hanappi-Egger, Edeltraud/ Hofmann, Roswitha (2004): Spezielle Methoden der Organisationsstudien. In: Bendl, Regine/Hanappi-Egger, Edeltraud/Hofmann, Roswitha (Hrsg.): Interdisziplinäres Gender- und Diversitätsmanagement. Einführung in Theorie und Praxis. Linde International, Wien, 73–101.

Beger, Rudolf/Gärtner Hans-Dieter/ Mathes, Rainer (1989): Unternehmenskommunikation: Grundlagen, Strategien, Instrumente. Frankfurter Allgemeine Zeitung, Frankfurt/Main.

Blickhäuser, Angelika/von Bargen, Henning (2003): Wege zu Gender-Kompetenz. Gender Mainstreaming mit Gender Training umsetzen. Heinrich Böll Stiftung, Berlin.

Blickhäuser, Angelika/von Bargen, Henning (2006): Mehr Qualität durch Gender-Kompetenz. Ein Wegweiser für Training und Beratung im Gender Mainstreaming. Ulrike Helmer Verlag, Königstein/Taunus.

Brunner, Ines (2009): Diversitätsmanagement in Österreich. Eine kritische Bestandsaufnahme. VDM Verlag, Saarbrücken.

Carnall, Colin (2007): Managing change in organizations. Prentice Hall, New York.

Catalyst (2004): The Bottom Line: Connecting Corporate Performance and Gender Diversity. Catalyst, New York.

Catalyst (2002): Making change: Tackling resistance to diversity efforts. Catalyst, New York.

Cox, Taylor (2001): Creating the Multicultural Organization. Jossey-Bass, San Francisco.

CSES (2003): Methods and Indicators to measure the Costeffectiveness of Diversity Policies in Enterprises. Centre of Strategy & Evaluation Services.

Danowitz, Mary Ann/Bendl, Regine (2010): Gender Mainstreaming, Diversity Management and Inclusive Excellence: From Similarities and Differences to New Possibilities. In: Riegraf, Brigit/Aulenbacher, Brigitte/Kirsch-Auwärter Edit/Müller Ursula (Eds.): GenderChance in Academia. Re-Mapping the Fields of Work, Knowledge, and Politics from a Gender Perspective. VS Verlag für Sozialwissenschaften, Wiesbaden, 351–362.

Dass, Parshotam/Parker, Barbara (1999): Strategies for managing human resource diversity: From resistance to learning. In: Academy of Management Executive, 1999/13 (2), 68–80.

Davidson, Martin (1999): The value of being included: An examination of diversity change initiatives in organizations. In: Performance Improvement Quarterly, 1999/12 (1), 164–180.

Doppler, Klaus/Lauterburg Christoph (2002): Change-Management: den Unternehmenswandel gestalten. Campus-Verlag, Frankfurt/Main.

Döge, Peter (2002): Gender Mainstreaming als Modernisierung von Organisationen. Ein Leitfaden für Frauen und Männer. IAIZ-Schriften: Band 2, Berlin.

Eberherr, Helga/Fleischmann, Alexander/Hofmann, Roswitha (2007): Altern im gesellschaftlichen Wandel – Alternsmanagement als integrative organisationale Strategie. In: Koall, Iris/Bruchhagen, Verena/Höher, Friederike (Hrsg.): Diversity Outlooks. Managing Diversity zwischen Ethik, Profit und Antidiskriminierung. Lit, Hamburg, 82–96.

Finke, Merve (2005): Diversity Management. Förderung und Nutzung personeller Vielfalt in Unternehmen. Rainer Hampp Verlag, München-Mering.

Friday, Earnest/Friday Shawnta (2003): Managing diversity using a strategic planned change approach. In: The Journal of Management Development, 2003/22 (10), 863–880.

Gitzi, Andrea/Köllen, Thomas (2006): Die Rolle von Partizipation im Diversity Management: eine Praxisanalyse. In: Bendl, Regine/Hanappi-Egger, Edeltraud/Hofmann, Roswitha (Hrsg.): Agenda Diversität: Gender- und Diversitätsmanagement in Wissenschaft und Praxis. Rainer Hampp Verlag, München-Mering, 25–43.

Hayes, John (2007): The Theory and Practice of Change Management. 2. Auflage, Palgrave Macmillan, New York.

Häuslschmid, Michael (2006): Diversity Management – eine Bestandsaufnahme in österreichischen Großbetrieben. Unveröffentlichte Diplomarbeit, Fachhochschule Salzburg GmbH, Salzburg.

Hanappi-Egger, Edeltraud (2011): Diversitätsmanagement und CSR: One size fits it all? In: Schmidpeter, René/Schneider, Andreas (Hrsg.): Corporate Social Responisibilty – Theoretische Grundlagen und praktische Anwendungen einer verantwortungsvollen Unternehmensführung. Erscheinend.

Hanappi-Egger, Edeltraud/Hofmann, Roswitha (2008): Wissen und Kompetenzentwicklung für Diversitätsmanagement. In: Kasper, Helmut/Mühlbacher, Jürgen (2008): Wettbewerbsvorteile durch organisationales und individuelles Kompetenzmanagement. Linde international, Wien, 14–28.

Jones, Gareth/Bouncken, Ricarda (2008): Organisation. Theorie, Design und Wandel. Pearson, München.

Kanter, Moss (2009): Managing the Human Side of Change. In: Price, Deborah (Eds.): The Principles and Practices of Change. Palgrave Macmillan, New York, 175–183.

Kleiner, Markus/Süß, Stefan (2006): Diversity Management: Verbreitung in der deutschen Unternehmenspraxis und Erklärungen aus neoinstitutionalistischer Perspektive. In: Krell, Gertraude/Wächter Hartmut (Hrsg.): Diversity Management. Impulse aus der Personalforschung. Rainer Hampp Verlag, München-Mering, 57–79.

Krell, Gertraude/Riedmüller, Barbara/Sieben, Barbara/Vinz, Dagmar (2007, Hrsg.): Diversity Studies. Grundlagen und disziplinäre Ansätze. Campus, Frankfurt/Main – New York.

Lange, Ralf (2006): Gender-Kompetenz für das Change Management. Gender&Diversity als Erfolgsfaktoren für organisationales Lernen. Haupt Verlag, Bern-Stuttgart-Wien.

Mensi-Klarbach, Heike (2010): Diversity und Diversity Management – die Business Case Perspektive. Eine kritische Analyse. Verlag Dr. Kovać, Hamburg.

ÖNORM S 2509 (2008): Diversity management – General guidelines on principles, systems and supporting techniques. Österreichisches Normierungsinstitut, Wien.

Özbilgin, Mustafa/Tatli, Ahu (2008): Global Diversity Management. Palgrave Macmillan, New York.

Prammer, Karl (2009): Transformationsmanagement. Theorie und Werkzeugset für betriebliche Veränderungsprozesse. Carl-Auer Verlag, Heidelberg.

Price, Deborah (2009): The principles and practices of change. Palgrave Macmillan, New York.

Prognos (2003): Betriebswirtschaftliche Effekte familienfreundlicher Maßnahmen – Kosten-Nutzen-Analyse. Bundesministerium für Familie, Senioren, Frauen und Jugend, Köln.

Rabl, Klaus (1990): Strukturierung strategischer Planungsprozesse. Gabler, Wiesbaden.

Sabattini, Laura/Crosby, Faye (2008): Overcoming Resistance. Structures and Attitudes. In: Thomas, Kecia (Ed.): Diversity Resistance in Organizations. LEA Faylor & Francis Group, New York, 273–301.

Schreyögg, Georg (1991): Kann und darf man Unternehmenskulturen ändern? In: Dülfer, Eberhard (Hrsg.): Organisationskultur: Phänomen – Philosophie – Technologie, Poeschl, Stuttgart, 2. Aufl., 201–214.

Senge, Peter/Kleiner, Art/Ross, Richard/Roth, George/Smith, Bryan (1999): "The Dance of Change". Currency Doubleday, New York.

Sepehri, Paivand (2002): Diversity und Managing Diversity in internationalen Organisationen – Wahrnehmungen zum Verständnis und ökonomischer Relevanz. Dargestellt am Beispiel einer empirischen Untersuchung in einem Unternehmensbereich der Siemens AG. Hampp Verlag. München-Mering.

Stuber, Michael (2004): Diversity. Das Potenzial von Vielfalt nutzen – den Erfolg durch Offenheit steigern. Luchterhand, München/Unterschleißheim.

Schulz, André (2009): Strategisches Diversitätsmanagement. Unternehmensführung im Zeitalter der kulturellen Vielfalt. Gabler, Wiesbaden.

Titscher, Stefan/Meyer, Michael/Mayrhofer, Wolfgang (2008): Organisationsanalyse, Konzepte und Methoden. Facultas.wuv, Wien.

Thomas, Roosevelt (1991): Beyond Race and Gender. Unleashing the Power of Your Total Work Force by Managing Diversity. American Management Association, New York.

Thomas, David/Ely, Robin (1996): Making Differences Matter: A New Paradigm for Managing Diversity. In: Harvard Business Review, September-October, 79–90.

Weik, Elke/Lang, Rainhart (2001): Moderne Organisationstheorien. Handlungsorientierte Ansätze. Gabler Verlag, Wiesbaden.

8 Das Verhältnis von Chancengleichheits-programmen und Gender Mainstreaming zu Diversitätsmanagement – eine vergleichende Darstellung

Regine Bendl

Kurzfassung

Der Diskurs zur Integration von Gleichstellung, Gleichbehandlung und (Chancen)Gleichheit der Geschlechter und zur Herstellung von egalitären Geschlechterbeziehungen auf betrieblicher Ebene verweist im deutschsprachigen Raum auf ein sehr konstantes langjähriges Zusammenspiel von politischen Initiativen und rechtlichen Regelungen und auf von Feministinnen entwickelte theoretisch-konzeptionelle Ansätze und praxisorientierten Konzepten. Während in den 1980er und 1990er Jahren Frauenförderung und Programme zur Vereinbarkeit von Beruf und Privatleben (beide zusammengefasst auch als Chancengleichheitsprogramme bezeichnet) als Mittel zur Herstellung von egalitären Geschlechterbeziehungen auf betrieblicher Ebene galten, kam mit Einführung von Gender Mainstreaming in der Europäischen Union (EU) im Jahre 1997 ein neuer Ansatz dazu. Diese beiden Ansätze ergänzend wird seit der Jahrtausendwende auf betrieblicher Ebene auch Diversitätsmanagement implementiert, welches im Rahmen der Diversitätsdimension Gender ebenfalls das Thema Geschlecht und Geschlechterbeziehungen aufgreift. Worin liegen nun die Unterschiede und Gemeinsamkeiten dieser Ansätze? Worin unterscheiden sich Chancengleichheitsprogramme von Gender Mainstreaming und wie stehen diese im Verhältnis zu Diversitätsmanagement? Ziel dieses Beitrags ist es, Chancengleichheitsprogramme und Gender Mainstreaming vergleichend in Bezug auf deren unterschiedliche Reichweiten zur Herstellung von egalitären Geschlechterbeziehungen auf betrieblicher Ebene zu diskutieren und mit Diversitätsmanagement in Beziehung zu setzen.

8.1 Einleitung

Wie der Global Gender Gap Report 2010 (Hausmann/Tyson/Zahidi 2010) und die aktuellen Daten des vierten Frauenberichts (Bundesministerin für

Frauen und Öffentlichen Dienst 2010) zeigen, ist die Gleichstellung von Frauen und Männern auf betrieblicher Ebene noch immer nicht Realität. Frauen verdienen weniger als Männer, besetzen weniger Führungspositionen und arbeiten mehrheitlich in wenigen Niedriglohnbranchen (z. B. als Friseurinnen).[250] Dies trotz jahrzehntelangen weitreichenden geschlechterpolitischen Diskursen auf internationaler, europäischer und österreichischer Ebene, welche die Rahmenbedingungen und Mittel zur Herstellung egalitärer Geschlechterbeziehungen immer wieder den gesellschafts- und wirtschaftspolitischen Entwicklungen anpassen (vgl. auch Appelt 2009).

Wie die Zahlen zeigen, greift der moralische bzw. rechtliche Anspruch auf Antidiskriminierung, auf Gleichstellung[251], Gleichbehandlung[252] und (Chancen)Gleichheit[253] der Geschlechter zu kurz. Daher verweisen wissenschaftliche Texte auf wirtschaftliche Argumente, welche für die Implementierung von Chancengleichheitsprogrammen, Gender Mainstreaming und Diversitätsmanagement sprechen: Bereits in den 1990er Jahren weisen Studien zu Chancengleichheitsprogrammen (z. B. Busch 1993; Rudolph/Grüning 1993; Pastner/Papouschek 1996; Bendl 1998) darauf hin, dass Unternehmen Vorteile verschiedenster Art (z. B. motiviertere MitarbeiterInnen, Kostenreduktion infolge längerer MitarbeiterInnenbindung) lukrieren können, wenn sie sich vermehrt auf das Potenzial ihrer weiblichen MitarbeiterInnen konzentrieren und von der Norm des (weißen) männlichen,

---

250 Für detaillierte Daten aus Österreich siehe Bendl/Eberherr/Mensi-Klarbach in diesem Buch.

251 Gleichstellung beschreibt alle Maßnahmen, die darauf abzielen, Frauen und Männern beziehungsweise allen anderen potentiell benachteiligten Gruppen gleiche Chancen einzuräumen, damit sie ihre Fähigkeiten entfalten können. Wesentlich ist, dass Gleichstellung über Gleichbehandlung hinausgeht. Gleichstellung schließt auch Maßnahmen mit ein, die eine temporäre Bevorzugung einer benachteiligten Gruppe beinhalten (vgl. Bendl/Hofmann 2008a).

252 Mit dem Prinzip der Gleichbehandlung sollen unmittelbare und mittelbare Diskriminierungen aufgrund des Geschlechts, aber auch in Bezug auf Alter, sexuelle Orientierung, physische Fähigkeiten, ethnische Zugehörigkeit, und Religion/Weltanschauung im konkreten Handeln vermieden werden. Wesentlich dabei ist, dass aufgrund unterschiedlicher Kontextfaktoren aber auch Ungleichbehandlung zu Gleichstellung führen kann. (vgl. Bendl/Hofmann 2008a).

253 Chancengleichheit beschreibt einen Handlungsgrundsatz, in dem allen Geschlechtern die gleichen Chancen eingeräumt werden. Dafür müssen allerdings jene strukturellen Rahmenbedingungen verändert werden, die ein Geschlecht bevorzugen. Der Handlungsgrundsatz muss daher mit einer Geschlechterpolitik, in deren Rahmen Chancengleichheitsziele formuliert werden, einhergehen (vgl. Bendl/Hofmann 2008a).

alleinverdienenden, der Mittelschicht angehörenden Arbeitnehmers und den dazugehörigen strukturellen Bedingungen abgehen.

Gender Mainstreaming wurde von Beginn an mit wirtschaftlichen Aspekten in Verbindung gebracht, indem es im Amsterdamer Vertrag ausschließlich unter dem Gesichtspunkt der Errichtung eines gemeinsamen Marktes und einer Wirtschafts- und Währungsunion begründet wird (siehe Artikel 2 und 3 des Amsterdamer Vertrags, vgl. Bendl 2004) – auch wenn es von der ursprünglichen Absicht nur auf den öffentlichen Bereich abzielt. Was Diversitätsmanagement betrifft, so ist der Business Case von Diversity und Diversitätsmangement zentraler Gegenstand wissenschaftlicher und betrieblicher Auseinandersetzung, um zu zeigen, welches wirtschaftliche Potenzial in Vielfalt steckt (z. B. Roberson/Park 2007; Gonzales/Denisi 2009).[254] In diesem Sinne sind Chancengleichheitsprogramme und Gender Mainstreaming an den neoliberalen Diskurs (Gerlach 2000; Gächter/Nyffeler 2001) anschließbar und Diversitätsmanagement kann aufgrund seiner Entstehungsgeschichte auch als Anpassungsphänomen gesehen werden.[255]

Worin liegen nun die Unterschiede und Gemeinsamkeiten von Chancengleichheitsprogrammen, Gender Mainstreaming und Diversitätsmanagement, wenn alle drei Ansätze moralisch-rechtliche Ansprüche auf Antidiskriminierung, Gleichstellung, (Chancen)Gleichheit und Gleichbehandlung einerseits und wirtschaftlichen Nutzen andererseits bedienen können? Worin unterscheiden sich Chancengleichheitsprogramme von Gender Mainstreaming und wie stehen diese im Verhältnis zu Diversitätsmanagement? Ziel dieses Beitrags ist es, Chancengleichheitsprogramme und Gender Mainstreaming vergleichend in Bezug auf deren unterschiedliche Reichweiten zur Herstellung von egalitären Geschlechterbeziehungen auf betrieblicher Ebene zu diskutieren und mit Diversitätsmanagement in Beziehung zu setzen. Zunächst wird für die vergleichende Darstellung von Chancengleichheitsprogrammen und Gender Mainstreaming auf Herkunfts- und Entstehungskontext, Definition, Ziele und Inhalte und Verortung im feministischen Diskurs Bezug genommen. Danach werden Chancengleichheitsprogramme und Gender Mainstreaming mit Diversitätsmanagement in Bezug auf ausgewählte Kriterien verglichen.

---

[254] Siehe im Detail dazu den Beitrag von Mensi-Klarbach in diesem Buch.

[255] Siehe dazu die Entwicklungsgeschichte von Diversitätsmanagement in der Einleitung dieses Buches und im weiteren Detail zur Verbindung von Diversitätsmanagement und Neoliberalismus Bendl 2007.

8.2 Chancengleichheitsprogramme

Der Begriff „Chancengleichheit“ ist seit Mitte der 1980er Jahre ein nicht mehr wegzudenkender Gegenstand der betrieblichen Diskussion um Antidiskriminierung gegenüber Frauen im deutschsprachigen Raum. Einerseits fanden unter Bezeichnungen wie „Chancengleichheit für weibliche Fach- und Führungskräfte“, „Betriebsvereinbarung Chancengleichheit“, „Programm für Chancengleichheit. Berufliche Chancengleichheit von Frauen und Männern“, „Betriebsvereinbarung über Chancengleichheit, Beruf und Familien“, „Betriebsvereinbarung zur Förderung der Gleichbehandlung von Frauen und Männern“ oder „Betriebsvereinbarung über Chancengleichheit Beruf und Familie“ (siehe z. B. Brumlop/Hornung 1993; Schreilechner 1993; Pastner/Papouschek 1996) Gleichstellung, Gleichbehandlung und Chancengleichheit von Frauen in Form von strategischer top-down Implementierung Eingang in die betriebliche Diskussion. Andererseits bemühten sich feministisch motivierte AkteurInnen durch bottom-up Forderungen für Chancengleichheit um betriebliche Antidiskriminierung. Dieser Diskurs beschränkte sich anfänglich auf Frauen, weshalb viele dieser Maßnahmen auch unter „Frauenförderung“ und „Programme zur Vereinbarkeit von Beruf und Familie“ stattfanden (Bendl 1997). Während der Begriff Frauenförderung auch heute noch verwendet wird und nach wie vor auf Frauen abzielt, hat der Begriff „Programme zur Vereinbarkeit von Beruf und Familie“ einen Bedeutungswandel vollzogen. Der wesentlich umfassender konnotierte Begriff „Programme zur Vereinbarkeit von Berufs- und Privatleben“ schließt nun einerseits Frauen *und* Männer ein und macht andererseits darauf aufmerksam, dass für ArbeitnehmerInnen in ihrem Privatleben nicht zwangsläufig nur die Familie im Mittelpunkt steht.[256] Das Wort „Privatleben“ deutet darauf hin, dass das Privatleben neben der Betreuung von Kindern auch anderen Betreuungspflichten gewidmet sein kann (z. B. Eltern, Geschwistern oder anderen übernommenen sozialen Diensten wie z. B. Betreuung von nicht verwandten Personen im Alters- oder Pflegeheim, Hospizdienst). Oder auch gänzlich andere Interessen im Mittelpunkt des Privatlebens stehen (z. B. Sport, Musik, Vereinstätigkeit). Daher ist der im internationalen Diskurs gängige Begriff „Work Life Balance“, welcher auf die gesamte Palette der Vereinbarkeitsthematik abzielt, präziser und wurde im deutschsprachigen Raum als Vereinbarkeit von Beruf und Privatleben übernommen.[257]

---

[256] Für die historische Entwicklung des Familienmodells siehe auch den Beitrag von Hanappi-Egger in diesem Buch.

[257] Anzumerken ist hier, dass aber „work“ auch „life“ ist und daher eine noch präzisere Ausdruckform gefunden werden sollte (siehe dazu Özbilgin et al. 2011).

Was die geschichtliche Entwicklung von Programmen zur Frauenförderung und Vereinbarkeit von Berufs- und Privatleben betrifft, so leitete sich die Notwendigkeit ihrer Implementierung von dem in den 1960er, 1970er und 1980er Jahren ansteigenden Anteil an Frauen in der Erwerbsarbeit, deren Diskriminierungserfahrungen und den seit den 1970er Jahren in der wissenschaftlichen Literatur immer mehr konstatierten geschlechtsspezifischen organisationalen Diskriminierungsmechanismen ab (z. B. Hanappi-Egger 2004). Betriebliche Frauenförderung war die erste Antwort auf diese Bedingungslagen und die Vereinbarkeit von Beruf und Privatleben die zweite. So stellte Arioli (1991, 40) fest, „verwirklichte Chancengleichheit würde bedeuten, dass den Angehörigen beider Geschlechter die Wahl zustehe, ihren Teil in der Familienbetreuung und im Erwerbsleben zu übernehmen. Frauen und Männer hätten die gleichen affektiven Möglichkeiten, sich nach ihren eigenen Zielvorstellungen und frei von geschlechtsspezifischen Hindernissen zu entfalten. Es würde keine Rollenverteilung nach Geschlecht, keine geschlechtsspezifische Arbeitsteilung mehr geben". Es ging darum, auch Männer anzusprechen, „die ihre Vaterrolle wahrnehmen möchten und damit helfen, bestehende Strukturen aufzubrechen und um Vorbilder für neue männliche Lebensmodelle und Berufsbiographien zu gestalten" (Zauner 1991, 1).

Viele der Definitionen von Frauenförderungsmaßnahmen (z. B. Just 1991; Fischer 1993; Schreilechner 1993) basieren auf der von Krebsbach-Gnath/Schmid-Jörg (1985) eingebrachten und für lange Jahre richtungsweisenden und diskussionsleitenden Definition von Frauenförderungsmaßnahmen. Die beiden Autorinnen verstehen darunter:

> „Mit dem Begriff ‚Frauenförderungsmaßnahmen' werden manchmal Vorstellungen von einem ‚Sonderprogramm für Frauen', von ungerechtfertigter Bevorzugung weiblicher Mitarbeiter oder Bewerber verbunden, auch die gedankliche Assoziation von karitativer Hilfe wird ins Feld geführt. All dies ist aber keinesfalls gemeint. Unter ‚Frauenförderungsmaßnahmen' wird vielmehr eine bewusste und gezielte unternehmensspezifische Personalplanung verstanden, die das Ziel hat, breitere Personalressourcen effizienter zu nützen. Es sind Maßnahmen oder Aktionsprogramme,
>
> - die helfen, die vorherrschenden personalpolitischen Entscheidungsmuster ‚bei gleicher Qualifikation im Zweifel für den männlichen Bewerber' aufzubrechen und möglicherweise für eine befristete Zeit umzukehren,
> - die der Tatsache Rechnung tragen, daß es viele qualifizierte und motivierte Frauen gibt, deren berufliche Chancen an sozialen Vorurteilen – die vielfach die betriebliche Personalpolitik leiten – scheitern,
> - die den Zugang zu einem größeren Spektrum an qualifiziertem Personal eröffnen,

> • die den Entscheidungsträgern in Unternehmen helfen, bewußte oder unbewußte, willkürliche und unwillkürliche Benachteiligungen von Frauen im Arbeitsleben abzubauen.
>
> Sie umfassen Bereiche wie z. B. Personalwerbung, -auswahl, -einstellung, Ausbildung, Weiterbildung und Beförderung sowie grundsätzliche organisatorische Bedingungen" (Krebsbach-Gnath/Schmid-Jörg 1985, 9).

Gemäß dieser Definition ist Frauenförderung auf betrieblicher Ebene ursprünglich dem Funktionsbereich Personal zugeordnet (siehe auch Krell 1998). Eine Dekade später macht Bendl (1997, 22) deutlich, dass betriebliche Frauenförderung umfassender angelegt werden sollte und als „eine bewusst und gezielt eingesetzte langfristige Unternehmensstrategie, verbunden mit operationalen Maßnahmen und Ergebniskontrolle im Rahmen der Organisationsentwicklung und des betrieblichen Funktionsbereiches Personal" zu fassen ist. Mit dem Fokus auf die strategische Ebene und der Erkenntnis, dass Chancengleichheitsprogramme nur dann sinnvoll umsetzbar sind, wenn diese als top-down Prinzip von der Unternehmensleitung im Unternehmen verankert und umgesetzt werden und als Wandel der gesamten Organisation zu verstehen sind[258], wurde Chancengleichheit als Unternehmensstrategie erstmals im deutschsprachigen Raum folgendermaßen definiert: „'Chancengleichheit am Arbeitsplatz' ist eine bewusste und gezielte von der Unternehmensleitung eingesetzte langfristige Strategie des Unternehmens, mit dem Ziel frauenspezifische Benachteiligungen abzubauen und die Vereinbarkeit von Beruf und Familie für beide Geschlechter zu verwirklichen, um damit die MitarbeiterInnenqualifikationen für das Unternehmen effektiver bzw. effizienter zu nützen" (Bendl 1997, 23). Obwohl hier bereits der Zusammenhang mit betrieblicher Effektivität und Effizienz hergestellt wird, steht auf der konzeptionellen Ebene von Chancengleichheitsprogrammen das normative Ziel der Chancengleichheit und Gleichstellung der Geschlechter im Mittelpunkt. Bei der Frauenförderung ging es darum, antidiskriminierende und sog. „frauenfreundliche" Maßnahmen in der Personalbeschaffung, -auswahl, -entwicklung und -freisetzung zu implementieren. Im Rahmen der Vereinbarkeit von Beruf und Privatleben implementierte man Maßnahmen wie z. B. Betriebskindergärten, flexible Arbeitszeitmodelle, Telearbeit.[259]

Im deutschsprachigen Raum wurde zunächst eher zögerlich, aber mit den Jahren aufgrund von externen Anreizen durch zahlreiche Auszeichnungen

---

[258] Siehe Warmuth in diesem Buch.

[259] Für detaillierte Maßnahmen siehe z. B. Bendl/Hofmann 2008a und 2008b. Gleichzeitig ist anzumerken, dass alle Vereinbarkeitsmaßnahmen von Berufs- und Privatleben auch für Männer gleich gelten sollen.

(z. B. Total E-Quality und Equality Inside[260], Initiative Frauen 2000[261], Taten statt Worte[262], Total Equality Österreich) eine Vielzahl an Frauenförderprogrammen und Programmen zur Vereinbarkeit von Beruf und Familie implementiert. Auch Auditierungsverfahren (z. B. Audit berufundfamilie), wo sich Betriebe zertifizieren lassen können, wurden angeboten.[263] Als Unternehmen bzw. öffentliche Betriebe erster Stunde, die sich mit dem Thema beschäftigten, gelten z. B. Bank Austria, Hewlett Packard, Krankenanstaltenverbund, u.v.a.m.[264]

Was die soziale Konstruktion der Genusgruppe Frauen im Rahmen von Frauenfördermaßnahmen betrifft, so war – entsprechend den in den 1980er Jahren im deutschsprachigen Raum vorherrschenden Geschlechtertheorien – zunächst der Gleichheitsansatz tonangebend.[265] Dabei ging man davon aus, dass Frauen grundsätzlich dieselben Grundlagen, Fähigkeiten und Möglichkeiten wie Männer haben, doch aufgrund struktureller Benachteiligung diese nicht im selben Maße aktualisieren können – und dieser Benachteiligung wollte man mit den Frauenförderungs- und Vereinbarkeitsprogrammen entgegentreten. In späterer Folge wurde im Rahmen dieser Programme der Gleichheitsansatz vom Differenzansatz ergänzt, welcher Frauen und Männern unterschiedliche Qualifikationen zuschreibt (Frauen als emotional, Männer als rational etc.). Mit der Verbindung zum Differenzansatz verwies man auf die „besonderen Fähigkeiten" von Frauen, welche positiven Einfluss auf Organisationen hätten (siehe z. B. Demmer 1988).[266] Aus einer kritischen Perspektive ist jedoch darauf zu verweisen,

---

[260] Siehe z. B. Busch 1998, Busch/Engelbrech 2000, Busch/Engelbrech 2004 und auch http://www.total-e-quality.de/ (Abfrage: 13.5.2011; [MEZ 11:40]).

[261] Diese Initiative wurde von der damaligen Frauenministerin Johanna Dohnal Anfang der 1990er Jahre ins Leben gerufen.

[262] Zur Erfolgsgeschichte von „Taten statt Worte" siehe http://www.tatenstattworte.at/default.aspx (Abfrage: 13.5.2011; [MEZ 11:30]). Als Initiatorin zu Beginn der 1990er Jahre gilt die damalige Steiermärkische Nationalratsabgeordnete Ridi Steibl.

[263] Für mehr Informationen zum Audit siehe http://www.familieundberuf.at/Auditberufundfamilie.47.0.html (Abfrage: 13.5.2011; [MEZ 11:35]).

[264] Siehe z. B. Bendl 1997, Pastner/Papouschek 1996; für einen Überblick über die Preisträger des Bundeswettbewerbs „Taten statt Worte" siehe auch: http://www.tatenstattworte.at/site/praemierung/3388/praemierung.aspx (Abfrage: 13.6.2011; [MEZ 11:55]).

[265] Für Details zu den Geschlechtertheorien siehe Hofmann in diesem Buch.

[266] Aus heutiger Perspektive geht es weder um Gleichheit noch um Differenz, sonder um Dekonstruktion von Geschlechterverhältnissen und Doing Gender bzw. Doing Diversity. Für weitere Ausführungen dazu siehe den Beitrag von Hofmann und den Beitrag von Eberherr in diesem Buch.

dass mit diesen Essentialisierungen auch der Reproduktion von Geschlechterstereotypen Vorschub geleistet wird.

Die Argumentation zur Implementierung von Chancengleichheitsprogrammen war, dass es sich bei Frauenförderung nicht um einen Defizitansatz handeln sollte und Frauen nicht ein Mehr an Qualifikationen benötigen, sondern dass diskriminierende organisationale Strukturen und Prozesse in den Mittelpunkt gestellt und aufgebrochen werden sollten, um egalitäre Geschlechterbeziehungen auf betrieblicher Ebene herzustellen (z. B. Pastner/Papouschek 1996). Daher fokussierte der betriebliche Chancengleichheits- und Vereinbarkeitsdiskurs auf folgende Themen (vgl. Bendl 2004):

- Prozesse der Verortung und Implementierung auf strategischer und funktionaler betrieblicher Ebene im Bereich Personal und Organisationsentwicklung (vgl. Just 1991; Hubacher 1991; Schreilechner 1993; Bendl 1997; Bendl 1998; Krell 1998);
- Einflussfaktoren und Machtkonstellationen bei der Implementierung von Chancengleichheitsprogrammen (vgl. Bendl 1998; May 1998);
- Personalcontrolling bzw. Gleichstellungscontrolling (siehe Riedl 1998);
- Geschlechtergerechte statt geschlechterblinde Arbeitsbewertung (Jochmann-Döll 1997; Baitsch/Mussmann/Ulich 1998; Geisser 1998);
- Exemplarische Betriebsanalyse und Querschnittsuntersuchungen (Fischer 1993; Pastner/Papouschek 1996; Philip 1997; Krell 1998; Bendl 1999).

Grundsätzlich basiert auch heute noch die Implementierung von betrieblichen Chancengleichheitsprogrammen bei Profitorganisationen gänzlich auf freiwilliger Basis. Für Verwaltungen und Behörden des Bundes wurde Frauenförderung mit dem Bundesgesetz über die Gleichbehandlung im Bereich des Bundes (Bundes-Gleichbehandlungsgesetz (B-GlBG), BGBl. Nr. 100/1993) rechtlich geregelt und für Landesbehörden aus den daraus abgeleiteten Landes-Gleichbehandlungsgesetzen[267]. Seit vielen Jahren wird von politischer Seite auch immer wieder versucht, das Vorliegen von Chancengleichheitsprogrammen als ein Kriterium bei der öffentlichen Auftragsvergabe anzuerkennen. Ziel ist, jene Betriebe bei der Vergabe von öffentlichen Betrieben bevorzugt zu behandeln, welche sich um Frauenförderung und Vereinbarkeit bemühen. Für Österreich wurde lediglich von der Stadt Wien bisher eine solche Regelung verabschiedet.[268]

---

[267] Siehe zu den Landes-Gleichbehandlungsgesetzen http://www.frauen.bka.gv.at/site/5571/default.aspx (Abfrage: 19.6.2011; [MEZ 23:00]).

[268] Siehe dazu: http://www.wien.spoe.at/frauen/wien-koppelt-vergabe-oeffentlicher-auftraege-frauenfoerderung (Abfrage: 19.6.2011; [MEZ 23:10]).

Zusammenfassend kann festgehalten werden, dass aus heutiger Sicht der betriebliche Diskurs zur Chancengleichheit der Beginn war, die Herstellung von geschlechteregalitären Strukturen und Prozessen in Betrieben zum Thema zu machen. Auch wenn die Implementierung sehr langsam vor sich ging und statistische Daten nach wie vor Diskriminierung von Frauen am Arbeitsmarkt ausweisen, sind die betrieblichen Strukturen und Prozesse auf betrieblicher Ebene im Vergleich zu den späten 1980er und frühen 1990er Jahren wesentlich weniger diskriminierend (siehe dazu auch Krell 2008).

8.3 Gender Mainstreaming

War die Implementierung von Chancengleichheitsprogrammen nationalstaatlich inspiriert, hat die Europäische Union (EU) mit Gender Mainstreaming gegen Ender der 1990er Jahre einen Ansatz eingeführt, der Gleichstellung, Gleichbehandlung und (Chancen)Gleichheit zur Herstellung von egalitären Geschlechterbeziehungen für den gesamten öffentlichen Bereich und auf politischer Ebene in allen Mitgliedsländern der EU regelt. Als Entschließung der EU ist Gender Mainstreaming von allen EU-Ländern zu ratifizieren und umzusetzen (vgl. Entschließung vom 16. September 1997 zur Mitteilung der Kommission „Einbindung der Chancengleichheit in sämtliche politischen Konzepte und Maßnahmen der Gemeinschaft, Amtsblatt C 304 vom 6.10.1997, 50).

Die Idee des „Gender Mainstreaming" wurde bereits 1985 auf der UNO-Weltfrauenkonferenz in Nairobi entwickelt. Ursprüngliches Ziel von Gender Mainstreaming war es, den Mitteleinsatz von Entwicklungshilfegeldern so zu regeln, das diese auch die Situation von Frauen verbessern:

> "Mainstreaming a gender perspective is the process of assessing the implications for women and men of any planned action, including legislation, policies or programs, in all areas and at all levels. It is a strategy for making women's as well as men's concerns and experiences an integral dimension of the design, implementation monitoring and evaluation of policies and programs in all political, economic and societal spheres so that women and men benefit equally and that inequality is not perpetuated. The ultimate goal is to achieve gender equality" (ECOSOC, 1997, Chapter 4).[269]

Zehn Jahre später auf der UNO-Weltfrauenkonferenz in China wurde angedacht, Gender Mainstreaming auch in der EU zu etablieren. Grund dafür

---

[269] http://www.un.org/womenwatch/daw/followup/main.htm (Abfrage: 18.6.2011; [MEZ 22:50]).

war, dass die vorangegangenen Maßnahmen der EU zur Gleichstellung, Gleichbehandlung und (Chancen)Gleichheit der Geschlechter[270] nicht die gewünschten Gleichstellungserfolge brachten. Im Jahre 1996 erfolgte die „Mitteilung der Europäischen Kommission zur Verpflichtung von Gender Mainstreaming" und 1997 wurde eine Entschließung des Europäischen Parlaments veröffentlicht, welche die Mitgliedsstaaten aufforderte, die Politik des Gender Mainstreaming in ihre lokale, regionale und nationale Politik aufzunehmen. Dies wurde folgendermaßen in Artikel 3 Absatz 2 des Amsterdamer Vertrags formuliert: „Bei allen in diesem Artikel genannten Tätigkeiten wirkt die Gemeinschaft darauf hin, Ungleichheiten zu beseitigen und die Gleichstellung von Männern und Frauen zu fördern".

Im deutschsprachigen Kontext haben sich die beiden folgenden Definitionen des Councils of Europe für den Begriff Gender Mainstreaming durchgesetzt:

1. „Reorganisation, Verbesserung, Entwicklung und Evaluierung politischer Prozesse mit dem Ziel eine geschlechterbezogene Sichtweise in allen politischen Konzepten und auf allen Ebenen und in allen Phasen durch alle an politischen Entscheidungen beteiligten Akteure miteinzubeziehen" (Council of Europe 1998 nach Council of Europe 2004, 12).
2. „Gender Mainstreaming bedeutet die (Re-)Organisation, Verbesserung, Entwicklung und Bewertung des Politikprozesses mit dem Ziel der Integration der Perspektive der Gleichstellung der Geschlechter in alle Politiken, auf allen Ebenen und allen Stufen von allen politischen Akteuren" (Council of Europe, Group of Specialists on Mainstreaming).

Mit der Verankerung von Gender Mainstreaming zielte die EU darauf ab, Geschlechter- und Gleichstellungspolitik aus ihrer nachgeordneten und separierten Stellung herauszuholen und als Querschnittsaufgaben in alle Politikbereiche in den Mainstream organisationalen Handelns („mainstreaming") zu integrieren. Zusammengefasst ist es Ziel von Gender Mainstreaming, Chancengleichheit als Querschnittsaufgabe zu betrachten, traditionelle diskriminierende Geschlechterverhältnisse aufzubrechen und durch die Aufdeckung von Geschlechterblindheit[271] politischer Praktiken die institutionellen Strukturen und Prozesse zugunsten einer erhöhten Geschlechtergerechtigkeit und Gleichstellung beider Geschlechter zu verändern (vgl. auch Döge 2002, 11).

Österreich ratifizierte Gender Mainstreaming am 11. Juli 2000 mit einem Ministerratsbeschluss. Seit dieser Ratifizierung und ergänzenden Veranke-

---

[270] Siehe dazu die Richtlinien der EU zur Gleichstellung bis 1997 in Bendl 1997 und die nachfolgenden in Appelt 2009.

[271] Siehe Hanappi-Egger in diesem Buch.

rungen in den Jahren 2002 und 2004 wurde im Ministerratsbeschluss vom 5. März 2008 die Anwendung der zwei im Auftrag der Frauenministerin erstellten Leitfäden zur Umsetzung von Gender Mainstreaming im Rahmen der legistischen Vorhaben und im Bereich der Budgeterstellung bekräftigt.[272] Ebenso wurde mit dem Ministerratsbeschluss eine Interministerielle Arbeitsgruppe Gender Mainstreaming/Budgeting (IMAG GMB) eingerichtet, welche das Ziel verfolgt, eine Grundlage für die Implementierung der Gender Mainstreaming Strategie auf Bundesebene zu schaffen und die internationalen Verpflichtungen Österreichs zu erfüllen. Mitglieder dieser Arbeitsgruppe sind alle Bundesministerien, die obersten Organe, die GÖD und seit November 2007 eine Ländervertreterin. Zur Erreichung der genannten Ziele hat die IMAG GMB folgende Aufgaben zu erfüllen:[273]

- Unterstützung und Begleitung des Implementierungsprozesses des GM in allen Ressorts und auf allen politischen Ebenen;
- Austausch von Informationen und nachahmenswerten Initiativen in den Ressorts sowie von in- und ausländischen best-practice Beispielen;
- Entwicklung von Kriterien für die Umsetzung der GM-Strategie;
- Begleitung und Evaluierung laufender Projekte, Maßnahmen und Gesetze hinsichtlich der Anwendung der GM-Zielsetzungen.

Seit der Ratifizierung von Gender Mainstreaming in Österreich wurden viele Projekte durchgeführt. Eine umfassende Übersicht findet sich auf der offiziellen Homepage der IMAG GMB).[274] Aktuell unterstützt erstens der Leitfaden für Gender Mainstreaming in der Legistik AnwenderInnen in Bund, Ländern und Gemeinden dabei, Gesetze und Verordnungen bereits in der Entstehungsphase einer systematischen Prüfung hinsichtlich ihrer gleichstellungsrelevanten Aspekte zu unterziehen. Zweitens bietet die „Arbeitshilfe für Gender Budgeting" Unterstützung bei der konkreten Umsetzung von Gender Budgeting in der Verwaltung und trägt dazu bei, die unterschiedlichen Auswirkungen der öffentlichen Einnahmen und Ausgaben auf Frauen und Männer zu ermitteln. Dadurch werden Auswirkungen auf Geschlechterverhältnisse offengelegt, Prioritäten verändert und Mittel umverteilt. Ziel ist die Erstellung eines geschlechtergerechten Haushaltes (siehe z. B. Gubitzer/Trukeschitz 2004; Mader 2009).

---

[272] Siehe dazu http://www.imag-gendermainstreaming.at (Abfrage am 2.12.2010).

[273] Siehe http://www.imag-gendermainstreaming.at/cms/imag/subcoverpage.htm?channel=CH0557 (Abfrage am 2.12.2010).

[274] Siehe http://www.imag-gendermainstreaming.at/cms/imag/index.html (Abfrage am 2.12.2010).

Ähnlich wie beim früheren Frauenförderungsdiskurs steht auch bei Gender Mainstreaming die Dualität Frau/Mann für die soziale Konstruktion von Geschlecht im Vordergrund. Mit dieser Perspektive handelte sich Gender Mainstreaming begründete Kritik ein: So formuliert z. B. Wetterer (2004), dass mit diesem differenzorientierten Blick auf Frauen und Männer mit Gender Mainstreaming auch die Vereigenschaftung von Differenz fortgeschrieben wird (= Differenzdilemma) und andere Geschlechteridentitäten (z. B. Transgender) ausgeblendet werden. De facto kann aber im Rahmen von Gender Mainstreaming nur eine dekonstruktive und Doing Gender Perspektive helfen, egalitäre Geschlechterbeziehungen auf Basis vielfältiger Geschlechteridentitäten herzustellen. Dies indem auf duale und hierarchische Geschlechterkonstruktionen aufmerksam gemacht wird und alternative Geschlechterkonstruktionen und -identitäten rekonstruiert werden (z. B. wäre es sinnvoll für Fußballclubs zu prüfen, ob sie Frauenfußball anbieten und wenn ja, zu welchen Zeiten das Training für das Frauenfußball stattfindet. Sinnvoll wäre es, die Trainingszeiten aus Randzeiten (z. B. Sonntag 19.00 bis 21.00 Uhr) herauszuholen, um Fußball auch für Mädchen und Frauen attraktiv zu machen).

Grundsätzlich repräsentiert Gender Mainstreaming eine top-down Strategie, „ersetzt aber nicht die Notwendigkeit gezielter Frauenförderung, gleichstellungpolitischer Maßnahmen und entsprechender Einrichtungen“ (Hofmann/Körner/Färber/Geppert/Rösgen/Wanzek 2003, 14f.). Gender Mainstreaming stellt ausdrücklich eine Ergänzung auf struktureller Ebene zu spezifischen Frauenfördermaßnahmen dar, die eine personenbezogene Politikstrategie zum Ausgleich andauernder und nachgewiesener struktureller Benachteiligungen sind. Insofern ist Gender Mainstreaming die struktur- und prozessbezogene Komponente bzw. Ergänzung zur Frauenförderung (personale Komponente) wie die Definition selbst zeigt: diese nimmt auf Prozesse und Entscheidungen und nicht auf Personen Bezug. Frauenförderung und Chancengleichheit ersetzen einander also nicht, sondern repräsentieren eine „Doppelstrategie“ (Kreimer/Leitner 2004). Nach anfänglichen Schwierigkeiten bei der Einführung von Gender Mainstreaming in Bezug auf Kompetenzverteilung und Einsatzbereiche (siehe z. B. Kreimer/Leitner 2004) gibt es in vielen Verwaltungen und Behörden nun oftmals eine Abteilung für Frauenförderung und eine für Gender Mainstreaming (siehe z. B. die Stadt Wien: Frauenabteilung MA 57 und Projektstelle Gender Mainstreaming).

Was die Umsetzung von Gender Mainstreaming betrifft, so wurden hierzu neue Instrumente zur Gender Analyse und zur Umsetzung von Maßnahmen entwickelt: Gender Impact Assessment, 3-R-Analyse bzw. 4-R-Analyse, Gender Mainstreaming Self Assessment, 6-Schritte-Methode (vgl. dazu Bendl 2004 und Bendl/Hanappi-Egger/Hofmann 2004). Die 6-Schritte

Methode beruht z. B. auf einer betriebswirtschaftlichen Logik[275], die auf eine Genderperspektive umgelegt wird. Gender Impact Assessment, 3- bzw. 4-R-Analyse zielen auf die Sichtbarmachung verborgener Geschlechterperspektiven in Organisationen ab.[276]

Neben diesen in der letzten Dekade entwickelten vielfältigen Ansatzpunkten und Umsetzungskonzepten zu Gender Mainstreaming ist aber trotzdem festzuhalten, dass der Erfolg von Gender Mainstreaming nicht den gesetzten Erwartungen entspricht. Evaluierungen zur Umsetzung von Gender Mainstreaming z. B. Analyse der Nationalen Reform Programme von 2005 und 2006 in 27 EU-Ländern (Plantenga et al. 2007), EQUAPOL (2002–2004) und darauf aufbauend die Analyse von Daly (2005) und Verloo/Lombardo (2007) zeigen, dass es einerseits Probleme bei der Umsetzung von Gender Mainstreaming als umfassendem Ansatz gibt. Andererseits ist ein Rückgang von Gender Mainstreaming Aktivitäten erkennbar. Die Schwach- und Kritikpunkte an Gender Mainstreaming basierend auf theoretisch-konzeptioneller Reflexion und praktischer Anwendung können folgendermaßen zusammengefasst werden:

1. In keinem EU-Land außer Schweden konnte ein signifikanter Wandel in Bezug auf Diskurse, Strukturen und Prozesse von Gleichstellung, Gleichbehandlung und (Chancen)Gleichheit der Geschlechter festgestellt werden (Daly 2005; Sainsbury/Bergqvist 2009). Dies macht deutlich, dass der Kontext sehr stark auf die Umsetzung von Gender Mainstreaming wirkt und weitreichende Transformationen in Richtung Gleichstellung, Gleichbehandlung und (Chancen)Gleichheit der Geschlechter aufgrund von Gender Mainstreaming nur in jenen Kontexten erreicht werden, wo diese auf einer bereits ausreichend gendersensibilisierten Gesellschaft aufgesetzt werden. Darüber hinaus ist die Umsetzung von Gender Mainstreaming sehr fragmentiert: es besteht ein erheblicher Unterschied beim Verständnis, der Umsetzung und dem Zielerreichungsgrad von Gender Mainstreaming in den EU-Ländern (Behning/Serrano Pascual, 2001). Woodward (2008, 295) benennt Gender Mainstreaming als „container concept“, das die NutzerInnen mit dem jeweiligen passenden Sinn belegen, dem jeweiligen Kontext entsprechend adaptieren und damit auch den Ansatz sehr verwässern.
2. Es zeigt sich, dass weder die Verantwortlichen an das Thema Geschlecht und die damit verbundenen Problemlagen mit einem veränderten Mind-

[275] Zum Beispiel 6-Schritte-Methode: Ziele definieren, Analyse erstellen, Entwicklung von Optionen, Bewertung der Optionen, Umsetzung der gewählten Optionen, Erfolgskontrolle und Adaption.

[276] Siehe Warmuth in diesem Buch.

set an Gender Mainstreaming als an Chancengleichheitsprogramme herangehen noch dass sich die Machstrukturen verändert haben (Verloo 2005).

3. Gender Mainstreaming ist besser entwickelt als Politikansatz denn als Umsetzungskonzept (Daly 2005) und macht in den einzelnen EU-Mitgliedsstaaten aufgrund des englischen Terminus Probleme bei der Übersetzung und damit bei der Zuschreibung, Identifikation und Umsetzung von Inhalten (Rees 2002).
4. Aufgrund der Referenz auf zwei Bezugsrahmen, den Mainstream einerseits und Gleichstellung, Gleichbehandlung und (Chancen)Gleichheit andererseits, produziert Gender Mainstreaming Spannungen bei der Prioritätensetzung zwischen der Verbesserung der wirtschaftlichen Konkurrenzfähigkeit und den diametral entgegenstehenden Konsequenzen für Gleichstellung, Gleichbehandlung und (Chancen)Gleichheit (Walby 2005). Vor der Folie dieser beiden Bezugsrahmen sieht Verloo (2002, 10) die Gefahr der Absorption von Gender Mainstreaming-Inhalten durch den Mainstream: "Gender mainstreaming aims at changing the mainstream, and hence cannot avoid the confrontation with the mainstream, especially not since it needs the co-operation of the 'normal' actors. The risk of being swept away by the mainstream instead of being able to change it or re-orient it, is a very realistic risk".
5. Von feministischer Seite wird Gender Mainstreaming aufgrund des Androzentrismus[277] und der Reproduktion von dualen Geschlechterdifferenzen als problematisch gesehen (Rees 1998; Thürmer-Rohr 2001; Wetterer 2003; Eveline/Bacchi 2005; Stratigaki 2005; Walby 2005): Aus einer differenzperspektivischen Betrachtung[278] reproduziert Gender Mainstreaming Frauen weiterhin als die Abweichung von der männlichen Norm. Frauen sollen in einen von hegemonialer Maskulinität geprägten Mainstream aufgenommen werden. Um der Reproduktion solcher Prozesse entgegenzuwirken schlägt Walby (2005, 325) einen dritten Weg vor: "Neither the assimilation of women into men's ways, nor the maintenance of a dualism between women and men, but rather, something new, a positive form of melding, in which the outsiders, feminists, changed the mainstream."

Alle diese Punkte zeigen, dass Gender Mainstreaming, obwohl es ein Ansatz der Europäischen Union ist und für alle EU-Mitgliedsstaaten gilt, auf

---

[277] Androzentrismus verweist darauf, dass Mann als Zentrum, Maßstab und Norm verstanden wird und Frau als dessen Abweichung (siehe Weedon 1997).

[278] Siehe auch den Beitrag von Hofmann in diesem Buch.

die jeweiligen Kontexte hin spezifiziert werden muss (siehe Bendl/Schmidt 2010), um zur Herstellung von egalitären Geschlechterbeziehungen beizutragen. Gleichzeitig unterliegt aber auch Gender Mainstreaming einem Wandel wie Chancengleichheitsprogramme auch: Zeitgleich mit der Integration von Frauenförderungs- und Vereinbarkeitsprogrammen in das „Diversitätszelt" im Rahmen von Diversitätsmanagement gibt es für Gender Mainstreaming auch die ersten Forderungen für einen erweiterten Einsatz („Diversity Mainstreaming", Eveline/Bacchi/Binns 2009), um einerseits den intersektionalen Einflüssen anderer Diversitätsdimensionen auf das Mainstreaming von Gender zu genügen und andererseits der Vielfalt auch unter Frauen und Männer gerecht zu werden (intra- und interkategoriale sowie antikategoriale Perspektive[279]).[280]

Um also Frauen in den männlich-orientierten Mainstream integrieren zu können, bedarf es einerseits noch weiterer Umsetzungsbeispiele und andererseits weiterer fundierter wissenschaftlicher Forschung, um die Verwobenheit von Antidiskriminierung, wirtschaftlichen Fragestellungen und Mainstream-Orientierung präziser aufzeigen zu können.

8.4 Verhältnis von Chancengleichheitsprogrammen und Gender Mainstreaming zu Diversitätsmanagement

Nach den detaillierten Ausführungen zu Chancengleichheitsprogrammen und Gender Mainstreaming erfolgt im gegenständlichen Kapitel nun die Fassung des Verhältnisses von Chancengleichheitsprogrammen und Gender Mainstreaming zu Diversitätsmanagement in Bezug auf die Erreichung von Gleichstellung, Gleichbehandlung und (Chancen)Gleichheit der Geschlechter und egalitären Geschlechterbeziehungen.

Per definitionem repräsentiert Diversitätsmanagement in Bezug auf Bearbeitung von Diversitätsdimensionen einen umfassenderen Zugang als Chancengleichheitsprogramme und Gender Mainstreaming, da es auch andere sozial-strukturelle Dimensionen einbezieht und so eine intersektionale Betrachtung von Geschlecht mit beispielsweise Alter, sexueller Orientierung oder psychischen und physischen Fähigkeiten ermöglicht. Daher können sich Chancengleichheitsprogramme und Gender Mainstreaming nicht ganz gegenüber Diversitätsmanagement verschließen. Dies bedeutet, dass Diversitätsmanagement auch eine interkategoriale sowie antikategoriale

---

[279] Zu den unterschiedlichen Ansätzen siehe den Beitrag von Eberherr in diesem Buch.

[280] Zum Diskurs von Gender und Diversität siehe Hanappi-Egger 2006.

Betrachtung von Geschlecht nahelegt und so neue Aspekte in Bezug auf Gleichstellung, Gleichbehandlung und (Chancen)Gleichheit der Geschlechter und zur Herstellung von egalitären Geschlechterbeziehungen eingebracht, mitgedacht und umgesetzt werden können. Chancengleichheitsprogramme mit dem Fokus auf Frauenförderung hingegen konzentrierten sich ausschließlich auf Frauen. Gender Mainstreaming zog bereits Männer, deren kontextabhängige Identitäten und Bedingungslagen in die Analyse von Strukturen und Prozessen mit ein, um diese geschlechteregalitär gestalten zu können. Beide Ansätze beschränken sich aber im Gegensatz zu Diversitätsmanagement auf die Betrachtung von Genus-Gruppen (Frauen bzw. Männer).

Wie bei Chancengleichheitsprogrammen und Gender Mainstreaming steht und fällt der Erfolg der Bearbeitung der Dimension Geschlecht im Rahmen von Diversitätsmanagement mit dem geschlechtertheoretischen Modell, das den theoretisch-konzeptionellen Überlegungen und praxis-orientierten Maßnahmen zu Grunde liegt. Wenn bei Diversitätsmanagement der zugrundeliegende Ansatz jener der Geschlechtergleichheit ist, werden sich die Maßnahmen nicht wesentlich von denen von Chancengleichheitsprogrammen unterscheiden. Dies gilt auch für Gender Mainstreaming: wird im Differenzansatz gedacht, so werden auch für die Dimension Geschlecht im Rahmen von Diversitätsmanagement die Strategien und korrespondierenden Maßnahmen dementsprechend zur Vereigenschaftung der Geschlechterdifferenz abgeleitet werden. Auf die Frage, welche in Bezug auf Gender Mainstreaming oft gestellt wird (nämlich: „Kann Gender Mainstreaming die Binarität (Dualität und Hierarchie) der Geschlechterverhältnisse aufbrechen?“), kann auch für Diversitätsmanagement geantwortet werden: Es ist nur dann möglich, die Binarität der Geschlechterverhältnisse aufzubrechen, wenn ein dekonstruktiver „doing gender“ bzw. „doing diversity“ Ansatz gewählt wird. Nur dieser ist im Stande, die Produktion und Reproduktion von Geschlechterdualitäten und -hierarchien aufzuzeigen und rekonstruktiv alternative geschlechteregalitäre Prozesse und Strukturen hervorzubringen und alternative Geschlechteridentitäten zuzulassen (z. B. anknüpfend an das obige Fußballbeispiel: Wie viele Mädchen/Frauen mit Migrationshintergrund spielen im Fußballteam? Welche spielen mit Kopftuch? Wie viele Transgender-Personen spielen im Team?).

Bei der Übernahme von Chancengleichheitsprogrammen in die Diversitätsdimension Gender im Rahmen von Diversitätsmanagement ist auch darauf zu achten, welche Form von geschlechtergerechter Politik basierend auf welchem theoretisch-konzeptionellen Ansatz umgesetzt wird. Im Rahmen von Diversitätsmanagement werden oftmals Frauenförderungsmaßnahmen übernommen und dort zielgruppenspezifisch weiterentwickelt (siehe dazu z. B. Bank Austria, Deutsche Bank und v.a.m.). Eine intersektionale Betrachtung in Zusammenhang mit anderen Diversitätsdimensionen bleibt daher oftmals aus, und so stehen die Maßnahmen zu den einzelnen Diversitätsdimensionen unverbunden nebeneinander (z. B. ein Frauennetzwerk, in dem es keine Lesben gibt). Es gibt dann also Maßnahmen für die Gruppe der Frauen, der Alten und der Jungen, der Beschäftigten mit Migrationshintergrund etc., ohne auf das Zusammenspiel mehrerer Diversitätsdimensionen zu achten, wie z. B. Frau, 55 Jahre, Migrationshintergrund (USA) oder Mann, mit Behinderung, jung, Migrationshintergrund (Ägypten).

Gleichzeitig ist aber auch zu beobachten, wie viele Klein- und Mittelbetriebe noch gar nicht im „Managing Diversity"-Zeitalter angekommen sind (siehe z. B. Hafner 2010) und auch von Frauenförderung und Gender Mainstreaming noch nicht Gebrauch gemacht haben. Dazu ist anzumerken, dass auch in der Diversitätsmanagement-Praxis oftmals Geschlecht die erste Dimension ist, welche ganz im Sinne von Frauenförderungs- und Vereinbarkeitsprogrammen bearbeitet wird, und erst dann die Beschäftigung mit anderen Diversitätsdimensionen wie Alter etc. dazukommt. Dies kommt nicht von ungefähr, handelt es sich doch bei Geschlecht um die wichtigste soziale Strukturvariable und auch um eine Querschnittvariable.[281] Wichtig in diesem Zusammenhang ist zu erwähnen: „Diversity is not about the ‚other' – Diversity is about you" (Judy 2003) – diese Aussage kann als Ausgangspunkt für die Beschäftigung mit Differenz(en) und Gleichheit(en) in Bezug auf Geschlecht, aber auch alle anderen Diversitätsdimensionen betrachtet werden (so ist es z. B. wichtig, die impliziten und expliziten Normen, welche mit der eigenen sexuellen Orientierung verbunden sind, zu hinterfragen, um Personen mit einer anderen sexuellen Orientierung nicht auszuschließen).

Während Chancengleichheitsprogramme gänzlich aus einer normativen antidiskriminierungspolitischen Perspektive ins Leben gerufen wurden – wie deren Definition zeigt – ist Gender Mainstreaming, wie bereits oben erwähnt, bereits im Kontext wirtschaftlicher Überlegungen eingeführt worden. Die Beschäftigung mit Geschlechterfragen im Diversitätsmanagement ist aufgrund der Herkunft des Ansatzes in erster Linie ökonomisch orientiert (siehe dazu auch die Einleitung zu diesem Buch und Bendl 2006) und stellt erst in zweiter Linie auf Antidiskriminierung ab. Anders formuliert: Antidiskriminierung (aber nicht nur in Bezug auf Geschlecht) gilt im Rahmen von Diversitätsmanagement nur so lange, wie die Diversity Dividende (Cox/

---

[281] Zur Bedeutung von Geschlecht als Strukturvariable siehe die Beiträge von Eberherr, von Hanappi-Egger und von Bendl/Eberherr/Mensi-Klarbach in diesem Buch.

Blake 1991) zum Tragen kommt. In diesem Kontext kann dann auch eine Geschlechter-Dividende durch Kostenreduktion, effektives und effizienteres Personalmarketing, Systemflexibilisierung, erhöhte Problemlösungskapazität und Kreativität lukriert werden (vgl. Krell 1997; Koall 2003).

8.5 Synopsis zu Chancengleichheitsprogrammen, Gender Mainstreaming und Diversitätsmanagement

Als Abschluss zum Verhältnis von Chancengleichheitsprogrammen, Gender Mainstreaming und Diversitätsmanagement zu Gleichstellung, Gleichbehandlung und (Chancen)Gleichheit der Geschlechter und zur Herstellung von egalitären Geschlechterbeziehungen bietet die folgende Tabelle eine Zusammenschau der drei Ansätze in Bezug auf Entstehungszusammenhang, Ziel, organisationale Zielebene, Nutzung, Bereiche, Form des Ansatzes, Fokus, Lösungen, Fristigkeit, Genderfokus, Referenz zu Geschlechtertheorien, Nebenwirkungen und Kritik. Manche der in der Tabelle genannten Aspekte sind als Ergänzung zur obigen Diskussion der Ansätze zu betrachten und stehen auch in Zusammenhang mit den Inhalten anderer Beiträge in diesem Buch:

Tabelle 1: Synopsis Chancengleichheitsprogrammen, Gender Mainstreaming und Diversitätsmanagement

Vergleichs-kriterium	Ansätze		
	Chancengleichheitsprogramme	**Gender Mainstreaming**	**Diversitätsmanagement**
Entstehungs-zusammen-hang	Gleichstellungs- und Gleichberechtigungsdiskussion auf politischer Ebene (Europa)	Gleichberechtigungsdiskussion in Zusammenhang mit ökonomisch globalisierten Umwelten (Europa)	Gleichberechtigungsdiskussion in Zusammenhang mit ökonomischer Diskussion (USA)
Ziel	Chancengleichheit Abbau von Diskriminierung Defizitabbau auf personaler Ebene	Geschlechtergerechtigkeit Potenzialorientierung Differenzerschließung für Ökonomie	Diversitätsgerechtigkeit Potenzialorientierung Differenzerschließung für Ökonomie
Organisationale Zielebene	Integration von Gleichstellung und Gleichberechtigung in die strategische Unternehmensführung	Integration von Gleichstellung in (politische) Steuerungsmodelle und Strukturreformprozesse	Differenzierung vor Integration auf unternehmenspolitischer Ebene
Nutzung	Normative Argumentationslinie (teilweise appelativ!) für Gleichberechtigung	Funktionale Nutzung von Innovations- und Modernisierungspotential	Funktionale Nutzung sozialer Differenzen durch das Management sozialer Unterschiede
Bereiche	Profit- und Non-Profitbereich z. B. Frauenförderungsprogramm des Bundes oder Frauenförderungsprogramme in Unternehmen	Überwiegend Non-Profit Bereiche (Politik, Regierung, Verwaltung)	Vorwiegend Unternehmen (Profit Bereich), mit ansteigender Übernahme durch lokale Verwaltungen
Form des Ansatzes	Personenorientierter Ansatz Zielt auf personale und strukturelle Veränderung mittels betriebswirtschaftlicher Umsetzung (Planung, Durchführung, Kontrolle etc.) ab	Strukturorientierter Ansatz Zielt auf strukturelle Veränderung mittels Zielvereinbarung und Kontraktmanagement, Datenanalyse, Controlling, (schwache Sanktionsmöglichkeiten, Anreizsysteme und Mittelvergabe) ab	Personenorientierter Ansatz Zielt auf kulturelle Veränderung mittels Diversity-Reife, Diversity-Lernen (d. h. auf Wertschätzung und Akzeptanz von Verschiedenheit und subjektiver Erfahrung) ab Strukturorientierter Ansatz

	Chancengleichheitsprogramme	Gender Mainstreaming	Diversitätsmanagement
Umsetzung des Ansatzes	Entstehungsgeschichtlich zuerst Bottom-Up, dann Top-Down	Top-Down	Top-Down im Zusammenhang mit Bottom-Up Komponenten
Fokus	Macht- und Entscheidungsprozesse macht- und herrschaftskritisch	Definitions- und Entscheidungsprozesse ausgleichend	Partizipations- und Unterscheidungsprozesse, d. h. die sozialen und kulturellen Kategorisierungen und Konstruktionsbedingungen von sozialen Unterschieden (Umgang mit Differenz und Diskriminierung)
Lösungen	Sucht nach organisationalen Lösungen zur Geschlechtergleichstellung	Sucht nach politischen und administrativen Lösungen zur Geschlechtergerechtigkeit	Sucht nach personalen und organisationalen Gestaltungsmöglichkeiten und Bewältigungsstrategien sozialer, gesellschaftlicher und ökonomischer Entwicklungen
Fristigkeit	Mittel- bis langfristig	Langfristig	Langfristig
Genderfokus	Hauptsächlich Frauen als Zielgruppe, bei der Vereinbarkeitsthematik von Beruf und Familie auch Männer Fokus Personen und Struktur	Gender als zentrale Bezugskategorie von Organisationen, Fokussierung auf Geschlechterverhältnisse und Strukturen	Diversität und das Ineinandergreifen sozialer Differenzen (Problem wird als Chance wahrgenommen), Relativierung von Geschlechterverhältnissen
Referenz zu Geschlechtertheorie	Gleichheitsparadigma	Differenzparadigma, Re-Konstruktion der Binarität	Dekonstruktionsparadigma, Postkolonialer Diskurs, Re-Konstruktion
Nebenwirkungen	„Kampf der Geschlechter"	Verbürokratisierung sozialer Problemlagen	Verunsicherung, Orientierungsverlust, Subversive Entwicklungen durch Überforderung und Komplexitätserhöhung

Quelle: Bendl 2004 in Anlehnung an Bruchhagen 2003

Wie diese Synopsis zeigt, gibt es zum Teil sehr klare Trennlinien zwischen den einzelnen Ansätzen: Chancengleichheitsprogramme sind personenorientiert, Gender Mainstreaming ist strukturorientiert und Diversitätsmanagement gilt als personen- und strukturorientierter Ansatz. Während Gender Mainstreaming hauptsächlich auf den öffentlichen Sektor und die Politik abzielt, können Chancengleichheitsprogramme und Diversitätsmanagement gleichermaßen im Profit- und Non-Profit-Bereich angewendet werden. Während Chancengleichheitsprogramme idealtypisch top-down als Unternehmensstrategie implementiert werden sollten, haben diese aufgrund ihrer geschichtlichen Wurzeln in der Frauenbewegung aber auch einen großen Anteil an bottom-up Perspektiven inkludiert. Dasselbe gilt programmatisch auch für Diversitätsmanagement, denn auch hier können von Personen, welche entweder die Minderheit oder Mehrheit in der Organisation repräsentieren, jedenfalls aber den nicht-dominanten Gruppen angehören, neue Perspektiven für betriebliche Strukturen und Prozesse eingebracht werden. Gender Mainstreaming ist jedoch ausschließlich als top-down konzipiert.

Trotz unterschiedlicher Entstehungszusammenhänge und Inhalte erleichtern die Lerneffekte bei der Umsetzung eines Ansatzes die Implementierung des Anderen. Denn allen drei Ansätzen ist die betriebswirtschaftliche Orientierung der Umsetzung mit den Phasen Vision, Maßnahmenplanung, -einführung, und -umsetzung sowie Evaluierung und Adaptierung gemeinsam.

Abschließend ist zur Umsetzung in der Praxis festzustellen: Welcher dieser Ansätze in Organisationen tatsächlich implementiert wird, ist abhängig vom Kontext (rechtliche, wirtschaftliche, (organisations)kulturelle etc. Rahmenbedingungen) und den Zielsetzungen, die mit der Umsetzung erreicht werden sollen. In der Praxis finden sich jedoch mittlerweile oft Mischformen zwischen Chancengleichheitsprogrammen und Diversitätsmanagement. Allenfalls ist die Umsetzung aber mit gendertheoretischen Verortungen von allen Seiten (Management, MitarbeiterInnen, BeraterInnen etc.) verbunden und notwendig. Denn ohne eine kompetente Auseinandersetzung mit verschiedenen Geschlechterkonzepten mit deren Reproduktionsmechanismen sowie mit jenen anderer Diversitäten (z. B. Alter, Status etc.), wird die Umsetzung der Ansätze an der Oberfläche stecken bleiben und die angestrebten Ziele der Gleichstellung, Gleichbehandlung und (Chancen)Gleichheit der Geschlechter zur Herstellung von egalitären Geschlechterbeziehungen nicht erreicht werden. Daher ist zur Umsetzung dieser Ansätze und deren Zielerreichung nicht nur die Anleitung durch gender- und diversitätskompetente Personen, sondern auch die Schulung aller OrganisationsteilnehmerInnen ein unabdingbares Erfordernis.

8.6 Fazit

Nach mehr als zwei Dekaden diskursiver Verschränkung und Verschmelzung von Chancengleichheitsprogrammen, Gender Mainstreaming und Diversitätsmanagement zeigt sich, dass sich zwar die ursprünglichen Ziele der Ansätze nicht verändert haben, jedoch in der betrieblichen Umsetzung die Trennschärfe der Definitionen aufgehoben wird und der Kontext die Möglichkeiten und Grenzen der Umsetzung bestimmt. Ebenso zeigt die betriebliche Praxis, dass Gleichstellung, Gleichbehandlung und (Chancen) Gleichheit der Geschlechter schneller erreicht wird, wenn alle AkteurInnen an einem Strang ziehen. Insofern ist es sinnvoll, dass alle OrganisationsteilnehmerInnen gemeinsam Schritte zur Umsetzung von geschlechteregalitären Strukturen, Prozessen und Kulturen setzen – dies angeleitet durch betriebliche top-down Strategien und durch individuelle bottom-up Initiativen.

8.7 Kontrollfragen

1. Was sind die inhaltlichen Zielsetzungen von Chancengleichheitsprogrammen und Gender Mainstreaming?
2. Welche Geschlechtertheorien unterliegen Chancengleichheitsprogrammen, Gender Mainstreaming und der Behandlung von Geschlecht im Rahmen von Diversitätsmanagement und welche Auswirkungen hat dies?
3. Geben Sie einen Vergleich von Chancengleichheitsprogrammen, Gender Mainstreaming sowie Gender- und Diversitätsmanagement in Bezug auf folgende Kriterien: Entstehungszusammenhang, Ziel des Ansatzes, Form des Ansatzes, Genderfokus und Geschlechtertheorie und Kritik am Ansatz!

Verwendete Literatur

Appelt, Erna (2009, Hrsg.): Gleichstellungspolitik in Österreich. Eine kritische Bilanz. Studienverlag, Innsbruck.

Arioli, Katharina Simone (1991): Frauenförderungsmaßnahmen im Erwerbsleben unter besonderer Berücksichtigung der Verfassungsmäßigkeit von Quotenregeln. Dissertation der Rechts- und Staatswissenschaftliche Fakultät der Universität Zürich. Schulthess Polygraphischer Verlag AG, Zürich.

Baitsch, Christof/Mussmann, Carin/Ulich, Eberhard (1998): Gleicher Lohn für gleichwertige Arbeit. Forschungsbericht: Band 2. EDMZ, Bern.

Behning, Ute/Serrano Pascual, Amparo (2001): Gender Mainstreaming in the European Employment Strategy. ETUI, Brussels.

Bendl, Regine (1997): Chancengleichheit am Arbeitsplatz für Frauen – Integration in die strategische Unternehmensführung. Hampp Verlag, München-Mering.

Bendl, Regine (1998): Der Beitrag von Programmen zur Chancengleichheit zur Zielerreichung von Betrieben – eine meta-analytische Betrachtung. In: Bendl, Regine/Papouschek, Ulrike/Pastner, Ulli (Hrsg.): Im Aufbruch. Betriebliche Frauenförderung in Österreich. Peter Lang Verlag, Frankfurt/Main – Berlin – Bern – New York – Paris – Wien, 39–70.

Bendl, Regine (1999): Betriebliche Programme zur Chancengleichheit von Frauen am Arbeitsplatz. Eine Literaturanalyse zum State of the Field. ZfB 1999/1 (69), 133–161.

Bendl, Regine (2004): Gendermanagmenet und Gender- und Diversitätsmanagement – ein Vergleich der verschiedenen Ansätze. In: Bendl, Regine/Hanappi-Egger, Edeltraud/Hofmann, Roswitha (Hrsg.): Interdisziplinäres Gender- und Diversitätsmanagement. Einführung in Theorie und Praxis. Linde International, 43–72.

Bendl, Regine (2007): Betriebliches Diversitätsmanagement und neoliberale Wirtschaftspolitik – Verortung eines diskursiven Zusammenhangs. In: Koall, Iris/Bruchhagen, Verena/Höher, Friederike (Hrsg.): Diversity Outlooks. LIT, Münster, 10–28.

Bendl, Regine/Hofmann, Roswitha (2008a): Frau und Mann gleich fördern = gewinnen. Gleichstellung als Erfolgsformel für Unternehmen. Hrsg. von MA 57 – Frauenabteilung der Stadt Wien, Wien.

Bendl, Regine/Hofmann, Roswitha (2008b): Toolbox. Diagnoseinstrumente zur Gleichstellung im Betrieb. Hrsg. von MA 57 – Frauenabteilung der Stadt Wien, Wien.

Bendl, Regine/Schmidt, Angelika (2010): From Glass Ceilings to Firewalls. Metaphors for Describing Discrimination. In: Gender Work and Organization, 2010/17 (5), 612–634.

Bendl, Regine/Hofmann, Roswitha/Hanappi-Egger, Edeltraud (2004): Spezielle Methoden der Organsationsstudien. Bendl, Regine/Hanappi-Egger, Edeltraud/Hofmann, Roswitha (Hrsg.): Interdisziplinäres Gender- und Diversitätsmanagement. Einführung in Theorie und Praxis. Linde International, 73–101.

Bendl, Regine/Leitner, Andrea/Rosenbichler, Ursula/Walenta, Christa (2007): Geschlechtertheoretische Perspektiven und Gender Mainstreaming. In: EQUALEntwicklungspartnerschaft QE GM (Hrsg.): Qualitätsentwicklung Gender Mainstreaming. Band 2: Grundlagen. Wien, 31–61.

Bruchhagen, Verena (2003): Synopse Gender Mainstreaming und Managing Gender & Diversity im Vergleich. Tagungsunterlagen der Tagung ‚Managing Gender and Diversity'. März 2003, Wien.

Brumlop, Eva/Hornung, Ursula (1993): Betriebliche Frauenförderung – Aufbrechen von Arbeitsmarktbarrieren oder Verfestigung traditioneller Rollenmuster. Manuskript.

Bundesministerin für Frauen und Öffentlichen Dienst (2010): Frauenbericht 2010. Bericht betreffend die Situation von Frauen in Österreich im Zeitraum von 1998–2008. Bundeskanzleramt Österreich, Wien.

Busch, Carola (1993): Frauenförderung in Klein- und Mittelbetrieben. Ergebnisse einer Betriebsbefragung und Analyse vorhandener Ansätze. Schriftenreihe Studien zu Bildung und Wissenschaft: Band 11. Bundesministerium für Bildung und Wissenschaft. Bock. Bad Honef.

Busch, Carola (1998): Qualität mit Chancengleichheit – TOTAL E-QUALITY. In: Gesellschaft für Informationstechnologie und Pädagogik am IMBSE (Hrsg.): Beschäftigungsrisiko Erziehungsurlaub. Die Bedeutung des „Erziehungsurlaubes" für die Entwicklung der Frauenerwerbstätigkeit. Opladen, 239–248.

Busch, Carola/Engelbrech, Gerhard (2000): „Wir brauchen die Besten!" Warum und mit welchem Erfolg fördern Unternehmen Chancengleichheit? – Endbericht zum Projekt „Evaluation TOTAL E-QUALITY – Entwicklung einer Kosten-Nutzen Analyse". Bad Bocklet.

Busch, Carola/Engelbrech, Gerhard (2004): Mit Chancengleichheit auf Erfolgskurs – TOTAL E-QUALITY – Geleitwort. In: Krell, Gertraude (Hrsg.): Chancengleichheit durch Personalpolitik. Gleichstellung von Frauen und Männern in Unternehmen und Verwaltungen. Rechtliche Regelungen – Problemanalysen – Lösungen. Wiesbaden, Gabler, 4. Aufl., 1–12.

Cox, Taylor/Blake, Stacey (1991): Managing Cultural Diversity: Implications for Organizational Competitivenss. In: Academy of Management Executive, 1991/5 (3), 45–56.

Council of Europe (2004): Gender Mainstreaming. Conceptual framework, methodolgy and presentation of good practices. Final report of activities of the Group of Specialists on Mainstreaming (EG-S-MS). Directorate General of Human Rights, Strasbourg.

Daly, Mary (2005): Gender Mainstreaming in Theory and Practice. In: Social Politics: International Studies in Gender, State & Society, 2005/12 (3), 433–450.

Demmer, Christine (1988, Hrsg.): Frauen ins Management. Von der Reservearmee zur Begabungsreserve. Gabler Verlag, Frankfurt/Main.

Döge, Peter (2002): Gender Mainstreaming als Modernisierung von Organisationen. Ein Leitfaden für Frauen und Männer. Schriften des Instituts for anwendungsorientierte Innovations- und Zukunftsforschung: Band 2.

Eveline, Joan/Bacchi, Carol (2005): What are we mainstreaming when we mainstream gender? In: International Feminist Journal of Politics, 2004/4, 496–512.

Eveline, Joan/Bacchi, Carol Bacchi/Binns, Jennifer (2009): Gender Mainstreaming versus Diversity Mainstreaming: Methodology as Emancipatory Politics. In: Gender, Work and Organization, 2009/16 (2), 198–216.

Fischer, Ute Luise (1993): Weibliche Führungskräfte zwischen Unternehmensstrategien und Karrierehemmnissen: Eine Fallstudie im Einzelhandel. Hampp Verlag, München-Mering.

Geisser, Marianne (1998): Arbeitsbewertung und Lohngleichheit. ABA-KABA, ein geschlechtsunabhängiges Arbeitsbewertungsinstrument. In: Bendl, Regine/Papouschek, Ulrike/Pastner, Ulli (Hrsg.): Im Aufbruch. Betriebliche Frauenförderung in Österreich. Peter Lang Verlag, Frankfurt/Main – Berlin – Bern – New York – Paris – Wien, 135–146.

Gächter, Othmar/Nyffeler, Reto (2001): Der Neoliberalismus. Seminar Politische Parteien im Wandel. Universität Bern, Bern.

Gerlach, Thomas (2000): Die Herstellung des allseits verfügbaren Menschen. Zur psychologischen Formierung des Subjektes im neoliberalen Kapitalismus. In: UTOPE kreativ, 2000/Heft 121 und 122, 1052–1065.

Gonzales, Jorge A./Denisi, Angelo S. (2009): Cross-level effects of demography and diversity climate on organizational attachment and firm effectiveness. In: Journal of Organizational Behavior, 2009/30, 21–40.

Gubitzer, Luise/Trukeschitz, Birigt (2004): Gender Budgeting. Schriftenreihe Frauen, Forschung und Wirtschaft: Band 14. Peter Lang Verlag, Frankfurt/Main – Berlin – Bern – New York – Paris – Wien.

Hafner, Irene (2010): Diversitätsmanagement im österreichischen Klein- und Kleinstbetrieb. Diplomarbeit, WU Wien.

Hanappi-Egger, Edeltraud (2004): Organisationale Ausschließungsmechanismen von Frauen am Beispiel des technisch-naturwissenschaftlichen Bereichs: In: Heitzmann, Karin/Schmidt, Angelika (Hrsg.): Wege aus der Frauenarmut. Peter Lang Verlag, Wien, 123–135.

Hanappi-Egger, Edeltraud (2006): Gender and diversity from a management perspective: Synonyms or complements? In: Journal of Organisational Transformation & Social Change 2006/3 (2), 121–134.

Hausmann, Ricardo/Tyson, Laura/Zahidi, Saadia (2010): The Global Gender Gap Report 2010. World Economic Forum, Geneva.

Hofmann, Isolde/Körner, Kristin/Färber, Christine/Geppert, Jochen/Rösgen, Anne/Wanzek, Ute (2003): Gender Mainstreaming in Sachsen-Anhalt: Konzepte und Erfahrungen. Leske+Budrich, Opladen.

Hubacher, Martina (1991): Strategien zur Chancengleichheit von Frau und Mann am Arbeitsplatz. Eine empirische Untersuchung zur Frauenförderungsprogrammen in drei schweizer Dienstleistungsunternehmen im Bankenbereich. ADAG Zürich.

Jochmann-Döll, Andrea (1997): Rezension zu: Lohngleichheit für die Praxis. Zwei Instrumente zur geschlechtsunabhängigen Arbeitsbewertung. In: ZfP 1997/4, 460–463.

Judy, Michaela (2003): „Unterschiede – wahrnehmen, erkennen, kommunizieren". Trainingsmodul II im Ausbildungslehrgang Managing Gender & Diversity. Wien.

Just, Thomas (1991): Frauenförderung in Führungspositionen. Konzepte und Praxis. Hartung Gorre Verlag, Berlin.

Krebsbach-Gnath, Camilla/Schmid-Jörg, Ina (1985): Wissenschaftliche Begleituntersuchung zu Frauenförderungsmaßnahmen. Schriftenreihe des Bundesministers für Jugend, Familie und Gesundheit: Band 180. Verlag W. Kohlhammer, Stuttgart – Berlin – Köln – Mainz.

Kreimer, Margareta/Leitner, Andrea (2004): Chancengleichheit zwischen Frauenförderung und Gender Mainstreaming – Was ändert sich durch GM in der Frauenförderung am Fallbeispiel des österreichischen AMS. Unveröffentlichtes Manuskript.

Krell, Gertraude (1997): Mono- oder multikulturelle Organisationen? ‚Managing Diversity' auf dem Prüfstand. In: Kadritzke, Ulf (Hrsg.): „Unternehmenskulturen unter Druck" – Neue Managementkonzepte zwischen Anspruch und Wirklichkeit. Edition Sigma, Berlin, 47–66.

Krell, Gertraude (1998): Chancengleichheit durch Personalpolitik. Gleichstellung von Frauen und Männern in Unternehmen und Verwaltungen. Rechtliche Regelungen – Problemanalysen – Lösungen. Gabler Verlag, Wiesbaden, 2. Aufl.

Krell, Gertraude (2008): Chancengleichheit durch Personalpolitik. Gleichstellung von Frauen und Männern in Unternehmen und Verwaltungen. Rechtliche Regelungen – Problemanalysen – Lösungen. Gabler Verlag, Wiesbaden, 5., vollständig überarbeitete und erweiterte Aufl.

Mader, Katharina (2009): Gender Budgeting: ein emanzipatorisches, finanzpolitisches und demokratiepolitisches Instrument. Theoretische Fundierung und Exemplifizierung am Wiener Budgetprozess. Lang Verlag, Frankfurt/Main.

May, Brigitte (1998): Unterstützende und hemmende Faktoren bei der Entwicklung und Einführung von betrieblichen Frauenförderungsmaßnahmen. In: Bendl, Regine/Papouschek, Ulrike/Pastner, Ulli (Hrsg.): Im Aufbruch. Betriebliche Frauenförderung in Österreich. Peter Lang Verlag. Frankfurt/Main – Berlin – Bern – New York – Paris – Wien, 71–88.

Özbilgin, Mustafa/Beauregard, Alexandra/Tatli, Ahu/Bell, Myrtle (2011): Work-life, diversity and intersectionality: a critical review and research agenda. In: International Journal of Management Reviews 2011/13 (2), 177–198.

Pastner, Ulrike/Papouschek, Ulrike (1996): Im Dornröschenschlaf – Betriebliche Frauenförderung in österreichischen Unternehmen. FORBA-Forschungsbericht 2/1996. Forschungs- und Beratungsstelle Arbeitswelt (FORBA), Wien.

Philipp, Viola (1997): Betriebliche Maßnahmen zur Verbesserung der Chancengleichheit von Frauen. Eine empirische Untersuchung personalpolitischer Instrumente Berliner Unternehmen, fhtw-transfer: Nr. 25–97, Berlin.

Rees, Teresa (1998): Mainstreaming Equality in the European Union. Routledge, London.

Rees, Teresa (2002): Gender Mainstreaming: Misappropriated and Misunderstood? Paper presented at the Department of Sociology, University of Sweden, 21 February.

Roberson, Quinetta M./Park, Hyeon M. (2007): Examinig the Link between Diversity and Firm Performance. In: Group & Organization Management 2007/32, 548–568.

Rudolph, Hedwig/Grüning, Marlies (1993): Jobs für neue Frauen. Frauenförderpläne und die Dynamik gespaltener Arbeitsmärkte. In: Strümpel/Burkhard/Dierkes, Meinhard (Hrsg.): Innovation und Beharrung in der Arbeitspolitik. Poeschel Verlag, Stuttgart, 209–239.

Sainsbury, Diane/Bergqvist, Christina (2009): The Promise and Pitfalls of Gender Mainstreaming. The Swedish Case. In: International Feminist Journal of Politics 2009/11 (2), 216–234.

Schreilechner, Michaela (1993): Gleich(be)handeln. Frauenförderung als neue Wertschöpfungsform. Das Ende eines Mythos? Edition WBU, Wien.

Stratigaki, Maria. (2005): Gender Mainstreaming vs Positive Action: An Ongoing Conflict in EU Gender Equality Policy. In: European Journal of Women's Studies 2005/12 (2), 165–186.

Thürmer-Rohr, Christine. (2001); Gleiche unter Gleichen? Kritische Fragen zu Geschlechterdemokratie und Gender Mainstreaming. In: Forum Wissenschaft 2001/2, 34–37.

Verloo, Mieke (2002): The Development of Gender Mainstreaming as a Political Concept for Europe. Paper presented at the Conference Gender Learning, Leipzig 6–8 September.

Verloo, Mieke (2006): Multiple Inequalities, Intersectionality and the European Union. In: *European Journal of Women's Studies* 2006/13 (8), 211–228.

Verloo, Mieke/Lombardo, Emanuela (2007): Contested gender equality and policy variety in Europe: Introducing a critical frame analysis approach. In: Verloo, Mieke (Hrsg.): Multiple Meanings of gender equality: A critical

frame analysis of gender policies in Europe. Central European University Press, Hungary, 21–46.
Walby, Sylvia (2005): Comparative gender mainstreaming. In: International Feminist Journal of Politics, 2005/7 (4), 453–470.
Walby, Sylvia. (2005); Gender Mainstreaming: Productive Tensions in Theory and Practice. Social Politics. In: International Studies in Gender, State & Society, 2005/12 (3), 321–343.
Weedon, Chris (1997): Feminist Practice and Poststructuralist Theory. Blackwell Publishers, Oxford, 2nd Edition.
Wetterer, Angelika (2003): Gender Mainstreaming und Managing Diversity. Rhetorische Modernisierung oder Paradigmenwechsel in der Gleichstellungspolitik. In: Schacherl, Ingrid (Hrsg.): Gender Mainstreaming. Kritische Reflexionen. Studia Verlag, Innsbruck, 131–151.
Woodward, Alison (2008): Too late for Gender Mainstreaming? Taking stock in Brussels. In: Journal of European Social Policy, 2008/18 (3), 289–302.
Zauner, Margrit (1991): Familienförderung als Möglichkeit der Vereinbarkeit von Erwerbstätigkeit und Kindererziehung. Kurzthesen zur Tagung „Einstieg ohne Abstieg!? Eine Fachtagung für Frauenbeauftragte, Personalverantwortliche, Betriebsräte und Interessierte am Thema „Vereinbarkeit von Beruf und Familie". Dokumentation. Berlin, 1–3.

Weiterführende Literatur

Benschop, Yvonne/Verloo, Mieke (2006): Sisyphus' Sisters: Can Gender Mainstreaming Escape the Genderedness of Organizations? In: Journal of Gender Studies, 2006, 15 (1), 19–33.
Doblhofer, Doris/Küng, Zita (2008): Gender Mainstreaming: Gleichstellungsmanagement als Erfolgsfaktor – das Praxisbuch. Springer Medizin Verlag Heidelberg.
Jacquot, Sophie (2010): The Paradox of Gender Mainstreaming: Unanticipated Effects of New Modes of Governance in the Gender Equality Domain. In: West European Politics, 2010/33 (1), 118–135.
Leitner, Andrea (2007): Frauenförderung im Wandel. Gender Mainstreaming in der österreichischen Arbeitsmarktpolitik. Campus Verlag, Frankfurt/New York.
Wöhl, Stefanie (2007): Mainstreaming Gender? Widersprüche europäischer und nationalstaatlicher Geschlechterpolitik. Ulrike Helmer Verlag, Königstein/Taunus.

9 Diversitätsmanagement in Teams

Anett Hermann

Kurzfassung

Teams stellen arbeitsorganisatorische Instrumente dar. Als Teil von Organisationsstrukturen spiegeln sie Organisationskulturen wider und werden als Maßnahmen für Organisationsentwicklungen genutzt. Mit dem Einsatz von Teams streben Unternehmen Leistungsverbesserungen, Effektivitätssteigerungen und damit Wettbewerbsvorteile an. Seit einigen Jahren wird besonders heterogenen Teams ein hohes Innovationspotenzial zugeschrieben. Der Diversität der Teammitglieder und dem Diversitätsmanagement in Teams kommt demzufolge sowohl auf Organisationsseite als auch in der Teamforschung eine besondere Bedeutung zu.

Dieser Beitrag gibt einen Überblick über den Bereich der Teamforschung, konkret unter dem Fokus von Diversitätsmanagement. In einem ersten Schritt erfolgen die Erläuterung von Bestimmungsfaktoren von Gruppen und Teams, ein Abriss zur Gruppen- und Teamforschung sowie eine Abgrenzung von homogenen und heterogenen Gruppen. Anschließend wird der Frage nach Diversität und Diversitätsmanagement in Teams nachgegangen. Darauf aufbauend werden theoretische Modelle zur Teamentwicklung und zum Teamerfolg vorgestellt und unter dem Fokus Diversität diskutiert.

9.1 Begriffsbestimmungen

Individuen sind soziale Wesen. Sie beeinflussen sich gegenseitig, arbeiten zusammen, unterstützen oder bekämpfen einander. Es kommt zu Prozessen der gegenseitigen Anerkennung oder Ausschließung; Individualleistungen steigern oder verringern sich innerhalb der Zusammenarbeit mit anderen Personen, individuelle Lernprozesse in Gruppen und Gruppenlernen werden initiiert. Um diese Phänomene zwischen Individuen und innerhalb von Gruppen als Teammitglied und/oder als Führungskraft zu verstehen, ist es wichtig, sich analytisches Wissen über Gruppenprozesse vor allem im Arbeitskontext anzueignen.

9.1.1 Soziale Gruppen, Arbeitsgruppen, Teams – Gemeinsamkeiten und Unterschiede

Die Basis des Zusammenlebens von Individuen sind soziale Gruppen. Eine *soziale Gruppe* wird als ein Zusammenschluss von Individuen gesehen, die sich selbst als Gruppe wahrnehmen (Wir-Gefühl) und auch von anderen so wahrgenommen werden (vgl. Antoni 2000, 296). Jeder Mensch ist von Geburt an in unterschiedliche soziale Gruppen eingebunden. Die Kindheit bis zur Phase der Adoleszenz ist durch *Primärgruppen* geprägt. Als Primärgruppe werden Verwandtschaftsverhältnisse, enge Freundschaftsbeziehungen und das unmittelbare soziale Umfeld gesehen. Primärgruppen verändern sich im Lebensverlauf. Innerhalb von Primärgruppen formt sich die individuelle Identität eines Individuums heraus und wird ein spezifisches Werte- und Normengefüge entwickelt (vgl. Schäfers 1995, 84ff.). Weitere soziale Gruppen entstehen u.a. über Schule, Ausbildung und/oder Studium, Tätigkeiten in Unternehmen, Vereinen oder über spezielle Freizeitverbindungen. In diesem Zusammenhang wird von *Sekundärgruppen* gesprochen. Innerhalb dieser können neue Werte und Normen entstehen, verändern sich Individuen. Die Beziehungen innerhalb dieser sozialen Gruppen sind oft schwächer als bei Primärgruppen.

Soziale Gruppen werden meist über vier sich gegenseitig beeinflussende Elemente *bestimmt*: Gruppenziel, Gruppengröße, die Dauer der gemeinsamen Aktivitäten und die wechselseitigen Beziehungen innerhalb dieser Gruppe (vgl. Antoni 2000). Dieses Beziehungsgeflecht innerhalb einer Gruppe, Rollenzuschreibungen und -erwartungen sowie Persönlichkeiten der Gruppenmitglieder machen den *Charakter einer sozialen Gruppe* aus. Dementsprechend entstehen Lern-, Arbeits-, Sport-, Wander-, Diskussionsgruppen. Gruppenmitglieder teilen entsprechend dem Charakter einer Gruppe eine gemeinsame (Teil-)Identität (vgl. Tajfel 1981). Diese genannten Merkmale bewirken eine Beeinflussung des Handelns der einzelnen Individuen durch die soziale Gruppe und das Handeln der Gruppe als Ganzes. Auch die Familie kann eine soziale Gruppe (Primärgruppe) darstellen, nicht aufgrund genetischer Grundlagen, sondern aufgrund sozialer, emotionaler und eventuell arbeitsteiliger Verbindungen (vgl. Forsyth 2010, 30ff.).

Die Einbindung von Individuen in soziale Gruppen erfolgt über *Gruppennormen*, die sozio-kulturell geprägt sind. Prozesse der Gruppenbildung, der Gruppenentwicklung, der Konfliktlösung und der Gruppenauflösung sind darin inkludiert. „Gruppenarbeit" im Sinne emotionaler Arbeit, sozialer Einbindung und Nutzung bestimmter Fähigkeiten und Fertigkeiten sowie Arbeitsteilung zur Erreichung bestimmter Ziele ist somit kein Begriff, der ausschließlich mit Arbeitsgestaltungsmaßnahmen in Organisationen zu tun hat, sondern ist eine Fähigkeit, die von Kindheit an gelernt wird. Dabei beruhen Gruppenzugehörigkeiten nicht immer auf Freiwilligkeit. Viele Gruppenerfahrungen, die Individuen prägen, beruhen auf dem Eingebundensein in *Zwangsgruppen* (z. B. Schulklassen). Zwangsgruppen begründen sich auf strukturellen Notwendigkeiten (z. B. (oftmals) am Arbeitsplatz), gesetzlichen Grundlagen oder struktureller Gewalt (Gefängnisse, Arbeitslager, Militärdienst etc.). Individuen wählen zudem Gruppen für sich aus. Kriterien für die *Gruppenauswahl, Gruppenbildung* und Gruppenmitgliedschaft sind die Attraktivität der Gruppenziele und die Attraktivität der Mitgliedschaft zum Erreichen eigener Ziele und/oder zur Identitätskonstruktion. Der Anreiz der Zugehörigkeit zu einer Gruppe besteht zum einen durch die wahrgenommene Ähnlichkeit der Gruppenmitglieder sowie deren Interessen und zum anderen durch die Häufigkeit der Kontakte.

Zu den sozialen Gruppen werden alle Arten von Arbeitsgruppen und als deren spezifische Form Teams gerechnet. Unter einer *Arbeitsgruppe* werden einzelne Individuen verstanden, die gemeinsam an einer Aufgabenstellung arbeiten. Zur Klärung des Begriffes und der Unterscheidung von Arbeitsgruppen ist die Einordnung in den arbeitsorganisatorischen Kontext von Bedeutung, der durch historische, technische, ökonomische, soziale und kulturelle Faktoren geprägt ist. Unterschiedliche Bestimmungen von Arbeitsgruppen können anhand differenter Kooperationsformen auf der Basis des Handlungsspielraums verdeutlicht werden (siehe Abbildung 1). Der *Handlungsspielraum* beschreibt den Tätigkeitsspielraum sowie Entscheidungs- und Kontrollkompetenzen. Differente Ausformungen finden sich bei Autonomie, Partizipation und Kooperation.

Abbildung 1: Handlungsspielraum als Resultante von Entscheidungs-, Kontroll- und Tätigkeitsspielraum

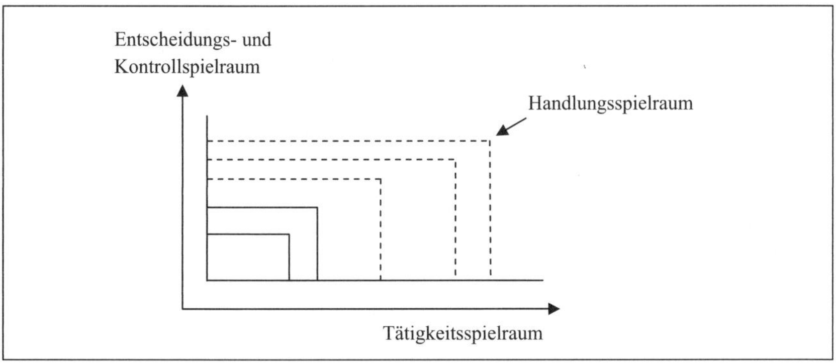

Quelle: Ulich 1974, 130

Abgeleitet aus dem Handlungsspielraum stehen hinter den Begriffen Team und Arbeitsgruppen sehr unterschiedliche arbeitsorganisatorische Ausformungen, die über die Art der Kooperation definiert werden. Diese Kooperationsformen sind wiederum mit bestimmten Branchen und den agierenden Personengruppen verbunden (vgl. Tabelle 1). Unterscheidungen finden sich dementsprechend in Professionen und Qualifikationsprofil (vgl. Fitch/Ravlin 2004) sowie in der Organisationskultur (vgl. Chuang et al. 2004). Generell spiegeln diese Unterscheidungen in einer zweiten Ebene gesellschaftliche Machtverhältnisse, die sich u.a. über Geschlechterverhältnisse, ethnische Differenzierungen, Altersklassifikationen und/oder soziale Klassen präsentieren. Tabelle 1 zeigt in diesem Sinne nicht nur Arbeitsgruppenformen unterschieden nach dem Handlungsspielraum und der Art der Kooperation, sondern auch beispielhaft „gender-stereotype" Zuordnungen.

Tabelle 1: Formen von Arbeitsgruppen und Kooperationen

Form der Gruppenarbeit	**Kennzeichen der Kooperation**	**Typisches (stereotypes) Berufsbild**
Zwangsläufige Gruppenarbeit	• Enge Kooperation mit nur gering ausgeprägter Partizipation und Autonomie • Keine Möglichkeit zur Mitsprache bei veränderten Arbeitssituationen	Bauarbeiter, Polizeibeamte (überwiegend männlich geprägt)
Einflusslose Gruppenarbeit	• Arbeitsorganisation wird selbstständig geregelt • Eigenständige Kontrolle des Arbeitsergebnisses • Keinerlei Einfluss auf die Veränderung oder Verbesserung des Arbeitsalltags • Form der Gruppenarbeit dient der Flexibilität der Arbeitsabläufe (Anpassung an wechselnden Arbeitsanfall, Bewältigung kurzfristiger Änderungen und Störungen)	Bandarbeiterinnen, Verkäuferinnen, Krankenschwestern/-pfleger AltenpflegerInnen SachbearbeiterInnen (überwiegend weibliche Arbeitsfelder)
Kontrollierte Gruppenarbeit	• Kooperation und Partizipation hoch • Autonomie gering • Ergebniskontrolle extern	Kundendiensttechniker (überwiegend männlich geprägt)

Selbstbestimmte Teilautonome Arbeitsgruppen (TAAG)	• Selbstbestimmtes Arbeiten • Hohes Maß an Autonomie und Beteiligung • Hohes Maß an Kooperation	Anlagenmonteure (überwiegend männlich geprägt)
Teams	• Großer Handlungsspielraum: Selbstbestimmtes Arbeiten, Kooperation und Partizipation, gemeinsames Ziel • Ergebniskontrolle intern	Ingenieure, Manager (überwiegend männlich geprägt)

Quelle: Zusammenfassung in Anlehnung an Lüders/Resch 2000, 48

In diesen unterschiedlichen Formen von Arbeitsgruppen wirken aufgrund spezifischer struktureller Machtverhältnisse wie die Möglichkeit zur Partizipation über selbständige Entscheidungsfindung und die eigene Kontrolle der Ergebnisse unterschiedliche gruppendynamische Prozesse – wie TrittbrettfahrerInnentum, Anpassung/Unterordnung, Diskriminierung bestimmter Personen – auf welche in Kap. 9.3.2.2 eingegangen wird. Gleichzeitig erfolgen über Berufsbilder, inklusive Arbeitsorganisation und zugeordnete Handlungsspielräume, individuelle und Gruppenbewertungen über sozialen Status und Anerkennung (strukturelle Verankerung). Weiterführend finden sich dementsprechend spezielle Entlohnungsmodelle und gewerkschaftliche Organisiertheit. Diese Strukturen sind wiederum verankert in individuellen Wahrnehmungs-, Denk- und Handlungsmustern und zeigen sich in Stereotypisierungen und Vorurteilen[282] beispielsweise gegenüber niedrig qualifizierten Berufsgruppen (z. B. GebäudereinigerInnen). Auch werden unterschiedliche Kooperationsformen sowie Entscheidungs- und Kontrollmechanismen durch die fast durchgängige Bezeichnung von Arbeitsgruppen als Teams mit entsprechenden Rechten und Pflichten oft verschleiert.

Teams zeichnen sich – wie bereits dargestellt – durch selbstbestimmte Kooperation und einen entsprechend großen Handlungsspielraum aus (vgl. Abbildung 1). Die genannten vier Elemente (Größe, Ziel, Dauer, Beziehungen), die auf eine soziale Gruppe zutreffen, charakterisieren ebenfalls Teams, allerdings in differenzierterer Ausprägung. In Teams arbeiten Personen zusammen, die stark aufgabenbezogen aneinander gekoppelt sind, sich durch kontinuierliche Interaktion, Kooperation und bewussten Umgang mit Konflikten auszeichnen und ein gemeinsames Ziel verfolgen. Dabei sind Gleichwertigkeit und Vertrauen eine Voraussetzung. Von jedem

[282] Siehe Eberherr in diesem Buch.

Teammitglied werden spezifisches Wissen und Fähigkeiten verlangt. Oftmals kommt Zeit-, Leistungs- und Wettbewerbsdruck hinzu (vgl. Forsyth 2010, 352ff.). Folglich werden von den einzelnen Teammitgliedern generell neben fachlichen auch soziale und methodische Fähigkeiten verlangt. Der hohe Grad der Abhängigkeit voneinander bedeutet, dass ein Wissen über einzelne Stärken und Schwächen bei Qualifikation, Fähigkeiten und Fertigkeiten vorhanden sein muss, um individuelle Stärken zu nutzen und Synergieeffekte zu erzielen. Gleichzeitig erfolgt im Prozess der Teamarbeit individuelles und Teamlernen (vgl. Castka et al. 2001).

Aufgrund der arbeitsorganisatorischen Einbindung wird bei Teams und Arbeitsgruppen generell von *formalen Gruppen* gesprochen. *Informelle Gruppen* bilden sich in Organisationen nach Kriterien wie Attraktivität der Zugehörigkeit, Nutzen oder Zielen heraus. Bei der Betrachtung mikropolitischer Taktiken, Netzwerkaktivitäten oder Machtausübung ist das Wissen über informelle Gruppen unabdingbar. Gerade unter dem Aspekt von Diversitätsmanagement wirken soziale Kategorisierungen hinsichtlich Akzeptanz, Status, Entscheidungsmacht oder Einbindung in Informationskanäle oftmals über informelle Gruppen (z. B. Treffen von Managern einer Organisation zum „Montagsbier", Skatrunden etc.).

Zum Verständnis relevanter Begrifflichkeiten sowie der organisationalen Verortung und Wirkungsweise von Teams und Arbeitsgruppen ist Wissen über die historischen Entwicklungen zur Gruppenforschung notwendig.

9.1.2 Historischer Abriss zu sozialen Gruppen und Teams

Das Zusammenwirken von Menschen in Gruppen ist schon lange im Fokus der Forschung (vgl. Gustave Le Bon 1895/2009, Sigmund Freud 1921/2010 und Elias Canetti 1960/2010). Dabei sind nicht nur individuelle Verhaltensänderungen in Gruppen oder Massenphänomene von Interesse, sondern ebenso Machtaspekte, Ein- und Ausschließungsmechanismen sowie arbeitsteilige Prozesse zur Effektivitätssteigerung und Effizienzverbesserung. Arbeitsteilung im Gruppenverband ist generell ein Kennzeichen der menschlichen Gesellschaft und trug nicht nur zur Reproduktion von Stammesstrukturen bei (vgl. Schäfers 1995, 80; Schwarz 2001), sondern auch zur Wahrnehmung und Hierarchisierung von Gruppenmitgliedern (vgl. König 2006). Das *Gruppenkonzept* und die Bestimmung und Definition von Kleingruppen („small groups") ist auf Georg Simmel (1858–1918) und Leopold von Wiese (1876–1969) zurückzuführen, die Aussagen über Größe, Struktur und Form sowie Prozesse der Gruppenbildung in Abhängigkeit vom Kontext (Gesellschaftsschicht, Abstammung, Wohnort etc.) trafen.

Von Interesse für die Bestimmung von Gruppen waren weiterhin die Dauer und Kontinuität der Beziehungen sowie der Grad der Organisiertheit und die Form der Selbstdarstellung über Traditionen, Symbole und Rituale, die gleichzeitig Formen der Abgrenzung zu anderen Gruppen waren, was z. B. deutlich in unterschiedlichen Handwerkerzünften bzw. Gilden zum Ausdruck kam (vgl. Schäfers 1995, 82f.). Seit Ende des 19. Jahrhunderts rückten unterschiedliche Gruppenstrukturen in das Interesse der Forschung. Charles Horton Cooley (1909, 1924) unterschied als einer der Ersten zwischen Primär- und Sekundärgruppen (vgl. Kapitel 9.1.1) und beschrieb komplexe Beziehungsnetzwerke, in welche Personen aus unterschiedlichen Motivationen heraus eingebunden sind.[283] Ebenso von Interesse waren Wesensmerkmale von Gruppen vor allem aufgrund unterschiedlicher kultureller Prägung oder differenter sozialer Schichtzugehörigkeit, auch in Verbindung mit dem Arbeitskontext (Eignung für bestimmte Berufe, besondere Fähigkeiten und Fertigkeiten, Umgang mit Zeit etc.).[284]

Im Zusammenhang mit *Managementkonzepten* wird von Gruppenarbeit seit Beginn des vorigen Jahrhunderts gesprochen[285]. In den 1920er Jahren betrieben Organisationen innerhalb von Gruppenfabrikation Gruppenfertigung unter Einsatz tayloristischer Arbeitsstrukturen.[286] In den Dreißigerjahren des 20. Jahrhunderts erlangten die *Hawthorne-Experimente*, die von Elton Mayo und MitarbeiterInnen zwischen 1927 und 1932 durchgeführt wurden, Bekanntheit. Im Mittelpunkt der Untersuchungen standen Methoden zur Leistungssteigerung der ArbeitnehmerInnen. Als Nebeneffekt reifte die Erkenntnis, dass Arbeitsleistung nicht nur mit Arbeitsbedingungen zu tun hat, sondern auch mit der Aufmerksamkeit, die den Beschäftigten gewidmet wurde. Über die Untersuchungen sozialer Beziehungen rückten erstmals informelle und formale Gruppen (Begriffsfestlegung Elton Mayo) in Organisationen in den Blickpunkt des Forschungsinteresses. Zur gleichen Zeit entwickelte Kurt Lewin (1890–1947) seinen sozialpsychologischen Ansatz zur Entstehung, Entwicklung und Funktion von Gruppen. Damit bildete sich ein neuer Forschungsbereich, in dessen Folge 1939 der Gruppendynamikbegriff geprägt wurde und die Entstehung der

---

[283] Damit in Bezug stehen die Konzeptionen von Vergemeinschaftungs- und Vergesellschaftungsmechanismen bei Ferdinand Tönnies (1887) oder auch die „Pattern variables“ bei Talcott Parsons (1937) (vgl. Schäfers 1995, 84f.).

[284] Vgl. völkerpsychologische Studien von Moritz Lazarus 1859/2003 und Wilhelm Wundt 2008 (1888, 1907, 1911,1920).

[285] Siehe Hanappi-Egger in diesem Buch.

[286] Unter tayloristischen Arbeitsstrukturen („scientific management“) wird ein arbeitsorganisatorisches Prinzip verstanden, in welchem Arbeitsabläufe in kleine aufeinander folgende Arbeitsschritte zerlegt werden.

Gruppendynamik-Bewegung bewirkte (vgl. König 2006; König/Schattenhofer 2008, 10ff.).

Seit dieser Zeit gestaltete sich die Einführung und Umsetzung von Gruppenarbeit in Organisationen sehr unterschiedlich. Wirtschaftliche Veränderungen brachten Neuorientierungen an Gruppenkonzepten mit sich. So wurden in den 1960er Jahren Arbeitsgruppen und Teams in Verbindung mit der Führungsforschung aktuell. In den 1970er Jahren entwickelte Volvo in Kalmar das Konzept der *„Teilautonomen Arbeitsgruppen"* (TAAG). Dabei handelt es sich um die gemeinsame Bewältigung aufeinander bezogener und eng verknüpfter Tätigkeiten, wobei die Arbeitsgruppe selbstständig die Arbeiten plant, reguliert und kontrolliert (vgl. Kern/Schuhmann 1970, 118; Ulich 1973, 84). Mitte der 1970er Jahre entstand darauf aufbauend in Deutschland das Programm zur *„Humanisierung des Arbeitslebens"*.[287] Über umfangreiche wissenschaftliche Begleitmaßnahmen erfolgten arbeitsorganisatorische Veränderungen durch vertikale und horizontale Ausweitungen des Handlungsspielraumes. Viele der Projekte scheiterten aufgrund fehlender Effizienz und es erfolgte eine Rückstellung auf tayloristische Systeme (vgl. Kern/Schumann 1990). In den 1980er Jahren wurde das aus Japan kommende Konzept der Qualitätszirkel, in welchen arbeitsgruppenübergreifende Zusammenarbeit gefördert wurde, um neue Ideen zu generieren und umzusetzen, auch im deutschsprachigen Raum interessant (vgl. Kern/Schumann 1990, 54f.; Antoni 1994, 19ff.). Seit den 1990er Jahren wird Teamarbeit als strategischer Erfolgsfaktor betrachtet. Gruppen- und Teamarbeit wurde zum Synonym für moderne Arbeitsorganisationsformen und damit für moderne Managementkonzepte (vgl. Antoni 2000, 10ff., 325ff.).

Der Durchsetzung von Gruppen- und Teamarbeit als Organisationsentwicklungsmaßnahme kommt seitdem eine unterschiedlich starke Bedeutung zu. Beeinflusst wurde die Einführung von Teamarbeit in den letzten Jahren durch externe Faktoren wie zunehmenden Wettbewerbsdruck, hauptsächlich im Rahmen von Internationalisierungstendenzen. Abhängig von der Organisation, der zeitlichen Dimension, dem Bereich oder auch der jeweiligen Arbeitsgruppe existieren die unterschiedlichsten Konzepte, Ansätze und Vorstellungen von Gruppen- und Teamarbeit sowie von der Zusammensetzung der Arbeitsgruppen (vgl. Belbin 2010). In diesen Kontext sind Diskussionen über heterogene Teams bzw. Diversität von Teams einzuordnen.

---

[287] Ausführlich dazu Hermann 1995.

9.1.3 Homogene, heterogene und diverse Gruppen

Durch den Einsatz heterogener Teams versprechen sich Organisationen Wettbewerbsvorteile bzw. wird auf aktuelle Situationen wie Internationalisierungsbestrebungen der Unternehmen, Zunahme des Anteils „ausländischer" ArbeitnehmerInnen im inländischen Markt oder demographische Entwicklungen reagiert. Seit Anfang der 2000er Jahre kommt es daraus folgend in der Gruppenforschung verstärkt zu einer Zusammenführung unterschiedlicher Forschungsansätze. So werden beispielsweise Kulturstudien und Gendertheorien in die Team- und Gruppenforschung eingebunden und mit der ‚Diversitätsklammer' verbunden. Im Zusammenhang mit Diversitätskategorien sind dies die umfangreichsten Forschungslinien, die in die Gruppenforschung eingebunden sind (vgl. Lewis/Gutiérrez 2003, 132ff.).

Der erste genannte Ansatz – *kulturelle Einflüsse in Gruppen* bzw. Betrachtung unterschiedlicher Ethnien – geht auf anthropologische Studien des Zusammenwirkens von Individuen unterschiedlicher kultureller Prägung zurück. 1980 wurde von Geert Hofstede eine der ersten systematischen Untersuchung zu kulturellen Unterschieden im Zusammenhang mit Organisationskulturen veröffentlicht[288] (vgl. dazu Hofstede/Hofstede 2009, einen guten Überblick bietet Thomas et al. 2009). In dieser Forschungstradition sind Studien zum Internationalen Management mit Fokus auf multikulturelle Teams einzuordnen. Themen wie Unterschiede im Kommunikations- und Konfliktverhalten, bei Entscheidungsfindungen und in der Zieldefinition werden auf kulturell gemischte Arbeitsgruppen übertragen (vgl. Podsiadlowski 2002, 104ff.; Chen 2006; Behfar et al. 2006, 233ff.). Ebenso kamen aus der *feministischen und Frauenforschung* (vgl. Kanter 1993, Acker 1990) Impulse, Geschlechterunterschiede als wesentliches Merkmal von Individuen auf die Teamarbeit zu übertragen. Von Interesse waren dabei der Minderheitenstatus von Frauen („token"-Effekt) und daraus resultierende Ungleichheitsdimensionen in Verbindung mit Machtunterschieden sowie die Einbindung in formelle und informelle Gruppen. Weiterhin erfolgten Modellierungen von Gender-Schemata beruhend auf Stereotypisierungen, die Auswirkungen auf Rollenzuschreibungen und Erwartungen auf unterschiedlichen Ebenen in Teams (Individuum, Interaktion, Strukturen) hervorrufen (vgl. Berdahl 1996; Metcalfe/Linstead 2003; Schiller 2003; Cohen 2003; Pease 2003, 53ff.). Den meisten Studien liegen gleichheits- bzw.

---

[288] Geert Hofstede erhielt Ende der 1960er Jahre Zugang zu den Daten einer weltweiten MitarbeiterInnen-Befragung bei IBM und wertete diese entsprechend kulturvergleichender Aspekte aus.

differenztheoretische Zugänge zur Erklärung unterschiedlichen Verhaltens von Frauen und Männern zugrunde.[289] Weit verbreitet sind ebenso evolutionsbiologische Begründungen, die vor allem im gruppendynamischen Bereich zu finden sind und Verhalten von Frauen und Männern in Gruppen erklären (vgl. Schwarz 2001; Krainz 1993). Diese Ansätze greifen oftmals zu kurz, wenn Diversität in Gruppen analysiert werden soll.

Wie unter 9.1.1 angesprochen bilden sich in Gruppen sozio-kulturelle Gruppennormen heraus. Diese Werte- und Normenbasis, die Individuen im Verlauf ihrer Sozialisation entwickeln, steuern das Verhalten und sind verantwortlich für soziale Kategorisierungen und Zuschreibungen. Sie betreffen die soziale Schichtzugehörigkeit, das Geschlecht, die sexuelle Orientierung, die kulturelle Prägung usw. Die darauf beruhenden Wahrnehmungs- und Denkschemata werden in jede Gruppe, in jedes Team, in welche sich Individuen begeben, hineingetragen. Auf der anderen Seite können bestimmte Verhaltensweisen oder Denkschemata auch zum Ausschluss aus Gruppen führen. Individuelle Denk- und Handlungsschemata sind dementsprechend mit für Inklusions- und Exklusionsprozesse innerhalb sozialer Gruppen verantwortlich. Die Möglichkeit in eine Gruppe inkludiert zu werden, ist nicht nur von Werten und Normen sowie Persönlichkeit und Eigenschaften einer Person abhängig, sondern ebenso von individuellen Faktoren, zu denen Alter oder Ethnie zählen (vgl. Nijstad/van Knippenberg 2007, 417ff.). Damit ist jede Gruppe auf den ersten Blick heterogen. In der Gruppenforschung wird dieser Fakt u.a. bei der Analyse von Gruppenstrukturen beachtet und spiegelt sich beispielsweise in der umfangreichen Literatur zur Teamzusammensetzung wieder (vgl. exemplarisch dafür Belbin 2010).

Um Heterogenität und Homogenität von Teams zu analysieren sind mehrere Ebenen der Betrachtung notwendig:

1. *Individuelle Ebene:* Wie Forschungsergebnisse belegen (vgl. Bennett/Wright 2010), bevorzugen es Individuen häufig, mit ihnen ähnlichen Individuen („Gleichgesinnten“ – hinsichtlich Werte-, Normensystem, Alter, Geschlecht, Qualifikation etc.) zusammenzuarbeiten. Dabei ist die wahrgenommene Ähnlichkeit in Abhängigkeit vom Kontext entscheidend. In diesem Zusammenhang wird die subjektive Ebene angesprochen. Das führt dazu, dass einzelne Kategorien andere je nach Gruppencharakter überlagern (z. B. kann Qualifikation wesentlich sein und Alter sowie Geschlecht zweitrangig). Weiterhin kann eine wahrgenommene Differenz (z. B. Hautfarbe, soziale Schicht) zu Unbehagen, Ängsten und vermuteten Differenzen führen (Homogenitätsprämisse 1).

[289] Vgl. dazu die kritische Auseinandersetzung mit diesen Konzepten im Beitrag von Hofmann in diesem Buch.

2. *Organisationale Ebene:* Die Arbeitsgruppen- bzw. Teamzusammensetzung erfolgt formal in Abhängigkeit zur Qualifikation und zum Ausbildungsstand. Weiterhin werden Personen sozial kategorisiert und mit bestimmten Erwartungen und Zuschreibungen unterschiedlichen Formen der Kooperation zugeordnet. Dies erfolgt z. B. im Dienstleistungssektor (GebäudereinigerInnen) u.a. um Kostenminimierungen über geringere Entlohnung zu erreichen (Einstellung bestimmter Personen in Abhängigkeit von Ethnie oder Geschlecht), wobei durch Inklusion und Exklusion bestimmte Ziele verfolgt werden wie z. B. fehlende gewerkschaftliche Organisiertheit. Damit wird neben der subjektiven Ebene die objektive Ebene der Messbarkeit von Heterogenität bzw. Homogenität aufgrund sozialer Kategorien angesprochen (Homogenitätsprämisse 2).
3. *Gruppenebene:* Basis von homogenen Gruppen sind gemeinsame Wertvorstellungen, klare Verhaltenscodes sowie Regeln und Normen des Umgangs miteinander bei den Aufgabenstellungen und der Zieldefinition. In dieser Ebene sind sowohl subjektive Aspekte (z. B. wahrgenommene Ähnlichkeit über die Zugehörigkeit zu bestimmten Sozialkategorien wie weiß, heterosexuell, weiblich) als auch objektive Kriterien (Messbarkeit) von Bedeutung. Innerhalb der Gruppenforschung gelten homogene Gruppen als erfolgreich hinsichtlich der Geschwindigkeit der Entscheidungsfindung und der Synergieeffekte bei der Zusammenarbeit (einfachere Kommunikation, geringere Konfliktneigung, größeres Vertrauen auf der Arbeits- und Beziehungsebene sowie – daraus folgend – der höhere Kohäsionsgrad) (Homogenitätsprämisse 3).

Homogenität – als wahrgenommene Gleichheit im Wahrnehmen, Denken und Handeln – zeigt sich entsprechend der zugrunde gelegten Kriterien subjektiv gefühlt oder objektiv gemessen auf individueller, organisationaler und Gruppenebene verschieden. Eine homogene Gruppe kann entsprechend definiert werden als eine wahrgenommene oder definierte Gleichheit der Gruppenmitglieder innerhalb der Gruppe (Gruppenebene), als Ähnlichkeit in der Zusammensetzung anhand spezifischer Kriterien/Kategorien (Organisation) oder aufgrund des „Wohlfühleffektes" der wahrgenommenen Gleichartigkeit auf individueller Ebene.

Als *heterogene Teams* werden in der Literatur Teams bezeichnet, deren Mitglieder sich aufgrund sozialer Kategorisierungen hauptsächlich nach „sichtbaren" aber auch nach „unsichtbaren" Merkmalen klar unterscheiden (vgl. Podsiadlowski 2002; Nishii/Goncalo 2008; Cheng et al. 2008). Die Untersuchungen zu Heterogenität in Gruppen in der Gruppenforschung reichen über die Analyse differenter Persönlichkeitsmerkmale, unterschiedlicher kultureller Geprägtheit bis hin zu Geschlechterunterschieden. Positiv werden bei heterogenen Teams die verschiedenen Ansichten und Perspektiven der Teammitglieder hervorgehoben, die auf differenten Wahrnehmungs-, Denk- und Handlungsschemata beruhen und ein höheres Kreativitäts- und damit Innovationspotenzial vermuten lassen. Als negativ werden Kommunikationsprobleme und entstehende Konflikte sowie daraus resultierende fehlende Motivation und evtl. sogar eine hohe Fluktuation genannt. Diese Betrachtungsweise wird der Realität von Teams nur zum Teil gerecht und führt oftmals zu einer unzulänglichen Komplexitätsreduktion. D. h., zum einen wird sichtbaren Merkmalen zu viel Bedeutung beigemessen, auch sind Heterogenitätsfestlegungen und Bewertungen durch soziale Kategorisierungen[290] generell kritisch zu sehen.[291] Es kann dadurch zu stereotypen Zuordnungen und Verfestigung der Kategorien mit entsprechenden sozialen Bewertungen kommen. Weiterhin wird oftmals die Art der Aufgabenstellung und die Aufgabenstruktur wenig beachtet. So ist für den Arbeitskontext Heterogenität aufgrund unterschiedlichen Wissens hinsichtlich Qualifikationsstandes eher von Relevanz als demografische Merkmale.

Gruppen-/Teamzusammensetzung ist nur ein Aspekt der Homogenitäts-Heterogenitäts-Betrachtung. Gruppen entwickeln und verändern sich (vgl. Kapitel 9.2). Im Verlauf eines Teamentwicklungsprozesses bildet sich ein Wir-Gefühl (Gruppenkohäsion) heraus, welches ganz neue Betrachtungsweisen von Homogenität und Heterogenität hervorruft. Ein heterogen zusammengesetztes Team kann sich im Verlauf der Zusammenarbeit zu einer hoch kohäsiven Gruppe entwickeln und sehr homogen agieren. Auf der anderen Seite kann ein homogen zusammengesetztes Team (mit dem organisationalen Ziel der schnellen Entscheidungsfindung und Minimierung von Konfliktpotential) nach einiger Zeit der Zusammenarbeit feststellen, dass die Differenzen in Werthaltungen unüberbrückbar sind, so dass eine Zusammenarbeit kaum noch möglich ist. Damit wird Teamdiversität bei bestehenden Teams innerhalb des Arbeitsprozesses angesprochen – unabhängig von einer homogenen oder heterogenen Zusammensetzung – in deren Ergebnis Missverständnisse, Konflikte und fehlendes Vertrauen entstehen können. Ein solches Team wird sich kaum weiterentwickeln. Homogenität und Heterogenität sind dementsprechend in Verbindung mit dem Teamentwicklungsprozess zu sehen. Homogene Teams erreichen oft Phasen der Zusammenarbeit, in welchen sie nach innen und außen Barrieren errichten. Über Gruppenwerte und -normen verfestigen sich die Gruppengrenzen, so dass es zu einer Reproduktion des Teams durch Aufnahme ähnlicher Mitglieder kommt. In Folge dessen wird als negativer Aspekt oft das

---

[290] Siehe Eberherr in diesem Buch.

[291] Siehe Hofmann in diesem Buch.

„Groupthink"-Phänomen genannt, als eine Form der Selbstüberschätzung, welches dazu führt, dass Prozesse und Entscheidungen routiniert ablaufen, die Kreativität verloren geht und es zu Fehlentscheidungen kommen kann (vgl. ausführlich dazu Mayrhofer et al. 2009, 206ff.).

Heterogenität und Diversität in Teams werden oftmals gleichgesetzt (vgl. Ormiston/Wong 2008). Aufgrund der differenten theoretischen Verortungen von Heterogenität und Diversität[292] kann es bei einer Gleichsetzung dieser Ansätze zu einer Verkürzung des Diversitätsansatzes durch die rein kategoriale Zuordnung der Gruppenmitglieder kommen. Van Knippenberg/Schippers (2007) erklären *Diversität in Teams* als ein Charakteristikum sozialer Gruppierungen, die den Grad der objektiven und subjektiven Differenzen zwischen den Teammitgliedern in Abhängigkeit von der Teamentwicklungsphase sowie vom Arbeitskontext zeigen. Unterschieden wird dabei nach demographischer und funktionaler Diversität sowie subjektiv konstruierten Merkmalen (wie Status) und Diversität hinsichtlich Persönlichkeitsmerkmalen, Wertesystemen und Verhalten. Das bedeutet auch, dass verschiedene Dimensionen sich in Abhängigkeit vom Kontext und der Arbeitsphase überlagern, einander bedingen oder gegenseitig ausschließen. Diversität, als Vielfalt definiert, kennzeichnet Unterschiede und Gemeinsamkeiten sowie Dynamiken der Überschneidungen von Kriterien innerhalb der Teammitglieder, die in einem Team während des Arbeitsprozesses zum Tragen kommen und von der Wahrnehmung der Individuen bzw. der Gruppe definiert werden. Bei der Beschäftigung mit *Diversität in Teams* ist es deshalb notwendig zu analysieren, wann und warum Diversität innerhalb der sozialen Gruppe „zum Thema" wird und welche Kategorien im Verlauf der Teamentwicklung angesprochen werden. Grundlagen dieser Betrachtungen sind der Zweck der Zusammenarbeit, die Ziele der Organisation und der einzelnen Individuen aber auch die Teamziele sowie die Art der Kooperation (Handlungsspielraum). So kann beispielsweise in einem hoch konkurrenzorientierten Team Diversität aufgrund des Wettbewerbscharakters und der damit verbundenen Stärken-/Schwächenanalyse von Teammitgliedern oder konkurrierenden Teams mehr zum Tragen kommen als in weniger konkurrenzorientierten Teams (vgl. van Knippenberg/Schippers 2007).

Aus der Beobachtungs- und Forschungsperspektive ist die Analyse von Gruppenprozessen und Teamerfolgen hinsichtlich Diversitätsaspekten schwierig. Oftmals werden Untersuchungsmethoden und Instrumenten Kategoriensysteme zugrunde gelegt, wodurch die Ausgangsunterscheidung nach Homogenität und Heterogenität durch Zuschreibungen wieder an

---

[292] Siehe Hanappi-Egger/Hofmann in diesem Buch.

Bedeutung gewinnt und es dadurch zu Verzerrungen kommen kann (vgl. van Knippenberg/Schippers 2007). Nützlich sind in diesem Zusammenhang die Analysen von Teamentwicklungsstadien bzw. Arbeitsphasen und die mit dem Arbeitsprozess in Verbindung stehenden Unterscheidungen nach dem möglichen Einsatz der Teammitglieder bezogen auf Teamrollen sowie Nutzung von Fertigkeiten und Fähigkeiten.

9.2 Teamentwicklung

Wie bereits anfangs beschrieben, verändern sich Arbeitsgruppen und Teams im zeitlichen Verlauf. Soziale Gruppen sind lebendige Systeme, die über individuelles und Gruppenlernen Entwicklungsprozesse vollziehen. Zur Beschreibung dieser Entwicklungen eignen sich Phasenmodelle. Eines der bekanntesten ist das *Teamentwicklungsmodell* nach Tuckman/Jensen 1977. Tuckman entwickelte in den 1960er Jahren ein Vier-Phasen-Modell der Entwicklungsprozesse in kleinen Gruppen, diese Phasen wurden später um eine fünfte Phase ergänzt (vgl. Tuckman 1965, Tuckmann/Jensen 1977). In diesen Phasen – Forming, Storming, Norming, Performing und Adjourning – werden die Art und Weise der Kooperation und die Effizienz der Teamarbeit über gruppendynamische und arbeitsorganisatorische Prozesse dargestellt (vgl. Abbildung 2).

Abbildung 2: Phasen der Teamentwicklung

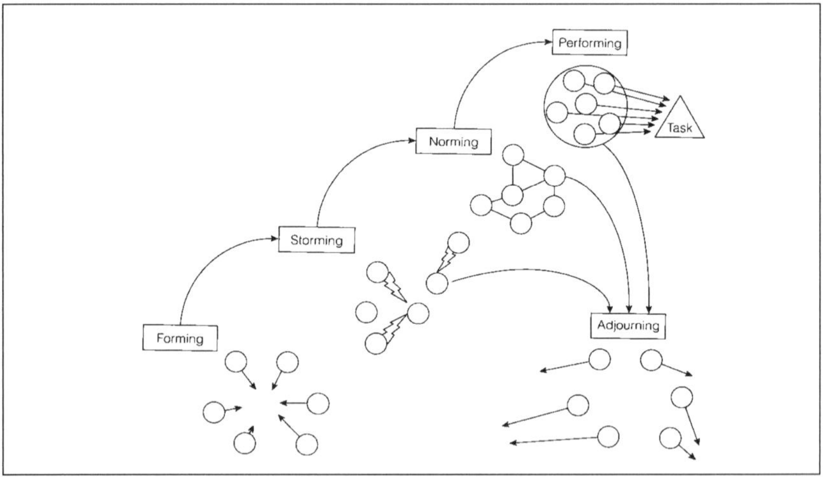

Quelle: Forsyth 2010, 20 adaptiert nach Tuckman/Jensen 1977

Ausgangspunkt der Betrachtungen von Teamentwicklungen sind die *Teamzusammensetzungen* (Teamdesign). Diese unterscheiden sich nicht nur nach organisationalem Kontext, Zielstellung und Aufgabenstruktur, sondern ebenfalls nach der Art der Kopplung sowie Homogenitäts- oder Heterogenitätsprämissen. So wird beispielsweise ein Projektteam zur Standardisierung von technischen Arbeitsabläufen im Anlagenbau bei Firmenübernahmen wie folgt zusammengestellt: Ausgangspunkt sind die Zielstellung und die Qualifikation der Teammitglieder. Zur Qualifikation gehören neben Ausbildung und Studium firmeninternes Wissen, langjährige Erfahrungen in der Anwendung und Umsetzung technischer- und Engineeringaufgaben sowie Sprachkenntnisse. Dieses Projektteam wird basierend auf der Aufgabe länder- und fachgebiets- sowie arbeitsgruppenübergreifend aufgebaut. Implizite Voraussetzungen sind weiterhin Bereitschaft zur zusätzlichen Arbeit, Mobilität sowie zeitliche und inhaltliche Flexibilität. Damit werden organisationsintern bestimmte Personengruppen bereits ausgeschlossen (z. B. allein erziehende Väter/Mütter mit schulpflichtigen Kindern ohne großelterliche Betreuung oder Nanny).

In der *Formingphase* liegt der Schwerpunkt auf der Reduktion von Unsicherheit und Orientierung bei den Teammitgliedern, auf der anderen Seite bei der Notwendigkeit, Ziele zu definieren und Regeln der Zusammenarbeit festzulegen. So entstehen über Wahrnehmungs- und Denkschemata Zuschreibungen und Erwartungen, die auf Stereotypen und Vorurteilen beispielsweise demographischer und funktionaler Diversität beruhen (Untersuchungen zu intrapersonalen Perspektiven und (Meta-) Wahrnehmung und deren Auswirkungen auf Diversität in Gruppen z. B. bei King et al. 2008, 109ff.). Diese Schemata sind kulturell bedingt und über Sozialisationsprozesse fest auf der individuellen Ebene verankert und werden so in die Teamarbeit hineingetragen. Zum anderen sind gerade funktionale Diversitätsmerkmale oftmals organisations-, zeit- und/oder branchenabhängig. Zum oben angeführten Beispiel kann in dieser Phase weiter ausgeführt werden, dass in den ersten Schritten Regeln der Zusammenarbeit zu definieren sind. Diese umfassen die Sprache, das Zeitmanagement, Art der Kommunikation (persönliche Treffen, Videokonferenzen), die Festlegung von Verantwortungsbereichen. Die Akzeptanz aller beteiligten Teammitglieder spiegelt sich in dieser Phase in den Regeln und Absprachen sowohl organisationsseitig als auch teamintern wider (in welchen Ländern finden die jeweiligen gemeinsamen Arbeitstreffen statt, in welcher Sprache werden Protokolle erstellt, gibt es Gelder für Übersetzungsleistungen und wenn ja, für wen, ...).

Die *Stormingphase* ist kennzeichnend für Rollen- und Statuskämpfe, gebunden an Machtausübungen und Konflikte. In dieser Phase erfolgt die organisationale Teamstrukturierung über die Verteilung von Rollen, die sich aus sozialen Normen und implizierten Verhaltenserwartungen zusammensetzen (vgl. Forsyth 2010, 143ff.; Nijstad/van Knippenberg 2007, 433ff.). Ein- und Ausgrenzungen, Führungsansprüche (informell/formal; vgl. Stewart/Powell 2004; Schulz-Hardt/Brodbeck 2007, 469ff.), Formen der Unterordnung, des Widerstands oder der Anpassung sind sehr stark an Diversitätsdimensionen gebunden. Über Normen wird Zwang ausgeübt, erfolgen Sanktionen und Verhaltenskontrolle (ausführlich dazu Kessler/Mummendey 2007, 490ff.). Der Umgang mit Konflikten hat positive und negative Auswirkungen auf Teams und die Teamentwicklung. Fehlende Motivation und evtl. auch Fluktuationen als Ergebnis von Diskriminierung, Unverständnis oder Unvereinbarkeiten von Denk- und Handlungsmustern können eine Folge sein. Auf der anderen Seite ist die Bearbeitung von Konflikten ein wesentlicher Antrieb der Teamentwicklung inklusive der Bewältigung von Phasenübergängen. Aufbauend auf dem begleitenden Beispiel finden in dem dargestellten Projektteam Machtkämpfe hinsichtlich der Durchsetzung eigener Interessen statt. Diese Konflikte drehen sich um bereits existierende Standards, Ort/Land der Teambesprechungen, Statusunterschiede (symbolisches Kapital) hinsichtlich MitarbeiterInnen der übernehmenden Firma und der übernommenen Firmen sowie Sprachprobleme. Dabei kommt es zu unterschiedlichen Verbindungen (Subgruppenbildung). So spielen bei den EntwicklerInnen weniger die kulturellen Unterschiede eine Rolle als die Fachgebiete. Hier geht es um die Findung einer guten Lösung für alle Beteiligten und gleichzeitig wird eine Chance zur Verbesserung der momentan unbefriedigten Situation in den einzelnen Unternehmen gesehen (zeit- und kostenaufwendig). Auf Managementebene sind eher die Zeit- und Kostenaspekte handlungsleitend.

In der *Normingphase* bilden sich Kommunikationsmuster und Mechanismen zum Umgang mit Normen und zur Entscheidungsfindung heraus. Es finden sich Formen von emotionaler, sozialer und arbeitsmäßiger Unterstützungen sowie Akzeptanz der Unterschiedlichkeit. Problemlösungskompetenzen und Leistungsbereitschaft sind vorhanden, werden allerdings stark von sozialen Einflüssen innerhalb der Teams gesteuert. In verschiedenen Prozessen der sozialen Beeinflussung zeigen sich Machtmechanismen, die generell gruppendynamische Beziehungen kennzeichnen. Innerhalb von Teamarbeit wird Druck auf die Individuen nach Gleichheit und Ähnlichkeit ausgeübt, der verschränkt ist mit einem individuellen Bedürfnis nach Anerkennung und Akzeptanz. Diese Homogenisierungsbestrebungen dienen der Minimierung von Komplexität, um dem Leistungs-, Zeit- und Wettbewerbsdruck im arbeitsorganisationalen Kontext gerecht zu werden. Individuelle Veränderung von Einstellungen und Verhaltensweisen sind das Ergebnis. Teammitglieder gehen damit einen „social contract" ein, nicht nur um die Teamziele, sondern auch um ihre individuellen Zielvorstellungen zu erreichen.

In der *Performingphase* findet eine stärkere Aufgabenorientierung statt, Teamstrukturen sind gefestigt und Vertrauen wurde hergestellt. Diese Phase ist durch Differenzierung gekennzeichnet – der Teammitglieder hinsichtlich individueller Identität und der Aufgabenbearbeitung – sowie des bewussten Einsatzes von Diversitätsmanagement zur Verbesserung der Teamarbeit.

Die letzte Phase – *Adjourning* – ist durch das Beenden der Tätigkeiten gekennzeichnet. Hierbei kommen Feedbackprozessen eine besondere Bedeutung zu. Zum eingangs dargestellten Beispiel kann ausgeführt werden, dass das Projektteam nicht über die Phase der Macht- und Konfliktaustragung hinweggekommen ist. Das Projekt zur Standardisierung von technischen Arbeitsabläufen wurde firmenintern als gelungen abgeschlossen. Es wurden die Standards der übernehmenden Firma festgelegt. Innerhalb des Projektteams kam es außer zu inneren Kündigungen auch zu Desillusionierungen und Ausbreitung bzw. Verfestigung von Konflikten zwischen den beteiligten Firmen und Ländern. Diese Konflikte werden auf unterschiedlichen Ebenen (Organisation/Management, Team und Individuen) kulturellen Differenzen (hinsichtlich Nationalitäten) zugeschrieben.[293]

Die Modelle der Phasendarstellungen implizieren, dass diese nacheinander durchlaufen werden. Doch bereits in der Formingphase gibt es in Abhängigkeit von der Organisation, der Aufgaben- und Zielstellung Unterschiede. Kein Team – auch bei bereits vorher stattgefundener Zusammenarbeit und optimalen Startbedingungen – ist sofort arbeitsfähig. So erfolgt zum einen der Eintritt in die unterschiedlichen Phasen zu verschiedenen Zeitpunkten und aus unterschiedlichen Bedürfnissen heraus, zum anderen können Phasen mehrmals durchlaufen werden, z. B. bei der Aufnahme neuer Mitglieder, bei Aufgaben-, Ziel- oder Beziehungsverunsicherungen, bei der Etablierung neuer Normen oder durch neue Anforderungen und Zielstellungen. Oftmals brechen alte Konflikte erneut auf und es kommt zu neuen Aushandlungen von Normen und Rollen. Gemeinsam ist allen Teamentwicklungsmodellen, dass es Phasen der Differenzierung und Phasen der Integration gibt. Wie ausgeführt, kommen Diversitätsdimensionen in allen Phasen zum Tragen, sei es bei der Strukturbildung, der gegenseitigen Einflussnahme und/oder Machtausübungen.

Der Übergang zwischen den einzelnen Phasen oder auch Stadien wird als „glass-ceiling-effect"[294] bezeichnet. In erster Linie ist es der organisationale

---

[293] Bei dem genannten Beispiel handelt es sich um einen Beratungs- und Teamcoachingfall der Autorin.

[294] Der „glass-ceiling-effect" stellt eine organisationale Barriere dar, wodurch eine

Kontext, der es einem Team ermöglicht, eine höhere Entwicklungsstufe zu erreichen bzw. den Team-Fortbestand durch Lernprozesse zu sichern. Der Übergang in eine neue Phase ist abhängig von strukturellen Bedürfnissen nach klar definierten Rollen und Aufgabenzuweisungen, von den interpersonellen Beziehungen und Prozessbedürfnissen, die Entscheidungsfindungs- und Problemlösungsverhalten bestimmen. Die Barrieren, die bei der Teamentwicklung auftreten, finden sich demzufolge nicht nur in organisationalen Bedingungen, sondern auch auf individueller und Teamebene. Gerade Teams unter dem Aspekt Diversität und in besonderer Ausformung als „High Performance Teams" zu entwickeln, ist schwierig. Nach Castka et al. (2001, 125f.) wird ein Verständnis von Teamarbeit sowie inklusives Diversitätsmanagement auf breiter Ebene benötigt, eine in der Organisation gemeinsam getragene Vision, ein kreatives Klima und großes Vertrauen in das Team – auch bei Rückschlägen. Phasenübergänge und Teamentwicklungen sind weiterhin eng mit der Thematik der Führung verbunden (vgl. Schulz-Hardt/Brodbeck 2007, 469ff.), um Lernprozesse zu ermöglichen und unterschiedliche Interessen – bezogen auf Diversitätskategorien – nach innen und außen zu vertreten.

Teamentwicklungsphasenmodelle können als Ausgangspunkt von Teamanalysen hinsichtlich Arbeits-, Lern- und Beziehungsphasen gesehen werden. Letztendlich wirken diese Phasen, aber auch die Teamzusammensetzung und organisationales Diversitätsmanagement auf die Teamleistung und damit auf die Effizienz und den Erfolg von Teamarbeit.

9.3 Teamleistung

Die *Teamleistung* hängt von mehreren Faktoren ab. Dazu gehören neben den individuellen Faktoren wie Persönlichkeit, Wissen, Fähigkeiten und Fertigkeiten, Teamfaktoren wie die Teamstruktur (Normen- und Rollengefüge), der Kohäsionsgrad und die Gruppengröße. Auch Kontextfaktoren, die Wettbewerbs- und Leistungsdruck hervorrufen und die strukturelle Verankerung der Teams in Organisationen sind für Teameffizienz und Effektivität verantwortlich. Diese verschiedenen Ebenen, die bereits bei der Betrachtung von Homogenität und Heterogenität von Teams angesprochen wurden, führen zu *objektivem* und *subjektivem Teamerfolg*. Dabei wird unter

Weiterentwicklung des Teams nicht möglich ist – Begriffsverwendung auch in der Geschlechterforschung als Pseudonym für Aufstiegsbarrieren für Frauen, Homosexuelle bzw. Personen, die bestimmten organisationalen Bildern nicht entsprechen.

objektiven Faktoren der Grad der Aufgabenerfüllung verstanden und unter subjektiven Faktoren, die Zufriedenheit der Teammitglieder (vgl. Abbildung 3)

Abbildung 3: Input-Process-Output (IPO) Modell der Team-Performance

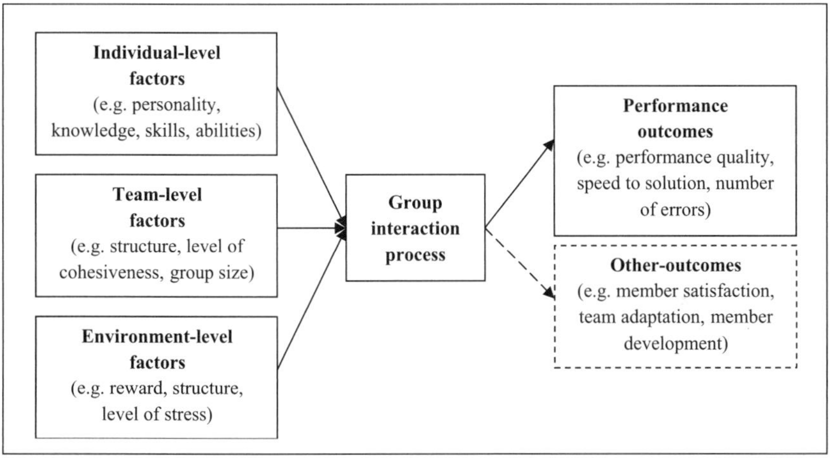

Quelle: Forsyth 2010, 358 adaptiert nach Hackman/Morris 1975

Zur Messung von Teamerfolg gibt es unterschiedliche Modelle. Generell sind Aussagen zur Effektivität und Effizienz von Teamarbeit schwer zu treffen, da aufgrund gruppendynamischer Prozesse vielfältige Mechanismen wirken, die letztendlich die objektive Ebene der Teamzusammenarbeit beeinflussen. Eine genauere Betrachtung dieser Einflussfaktoren gerade unter dem Fokus von Diversitätsmanagement ist beispielsweise über das *Teameffektivitätsmodell* von Hackman (1987), dargestellt von Anoni 2000 (vgl. Abbildung 4), möglich.

Abbildung 4: Modell der Teameffektivität

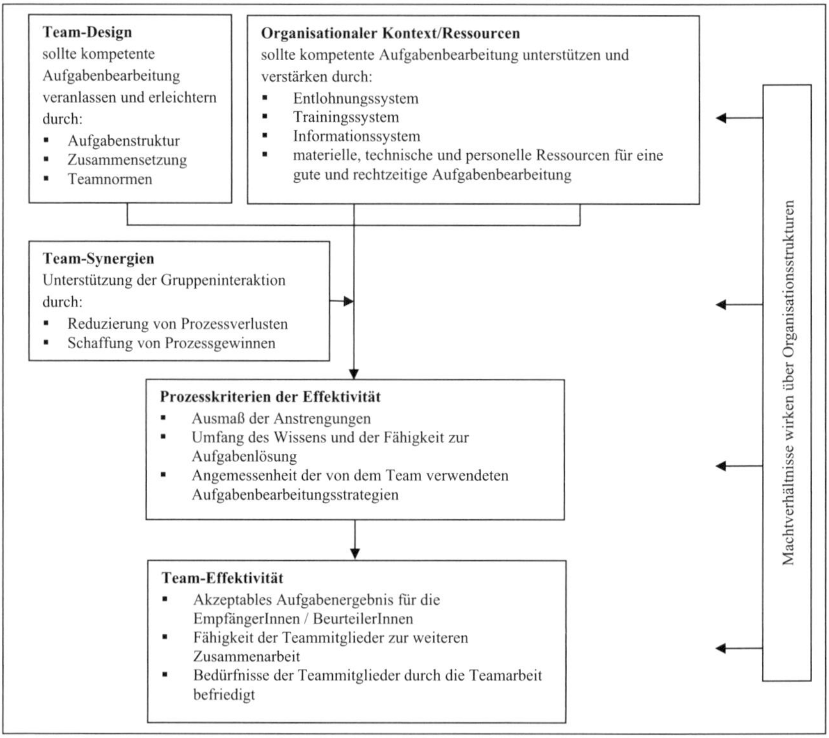

Quelle: In Anlehnung an Antoni 2000, 99, basierend auf Hackman 1987

Hackmans (1987) normatives Modell der Effektivität von Teamarbeit vereint zum einen aufgaben- und personenbezogene Faktoren inklusive der Teamführung und betrachtet weiterhin teaminterne und teamexterne Einflüsse, auf welche im Folgenden detailliert eingegangen wird.

9.3.1 Rahmenbedingungen erfolgreicher Teamarbeit: Team-Design, Kontext und Ressourcen

Hackmans (1987) Ansatzpunkt der Betrachtungsweise ist die Organisation. Besonders beim *Teamdesign* kommen über die personelle Zusammensetzung, Ziel- und Aufgabenstruktur, Rollenverteilung und teaminterne Normen Diversitätsdimensionen zum Tragen. Dabei spielen Interessenslagen und die Notwendigkeit, unterschiedliches Wissen, Können, differente

Perspektiven und Meinungen zur Zielerreichung einsetzen zu müssen eine Rolle. Folgende Fragen können für das Teamdesign handlungsleitend sein: Ist das Lösen von nicht-routinierten Problemen ein Charakteristikum der Zusammenarbeit und wird ein großes Spektrum an Wissen, Ressourcen und Potenzialen für die Aufgabenerfüllung benötigt? Sind unterschiedliche Werte, Einstellungen und Verhaltensschemata notwendig, um beispielsweise verschiedene Märkte zu erschließen und/oder Wettbewerbsvorteile zu erreichen? Werden kategoriale Differenzen zwischen Individuen zur Aufgabenerfüllung benötigt und wenn ja, welche? Wie soll das Ausmaß der Differenzierung aussehen?

Teams sind strukturell in *Organisationen* verankert, deswegen ist die Ausrichtung der Arbeitsorganisation ein wesentlicher Punkt. Fragestellungen dazu könnten sein: Wie sieht die Art der Kopplung aus? Welchen Handlungsspielraum haben Teams zur Verfügung? Wie sehen ganz konkret der Entscheidungs- und Kontrollspielraum sowie der Tätigkeitsbereich aus? Ist die Entlohnung entsprechend gestaltet? Werden genügend Ressourcen zur Verfügung gestellt? Sind die Transparenz und die Einbindung des Teams in die Organisationsstruktur vorhanden bzw. nachvollziehbar? Entspricht die Organisationskultur den Notwendigkeiten, um Teamarbeit und Diversitätsmanagement in Teams zu gewährleisten? Sind Informations- und Entscheidungswege darauf ausgerichtet, Teamarbeit zu unterstützen? Teams benötigen nicht nur die ständige Unterstützung der Organisation aufgabenseitig, sondern ebenso um methodische und soziale Komponenten der Teammitglieder herauszubilden. Notwendig dafür sind kontinuierliche Weiterbildungen und evtl. Coaching- und Mentoringmaßnahmen, um Lernprozesse zu initiieren.

Um die oben gestellten Fragen zu beantworten, sind nicht nur organisationsseitig Betrachtungen nach der Art der Professionen, Tätigkeitsbereiche, Branchen etc. nützlich, sondern gleichzeitig gesellschaftliche Faktoren zu beachten. Diversitätsdimensionen spiegeln sich in Strukturen wider und zeigen sich beispielsweise über Organisationskulturen. Team-Design, Kontext und Ressourcen sind die Basis, um Prozesskriterien der Teameffektivität betrachten zu können.

9.3.2 Prozesskriterien der Effektivität und Teameffektivität

Prozesskriterien der Effektivität setzen am Team und dessen Fähigkeit zur Aufgabenbewältigung an (vgl. Abbildung 4). Innerhalb der Aufgabenbewältigung geht es darum, dysfunktionale Mechanismen zu vermeiden und Prozessgewinne zu erzielen. Weiterhin ist das Wissen um soziale Beeinflussungsmechanismen notwendig, um Gruppenprozessen durch gezielte Führung gegenzusteuern bzw. zu fördern und Ansatzpunkte für Veränderungen im Entscheidungsverhalten zu finden.

9.3.2.1 Teamsynergien durch Prozessgewinne und Wissen über Prozessverluste

Um die tatsächliche Leistung eines Teams analysierbar zu machen, wird die potenzielle Leistung als Grundlage genommen und Prozessgewinne sowie Prozessverluste gegengerechnet (vgl. Schulz-Hardt/Brodbeck 2007, 446ff.):

Tatsächliche Leistung = Potenzielle Leistung – Prozessverluste + Prozessgewinne

Die *potenzielle Leistung* wird bereits beim Teamdesign zugrunde gelegt. Sie entspricht der angenommenen Leistung der Teammitglieder aufgrund ihrer Qualifikationen (Wissen, Kenntnisse, Fähigkeiten, Fertigkeiten bzw. Ressourcen, aufgrund von Diversitätsdimensionen), der Art der Kooperation sowie der Aufgabenstellung. Bei der Aufgabenstellung werden Gruppenaufgaben Ivan D. Steiners Klassifikation folgend nach *additiven, disjunktiven* und *konjunktiven Aufgaben* unterschieden. Ausgehend von der potenziellen Leistung werden die im Rahmen der Aufgabenerfüllung entstehenden Prozessverluste betrachtet (vgl. Schulz-Hardt/Brodbeck 2007, 446).

Prozessverluste treten durch bereits beschriebene Gruppenprozesse wie Konflikte und soziale Beeinflussungen über Normierungsprozesse innerhalb der Teamentwicklung auf. Aber auch Koordinationsverluste sind zu beachten. Bekannt geworden ist vor allem der „Ringelmanneffekt", benannt nach Max Ringelmann (1861–1931), der aussagt, dass die individuelle Leistung als Beitrag zur Teamleistung mit zunehmender Gruppengröße abnimmt. Motivationsverluste finden sich ebenfalls innerhalb der Teamarbeit. Unterschieden wird nach:

- „Social loafing": Verringerung der Anstrengung hauptsächlich dann, wenn der eigene Beitrag nicht identifizierbar ist;
- „Free riding": Gruppenmitglied trägt selbst nichts zur Gruppenleistung bei;
- „Sucker effect": Verringerung der eigenen Leistung beim Vergleich mit der Leistung anderer Gruppenmitglieder, die Leistungszurückhaltung üben (Schulz-Hardt/Brodbeck 2007, 451ff.).

Prozessverluste können im Hinblick auf Diversität entstehen, wenn kein inklusives Diversitätsmanagement vorhanden ist – z. B. durch fehlende Ressourcennutzung (fehlendes Wissen über Potenziale von Teammitgliedern), Handlungsblockaden durch stereotype Zuschreibungen, Kommunikationsstörungen und Konflikte aufgrund von unterschiedlichen Wahrnehmungs- und Denkschemata. In diesem Zusammenhang stellten van Knippenberg/Schippers (2007) fest, dass demographische Diversität sowie Diversität aufgrund von Persönlichkeitsmerkmalen, Wertesystemen und Verhalten oftmals negative Effekte auf die Teamleistung haben. Ebenso nehmen mit zunehmender Gruppengröße Produktivitätsverluste zu (vgl. Stroebe 1981).

Prozessgewinne können durch das gezielte Führen von Teams erreicht werden. Dazu zählen regelmäßige Feedbackprozesse, eine klar definierte Fehlerkultur, transparente Informationsflüsse, regelmäßige Review-Prozesse und Möglichkeiten der Mitbestimmung. Nur so können Lernprozesse und kontinuierliche Verbesserungen initiiert werden. Es kommt zu einer Attraktivitätssteigerung des Teams und das Verständnis für organisationale Zusammenhänge wächst, wenn der eigene Nutzen erkannt und Potenziale sowie Ressourcen bewusst eingesetzt werden. Über Motivations- und individuelle Fertigkeitsgewinne wird das Leistungsdenken verändert und kann die Effektivität der Teamarbeit erhöht werden (vgl. Schulz-Hardt/Brodbeck 2007, 449ff.; van Knippenberg/Schippers 2007). Ein bekannter Effekt der Motivationsgewinnung ist der Köhlereffekt, der den Prozess bezeichnet, dass sich schwache Teammitglieder mehr anstrengen als sie es individuell tun würden, um nicht für eine schwache Teamleistung verantwortlich gemacht zu werden. Ein weiterer Effekt ist die „social compensation", die den Ausgleich von Minderleistung durch einige wenige Personen im Team bezeichnet. Ebenso kann sozialer Wettbewerb die Motivation bei der Sichtbarkeit der individuellen Beiträge steigern (vgl. Schulz-Hardt/Brodbeck 2007, 453f.). Ein weiterer Effekt ist die Kostenminimierung durch interne Kontrolle.

In Bezug auf unterschiedliche Diversitätsdimensionen beschreiben v. Knippenberg/Schippers (2007) positive Effekte hinsichtlich funktionaler Diversität hauptsächlich in Projektteams durch Ausweitung und Nutzung vielfältigen organisationsinternen Wissens. Diese Aussagen können nicht generell getroffen werden. Kreativität und Innovationen sind von verschiedenen Faktoren abhängig (vgl. Jassawalla/Sashittal 2006). So sind gemeinsame Ziel- und Wertedefinitionen, der Grad der Integration und die Einbettung sowie Bedeutung des Teams für das Unternehmen mitentscheidend. Santa et al. (2010, 148ff.) sehen die Basis für erfolgreiche Zusammenarbeit beispielsweise bei „cross-functional teams" in dem Zweck und Ziel der Zusammenarbeit. Ein inklusives Diversitätsmanagement-Konzept kann hierbei unterstützend wirken.

Wie die vorangegangenen Kapitel zeigten, sind die Bestimmung von Diversitätsdimensionen und die Wechselwirkungen zwischen diesen wesentliche Faktoren. Weiterhin sind bei der Teamarbeit und -entwicklung unterschiedliche Gruppenprozesse zu beachten, die in Abhängigkeit zu Diversitätsfaktoren stehen können, aber nicht müssen. So können heterogen zusammengesetzte Teams sehr homogen agieren u.a. wenn die Leistung und damit die Gruppenkohäsion hoch sind (positive Abhängigkeit). Nishii und Goncalo (2008) konnten zeigen, dass Kreativitätssteigerungen und Innovationen in heterogenen Teams – bezogen auf demografische Diversität – erfolgen kann, wenn Qualifikationen ergänzend und Wertesysteme ähnlich sind. Ebenso können multikulturelle Teams mit Teammitgliedern unterschiedlicher kultureller Ethnien sehr gut zusammenarbeiten (vgl. Berg/Holtbrügge 2010, 187ff., die diese Aussagen im europäischen Kontext machten). Hierbei ist zusätzlich zu Gruppenprozessen das Ausmaß bzw. die Unterschiedlichkeit kultureller Prägungen zu beachten, die u.a. ein differentes Verständnis vom Umgang mit Regeln, dem Zeitaspekt oder Beziehungen zeigen und den bewussten Einsatz von Diversitätsmanagement wie interkulturelle Trainings oder Spracherwerbsförderung notwendig machen.

Generell bestehen Schwierigkeiten darin, Aussagen zu den einzelnen Diversitätsdimensionen zu machen. Beispielsweise muss bei demografischer Diversität genau analysiert werden, welche Dimension angesprochen wird und innerhalb dieser Dimensionen müssen Unterschiede beachtet werden – wiederum kontextabhängig. So wird bei Berg und Holtbrügge (2010, 187ff.) kein direkter Einfluss demografischer Diversität auf die Teamergebnisse nachweisbar. Es wird gezeigt, dass beispielsweise geschlechtliche Differenzen in Teams nur in Abhängigkeit von Arbeitsfeld und Profession eine Rolle spielen und zusätzlich zur funktionalen Diversität beachtet werden müssen. Gesellschaftliche Rollendifferenzierungen, Stereotypen und Vorurteile können so von bestimmten organisationalen Funktionen überlagert, abgeschwächt oder verstärkt werden. Weiterhin sind Gruppenprozesse beruhend auf sozialen Beeinflussungsmechanismen in Teams bedeutend, um Überschneidungsdynamiken hinsichtlich unterschiedlicher Diversitätsdimensionen und Machtprozesse zu analysieren.

9.3.2.2 Soziale Beeinflussung im Team und Teameffektivität

Soziale Beeinflussungsmechanismen sind in allen Phasen der Teamentwicklung zu beobachten und wirken sich auf die Teamleistung aus. Dabei kann nach Autoritätseinfluss und Mehrheiten- oder Minderheiteneinfluss unterschieden werden, worauf aufbauend Phänomene wie Risikoverhalten und Prozesse der Gruppenpolarisation zu erklären sind.

Autoritätseinfluss in Teams ist durch die Milgram Experimente, durchgeführt von Stanley Milgram Anfang der 1960er Jahre, bekannt geworden (vgl. Milgram 1974; Lüttke 2003; van Avermaet 2003, 453ff.). Der Einfluss von Autoritäten auf soziales Verhalten beruht auf der Annahme, Autoritätspersonen handeln vertrauenswürdig. Dabei ist ein enger Zusammenhang von Status und Informationsfluss Voraussetzung. Besonders bei funktionaler Diversität kommt diesem Phänomen Bedeutung zu. Weiterhin ist damit das Abschieben von Verantwortung und die Erwartungen von Belohnungen bzw. die Angst vor Sanktionen verbunden. Autorität in Teams ruft allerdings auch Widerstand hervor. So können in unterschiedlichen Teams – in Abhängigkeit von der Diversitätskategorie und den Teamentwicklungsstadien – ganz verschiedene Reaktionen auf unterschiedliche Formen von Autorität stattfinden (vgl. ausführlich dazu Umphress/Stoverink 2010, 299ff.).

Die Bedeutung von *Mehrheiten- und Minderheiteneinfluss* ist durch die Experimente zur Wahrnehmungspsychologie von Salomon Asch 1951 und 1956 zum informativen und normativen Einfluss in Gruppen bekannt geworden (vgl. Asch 1969, ausführlich in van Avermaet 2003, 455ff.). In Entscheidungssituationen kommt es oft zu einem Konformitätsdruck durch die Majorität innerhalb eines Teams. Im Sinne von Diversität sind dabei die Bestimmungsfaktoren von Mehrheiten zu beachten: Ethnie, Geschlecht, organisationale Zuordnung etc. und die Wechselwirkungen zwischen diesen. Konformes Verhalten durch normativen Einfluss bedeutet, dass der Gruppenstatus und die Akzeptanz der Personen im Team nicht gefestigt sind. Angst vor Abwertung, Nichtakzeptanz oder das Drängen in einen Minderheitenstatus sind die Folge. Besonders wenn aufgrund von Diversitätsmerkmalen Selbst-Kategorisierungen stattfinden und es zu negativen Selbstbewertungen kommt, treten in Folge diese Mechanismen auf (vgl. Chow et al. 2010, 183ff.). Ziel dabei ist die Aufrechterhaltung der Mitgliedschaft im Team. Bei der Beobachtung dieser Prozesse kann bewusst Diversitätsmanagement eingesetzt werden, um Minderheiten soziale Unterstützung zukommen zu lassen und Konformität bzw. auch konvergentem Denken gezielt entgegenzuwirken.

Für Minderheitenentscheidungen sind Begründungen über informativen und normativen Einfluss nicht anwendbar. Erklärungen zu diesem Phänomen können nach van Avermaet (2003) über den Verhaltensansatz gegeben werden. Minderheiten sollten in ihrem Verhalten Konsistenz zeigen, d. h. klar Position beziehen und diese argumentativ verteidigen. Dabei kann nach diachroner Konsistenz als Stabilität über die Zeit und synchroner Konsistenz als interindividuelle Konsistenz innerhalb der Individuen unterschieden werden. Durch konsistentes Verhalten kann sozialem Duck der Mehrheit widerstanden werden. Bei anderen Teammitgliedern wird so ein sozialer Vergleich möglich (eigenes Verhalten wird in Vergleich gesetzt) und divergentes Denken kann hervorgerufen werden (vgl. Moscovici 1979). Mehrheits- und Minderheiteneinflüsse werden als „social impact" bezeichnet, der sich aus

Stärke, Unmittelbarkeit und Größe der Einflussquellen zusammensetzt. Zu beachten sind die Macht der einflussnehmenden Individuen, ihr sozialer Status, ihre Sachkompetenz, die Anzahl der Personen, die Einfluss ausüben sowie ihre räumliche und zeitliche Verfügbarkeit (ausführlich: van Avermaet 2003, 463ff.; zu Majoritäten und Minoritäten: Loyd et al. 2008, 75ff.).

Ein weiteres Merkmal von Teams ist das *Risikoverhalten*. Risikoverhalten kann nur im Zusammenhang mit anderen Gruppenphänomenen analysiert werden. So wirken das „groupthink"-Phänomen, Mehrheits- und Minderheiteneinfluss, aber auch die Zusammensetzung eines Teams (homogen vs. heterogen) stark auf das Risikoverhalten ein. In den 1960er Jahren wurden erstmals am Massachusetts Institute of Technology Risikoverhalten und Risikobereitschaft von Gruppen untersucht. Es zeigte sich, dass die Risikobereitschaft in Abhängigkeit zur Teamentwicklungsphase steht und das Risikoverhalten von Teams gegenüber Einzelpersonen zunimmt. Diese Ergebnisse wurden in vielfältigen Studien sowohl bestätigt als auch verworfen (vgl. Strunk 2004). Generelle Aussagen zu Risikoverhalten in Teams sind demzufolge nicht möglich. Ein weiteres Phänomen von Teams ist *Gruppenpolarisierung*, welche Entscheidungsverhalten widerspiegelt. Das Team präferiert anfänglich bereits getroffene Entscheidungen, findet also zur ursprünglichen Entscheidung zurück, oftmals im extremeren Ausmaß. Erklärt werden kann dieses Verhalten teilweise über die Theorie sozialer Vergleichsprozesse, die „social identity theory" oder Selbstkategorisierungstheorie (vgl. Festinger 1954; Tajfel 1981; Tajfel/Turner 1979, 1986). Individuen benötigen zur Identitätskonstruktion soziale Vergleiche mit anderen Personen hinsichtlich Meinungen, Einstellungen, Fähigkeiten und Fertigkeiten. Über kognitive Mechanismen kommt es zu spezifischen Vorstellungen über die eigenen Fähigkeiten und das eigene Verhalten und gleichzeitig zu Auf- und Abwertungen der eigenen bzw. anderen Personen, aber auch anderer Gruppen und Teams. Es erfolgen Kategorisierungen, die ein hierarchisches System schaffen (vgl. Chuang et al. 2004; Anwendung auf multikulturelle Teams: Podsiadlowski 2002, 96ff.). Im arbeitsorganisatorischen Kontext kommt es oftmals zu Überlagerung (z. B. organisatorische Position zu Alter, Geschlecht), Diversitätsdimensionen werden relevant, die entweder irritieren oder besondere Verhaltensweisen der Teammitglieder hervorrufen, die dann zu Konflikten führen können. Eine extreme Form der Gruppenpolarisierung ist das Gruppendenken („groupthink"). Das *„groupthink"-Phänomen* wird mit sozialer Homogenität verbunden und bewirkt oftmals die Illusion der Unverletzlichkeit und eine Überschätzung des eigenen Teams. Im Ergebnis kommt es zu selektiver Wahrnehmung, Stereotypisierung Außenstehender, Fehlentscheidungen und Abwertung anderer Gruppen (vgl. Mayrhofer 2009, 206ff.; Nijstad/van Knippenberg

2007, 435ff.). Mitglieder anderer Gruppen werden nicht mehr als Individuen gesehen, sondern es werden der Gruppe als Ganzes bestimmte Eigenschaften und Verhaltensweisen zugeschrieben (,*ingroup-outgroup*'-Effekte) (ausführlich zu Intergruppenbeziehungen Brown 2003, 538ff.). Mitglieder stigmatisierter Gruppen schützen oftmals wiederum die eigene Gruppe und die eigenen Teammitglieder und damit auch die eigene Identität. Diese Schutzmechanismen sind abhängig vom Grad der *Gruppenkohäsion* (weiterführend: zu unterschiedlichen Formen von Kohäsion, deren Entstehung und Ausprägung bei Forsyth 2010, 116ff.).

Alle genannten Prozesse in Teams, die die Zusammenarbeit im Team beeinflussen und zu Prozessverlusten oder Prozessgewinnen führen können, haben Auswirkungen auf die Teamleistung sowie den subjektiven und objektiven Teamerfolg.

9.3.2.3 Teameffektivität, Teamleistung und Teamerfolg

Die *Teameffektivität* (vgl. Abbildung 4) wird auf der Sachebene an der Aufgabenerfüllung und einem akzeptablen Ergebnis für die Organisation (EmpfängerInnen/BeurteilerInnen) bemessen. Auf der subjektiven Ebene wird von Teameffektivität bei Hackman gesprochen, wenn die Teammitglieder zur weiteren Zusammenarbeit fähig und die Bedürfnisse der Teammitglieder durch die Teamarbeit befriedigt sind. Khan et al. (2010, 289ff.) definieren ebenfalls drei Variablen für eine erfolgreiche Zusammenarbeit: Organisationales Commitment, Zufriedenheit mit der Arbeitsumgebung und die Wahrnehmung von Respekt und Fairness. Teamleistung, Teameffektivität und Teamerfolg werden meist synonym verwendet. Wobei Teamerfolg sich sowohl aus subjektiven als auch objektiven Kriterien zusammensetzt und ebenso verschiedene Ebenen der Betrachtungsweise einbezieht (Individuum, Gruppe, Organisation). Teamleistung kann – wie dargestellt – als Ergebnis der potentiellen Teamleistung, minimiert um Prozessverluste und verbessert durch Prozessgewinne, beschrieben werden. Bennett und Wright (2010, 267ff.) stellten beispielsweise in ihren Studien zu multikulturellen und mixed-gender Teams in der Golf-Region fest, dass Individuen trotz Aufgabenerfüllung (Teameffektivität auf der objektiven Ebene) ein homogen zusammengesetztes Team eher wertschätzen und die Teamleistung in homogenen Teams höher ist. Bei diesen Aussagen zeigt sich, dass eine Messung von Teamerfolg schwierig ist und die Leistungserbringung von Teams bzw. die Möglichkeiten der Leistungssteigerung abhängig von folgenden Faktoren sind (in Anlehnung an van Knippenberg/Schippers 2007):

- dem Teamdesign und der Beachtung verschiedener Diversitätsdimensionen (Typisierung von Diversität),

- dem Kontext, in welchem das Team agiert,
- dem Wissen über Diversitätsmanagement und der Konzeptionalisierung unterschiedlicher Wertebasen,
- der Berücksichtigung der Erkenntnisse der Team- und Gruppenforschung.

Letztendlich ist es das Zusammenwirkung aller Faktoren und der daraus entstehenden Interaktionen im jeweiligen Team, die den Erfolg von Teamarbeit ausmachen.

9.4 Zusammenfassung und Ausblick

Ausgangspunkt dieses Beitrages war die Annahme, dass heterogen zusammengesetzte Teams hohes Innovationspotenzial besitzen und somit Organisationen Wettbewerbsvorteile bringen können. Diese Aussage kann in ihrer Allgemeinheit nicht stehen bleiben, ohne dass:

1. analysiert wird, auf welcher Basis Heterogenität organisational verankert ist,
2. Heterogenität in diversitätstheoretischen Ansätzen verortet wird,
3. spezifische gruppendynamische Prozesse Beachtung finden,
4. der jeweilige Kontext in Abhängigkeit vom sozialen Feld beachtet wird,
5. der Handlungsspielraum des Teams analysiert und die damit verbundene Art der Kooperation betrachtet wird.

Wie aktuelle Studien zeigen, kann Diversität eine Determinante von Innovation und Teamleistung sein. Die Nutzung verschiedenen Wissens und Erfahrungen bei Problemlösungen oder bei der Bearbeitung komplexer Aufgaben können positive Effekte hervorrufen und negativen – wie hoher Gruppenkohäsion – entgegenwirken. Auf individueller Ebene kann die Arbeitsmotivation, die Leistungsfähigkeit und die Arbeitszufriedenheit durch Anerkennung und Akzeptanz steigen, was gleichzeitig Auswirkungen auf gesundheitsfördernde Aspekte haben wird (well-being) (vgl. auch Khan et al. 2010). Nachteile sind vor allem in der Reproduktion von Kategorien und Intensivierung von Konflikten zu sehen. Für das Diversitätsmanagement in Teams muss daher folgende Frage gestellt werden: Wie wirken sich Differenzierungen zwischen Teammitgliedern auf den Teamprozess, die Teamleistung und auf die individuelle Zufriedenheit (well-being) aus? Die Beantwortung dieser Frage ist – wie die Ausführungen zeigen – schwierig. Zum einen müssen unterschiedliche Ebenen in die Betrachtung einbezogen werden (Individuum – Team – Organisation – Gesellschaft), zum anderen sind sowohl Wahrnehmungs- und Denkschemata zu beachten als auch Handlungsmuster. Ganz konkret werden unterschiedliche Werte- und Normensysteme angesprochen, Differenzen in Wissen, Qualifikationen und Perspektiven sowie soziale Kategorisierungen innerhalb und zwischen Teams. Teamentwicklung ist in diesem Zusammenhang ein multidimensionales Konstrukt, das Entwicklungsstrategien und strategisches Diversitätsmanagement in Organisationen voraussetzt, um positive Ausgangsbedingungen für die Integration und das Managen von diversen Teams zu schaffen.[295]

Die explizite Einbindung von Diversitätsansätzen in die Teamforschungen befindet sich erst am Beginn. So weisen Joshi und Roh (2008) und van Knippenberg und Schippers (2007) darauf hin, dass es noch umfassenderer Studien bedarf, um fundierte Aussagen über Diversitätsaspekte in Gruppen und Teams treffen zu können. Vielfältige Wirkungen unterschiedlicher Diversitätsdimensionen, deren Dynamiken hinsichtlich Verfestigungen, Überlagerungen, Verstärkung und Abschwächung auch hinsichtlich der Entwicklung von Gruppen bzw. Teams und nicht zuletzt die Messung von Teamerfolg bedürfen noch umfangreicher Forschung.

9.5 Kontrollfragen

1. Von welchen Faktoren ist Teamleistung in heterogenen Teams abhängig?
2. Was unterscheidet heterogene von homogenen Teams? Gibt es Unterschiede zwischen den Bezeichnungen Diversität im Team und Heterogenität im Team?
3. Wie hängt Teamarbeit, Teamleistung und Teamentwicklung zusammen?
4. Was bedeutet Diversitätsmanagement in Teams?

Verwendete Literatur

Acker, Joan (1990): Hierachies, Jobs, Bodies: A Theory of Gendered Organizations. In: Gender & Society, 1990/4 (2), 139–158.

Antoni, Conni H. (1994): Gruppenarbeit – mehr als ein Konzept. Darstellung und Vergleich unterschiedlicher Formen der Gruppenarbeit. In: Antoni, Conni H. (Hrsg.): Gruppenarbeit im Unternehmen: Konzepte, Erfahrungen, Perspektiven. Psychologie-Verlags-Union, Weinheim, 19–48.

Antoni, Conni H. (2000): Teamarbeit gestalten. Grundlagen, Analysen, Lösungen. Beltz Verlag, Weinheim – Basel.

---

[295] Siehe den Beitrag von Warmuth in diesem Buch.

Asch, Salomon E. (1969): Änderung und Verzerrung von Urteilen durch Gruppendruck. In: Irle, Martin (Hrsg.): Texte aus der experimentellen Sozialpsychologie. Luchterhand, Neuwied, 57–72.

Behfar, Kristin/Kern, Mary/Brett, Jeanne (2006): Managing Challenges in Multicultural Teams. In: Chen, Ya-Ru (Ed.): National Culture and Groups. Research on Managing Groups and Teams, 2006/9, 233–263.

Belbin, Meredith 2010: The Management of Teams. Elsevier Ltd. bei Butterworth-Heinemann, Oxford, Neuaufl. (1. Aufl. 1981).

Benett, Hadyn/Wrigth, Norman S. (2010): Female Emirate graduates and the multicultural, mixed gender workplace. The impact of educational experiences on female students' team-related behaviours, skills, values and attitudes within the Gulf region. In: Team Performance Management, 2010/5/6 (16), 267–288.

Berdahl, Jennifer L. (1996): Gender And Leadership In Work Groups: Six Alternative Models. In: Leadership Quarterly, 1996/1 (7), 21–40.

Berg, Nicola/Holtbrügge, Dirk (2010): Global teams: a network analysis. In: Team Performance Management, 2010/3/4 (16), 187–211.

Brown, Rupert (2003): Beziehungen zwischen Gruppen. In: Stroebe, Wolfgang/Jonas, Klaus/ Hewstone, Miles (Hrsg.): Sozialpsychologie. Eine Einführung. Springer, Berlin u.a., 537–576.

Canetti, Elias (2010): Masse und Macht. Fischer, Frankfurt a. M., 31. Aufl. (1. Aufl. 1960).

Caruso, Heather M./Woolley, Anita Williams (2008): Harnessing the power of emergent interdependence to promote diverse team collaboration. In: Phillips, Katherine W. (Ed.): Diversity and Groups. Research on Managing Groups and Teams, 2008/11, 245–266.

Castka, Pavel/Bamber, C. J./Sharp, John M./Belohoubek, Pavel (2001): Factors affecting successful implentation of high performance teams. In: Team Performance Management: An International Journal, 2001/7/8 (7), 123–134.

Chen, Ya-Ru (2006): National Culture and Groups: an Introduction. In: Chen, Ya-Ru (Ed.), National Culture and Groups. Research on Managing Groups and Teams, 2006/9, xiii.

Cheng, Chi-Ying/Sanchez-Burks, Jeffrey/Lee Fiona (2008): Taking advantage of difference: Increasing team innovation through identity integration. In: Phillips, Katherine W. (Ed.): Diversity and Groups. Research on Managing Groups and Teams (Mannix, Elisabeth/Neale Margaret Serie-Ed.), 2008/11, 55–73.

Chow, Rosalind M./Lowery, Brian S./Knowles, Eric D. (2010): To be fair or to be dominant: The effect of inequality frames on dominant group members' responses to inequity. In: Mannix, Elizabeth/Neale, Margaret/

Mullen, Elizabeth (Eds.), Fairness and Groups. Research on Managing Groups and Teams, 2010/13, 183–204.

Chuang, You-Ta/Church, Robin/Zikic, Jelena (2004). Organizational culture, group diversity and intra-group conflict. In: Team Performance Management, 2004/1/2 (10), 26–34.

Cohen, Marcia B. (2003): Women in groups: the history of feminist empowerment. In: Cohen, Marcia B./Mullender, Audrey (Eds.): Gender and Groupwork. Routledge, London – New York, 16–31.

Egger, Edeltraud (1996): Computer Supported Cooperative Work: The Bargaining Aspect. Peter Lang, Frankfurt a. M.

Festinger, Leon (1985/1957): A Theory of Cognitive Dissonance. Stanford University Press, Stanford.

Fitch, Judy L./Ravlin, Elizabeth C. (2004): Team-based disciplin: a theoretical framework. In: Team Performance Management, 2004/1/2 (10), 5–11.

Forsyth, Donelson R. (2010): Group Dynamics. Wadsworth, Belmont, 5. Aufl.

Freud, Sigmund (2010): Massenpsychologie und Ich-Analyse. Nikol, Kassel, Neuaufl. (1. Aufl. 1921).

Hackman, J. Richard (1987): The design of work teams. In: Lorsch, Jay W. (Ed.): Handbook of organizational behaviour. Englewood Cliffs, Prentice-Hall, 315–342.

Hermann, Anett (1995): Flexibilisierung der Arbeitsorganisation in der deutschen Bekleidungsindustrie. Diplomarbeit an der Technischen Universität Dresden.

Hofstede, Geert/Hofstede, Gert Jan (2009): Lokales Denken, globales Handeln: Interkulturelle Zusammenarbeit und globales Management. dtv, München, 4. Aufl.

Jassawalla, Avan R./Sashittal Hemant C. (2006): Collaboration in Cross-Functional Product Innovation Teams. In: Beyerlein, Michael (Hrsg.): *Innovation through Collaboration Advances in Interdisciplinary Studies of Work Teams*. Emerald Group Publishing Limited 2006/12, 1–25.

Joshi, Aparna/Roh Hyuntak (2008): A contextual re-examination of work team diversity research: Review and future agenda. In: Phillips, Katherine W. (Ed.): Diversity and Groups. Research on Managing Groups and Teams, 2008/11, 27–53.

Kanter, Rosbeth M. (1993): Men and Women of Corporation. Random House, New York, Neuaufl. (1. Aufl. 1977).

Kern, Horst/Schumann, Michael (1990): Das Ende der Arbeitsteilung? Rationalisierung in der industriellen Produktion. C. H. Beck, München, 4. erw. Aufl.

Kessler, Thomas/Mummendey, Amélie (2007): Vorurteile und Beziehungen zwischen sozialen Gruppen. In: Jonas, Klaus/Stroebe, Wolfgang/Hewstone, Miles (Hrsg.): Sozialpsychologie: Eine Einführung. Springer, Berlin, 5., vollst. überarb. u. erw. Aufl., 488–532.

Khan Tariq M./Clear, Fintan/Al-Kaabi, Ahmed/Pezeshki, Vahid (2010): An exploratorystudy of the effects of diversity dimensions and intervening variables on attitudes to diversity. In: Team Performance Management, 2010/5/6 (16), 289–308.

King, Eden B./Kaplan, Seth/Zaccaro, Steve (2008): Metaperceptions in diverse work groups: Intrapersonal perspectives and intragroup processes. In: Phillips, Katherine W. (Ed.): Diversity and Groups. Research on Managing Groups and Teams, 2008/11, 109–141.

König, Oliver (2006): Gruppendynamik: Geschichte – Theorien – Methoden – Anwendungen – Ausbildung. Profil-Verlag, München, 5. unveränd. Aufl.

König, Oliver/Schattenhofer, Karl (2008): Einführung in die Gruppendynamik. Auer, Heidelberg, 3. Aufl.

Krainz, Ewald (1993): Die männerbündische Organisation. Zur Bedeutung der Geschlechterdifferenz für die Gruppendynamik. In: Heintel, Peter (Hrsg.): Gruppendynamik: Geschichte und Zukunft. WUV-Univ. Verlag, Wien, 243–278.

Lazarus, Moritz (2003): Grundzüge der Völkerpsychologie und Kulturwissenschaft. Meiner, Ingelheim am Rhein, Neuaufl. (1. Aufl. 1851).

Le Bone, Gustave (2009): Psychologie der Massen, Nikol Verlagsgesellschaft, Hamburg, Neuaufl. (1. Aufl. 1895).

Lewis, Edith A./Gutiérrez, Lorraine (2003): Intersections of gender, race and ethnicity in groupwork. In: Cohen, Marcia B./Mullender, Audrey: Gender and Groupwork. Routledge, London – New York, 132–143.

Loyd, Denise Lewin/White, Judith B./Kern Mary (2008): Duo status: Disentangling the complex interactions within a minority of two. In: Phillips, Katherine W. (Ed.): Diversity and Groups. Research on Managing Groups and Teams, 2008/11, 75–92.

Lüders, Elke/Resch, Marianne (2000): Gruppenbild mit Dame? Frauen in kooperativen Arbeitsstrukturen. In: Nordhause-Janz, Jürgen/Pekruhl, Ulrich (Hrsg.): Arbeiten in neuen Strukturen? Partizipation, Kooperation, Autonomie und Gruppenarbeit in Deutschland. Hampp, München-Mering, 69–101.

Lüttke, Hans B. (2003): Gehorsam und Gewissen. Die moralische Handlungskompetenz des Menschen aus Sicht des Milgram-Experimentes. Peter Lang, Frankfurt/Main.

Mayrhofer, Wolfgang/Schneidhofer, Thomas M./Steyrer, Johannes (2009): T.E.A.M. – „Together Everyone Achieves More" oder „Toll Ein Anderer

Macht's"? Teams in Organisationen. In: Kasper, Helmut/Mayrhofer, Wolfgang (Hrsg.): Personalmanagement – Führung – Organisation. Linde, Wien, 4. überarb. Aufl., 189–214.

Metcalfe, Beverly/Linstead, Alison (2003): "Gendering Teamwork: Re-Writing the Feminine." In: Gender, Work and Organisation, 2003/1 (10), 94–119.

Milgram, Stanley (1982): Das Milgram-Experiment: Zur Gehorsamsbereitschaft gegenüber Autorität. Rowohlt, Hamburg, 16. Aufl.

Moscovici, Serge (1979): Sozialer Wandel durch Minoritäten. Urban und Schwarzenberg, München – Wien – Baltimore.

Nijstad, Bernard A./van Knippenberg, Daan (2007): Gruppenpsychologie: Grundlegende Prinzipien. In: Jonas, Klaus/Stroebe, Wolfgang/Hewstone, Miles (Hrsg.): Sozialpsychologie: Eine Einführung. Springer, Berlin, 5., vollst. überarb. u. erw. Aufl., 410–443.

Nishi, Lisa H./Goncalo, Jack A. (2008): Demographic faultlines and creativity in diverse groups. In: Phillips, Katherine W. (Ed.): Diversity and Groups. Research on Managing Groups and Teams, 2008/11, 1–26.

Ormiston, Margaret E./Wong Elaine M. (2008): To be enhanced, understood, distinct, or to belong?: The role of multiple identity motives in homogeneous and diverse groups. In: Phillips, Katherine W. (Ed.): Diversity and Groups. Research on Managing Groups and Teams, 2008/11, 167–193.

Pease, Bob (2003): Critical reflections on profeminist practice in men's groups. In: Cohen, Marcia B./Mullender, Audrey (Eds.): Gender and Groupwork. Routledge, London – New York, 53–65.

Posiadlowski, Astrid (2002): Multikulturelle Arbeitsgruppen in Unternehmen. Bedingungen für erfolgreiche Zusammenarbeit am Beispiel deutscher Unternehmen in Südostasien. Waxmann, Münster – New York – München – Berlin.

Schäfers, Bernhard (1995): Die soziale Gruppe. In: Korte, Hermann/Schäfers, Bernhard (Hrsg.): Einführung in die Hauptbegriffe der Soziologie, Leske/Budrich, Opladen, 3. Aufl., 79–94.

Schiller, Lina Yael (2003): Women' group development from a relational model and a new look at facilitator influence on group development. In: Cohen, Marcia B./Mullender, Audrey (Eds.): Gender and Groupwork. Routledge, London – New York, 16–31.

Schulz-Hardt, Stefan/Brodbeck, Felix C. (2007): Gruppenleistung und Führung. In: Jonas, Klaus/Stroebe, Wolfgang/Hewstone, Miles (Hrsg.): Sozialpsychologie: Eine Einführung. 5., vollst. überarb. u. erw. Aufl., Springer, Berlin, 444–487.

Schwarz, Gerhard (2001): Die „Heilige Ordnung" der Männer. Patriarchalische Hierarchie und Gruppendynamik. Westdeutscher Verlag, Wiesbaden.

Stewart, Bob/Powell, Sarah (2004): Team building and team working. In: Team Performance Management, 2004/1/2 (10), 35–38.

Stroebe, Wolfgang (1981). Gruppenkonflikt und Vorurteil. Entstehung und Funktion sozialer Stereotypen. Hans Huber, Gießen – Bern – Stuttgart – Wien.

Strunk, Guido (2004): Organisierte Komplexität. Empirische Zugänge und theoretische Implikationen der Theorien Nichtlinearer Dynamischer Systeme für die Klinische Psychologie. Dissertation, Otto-Friedrich-Universität Bamberg.

Tajfel Henri (1981): Human groups and social categories: Studies in social psychology. Cambridge University Press, Cambridge.

Tajfel, Henri/Turner, John C. (1986): The social identity theory of intergroup behaviour. In: Worchel, Stephen/Austin, William G. (Eds.): Psychology of intergroup releations. Nelson, Chicago, 7–24.

Thomas, Alexander/Kinast, Eva-Ulrike/Schroll-Machl Sylvia (2009, Hrsg.): Handbuch Interkulturelle Kommunikation und Kooperation 2 Bd., Vandenhoeck/Ruprecht, Göttingen.

Tuckman, Bruce (1965): Developmental Sequence in Small Groups. In: Psychological Bulletin, 1965/63, 384–399.

Tuckman, Bruce Wayne/Jensen, Mary Ann C. (1977): Stages of small group development revisited. In: Group and Organizational Studies, 1977/2, 419–427.

Ulich, Eberhard (1974). Die Erweiterung des Handlungsspielraums in der betrieblichen Praxis. In: Industrielle Organisation, 1974/1 (43), 6–8.

Umphress, Elizabeth E./Stoverink, Adam C. (2010): Collective Reactions to bad Bosses: Status and Interpersonal Justice at the Group Level. In: Mannix, Elizabeth/Neale, Margaret/Mullen, Elizabeth (Ed.): Fairness and Groups. Research on Managing Groups and Teams, 2010/13, 299–330.

Van Avermaet, Eddy (2003): Sozialer Einfluss in Kleingruppen. In: Stroebe, Wolfgang/Jonas, Klaus/Hewstone, Miles (Hrsg.): Sozialpsychologie. Eine Einführung. Springer, Berlin, 451–495.

Van Knippenberg, Daan/Schippers, Michaéla C. (2007): Work Group Diversity. In: Annual Review of Psychology, 2007/58, 515–541.

Wilke, Henk/Wit, Arjaan (2003): Gruppenleistung. In: Stroebe, Wolfgang/Jonas, Klaus/Hewstone, Miles (Hrsg.): Sozialpsychologie. Eine Einführung. Springer, Berlin, 497–535.

Wundt, Wilhelm (2008): Völkerpsychologie: Ein Reader. Zusammengestellt und Hrsg. von Schneider, Christa M., V&R Unipress, Göttingen.

10 Der Business Case für Diversität und Diversitätsmanagement

Heike Mensi-Klarbach

Kurzfassung

Diversität ist, wie in diesem Buch bereits eingehend diskutiert, ein wesentliches Faktum, das sich über die vielfältige Zusammensetzung der Arbeitskräfte und der Stakeholder auf Organisationen auswirkt. In welcher Form und Intensität Vielfalt auf Unternehmen und insbesondere die Leistungsfähigkeit von Unternehmen Einfluss nimmt, ist Gegenstand zahlreicher Untersuchungen. Auch wenn die Relevanz vom Umgang mit Diversität zunehmend anerkannt wird, zeigt sich gleichzeitig, dass der Stellenwert von Diversitätsmanagement in Organisationen maßgeblich davon abhängt, welcher Einfluss bzw. Beitrag diesem zu kurzfristigen Finanzkennzahlen zugeschrieben wird. In diesem Zusammenhang ist es wesentlich, eine ökonomische[296] Argumentationsbasis für Diversität bzw. Diversitätsmanagement (DM) zu erarbeiten (business case), um den betriebswirtschaftlichen Nutzen von DM zu konkretisieren und dessen Einführung dadurch bestmöglich zu unterstützen.

In Abschnitt 10.1 wird zunächst der Terminus Business Case definiert, des Weiteren wird die Problematik der Messbarkeit Kosten und Nutzen von Diversität bzw. Diversitätsmanagement betreffend aufgezeigt. Im darauf folgenden Abschnitt folgt eine Darstellung der theoretischen Ansätze, auf denen die Business Case Perspektive häufig aufgebaut wird. Darauf basierend wird die Unterscheidung zwischen dem *Business Case für Diversitätsmanagement* und *dem Business Case für Diversität* vorgenommen und erläutert. Im Abschnitt 10.3 werden Konzepte und Studien diskutiert, die sich mit der ökonomischen Evaluierung von Diversitätsmanagement beschäftigen – also zum Business Case für Diversitätsmanagement zählen. Im Abschnitt 10.4 werden Studien vorgestellt, die sich mit dem „(Mehr-)Wert" von Vielfalt

---

[296] Ökonomisch ist als Synonym für wirtschaftlich zu verstehen und bedeutet den effizienten Einsatz von Ressourcen zur Erreichung eines spezifischen Ziels. Es ist nicht zu verwechseln mit nationalökonomisch, mikro- oder makroökonomisch, Termini, die der Volkswirtschaft entsprechen. Wirtschaftlichkeitsrechnungen tragen zur Informationsbeschaffung bei Investitionsentscheidungen bei und dienen der ökonomischen Legitimation eben dieser Entscheidungen.

an sich befassen, die also dem Business Case für Diversität zugeschrieben werden können. In Abschnitt 10.5 sind die Erkenntnisse des Buchbeitrags zusammengefasst und werden kritisch reflektiert.

10.1 Der Business Case und die Messbarkeit von Kosten- und Nutzenpotenzialen

Der Terminus Business Case wird selten einheitlich verwendet. Auf der einen Seite wird er für alle Versuche der ökonomischen Legitimierung von Investitionen in Diversität in Unternehmen herangezogen, auf der anderen Seite für Konzepte, die als Handlungsanleitung bzw. Hilfe zur strategischen Planung dienen. Allgemein lässt sich sagen, dass, um einen Business Case erstellen zu können, Kosten und Nutzen einer Investition einander gegenüber gestellt werden. Überwiegt der Nutzen, kann die Investition als ökonomisch sinnvoll angesehen werden, überwiegen die Kosten, werden Investitionen üblicherweise abgelehnt (Schmidt 2002). Diese sehr simple Darstellung der Idee eines Business Case wirft daher die Frage auf, wie Kosten und Nutzen von Diversität oder Diversitätsmaßnahmen berechnet werden können und führt damit gleich zur Kernproblematik des Themas.

Die Kosten von Diversitätsmaßnahmen und deren Implementierung können relativ gut bewertet und somit kalkuliert werden (Domsch und Ladwig 2003). Je nach Intensität der Maßnahmen fallen beispielsweise Kosten für Schulungen an, Personalkosten für Diversitätsbeauftragte, auch die Zeit der Angestellten und leitenden Angestellten, die sich mit Diversität beschäftigen, kann finanziell bewertet werden. Zusätzlich können Kosten für angepasste Arbeitsverhältnisse, für die Kommunikation sowie für die Erstellung neuer Unternehmensleitlinien, falls diese adaptiert werden, und schließlich für das Monitoring und Reporting der implementierten Diversitätsmaßnahmen entstehen. Diese exemplarisch angeführten Kosten können mit traditionellen Kostenrechnungsmethoden gut kalkuliert und in eine Kosten-Nutzen-Rechnung überführt werden.

Im Unterschied dazu ist es nicht ganz einfach die Nutzenpotenziale, die sich aus Maßnahmen im Diversitätsmanagement ergeben, finanziell zu bewerten. Dies liegt vor allem daran, dass sich Diversitätsmanagement auf immaterielle Vermögensgüter auswirkt. Immaterielle Vermögensgüter sind „alle Vermögenswerte, die einen Wert für das Unternehmen besitzen und keine materiellen Güter oder Finanzanlagen darstellen" (Stoi 2004, 189 nach Lev 2001). Das heißt bezogen auf Diversitätsmanagement wären betroffene immaterielle Vermögensgüter zum Beispiel die Kompetenzen und Qualifikationen der MitarbeiterInnen. Die Bewertung von immateriellen Gütern ist, im Gegensatz zu den materiellen Gütern, nicht gesetzlich geregelt. Materielle Vermögensgüter werden mittels traditioneller Finanzkennzahlen berechnet, die aus vergangenheitsorientierten Evaluierungen abgeleitet werden. Diese Art der Bewertung stellt sich für immaterielle Vermögensgüter, wie dem Humankapital als tendenziell wenig zufriedenstellend heraus, insbesondere da davon ausgegangen wird, dass z. B. Diversitätsmanagement langfristige Auswirkungen hat, die jedoch nicht in kurzfristigen Kennzahlen abgebildet werden können. Das Hauptproblem bei der Berechnung von Kosten- und Nutzenrelationen von Diversitätsmaßnahmen besteht nun darin, dass kurzfristig entstehende, leicht abbildbare Kosten dem zukünftigen potentiellen Nutzen von Diversität, der nur schwer prognostizierbar ist und vor allem in der Regel erst längerfristig zu Buche schlägt, gegenübersteht.

Um dennoch Aussagen über Nutzenpotenziale machen zu können, werden häufig Ursache-Wirkungsbeziehungen unterstellt. Es werden also Kausalbeziehungen formuliert, die etwa auf theoretischen Überlegungen oder auf empirischen Beobachtungen beruhen. Ein wesentliches Messinstrumentarium dabei sind Indikatoren und Kennzahlen (Gladen 2005), die zu ganzen Kennzahlensystemen zusammengefasst werden können. Ein sehr bekanntes Beispiel für die Anwendung von Ursache-Wirkungsketten ist die Balanced Score Card, die versucht, die Wirkung immaterieller Vermögensgüter auf gesamtorganisationaler Ebene abzubilden (Kaplan und Norton 1996). Eine abgeleitete Form der Balanced Score Card ist die Diversity Scorecard, die in diesem Kapitel noch vorgestellt wird.

Zusammenfassend kann festgehalten werden, dass die Schwierigkeit in der Darstellung des Wettbewerbsvorteils, der durch Diversität bzw. Diversitätsmanagement entstehen kann, darin liegt, dass zum einen kausale Zusammenhänge zwischen Diversität und leistungsrelevanten Prozessen nicht leicht nachzuweisen sind. Zum anderen stellt sich das Problem der Zeitverzögerung der Auswirkungen von Diversitätsinitiativen (time lag). Die Implementierung von strategischem Diversitätsmanagement kostet kurz- und langfristig eine mehr oder weniger gut kalkulierbare Summe Geld, die Auswirkungen des Diversitätsmanagement jedoch sind erst mittel- bis langfristig erkennbar und auch dann nur relativ schwer monokausal den Diversitätsinitiativen zurechenbar (u.a. Robinson/Dechant 1997).

Neben der Untersuchung des Zusammenhangs zwischen Diversitätsinitiativen und der Leistungsfähigkeit von Unternehmen oder Unternehmenseinheiten (Teams, Abteilungen etc.) sind auch Diversität an sich und deren Auswirkungen im Fokus zahlreicher Untersuchungen. Diese beiden grundsätzlich verschiedenen Zugänge sollen im Weiteren der *Business Case für Diversitätsmanagement* – als der Versuch der ökonomischen Legitimierung von Diversitätsmaßnahmen – und der *Business Case für Diversität* – als der Versuch der ökonomischen Legitimierung von Diversität – genannt werden.[297] Im Business Case für Diversität wird somit davon ausgegangen, dass *Vielfalt per se* einen Wert besitzt, während im Business Case für Diversitätsmanagement der *Umgang mit Vielfalt* als wesentliche Determinante für einen potenziellen Wettbewerbsvorteil gesehen wird (Mensi-Klarbach 2010).

10.2 Theoretische Fundierung der Business Case Perspektive

Die Business Case Perspektive beruht, wie eingangs bereits erwähnt, auf dem Gedanken der Ressourcenoptimierung. Diversität wirkt sich auf einige für Unternehmen relevante Ressourcen aus, die es gilt, optimal zu nutzen. Zu denken wäre hier etwa an zunehmende Vielfalt der internen Belegschaft, aber auch Diversität in der KundInnenschaft sowie der potenziellen LieferantInnen.

Theoretisch kann diese Zugangsweise vom ressourcenorientierten Ansatz („resource based view") abgeleitet werden, der sich damit beschäftigt, unter welchen Umständen ein Unternehmen aufgrund seiner internen Ressourcen einen nachhaltigen Wettbewerbsvorteil erarbeiten kann.[298] Dabei werden in der Regel vier verschiedene Arten von Ressourcen unterschieden (Barney, 1991):

- Finanzielle Ressourcen (Eigenkapital, Fremdkapital, einbehaltene Gewinne etc.),
- Physische Ressourcen (Maschinen, Gebäude etc.),
- Organisationsressourcen (Vertrauen, Ruf des Unternehmens, Brand Name etc.),
- Human Ressourcen (Wissen und Fähigkeiten von MitarbeiterInnen).

---

[297] Kossek et al. (2007, 58) unterscheiden drei Forschungsstränge in Bezug auf Diversität im Human Resource Management: 1. Der Zusammenhang zwischen Diversitätsmanagement und messbarer Vielfalt in Unternehmen wird untersucht. Diese Forschungsrichtung untersucht die Effektivität von Diversitätsinitiativen hinsichtlich ihrer Auswirkungen auf die Heterogenität in Unternehmen. 2. Der Zusammenhang zwischen Diversität in Unternehmen und individuellen, gruppenbezogenen und organisationalen Ergebnissen wird untersucht (Business Case für Diversität) 3. Der Zusammenhang zwischen Diversitätsprogrammen und individuellen, gruppenbezogenen und organisationalen Ergebnissen wird untersucht (Business Case für Diversitätsmanagement).

[298] Für eine ausführliche Diskussion siehe Acedo/Barroso/Galan 2006; Barney 1991; Barney 2001; Bowman/Ambrosini 2007; Priem 2001.

Durch Diversitätsmanagement werden vor allem die beiden letzten Ressourcenarten angesprochen: das betrifft zum einen Humanressourcen, da Vielfalt immer mit den in der Organisation arbeitenden Menschen zu tun hat; zum anderen hängen aber auch die Organisationsressourcen, wie das Vertrauen oder der Ruf eines Unternehmens mit der Diversitätsstrategie eng zusammen. Dennoch muss festgehalten werden, dass es vom Unternehmen abhängt, welche Art von Ressourcen und damit welche Art von Diversitätsmanagement für dieses relevant sind.[299] Dies lässt sich veranschaulichen, wenn man ein Industrieunternehmen mit einem Dienstleistungsunternehmen vergleicht. Während für ein Industrieunternehmen in erster Linie physische Ressourcen wichtig sind, spielen in Dienstleistungsunternehmen Human Ressourcen eine wichtige Rolle.

Folgende Eigenschaften sind nach Barney (1991) wichtig für Ressourcen, damit Unternehmen daraus einen Wettbewerbsvorteil lukrieren können: Sie müssen

- für das Unternehmen wertvoll,
- selten (nicht im Überfluss vorhanden),
- schwer imitierbar und
- nachhaltig

sein. Diesen Punkten folgend, wird im ressourcenorientierten Ansatz dem Fokus eines Unternehmens auf seine nachhaltige Einzigartigkeit eine wesentliche Rolle zugesprochen. Bezogen auf Diversitätsmanagement fasst Becker (2006, 208) diesen Ansatz wie folgt zusammen: „...Diversity kein Ziel an sich sein kein [sic!]. Diversity ist stets Mittel zur Erreichung vorher explizit gesetzter oder implizit verfolgter individueller, unternehmerischer und gesellschaftlicher Ziele. Dabei wird Unverwechselbarkeit und Nachahmungsresistenz über den Grad an Diversität der Belegschaft erreicht". Diese Aussage fasst ein sehr häufiges Argument für Diversität und Diversitätsmanagement zusammen: Es wird davon ausgegangen, dass sich ein Unternehmen durch die Vielfalt der Belegschaft von anderen abheben kann. Dabei wird unterstellt, dass Vielfalt an sich positiv für ein Unternehmen wirkt, unabhängig von dessen Management. Dieser Ansatz wird auch als „value in diversity" (vgl. u.a. Cox/Blake 1991) Perspektive bezeichnet. Die Idee dahinter ist, dass in einer vielfältigen Belegschaft auf sehr unterschiedliche Ressourcen zurückgegriffen werden kann, was zu erhöhter Flexibilität, Kreativität, aber auch besseren Problemlösungsansätzen führen kann (vgl. u.a. Cox 1993).

Diese Annahme des per se positiven Nutzens von Vielfalt lässt sich nicht ohne weiteres wissenschaftlich belegen. Vielmehr muss davon ausgegangen

---

[299] Siehe Warmuth in diesem Buch.

werden, dass die richtigen Bedingungen und Strukturen in Organisationen geschaffen werden müssen – also Diversitätspraktiken –, damit eine vielfältige Belegschaft potenziell nutzbringend ist (Krell/Sieben 2007). Das lässt sich daraus ableiten, dass es in heterogenen Gruppen und Teams zu Reibungsverlusten und potentiellen Konflikten kommen kann. Die Theorie der sozialen Identität (Tajfel 1981, 1982; Tajfel/Turner 1986; Earley/Mosakowski 2000) erklärt dieses Phänomen dadurch, dass sich Individuen aufgrund ihrer sozialen Identität, die an sozialen Kategorien festgemacht wird, einer gewissen Gruppe zuordnen oder zugeordnet werden.[300] Dieser theoretische Ansatz wird häufig als Erklärung für potenzielle negative Effekte von Vielfalt im Arbeitskontext herangezogen. Die potenziellen negativen Auswirkungen von Diversität bilden die Grundlage für die Relevanz von Diversitätsmanagement sowie das Schaffen eines Inklusionsklimas in Unternehmen. Die Bildung von so genannten „Sub-Gruppen" anhand sozialer Kategorien und die damit verbundenen negativen Effekte auf Gruppenprozesse werden durch die Wahrnehmung von Diversität geprägt. So konnte nachgewiesen werden, dass ein Umfeld/Unternehmenskultur, in dem Vielfalt grundsätzlich geschätzt wird, weniger Sub-Gruppenbildung aufweist als in Kontexten mit einer grundsätzlichen Skepsis Vielfalt gegenüber (Homan et al. 2008; Homan et al. 2010; van Oudenhoven-van der Zee 2009). Bei positiver Wahrnehmung von Diversität werden tendenziell die individuellen Unterschiede wahrgenommen und nicht anhand von Gruppenstereotypen kategorisiert, was zu geringerer Sub-Gruppenbildung führt (ebd.). Daraus kann abgeleitet werden, dass der Schaffung einer positiven Diversitätskultur als Teil eines strategischen Diversitätsmanagements besondere Bedeutung zugemessen werden soll[301], während die Annahme eines Selbstwertes von Diversität nicht nachgewiesen werden kann.

Die Schaffung einer positiven Diversitätskultur kann seitens der Unternehmensführung durch den Aufbau und die Implementierung von Diversitätsprogrammen unterstützt werden. Zumal Human Ressourcen, die zu den wesentlichen Ressourcen gehören, die im Rahmen des Diversitätsmanagements betroffen sind, zu den „immateriellen Vermögensgütern" zählen, können Ressourcen, die Diversitätsprogrammen gewidmet werden, somit als eine Investition in immaterielle Vermögensgüter betrachtet werden. Stoi (2004) definiert folgende drei Kapitaltypen als immaterielles Vermögen: Humankapital, KundInnenkapital und Strukturkapital (entspricht in etwa den Organisationsressourcen). Inwiefern und wie intensiv sich Diversitätsmanagement auf die einzelnen Kapitaltypen auswirkt, hängt von

[300] Siehe dazu ausführlicher Hermann in diesem Buch.
[301] Siehe auch Hanappi-Egger/Hofmann in diesem Buch.

der „Entwicklungsstufe“ des Diversitätsprogramms ab (vgl. Mensi-Klarbach 2010). Wie im Beitrag von Warmuth in diesem Buch ausführlich dargestellt, können nach Dass und Parker (1999) vier Herangehensweisen von Unternehmen an das Thema Diversität unterschieden werden: Die Widerstandsperspektive, die Antidiskriminierungs- und Fairness-Perspektive, die Zugangs- und Legitimationsperspektive sowie die Lernperspektive.[302] In Anlehnung an diese Typologie von Dass und Parker (1999) lässt sich ableiten, dass je nach Perspektive auch die immateriellen Vermögensgüter eines Unternehmens in unterschiedlicher Art und Ausprägung betroffen sind:

Tabelle 1: Diversitätsperspektiven nach Dass und Parker (1999) und von Unternehmen adressierte immaterielle Vermögensgüter

Diversity Perspektive	Adressierte immaterielle Vermögensgüter
Widerstand	keine
Antidiskrimination und Fairness	Human Kapital
Zugang und Legitimität	Humankapital und KundInnenkapital
Lernen	Humankapital, KundInnenkapital und Strukturkapital
Verantwortungs- und Sensibilitätsansatz	Humankapital, KundInnenkapital und Strukturkapital

Quelle: in Anlehnung an Mensi-Klarbach 2010, 84

Lev (2003) charakterisiert immaterielle Vermögensgüter als per se inaktiv, was bedeutet, dass sie ohne jegliche Struktur bzw. ohne System, das unterstützend wirkt, keine leistungssteigernde Wirkung für Unternehmen entwickeln können. Außerdem sind Intangibles „fluide“, sie können leicht verloren gehen. Betrachtet man Humankapital bedeutet dies etwa, dass MitarbeiterInnen üblicherweise rasch kündigen können und zur Konkurrenz wechseln, sofern es keine anderwärtigen Klauseln im Arbeitsvertrag gibt. Patente für neue Produkte werden oft unrechtmäßig kopiert, wodurch ebenfalls ein entstandener Wettbewerbsvorteil erlischt (Mensi-Klarbach 2010). Im Bereich der Medikamentenproduktion gibt es beispielsweise konkrete rechtliche Regelungen, die Patente nach einer gewissen Zeit ablaufen lassen. Dass immaterielle Vermögensgüter einer Struktur bedürfen, entspricht der Idee des Diversitätsklimas, der Diversitätsprogramme bzw.

---

[302] Schulz 2009 fügt eine fünfte Perspektive hinzu, den Verantwortungs- und Sensibilitätsansatz. Siehe ausführlich dazu Warmuth in diesem Buch.

der Idee, dass es Kontextspezifika gibt, die dazu beitragen, dass sich Diversität entweder als leistungsfördernd oder -hemmend entwickelt. Die organisationale Infrastruktur trägt also dazu bei, wie sich Diversität von MitarbeiterInnen (wie bereits beschrieben, kann Diversität viele immaterielle Vermögensgüter betreffen) in Unternehmen auswirkt (Lev 2003). Dabei ist Infrastruktur ein weitgefasster Begriff, der alle möglichen Kontextfaktoren und intervenierenden Variablen abdeckt, wie etwa auch das Diversitätsklima bzw. die Diversitätskultur. Genaue Zusammenhänge wurden bisher nicht nachgewiesen, die so genannte „black box" wurde bis heute nur punktuell „beleuchtet", jedoch noch nicht komplett geöffnet. Insofern besteht weiterhin Bedarf an vertiefender Forschung, um dieses sehr komplexe Themengebiet des Business Case für Diversität zu erschließen.

Entlang dieser beiden Zugänge – Nutzen durch Diversität an sich versus Nutzen durch das richtige Management von Diversität – manifestieren sich zwei unterschiedliche Argumentationsstränge: *Der Business Case für Diversitätsmanagement* und *der Business Case für Diversität.* Im Folgenden werden die beiden Business Cases daher getrennt dargestellt:

Zuerst werden Konzepte vorgestellt, entlang derer die systematische Gegenüberstellung von Kosten und Nutzen organisationaler Maßnahmen im Bereich des Diversitätsmanagements beschreibbar ist. Ziel dieser Konzepte ist es, die „Investition" in Diversitätsinitiativen ökonomisch zu legitimieren. Außerdem soll durch die genaue Darstellung der Kosten- und Nutzenpotenziale ein umfassender Überblick über mögliche Kausalbeziehungen von Diversitätsmaßnahmen und dadurch beeinflusste relevante Prozesse im Unternehmen möglich sein (Gray 1994/95). Dadurch kann in weiterer Folge der Implementierungsprozess von Diversitätsmaßnahmen überwacht und gegebenenfalls angepasst bzw. verbessert werden (vgl. Bendl und Hanappi-Egger 2009).

Danach wird eine Auswahl an aktuellen Studien vorgestellt, die dem Business Case für Diversität zugeordnet werden kann. Diese analysieren den Zusammenhang einer vielfältigen Belegschaft oder vielfältiger Teams und deren Leistungsfähigkeit. Die Darstellung der Studien und Konzepte erhebt keinen Anspruch auf Vollständigkeit, vielmehr soll ein grober Überblick über einige ausgewählte Konzepte und Studien präsentiert werden, die aus Sicht der Autorin geeignet erscheinen, die Ideen und Funktionsweisen der beiden unterschiedlichen Fälle von „Business Cases" zu veranschaulichen.

10.3 Der Business Case für Diversitätsmanagement

Der Business Case für Diversitätsmanagement handelt, wie mehrfach erwähnt, von der Gegenüberstellung von Kosten und Nutzen, die bei der Implementierung bzw. durch die Erhaltung und Weiterentwicklung von Diversitätsmanagement entstehen. Wie diese Gegenüberstellung praktiziert wird, kann sehr unterschiedlich sein, zumal sich die Ziele der Darstellung von Kosten und Nutzen unterscheiden können. So kann Grund der Gegenüberstellung die Planung zukünftiger Diversitätsinitiativen sein, oder aber die ex post Kontrolle bereits durchgeführter Maßnahmen und eine möglicherweise daraus resultierende Optimierung der Initiative. Im Folgenden werden nun unterschiedliche Konzepte dargestellt sowie deren Zugang und Zielsetzungen:

10.3.1 Methoden und Indikatoren für die Messung der Wirtschaftlichkeit im Zusammenhang mit der personellen Vielfalt in Unternehmen (CSES)

Eine der umfassendsten Studien, die im Auftrag der Europäischen Kommission im Jahr 2003 erstellt wurde, ist „Methoden und Indikatoren für die Messung der Wirtschaftlichkeit im Zusammenhang mit der personellen Vielfalt in Unternehmen“ (CSES 2003). Zielsetzung der Studie war es, eine Legitimationsbasis für Diversitätsmanagement in Unternehmen zu schaffen und dafür einen Rahmen vorzugeben, den Unternehmen nutzen können, um individuell den jeweiligen Nutzen bzw. die entstandenen Kosten des Diversitätsmanagements berechnen zu können. Diese Studie zeigt sehr anschaulich, welche Arten von Kosten bzw. Nutzenpotenzialen durch Diversitätsmanagement entstehen können. Basierend auf sehr breit angelegten wissenschaftlichen Untersuchungen (Literaturrecherchen, Umfragen, Case Studies, Interviews etc.) präsentiert diese Studie einen Katalog an möglichen Kosten und Nutzen, bricht diese auf Indikatoren herunter und versieht jeden Indikator mit möglichen Messmethoden.

Abbildung 1: Kosten-Nutzen-Referenzmodell von Diversität

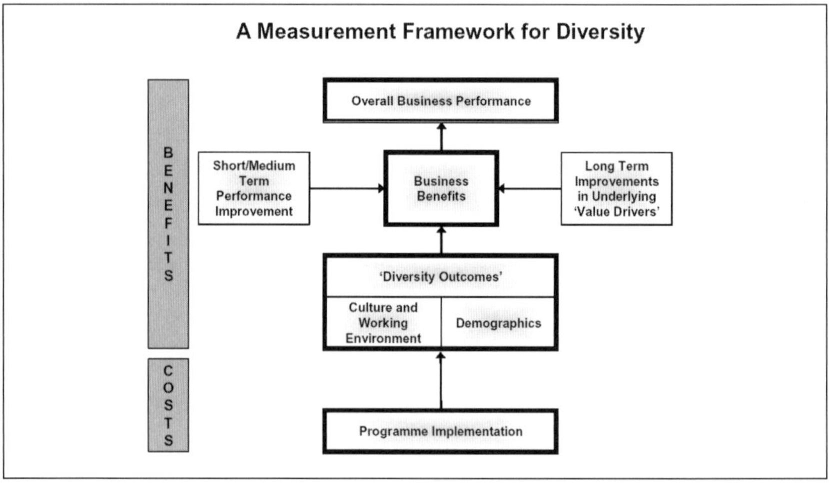

Quelle: CSES (2003, 38)

Wie dieses Referenzmodell zeigt, entstehen Kosten durch die Programmimplementierung, aber auch durch die Erhaltung und Weiterentwicklung bereits bestehender Diversitätsprogramme. Nutzen entsteht einerseits kurz- bzw. mittelfristig, andererseits langfristig durch Verbesserung der so genannten „Value Drivers“:

- kurz-und mittelfristige Verbesserungen der Wirtschaftsleistung durch:
  - Kostenreduktionen,
  - Weniger Engpässe bei Arbeitskräften,
  - Zugang zu neuen Märkten,
  - Leistung auf bestehenden Märkten verbessern.
- langfristige Verbesserung der zugrunde liegenden Werttreiber:
  - Humankapital,
  - Organisationskapital.

Die kurz- und mittelfristigen Verbesserungspotenziale scheinen noch relativ leicht auf die gesamte Wirtschaftsleistung des Unternehmens umzulegen zu sein, während die langfristigen Werttreiber Humankapital und Organisationskapital durchaus einiger Übersetzungsleistung bedürfen, ehe ihr Beitrag zur Wirtschaftsleistung eines Unternehmens in finanziellen Werten darstellbar ist. Aus diesem Grund wurden als Nutzenpotenziale folgende Indikatoren identifiziert, denen dann unterschiedliche Messmethoden zugeordnet wurden. Die Indikatoren werden wie folgt charakterisiert (CSES 2003, 17–21):

- *Kostensenkung*: durch gezieltes Diversitätsmanagement können laufende Kosten gesenkt werden, etwa durch reduzierte Fluktuation, weniger Abwesenheitszeiten, oder die Vermeidung von Klagen.
- *MitarbeiterInnenengpässe:* vor allem in Dienstleistungsbetrieben kann es immer wieder zu Engpässen kommen, die durch die Erschließung neuer Arbeitskräftepools vermindert werden können.
- *Zugang zu neuen Märkten*: aufgrund der zunehmenden Kaufkraft vielfältiger Gruppen, ist es für Unternehmen sinnvoll, auf die veränderten Bedingungen einzugehen und die Bedürfnisse ebendieser angepasst zu bedienen. Notwendigerweise bedarf es dazu diversitätssensibler MitarbeiterInnen, die eine innovative Sicht auf bisherige Produkte und Prozesse haben.
- *Verbesserte Leistung auf bestehenden Märkten* können zum einen durch erhöhte Produktivität, zum anderen durch eine erhöhte KundInnenzufriedenheit (Loyalität) gemessen werden.
- *Möglichkeiten der Talentsuche*: um auf veränderte Bedingungen aufgrund der zunehmenden Heterogenität der Stakeholder bzw. der Umwelt reagieren zu können, brauchen Unternehmen möglichst hoch qualifizierte MitarbeiterInnen. Durch Diversitätsprogramme können sich Unternehmen im „war for talent" von anderen abgrenzen.
- *Fähigkeit zum globalen Management*: durch Diversitätsinitiativen wird ein Unternehmen für Personen unterschiedlicher kultureller und sprachlicher Herkunft attraktiv, was die Kompetenz in Sachen globales Management erhöhen kann.
- *Innovation und Kreativität*: durch Diversitätsinitiativen kann es zu größerer Heterogenität in Arbeitsgruppen und Teams kommen; unter geeigneten Bedingungen können vielfältige Teams kreativer und innovativer arbeiten.
- *Ruf bei Regierungen und anderen AkteurInnen*: wenn Regierungen bzw. die Gesellschaft wesentliche Stakeholder für ein Unternehmen sind, ist es wichtig, einen guten Ruf zu haben und Vertrauen zu genießen. Dieser Ruf kann durch Diversitätsinitiativen verbessert werden.
- *Marketing-Image:* Diversitätsinitiativen können Unternehmen helfen, langfristig ein gutes Image zu bekommen, um in strategischen Märkten bestehen zu können, an denen für die KonsumentInnen das soziale oder umweltbezogene Image des Unternehmens wichtig sind.
- *Kulturelle Werte*: durch Diversitätsmanagement wird eine vielfältige Unternehmenskultur, die auf starken kulturellen Werten aufbaut, gebildet. Eine starke Unternehmenskultur in Bezug auf Vielfalt kann einen wesentlichen Wettbewerbsvorteil für das Unternehmen darstellen.

Die angeführten Indikatoren und deren Beschreibung zeigen, dass mit Annahmen über kausale Zusammenhänge zwischen Diversitätsinitiativen und gewissen für Unternehmen relevanten Sachverhalten gearbeitet wird. Diese Nutzenpotenziale sollten nicht unreflektiert angenommen werden, sondern dienen lediglich zur Veranschaulichung möglicher unterstellter Ursache-Wirkungsbeziehungen. Nichts desto trotz ist es wichtig, immer wieder kritisch zu hinterfragen, ob tatsächlich adäquate Annahmen in Bezug auf die Wirkungsweise von Diversitätsmanagement getroffen werden.

Folgende Beispiele (Kostensenkung und verbesserte Leistung auf bestehenden Märkten) zeigen exemplarisch, wie die einzelnen Indikatoren berechnet bzw. operationalisiert werden können:[303]

Tabelle 2: Indikator: Kostensenkung

Indikator	**Messmethode**
Kostensenkung	Fluktuation nach speziellen Gruppen (z. B. Alter, Geschlecht, ethische Gruppen, Behinderte, Schwule/Lesben, unterschiedliche religiöse Gruppen) gemessen am Unternehmensdurchschnitt
	Ausfallszeiten nach speziellen Gruppen (z. B. Alter, Geschlecht, ethische Gruppen, Behinderte, Schwule/Lesben, unterschiedliche religiöse Gruppen) gemessen am Unternehmensdurchschnitt
	Direkte Einstellungskosten – Veränderungen im Zeitablauf
	Ausgaben aufgrund gerichtlicher Klagen im Zusammenhang mit Diskriminierung – Gerichtskosten (Veränderung im Zeitablauf)
	Ausgaben aufgrund gerichtlicher Klagen im Zusammenhang mit Diskriminierung – Kosten in Zusammenhang mit der Beilegung von Streitfällen (Veränderung im Zeitablauf)
Verbesserte Leistung auf bestehenden Märkten	Grad der KundInnenzufriedenheit mit Ware/Dienstleistung – Veränderung im Zeitablauf
	Grad der KundInnentreue (gelegentliche bzw. regelmäßige Nutzung) – Veränderung im Zeitablauf
	Grad der betrieblichen Leistungsfähigkeit – Produktionsniveau, Qualitätsniveau, Ausschuss, Zykluszeit in homogenen Arbeitsteams im Vergleich zu heterogenen Teams

Quelle: CSCS (2003, 46 und 47)

[303] Alle weiteren Messmethoden zu den Indikatoren können im Bericht von CSES (2003) nachgeschlagen werden.

Die oben angeführten Indikatoren und die ihnen zugeordneten möglichen Messmethoden zeigen, dass hinter den Indikatoren Annahmen darüber stehen, wie sich Diversitätsmanagement auf Unternehmensprozesse auswirken kann. Wie sich beispielsweise die Fluktuation, die Ausfallszeiten oder aber auch der Grad an KundInnentreue und -zufriedenheit durch die Implementierung von Diversitätsmanagement im Zeitablauf verändern. Die Beispiele zeigen auch, dass zum einen Messmethoden angeboten werden, die Kosten abbilden sollen, andere jedoch messen nicht finanzielle Werte wie die KundInnentreue oder Zykluszeiten. Die Beispiele machen zudem deutlich, dass für diese Art des Monitorings erhebliche Zeit aufgewendet werden muss, was natürlich wiederum mit Kosten verbunden ist. Trotz der Problematik einer starken Ursachen-Wirkung-Unterstellung bietet sich dieses „measurement framework" als ein umfassendes der Sprache der Unternehmenslogik angepasstes Analyseinstrumentarium möglicher Kosten und Nutzen von Diversitätsmanagement an.

Unternehmen können basierend auf diesem Rahmen mögliche positive und negative erwartete Effekte im eigenen Unternehmen operationalisieren und darstellen. Zusätzlich leistet das Modell, ein breites Spektrum an Indikatoren für die Darstellung möglicher Auswirkungen anzubieten. Insofern können sich Unternehmen anhand des Modells durchaus ein Bild davon machen, welche Bereiche Diversitätsmanagement in ihrem Unternehmen betreffen kann. Dadurch wird ein strukturierter Reflexionsprozess über die Beschaffenheit und die möglichen Auswirkungen von Diversitätsinitiativen in Gang gesetzt (Gray 1994/95).

Einschränkend ist festzuhalten, dass die Anwendung des Konzeptes im Unternehmen sehr aufwendig und eher langfristig aussagekräftig scheint und ein hohes Commitment seitens des Unternehmens verlangt, die Etablierung eines umfassenden Diversitätsmanagement als Investition zu betrachten.

10.3.2 Diversity Scorecard

Die Diversity Scorecard (Hubbard 2004) orientiert sich, wie der Name bereits erahnen lässt, an der Idee der Balanced Scorecard (Rieger 2007). Das Konzept zielt darauf ab, Diversitätsmanagement und finanzielle Kennzahlen in Verbindung zu bringen, indem Kausalzusammenhänge unterstellt werden. Zusätzlich hat die Diversity Scorecard das Ziel, eine Art Monitoring des Diversitätsmanagement eines Unternehmens zu ermöglichen und damit notwendige Verbesserungspotenziale aufzuzeigen und strukturiert durchführen zu können. Als Grundlage für die Erarbeitung einer Diversity

Scorecard ist die Unternehmensstrategie heranzuziehen.[304] Die Diversitätsstrategie sollte als ein Teil der gesamten Unternehmensstrategie konzipiert sein und damit den Beitrag der Diversitätsinitiativen zur Gesamtstrategie sichtbar machen können (Hubbard 2004). Dafür bedarf es einer präzise definierten Unternehmensstrategie (Rieger 2007). Durch die Kombination aus finanziellen und nicht-finanziellen Kennzahlen (also solchen, die unmittelbar Geldwerte ausdrücken und solchen, die mit anderen Werteinheiten als Geld rechnen, wie etwa eine Fluktuationsrate oder Ausmaß der Krankenstände etc.) können die Auswirkungen von Diversitätsprogrammen auf das Unternehmen umfassend abgebildet werden. Es wird, wie in der Balanced Scorecard mit Ursache-Wirkungsketten gearbeitet, die unterschiedliche Perspektiven mit einbeziehen, wobei Hubbard die von Kaplan und Norton (1996) entwickelten Perspektiven erweitert (Rieger 2007, 262):

- *Diverse Customer/Community Partnership*: bezeichnet die Perspektive, die sich mit der Anpassung des Produkt- bzw. Dienstleistungsangebots an vielfältige KundInnen beschäftigt.
- *Workforce Profile* bezeichnet die Perspektive, die abbildet, inwiefern die interne Belegschaft der Zusammensetzung externer KundInnen entpricht, um diese bestmöglich bedienen zu können.
- *Workplace Climate/Culture* bezieht sich auf das Arbeitklima, das es so zu gestalten gilt, dass die MitarbeiterInnen motiviert arbeiten können.
- *Diversity Leadership Commitment* beschreibt die Verantwortungsübernahme seitens des Managements.
- *Learning and Growth* bildet ab, inwiefern die Fähigkeit zum Wandel und zur Verbesserung hin zu einer Diversity Vision entwickelt und erhalten bleibt.
- *Financial Impact* zeigt den finanziellen Impact gegenüber den Shareholdern.

Letzten Endes soll die Diversity Scorecard finanzielle Größen hervorbringen, konkret den Diversity Return on Investment (DROI), auch wenn durch das Einbeziehen von nicht-finanziellen Größen ein Gesamtbild der Wirkung von Diversitätsinitiativen gezeigt werden kann. Der DROI berechnet sich wie folgt:

$$\text{DROI} = \frac{\text{Net Diversity Benefits} - \text{Initiative Costs}}{\text{Initiative Costs}} \times 100$$

Der finanzielle Nettonutzen von Diversity Initiativen wird mittels finanzieller Kennzahlen, die mit traditionellen Kostenrechnungsverfahren berechnet

[304] Siehe Warmuth in diesem Buch.

werden, kalkuliert. Zusätzlich werden noch „soft facts" über Kausalketten operationalisiert. Ein Beispiel dafür sind Kosten für Bewerbungsverfahren: Dabei können die Anzahl der Bewerbungen (Output) mit den Kosten pro Bewerbung (Kosten) berechnet werden. Es kann die Qualität über die Anzahl der mangelhaft bearbeiteten Bewerbungen bewertet werden sowie die Zeit der Bearbeitung und Genehmigung einer Bewerbung.

Dieses Beispiel macht klar, dass auch hier wiederum mit Annahmen über mögliche Kausalzusammenhänge versucht wird, Diversitätsmaßnahmen einen finanziellen Nutzen/Kosten zuzuschreiben. Die Problematik der aufwendigen Kalkulation und Schätzung von Zusammenhängen sowie des zeitaufwendigen Monitorings von potenziellen Veränderungen bleibt bestehen. Der Vorteil der Diversity Scorecard liegt in der strategischen Ausrichtung und Verankerung des Diversitätsmanagements und den damit verbundenen Vorteilen.[305]

10.3.3 Hidden-Cost-Benefit-Phänomen

Domsch und Ladwig (2003) erarbeiten das Konzept der versteckten Kosten und Nutzen, welche vom Entwicklungsgrad der Organisation abhängen (gender and diversity development level) (Domsch/Ladwig 2003, 255). Versteckte Kosten bzw. Nutzen sind solche, die nicht in Kosten-Nutzen Überlegungen einbezogen werden. Mögliche Gründe für das Nicht-Einbeziehen sind die mangelnde Sichtbarkeit/Wahrnehmung der Kosten bzw. Nutzen oder aber die Schwierigkeit der Messung ebendieser. Es hängt vom bisherigen Entwicklungsgrad des Unternehmens ab, welches Gender- bzw. Diversitätsprogramm implementiert werden soll. Dieser Ansatz ist nachvollziehbar und nicht unbedingt neu, die beiden gehen in ihrem Konzept jedoch noch einen Schritt weiter und führen damit eine neue Perspektive in Bezug auf Diversitätsmanagement ein: Sie gehen davon aus, dass dasjenige Programm zu implementieren ist, bei dem der voraussichtlich zu erwartende Ertrag am größten ist – das bedeutet, auch wenn der Diversitätsnutzen weiter ansteigt sind keine weiteren Diversitätsinitiativen mehr zu setzen, wenn die Kosten in einem höheren Maß als der Nutzen ansteigen. Auch wenn der Ertrag noch positiv ist, so ist das Ziel *nicht* der höchste Diversitätsnutzen, sondern der größte Ertrag – als das Programm, bei dem die Differenz aus potenziellen Kosten und Nutzen am größten ist.

---

[305] Siehe Beitrag Warmuth in diesem Buch.

Abbildung 2: Grundmodell

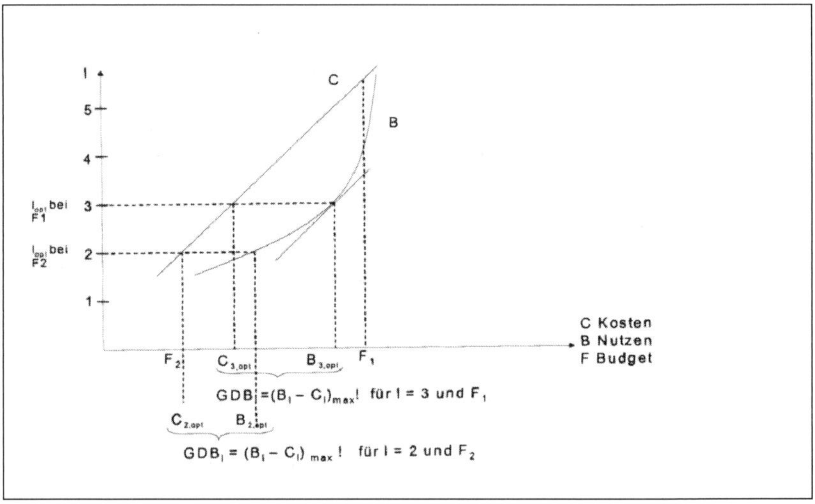

Quelle: Domsch/Ladwig 2003, 275

Es wird angestrebt, den Gender-Diversity-Beitrag (GDB) zu maximieren, was je nach Entwicklungsgrad des Unternehmens hinsichtlich Gender und Diversitätspolitik unterschiedlich ausfällt.

Weiterführend gehen die AutorInnen davon aus, dass die Kosten, wie auch der Nutzen in kalkuliert (C^c, B^c) und nicht-kalkuliert/hidden (C^{NCH}, B^{NCH}) geteilt werden kann, beide zusammen ergeben die totalen Kosten (C^T) bzw. den totalen Nutzen (B^T).

Das folgende grafisch illustrierte Beispiel zeigt, dass, wenn die hidden costs und hidden benefits miteinkalkuliert werden, auch ein niedriger Grad an Gender- und Diversitätsprogrammen als optimal definiert werden kann. So geht aus diesem Beispiel hervor, dass unter Berücksichtigung der totalen Kosten und Nutzen (C^T bzw. B^T) die Entwicklungsstufe zwei, also I^T_{opt}, vorgeschlagen wird, während bei Berücksichtigung „nur" der kalkulierten Kosten I^C_{opt}, also Entwicklungsstufe 3 vorgeschlagen wird.

Abbildung 3: Hidden-Modell

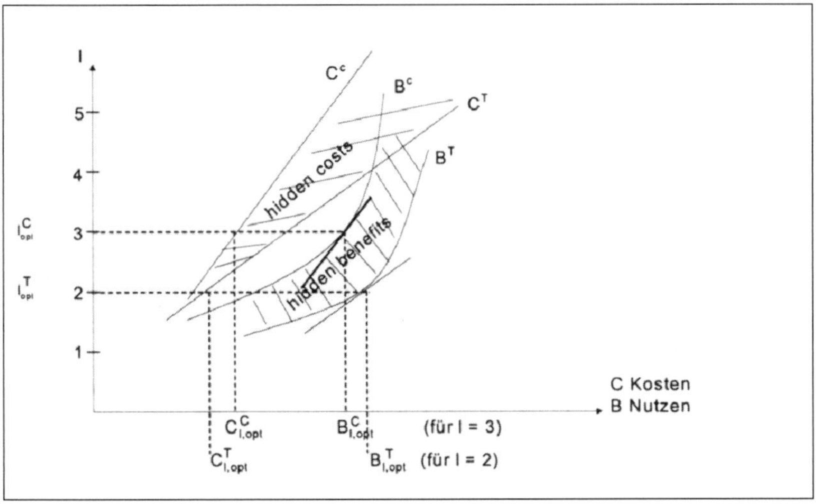

Quelle: Domsch/Ladwig (2003), 258

Mit ihrem Konzept der hidden costs and benefits regen Domsch und Ladwig (2003) eine Diskussion Richtung ökonomische Optimierung von Diversitätsprogrammen an. Das Ziel ist nicht mehr um jeden Preis die Integration von Diversitätsaspekten in alle strategischen Prozesse im Sinne einer Learning Perspektive, wie Dass und Parker (1999) es beispielsweise proklamieren, sondern die Kosten-Nutzen-Optimierung je nach Unternehmenstypus bzw. organisationaler Voraussetzungen.

10.3.4 Prognos

Die Studie von Prognos (2003) soll in diesem Zusammenhang nicht unerwähnt bleiben: Zum einen schließt sie an die Logik der bisher vorgestellten Konzepte an, indem sie konkrete Kosten und Nutzen berechnet, um so den „Nettonutzen" oder „Nettoertrag" von Maßnahmen zur Vereinbarkeit von Beruf und Familie darstellen will. Zum anderen fokussiet die Studie zu *„Kosten-Nutzenanalyse familienfreundlicher Maßnahmen – eine Modellrechnung"* auf Vereinbarkeitsmaßnahmen und repräsentiert eine im deutschsprachigen Raum sehr viel zitierte Studie, deren Ziel es ist, Einsparungspotenziale darzustellen, die durch familienfreundliche Maßnahmen lukrierbar sind. Diese werden sodann den Kosten für die Implementierung ebendieser Maßnahmen gegenübergestellt. Wie in den vorangegangenen Konzepten wird der Saldo aus Kosten und Nutzen gebildet, um einen vermeintlichen positiven Ertrag berechnen zu können. In diesem Fall beschränken sich die Maßnahmen auf solche, die für MitarbeiterInnen mit Kindern konzipiert sind. Folgende Einsparpotentiale wurden im Rahmen der Studie erarbeitet bzw. berechnet (Prognos 2003):

1. Fluktuationskosten, d. h. Kosten für familienbedingte Fluktuation, die der Wiederbeschaffung von gleich qualifizierten Ersatzkräften entspricht,
2. Überbrückungskosten, d. h. Kosten, die entstehen, während MitarbeiterInnen in der Elternzeit sind,
3. Wiedereingliederungskosten nach familienbedingten Abwesenheiten,
4. Kosten für Fehlzeiten aufgrund von familiären Verpflichtungen.

Die Studie schlägt folgende Maßnahmen zur besseren Vereinbarkeit von Beruf und Familie vor, welche letztlich die potenziellen Kosten verursachen:

a. Beratungsangebote für Eltern, Kontakthalte- und Wiedereinstiegsprogramme für MitarbeiterInnen in Elternzeit,
b. Teilzeitangebote, Arbeitszeitflexibilität,
c. Telearbeit,
d. Betriebliche bzw. betrieblich unterstützte Kinderbetreuung.

Die hier angeführten Punkte können als Anregung für Unternehmen gedacht werden, ihre eigene Unternehmenspolitik hinsichtlich Familienfreundlichkeit zu überdenken. Die Studie von Prognos (2003) geht jedoch einen Schritt weiter und berechnet einen fiktiven Wert für all diese Kosten, indem sie auf Controllingdaten von zehn Unternehmen zurückgreift, um daraus einen Mittelwert zu berechnen. Der Studie liegt damit eine Modellrechnung zugrunde, in der ein fiktives Unternehmen, die „Familien GmbH", angenommen wurde. Die „Familien GmbH" ist ein Unternehmen mittlerer Größe, die Belegschaftsstruktur, also Anteil an Frauen und Männern mit und ohne Betreuungspflichten, entspricht den Durchschnittswerten eines Unternehmens der Bundesrepublik Deutschland. Für die Modellrechnung wurden sodann drei Szenarien entwickelt, ein „Basisszenario", ein „Realszenario", sowie ein „Optimalszenario". Den jeweiligen Szenarien wurden Kosten und Einsparpotenziale zugeordnet unter der Annahme, dass im Basisszenario keine familienfreundlichen Maßnahmen implementiert wurden und im Realszenario einige Maßnahmen vorhanden sind. Das Realszenario definieren die AutorInnen der Studie als „realisierbar", die erarbeiteten Einsparpotenziale für dieses Szenario entsprechen denen der zehn analysierten Unternehmen. Im Optimalszenario werden zusätzlich hypothetisch mögliche Potenziale entwickelt und ausgeschöpft angenommen. Dieses Szenario bildet damit rechnerisch alle maximalen inklusive der hypothetischen Einsparpotenziale ab.

Die Ergebnisse der Studie zeigen, dass im Realszenario, also der Variante, die den durchschnittlich realisierten Maßnahmen der zehn analysierten Unternehmen entspricht, die Kosten für das Maßnahmenpaket um 75 000 € eingesparte Kosten übertroffen werden können. Der „Nettoertrag" aus diesem Maßnahmenpaket entspricht somit rund 75 000 €. Im Optimalszenario entspricht der „Nettoertrag" sogar 235 000 €. Dieser Wert entspricht für das Realszenario des Modellunternehmens einem Return on Investment von 25% (75 000 € Ertrag bei 304 000 € Investition).

Die Studie von Prognos zeigt somit anhand anschaulicher finanzieller Daten, inwiefern sich familienfreundliche Unternehmenspolitik mit entsprechenden Maßnahmen auf die wirtschaftliche Leistung eines Unternehmens auswirken kann. Versteht man die Modellfirma „Familien GmbH" als durchschnittliches deutsches Unternehmen, so lässt sich ableiten, dass gewisse positive Effekte für die meisten Unternehmen lukrierbar wären.

10.3.5 Zusammenfassung der Konzepte zum Business Case für Diversitätsmanagement

Die hier dargestellten Konzepte zum *Business Case für Diversity Management* zeigen, auf welche Weise versucht werden kann, Kosten und Nutzen von Diversitätsprogrammen zu operationalisieren und letztlich einander gegenüberzustellen. Alle Konzepte haben einen unterschiedlichen Schwerpunkt. Die Diversity Scorecard (Hubbard, 2004) ist eher auf das interne Controlling gerichtet zur kontinuierlichen Verbesserung bereits bestehender Diversitätsprogramme. Die Studie von CSES (2003) zeigt auf, worauf sich Diversitätsmaßnahmen auswirken können, wie dies gemessen werden kann und welche Kosten potenziell entstehen können. Somit kann diese Studie als Orientierungsrahmen gesehen werden. Domsch und Ladwig (2003) gehen einen anderen Weg, indem sie in Anlehnung an die Investitionsrechnung einen maximalen Ertrag fordern, als Ziel insofern ausschließlich den finanziellen Gesamtnutzen des Unternehmens formulieren und nicht etwa die Verankerung von Diversitätsaspekten auf allen Ebenen des Unternehmens. Die Studie von Prognos ist die einzige der hier bisher vorgestellten, die den Anspruch hat, konkrete Zahlen zu bieten, also einen Return on Investment zu präsentieren. Die Studie ist letztlich wohl auch aus diesem Grunde sehr häufig zitiert worden. Im Folgenden soll eine weitere Argumentationslinie ausgeführt werden, die ähnlich der Studie von Prognos darauf abzielt, konkrete finanzielle Aussagen machen zu können. Jedoch ist in dieser Argumentationslinie Diversität an sich, nicht mehr Diversitätsmanagement im Fokus, also dem Business Case für Diversität entsprechend.

10.4 Der Business Case für Diversität

Der Business Case für Diversität befasst sich mit der ökonomischen Legitimierung von Diversität in Unternehmen bzw. in Teams. Ein häufig diskutiertes Beispiel ist die Zusammensetzung von Top Management Teams hinsichtlich ihrer Gender Diversität. Die positive Diskriminierung von Frauen ist in Österreich im öffentlichen Recht festgeschrieben, Norwegen verabschiedete vor einigen Jahren ein weitreichendes Gesetz, das für alle an der Börse notierten Unternehmen eine Frauenquote von 40% im Führungsteam vorsieht (Storvik/Teigen 2010). Bei Nichterfüllung drohen Strafen bis zur Schließung des Unternehmens. Nicht erst seit damals ist die Frage laut, welchen Nutzen Frauen im Top Management für ein Unternehmen haben. Die politische Diskussion um verpflichtende Frauenquoten etwa in Aufsichtsräten, die in immer mehr europäischen Ländern geführt wird, intensiviert auch die gesellschaftliche wie wissenschaftliche Diskussion um die ökonomischen Folgen eben dieser Quoten. Die wissenschaftliche Forschung rund um die ökonomischen Auswirkungen von Gender Diversität in Top Management Teams führt vice versa zu dem Schluss, dass Frauen, wenn sie nicht besser sind als die bisher amtierenden Herren keine ökonomisch legitimierte Berechtigung haben, in Top Management Teams per Quotenregelung aufzusteigen (Nielsen/Huse 2010). Die prinzipielle Idee, dass sich „Diversität" rechnen muss, führt aber zu der berechtigten Frage, warum bestimmte Gruppen für ihre Gleichbehandlung erst einmal einen Mehrwert nachweisen müssen.

Trotz dieser fragwürdigen Zugangsweise ist das Interesse an der Beweisbarkeit des betriebswirtschaftlichen Vorteils von Diversität ungebrochen. In den USA werden zahlreiche Studien hinsichtlich des wirtschaftlichen Mehrwerts von „Race-diverse"[306] Top Management Teams durchgeführt. Auch Vielfalt in Sachen Alter und deren Auswirkung auf die Leistungsfähigkeit von Unternehmen/dem Top Management werden zunehmend wissenschaftlich untersucht. Die Idee dahinter ist jedenfalls die, Vielfalt zu legitimieren, indem der ökonomische Mehrwert für Unternehmen herausgearbeitet wird. Hier werden jedoch nicht die Förderung und das Management von Diversität behandelt, sondern Vielfalt an sich, also unabhängig von jeglicher Infrastruktur, Kontext etc. Zugespitzt könnte man formulieren, diese Forschungsansätze führen das Konzept des Diversitätsmanagement ad absurdum, indem sie nur auf die Mischung anhand spezifischer soziodemografischer Merkmale abzielen, wie beispielsweise Gender, Alter, Erfahrung oder Ethnizität. Die Rahmenbedingungen, die das Diversitätsmanagement fordert und prägen soll, werden dabei nicht erwähnt.

---

[306] Siehe FN 40.

In den letzten 15 Jahren haben sich immer mehr WissenschafterInnen mit der Frage beschäftigt, wie finanzieller Nutzen und Kosten einer heterogenen Belegschaft in Unternehmen gemessen werden kann (Dwyer et al. 2003, Richard et al. 2007, Gonzales/Denisi 2009). Die Ansätze zur Messung der Auswirkungen von Diversität auf den Unternehmenserfolg sind meist sehr ähnlich konzipiert. Es werden Unternehmen miteinander verglichen, die ein unterschiedliches Ausmaß an Diversität aufweisen; als Vergleichspunkt/Variable werden häufig Kennzahlen wie der Umsatz, die Rentabilität, der Return on Investment oder der Gewinn verwendet. Dabei wird Leistungsfähigkeit von Unternehmen mit einer diversen Belegschaft oder heterogenen Top Management Teams mit der Leistung von solchen Unternehmen verglichen, die durch eine homogene Belegschaft bzw. homogene Top Management Teams gekennzeichnet sind.

Interessant dabei ist, dass Heterogenität über Indizes berechnet wird, die in der biologischen Forschung zur Erhaltung bedrohter Arten verwendet werden (Voigt/Wagner 2006). Diese Indizes bewerten, um der Arterhaltung willen, Gruppen als „artenreicher“, je größer die relative Häufigkeit der Arten ist, also Eveness (Gleichheit pro Art) wird höher bewertet als Richness (möglichst viele Arten). In Anlehnung an diese biologistische Sichtweise berechnet sich z. B. der sehr häufig verwendete Index nach Blau (1977) wie folgt:

$$h = \frac{\Sigma\, x_i^2}{(\Sigma\, x_i)^2}$$

h = Heterogenität
x = Anzahl der Personen pro Gruppe

Die Vielfalt in Unternehmen betreffend bedeutet das, dass ein Team, das nur aus Menschen mit unterschiedlicher nationaler Herkunft besteht, als weniger heterogen betrachtet wird als ein Team mit vielen VertreterInnen aus nur zwei Nationen. Dieses Beispiel zeigt auf, dass diese Studien, um komplexe Sachverhalte, wie die Vielfalt in einem Unternehmen, operationalisieren zu können, a priori Annahmen treffen, die weitreichende Auswirkungen auf die Ergebnisse haben.

Generell werden also wiederum in der Untersuchung, wie sich Vielfalt auf die Leistungsfähigkeit von Unternehmen auswirkt, Ursache-Wirkungszusammenhänge unterstellt. Um diese Zusammenhänge messbar zu machen, werden Kausalketten entwickelt, die den Impact von Diversität auf Unternehmenskenngrößen wie den Return on Investment oder die Umsätze herunterbrechen. Dazu werden unterschiedliche Ebenen miteinander verknüpft. Diversität kann sich auf

- individueller Ebene auswirken, z. B. in Form von individueller Arbeitszufriedenheit oder erhöhtem Commitment,
- auf Gruppenebene, indem z. B. die Gruppenproduktivität steigt oder die Lösungsqualität einer Gruppe steigt,
- auf Organisationsebene: u. a. geringere Fluktuation bedeutet geringere Kosten und wirkt sich somit auf das Unternehmensergebnis aus; erhöhte Produktivität auf Gruppenebene kann ebenfalls direkte finanzielle Auswirkungen auf die Gesamtproduktivität des Unternehmens haben.

Bei unterschiedlichen Untersuchungen zeigten sich teilweise signifikante Zusammenhänge zwischen Diversität und Unternehmensleistung. Eine dänische Studie (Smith et al. 2008), die 2500 dänische Unternehmen untersuchte, belegte, dass Unternehmen, die hochqualifizierte Frauen im Top Management haben, im Durchschnitt bessere Unternehmensergebnisse bringen als Unternehmen, die keine oder nur wenige Frauen im Top Management Team haben. Eine weitere Studie verglich die Unternehmensleistung von Unternehmen, die 2004 als DiversityInc Top 50[307] Unternehmen gelistet waren mit ähnlichen Unternehmen, die nicht gelistet waren. Sie fanden heraus, dass die DiversityInc gelisteten Unternehmen einige finanzielle Parameter (Netto Gewinnspanne, Return on Asset) betreffend über einen Beobachtungszeitraum von 6 Jahren eine konstant bessere Leistung brachten als ihre nicht gelisteten MitbewerberInnen (Slater/Weigand/Zwirlein 2008). Eine andere Studie zeigte auf, dass sich der Ruf eines Unternehmens hinsichtlich seines Commitments zu Diversity (gemessen durch Fortune's annual lists of best companies for minorities[308]) signifikant auf das Verhältnis zwischen Buchwert und Marktwert auswirkt, was auf einen erhöhten Firmenwert für gelistete Unternehmen hinweist (Roberson/Park 2007). Außerdem belegt die Studie einen u-förmigen Zusammenhang zwischen Diversität hinsichtlich der Ethnizität im Management und finanziellen Kenngrößen wie Umsätze, Nettogewinn und auch dem Verhältnis

---

[307] DiversityInc Top 50 (www.diversityinc.com/article/7347/) kann zu den social Audits (dt. „Soziale Bilanz") gezählt werden. Es soll interessierten Personen Auskunft geben über die Aktivitäten eines Unternehmens zu einem gewissen Thema, wie hier Engagement Diversity betreffend. Dazu müssen Unternehmen sich einem Audit unterziehen, Angaben anhand standardisierter Fragen zu ihren Aktivitäten machen, um in die Listung aufgenommen zu werden. Ähnliche Audits sind in Österreich beispielsweise das Audit Beruf&Familie (www.familieundberuf.at/Audit_berufundfamilie.47.0.html), in Deutschland die Listung genderdax (www.genderdax.de), international, wie auch in Österreich und Deutschland vertreten Great place to work (www.greatplacetowork.at/international/index.php).

[308] http://money.cnn.com/magazines/fortune/bestcompanies/minorities/

zwischen Buchwert und Marktwert. U-förmiger Zusammenhang bedeutet, dass eine geringe Repräsentanz von Personen mit unterschiedlicher Ethnizität zu schlechteren finanziellen Ergebnissen führt, sich dies ab einem gewissen Punkt, wenn die Repräsentanzverhältnisse in etwa ausgeglichen sind, jedoch ins Positive wendet (Roberson/Park 2007).

Die erwähnten Studien zeigen exemplarisch, in welcher Form sich viele Beiträge der Diversitätsforschung dem Business Case für Diversity widmen. Charakteristisch für diesen Forschungsstrang ist, dass verschiedene Studien teilweise zu unterschiedlichen oder sogar widersprüchlichen Ergebnissen kommen. Dies ist unter anderem darauf zurückzuführen, dass verschiedene Messmethoden, unterschiedliche intervenierende Variable etc. berücksichtigt werden (vgl. Mensi-Klarbach 2010). Interessant erscheint jedenfalls der Ansatz von Gonzalens und Denisi (2009), die in ihre Analyse auch das Diversitätsklima mit einbeziehen. Sie zeigen, dass sich ein positives Diversitätsklima auf individueller Ebene positiv auf das Commitment, sowie die Identifikation mit dem Unternehmen auswirkt und in weiterer Folge auf die Intention, das Unternehmen zu verlassen auswirkt. Auf organisationaler Ebene beeinflusst das Diversitätsklima die Auswirkungen einer diversen Belegschaft auf die Unternehmensproduktivität sowie den Return on Profit. Auch frühere Studien haben bereits gezeigt, dass die Auswirkungen von Diversität auf die Unternehmensleistung von der Diversitätskultur bzw. dem Diversitätsklima abhängen, was darauf hinweist, dass der Umgang mit Vielfalt, also Diversitätsmanagement wesentlich ist, um letztlich finanziellen Nutzen aus einer diversen Belegschaft ziehen zu können. Diese Erkenntnis widerspricht der Annahme, dass nur die richtige Zusammensetzung, (Eveness) zu potenziell positivem Nutzen von Diversität führt. Zunehmend werden daher vor allem Kontextfaktoren berücksichtigt, die als intervenierende Variable auf den Zusammenhang zwischen Diversität in Organisationen und der Leistungsfähigkeit erheblichen Einfluss nehmen.

10.5 Zusammenfassung und Ausblick

Im vorliegenden Kapitel wurden Konzepte dargestellt, die sich einerseits dem Business Case für Diversitätsmanagement und andererseits dem Business Case für Diversität widmen. Ziel der Business Case für Diversitätsmanagement-Perspektive ist es, mögliche Kosten und Nutzen, die durch Diversitätsmanagement entstehen, zu erarbeiten und dann einander gegenüberzustellen. Der Mehrwert einiger der vorgestellten Konzepte liegt darin, dass eine ausführliche Diskussion um die Einflussmöglichkeiten von Diversitätsmanagement geführt wird, die letztlich Aufmerksamkeit auf mögliche

Nutzenpotenziale lenkt, die bisher nicht in Betracht gezogen wurden. Die Kehrseite der Medaille ist, dass die Berechnung mittels dieser Konzepte sehr aufwendig ist und viel Zeit benötigt. Außerdem sind die meisten (CSES, Diversity Scorecard, hidden cost Modell) auf die langfristige Beobachtung von Diversitätsprogrammen ausgelegt, nicht jedoch auf die kurzfristige Bewertung von Investitionen.

Einen anderen Weg gehen die in diesem Kapitel vorgestellten wissenschaftlichen Studien, die sich mit dem Business Case für Diversität auseinandersetzen. Deren Ziel ist es, einen Zusammenhang zwischen Diversität in Unternehmen oder Teams und der Unternehmensleistung nachzuweisen. Dabei werden Annahmen über mögliche Zusammenhänge getroffen, um den potenziellen Mehrwert von Vielfalt zu unterstreichen. Problematisch dabei ist, dass diese Ursache-Wirkungsketten mit teilweise sehr stereotypen Zuschreibungen arbeiten, die sich nicht als dauerhaft vorteilhaft, sondern vielmehr als reproduzierend herausstellen. So werden beispielsweise weißen Männern gewisse Eigenschaften (Rationalität, Sachlichkeit, ...) zugeschrieben, allen anderen, wie Frauen und Minoritäten wiederum andere Eigenschaften wie menschenorientiertes Verhalten, Kreativität, bessere Kommunikationsfähigkeit, weicherer Führungsstil etc. (Mensi-Klarbach 2010, 186). Diese Art der stereotypen Zuschreibung wird dazu verwendet, Unterschiede und möglichen Nutzen von Frauen oder Minoritäten in Unternehmen zu erklären. Gleichzeitig werden dadurch Zuschreibungen verfestigt, die häufig zu diskriminierenden Praktiken geführt haben und immer noch führen und die vor allem empirisch nicht haltbar sind.

Es scheint sich ein Trend abzuzeichnen, der sich von den absoluten Annahmen des Zusatznutzens „der Frauen“, „der Männer“, und „der Minoritäten“ wegbewegt, hin zu der Analyse von Kontexten, Unternehmenskultur, Unternehmensklima etc. als wesentliche Determinante für den Umgang mit Vielfalt jedweder Art in Unternehmen. Auch wenn all die Konzepte und Studien, die im Rahmen dieses Kapitels vorgestellt wurden, dazu beitragen, dass der komplexe Zusammenhang zwischen Diversität und organisationalen Prozessen, ein Stück weit besser verstanden werden kann, muss festgehalten werden, dass die Forschung diesbezüglich noch in den Kinderschuhen steckt. Die sogenannte „black box“ zwischen Diversität bzw. Diversitätsmanagement und organisationaler Leistungsfähgkeit ist weitgehend unergründet. Es bleibt insofern zu hoffen, dass die Zukunft mehr praktische Erfahrung mit Diversität und Diversitätsmanagement in Unternehmen bringt und darauf aufbauend auch mehr Forschungsergebnisse, die diese Erfahrungen analysieren.

10.6 Kontrollfragen

1. Welche Kosten- und Nutzenpotenziale im Zusammenhang zwischen Diversitätsmanagement und Unternehmensleistung lassen sich ausmachen?
2. Wie wird versucht, die Auswirkungen von Diversity auf die Unternehmensleistung zu messen?
3. Skizzieren Sie die Perspektiven von Dass und Parker (1999) und erläutern Sie den Zusammenhang zwischen den Perspektiven und den durch Diversitätsmanagement beeinflussten Kapitaltypen!
4. Welche Schwierigkeiten ergeben sich bei der Erstellung eines Business Case für Diversität?
5. Wie werden die teilweise widersprüchlichen Ergebnisse der Business Case Forschung mit Hilfe theoretischer Konzepte erklärt?

Verwendete Literatur

Acedo, Francisco José/Barroso, Carmen/Galan, Jose Luis (2006): The Resource-Based Theory: Dissemination and main trends. In: Strategic Management Journal, 2006/27, 621–636.

Barney, Jay (1991): Firm Resources and Sustained Competitive Advantage. In: Journal of Management, 1991/17, 99–120.

Barney, Jay B (2001): Is the Resource-Based 'View' a Useful Perspective for Strategic Management Research? Yes. In: Academy of Management Review, 2001/26, 22–40.

Becker, Andreas (2006): Diversity Management aus der Perspektive betriebswirtschaftlicher Theorien. In: Becker, Manfred/Seidel, Alina (Hrsg.): Diversity Managment. Unternehmens- und Personalpolitik der Vielfalt. Schäffer-Poeschel, Stuttgart, 205–238.

Bendl, Regine/Hanappi-Egger, Edeltraud (2009): Über die Bedeutung von Gender- und Diversitätsmanagement in Organisationen. In: Kasper, Helmut/Mayrhofer, Wolfgang. (Hrsg.): Personalmanagement, Führung, Organisation. 4. Auflage. Linde, Wien, 553–574.

Blau, Peter Michael (1977): Inequality and heterogeneity. Free Press, New York.

Bowman, Cliff/Ambrosini, Veronique (2007): Identifying Valuable Resources. In: European Management Journal, 2007/25, 320–329.

Cox, Taylor (1993): Cultural diversity in organizations: theory, research & practice. Berrett-Koehler, San Francisco.

Cox, Taylor H., Jr./Blake, Stacy (1991): Managing Cultural Diversity: Implications for Organizational Competitiveness. In: The Executive, 1991/5, 45–56.

CSES (2003): Methods and Indicators to measure the Costeffectiveness of Diversity Policies in Enterprises. Centre of Strategy &Evaluation Services.

Dass, Parshotam/Parker, Barbara (1999): Strategies for managing human resource diversity: From resistance to learning. In: Academy of Management Executive, 1999/13, 68–80.

Domsch, Michel/Ladwig, Desiree H. (2003): Management Diversity: Das Hidden-Cost-Benefit-Phänomen. In: Pasero, Ursula H.(Hrsg.): Gender-From Costs to Benefits. Westdeutscher Verlag, Wiesbaden, 126–143.

Dwyer, Sean/Richard, Orlando/ Chadwick, Ken (2003): Gender Diversity in management and firm performance: the influence of growth orientation and organizational culture. In: Journal of Business Research, 2003/56, 1009–1019.

Earley, P. Christopher/Mosakowski, Elaine (2000): Creating hybrid team cultures: An empirical test of transnational team functioning. In: Academy of Management Journal, 2000/43, 26–49.

Gladen, Werner (2005): Performance Measurement. Controlling mit Kennzahlen. Gabler, Wiesbaden.

Gonzales, Jorge A./Denisi, Angelo S. (2009): Cross-level effects of demography and diversity climate on organizational attachment and firm effectiveness. In: Journal of Organizational Behavior, 2009/30, 21–40.

Gray, Sheila D. (1994/95): Measuring, Assessing, and Evaluating: The Business Impact of Diversity. In: Employment Relations Today, 1994/95/21, 431–437.

Homan, Astrid C./Greer, Lindred L./Jehn, Karen A./Koning, Lukas (2010): Believing shapes seeing: The impact of diversity beliefs on the construal of group composition. In: Group Processes & Intergroup Relations, 2010/13, 477–493.

Homan, Astrid C./Hollenbeck, John R./Humphrey, Stephen. E./van Knippenberg, Daan/Ilgen, Daniel R./van Kleef, Gerben A. (2008): Facing Differences with an Open Mind: Openness to Experience, Salience of Intragroup Differences, and Performance of Diverse Work Groups. In: Academy of Management Journal, 2008/51, 1204–1222.

Hubbard, Edward E. (2004): The Diversity Scorecard: Evaluating the Impact of Diversity on Organizational Performance. Elsevier, Oxford.

Kaplan, Robert S./Norton, David P. (1996): The Balanced Score Card. Translating Strategy into Action. Harvard Business School Press, Boston.

Kossek, Ellen Ernst/Lobel, Sharon A./Brown, Jennifer (2006): Human Resource Strategies to Manage Workforce Diversity. In: Konrad, Alison

M./Pushkala, Prasad/Pringle, Judith K. (Eds.): Handbook of Workplace Diversity. Sage, London – Thousand Okas – New Dehli, 53–74.

Krell, Gertraude/Sieben, Barbara (2007): Diversity Management und Personalforschung. In: Krell, Gertraude/Riedmüller, Barbara/Sieben, Barbara/Vinz Dagmar H. (Hrsg.): Diversity Studies. Grundlagen und disziplinäre Ansätze. Campus Verlag, Frankfurt/Main, 235–254.

Mensi-Klarbach, Heike (2010): Diversity und Diversity Management – die Business Case Perspekte. Eine kritische Analyse. Verlag Dr. Kovac, Hamburg.

Nielsen, Sabina/Huse, Morton (2010): Women directors' contribution to board decision-making and strategic involvement: The role of equality perception. In: European Management Review, 2010/7, 16–29.

Priem, Richard L. (2001): Is the Resource-Based 'View' a Usefule Perspective for Strategic Management Research? In: Academy of Management Review, 2001/26, 22–40.

Prognos (2003): Betriebswirtschaftliche Effekte familienfreundlicher Maßnahmen-Kosten-Nutzen-Analyse. Bundesministerium für Familie, Senioren, Frauen und Jugend, Köln.

Richard, Orlando/Murthi, B.P.S/Ismail, Kiran (2007): The impact of racial diversity on intermediate and long-term performance: the moderating role of environmental context. In: Strategic Management Journal, 2007/28, 1213–1233.

Rieger, Caroline (2006): Die Diversity Scorecard als Instrument zur Bestimmung des Erfolges von Diversity Maßnahmen. In: Becker, Manfred/ Seidel, Alina (Hrsg.): Diversity Management. Unternehmens- und Personalpolitik der Vielfalt. Schaeffer-Poeschel, Stuttgart.

Roberson, Quinetta M./Park, Hyeon M. (2007): Examinig the Link between Diversity and Firm Performance. In: Group & Organization Management, 2007/32, 548–568.

Robinson, Gail/Dechant, Kathleen (1997): Building a business case for diversity. In: Academy of Management Executive, 1997/11, 21–30.

Schmidt, Marty J. (2002): The Business Case Guide. Solution Matrix Ltd, Boston.

Slater, Stanley F./Weigand, Robert A./Zwirlein, Thomas J. (2008): The business case for commitment to diversity. In: Business Horizons, 2008/51, 201–209.

Smith, Nina/Smith, Valdemar/Verner, Mette (2006): Do women in top management affect firm performance? A panel study of 2500 Danish firms. In: International Journal of Productivity and Performance Measurement, 2006/55, 569–593.

Stoi, Roman (2004): Management und Controlling von Intangibles auf der Basis der immateriellen Werttreiber des Unternehmens. In: Horvath, Peter H. (Hrsg.): Intangibles in der Unternehmenssteuerung. Vahlen, München, 187–201.

Storvik, Aagoth/Teigen, Mari (2010): Das norwegische Experiment – eine Frauenquote für Aufsichtsräte. Internationale Politikanalyse. Friedrich Ebert Stiftung.

Tajfel, Henri (1981): Human groups and social categories. Studies in social psychology. Cambridge Univ. Press, Cambridge.

Tajfel, Henri (1982): Social identity and intergroup relations. Cambridge Univ.Press, Cambridge.

Tajfel, Henri/Turner, John C. (1986): The social identity of intergroup behavior. In: Worchel, Stephen (Ed.): Psychology of intergroup relations. Nelson-Hall, Chicago, 7–24.

van Oudenhoven-van der Zee, Karen/Paulus, Paul/Vos, Menno/Parthasarathy, Niveditha (2009): The Impact of Group Composition and Attitudes Towards Diversity on Anticipated Outcomes of Diversity in Groups. In: Group Processes & Intergroup Relations, 2009/12, 257–280.

Vedder, Günther (2006): Die historische Entwicklung von Diversity Management in den USA und in Deutschland. In: Krell, Gertraude/Wächter, Helmut (Hrsg.): Diversity Managment. Impulse aus der Personalforschung, Tierer Beiträge zum Diversity Management. Rainer Hampp Verlag, München-Mering, 1–23.

Voigt, Bernd-Friedrich/Wagner, Dieter (2006): Numerische und alternative Darstellungsformen von Heterogenität in der Diversity-Forschung. In: Krell, Gertraude/Wächter, Helmut (Hrsg.): Diversity Management; Impulse aus der Personalforschung, Trierer Beiträge zum Diversity Management. Rainer Hampp Verlag, München-Mering, 109–134.

11 Diversitätsmanagement unter der Perspektive organisationalen Lernens: Wissens- und Kompetenzentwicklung für inklusive Organisationen

Edeltraud Hanappi-Egger, Roswitha Hofmann

Kurzfassung

Die Praxis zeigt, dass Organisationen häufig erst aufgrund eines Problemdrucks, z. B. durch neue gesetzliche Regelungen, Konflikte in der Belegschaft, Arbeitskräftemangel etc., beginnen sich mit Diversitätsphänomenen und Diversitätsmanagement zu beschäftigen. Diversitätsbezogene Lern- und Entwicklungsprozesse beschränken sich in Folge oft auf die notwendigsten und daher nur inkrementellen Veränderungen. Die Forschung und Theoriebildung zu organisationalem Lernen eröffnen hier Anschlussmöglichkeiten, die auf eine aktive Gestaltung von Lern- und Veränderungsprozessen abzielen und dafür neben dem reaktiven Anpassungslernen entdeckendes, also exploratives Lernen in Organisationen betonen. Ziel dieses Beitrages ist es, dem Verhältnis von Anpassungslernen (Exploitation) und Entdeckungslernen (Exploration) hinsichtlich der Wissens- und Kompetenzentwicklung für einen inklusiven Umgang mit Diversität in Organisationen nachzugehen und die diesbezüglich notwendigen Rahmenbedingungen darzulegen.

11.1 Einleitung

Anpassungsleistungen und damit strukturelle wie gegenstandsbezogene Weiterentwicklungen von Organisationen sind existenziell für deren Bestandssicherung – nicht nur in Bezug auf den Umgang mit Diversität. Mit der zunehmenden Dynamisierung von organisationalen Umwelten wurde daher die Frage, wie Organisationen und ihre Mitglieder lernen, auch zentral für die Organisationsforschung. Aus diversitätsspezifischer Sicht ist diese Frage noch folgendermaßen weiter zu spezifizieren: Wie können Organisationen und ihre Mitglieder Wissensressourcen nutzen bzw. entwickeln, um Diversitätsphänomenen kompetent zu begegnen und aus ihnen Nutzen zu ziehen, ohne dabei bestehende strukturelle Ungleichheits- und Diskriminierungsverhältnisse zu reproduzieren?

Für die Behandlung dieser Kernfrage des Diversitätsmanagements erweisen sich aus Sicht der Autorinnen das Konzept der Exploitation und Exploration (March 1991) und organisationskulturelle Konzepte organisationalen Lernens (vgl. u.a. Argyris/Schön 1978; Argyris 1999) als wertvoll. Über diese Konzepte wird sowohl der Wechselbeziehung zwischen Organisationen und ihren Umwelten Rechnung getragen als auch der kulturellen Eigenlogik von Organisationen[309], die – wie die Praxis zeigt – häufig als „Lern- und Veränderungsbremse" wirkt. Diese Zugänge verweisen zudem auf die Prozesshaftigkeit und Kontextabhängigkeit von Diversitätsphänomen und negieren eher statische und vor allem eindimensionale Betrachtungsweisen.

Die Autorinnen beschäftigen sich, entsprechend der Gesamtausrichtung dieses Buches, mit diesem Thema unter drei Prämissen:

1. Organisationen werden als relativ offene Systeme (vgl. Scott 1986; Güldenberg 2003) gefasst, die im ständigen Austausch mit ihrem Umfeld stehen, sich von diesem aber auch in ihrer jeweiligen zielorientierten und organisationskulturellen Eigenlogik abgrenzen.
2. „Diversität" bezeichnet in diesem Beitrag heterogene gesellschaftliche und soziale Differenzsetzungsphänomene, die sich in Organisationen abbilden und in diesen hergestellt und verändert werden.
3. Diversitätsmanagement wird als Lern- und Veränderungsstrategie von Organisationen[310] begriffen, die auf die Herstellung möglichst inklusiver struktureller und prozessualer Bedingungen und eine langfristig stabile Implementierung abzielen. „Lernen" wird dabei als wissensgenerierender Prozess betrachtet, der sowohl auf individueller, kollektiver (z. B. Teams) wie auch organisationaler Ebene vollzogen wird. Organisationen „lernen" dabei durch ihre Mitglieder, deren explizites Wissen[311] sich in der Veränderung von Strukturen und Prozessen niederschlagen kann. Lernen impliziert zudem auch Prozesse des „Verlernens" von Gewohntem (vgl. Hedberg 1981). Mit „Wissen" werden konkrete Kenntnisse (z. B. sozio-kulturelles Wissen oder Faktenwissen) bezeichnet. Der Begriff „Kompetenz" beschreibt die aufbauend auf unterschiedlichen

---

[309] Vgl. auch Hanappi-Egger 2011.

[310] Der Begriff „Organisationen" bezieht sich auf eine Sichtweise, dass Diversitätsmanagement nicht ausschließlich auf Profit-Organisationen anzuwenden ist, sondern auch auf andere Organisationsarten, wie Non-Profit-Organisationen, oder Verwaltungsorganisationen (vgl. auch Hanappi-Egger 2006).

[311] Im Unterschied zum expliziten Wissen (Faktenwissen, Teile des Erfahrungswissens) ist nach Polanyi (1985) das implizite Wissen nicht von der Person trennbar, weil es dieser auch häufig nicht bewusst ist.

Wissensformen entwickelte Handlungsfähigkeit (z. B. Anwendung von Fakten- und Reflexionswissen auf ein bestimmtes Problem).

Für die Behandlung der Kernfrage, wie Organisationen und ihre Mitglieder Wissensressourcen nutzen bzw. entwickeln, um Diversitätsphänomenen kompetent und inkludierend zu begegnen, ohne dabei bestehende strukturelle Ungleichheits- und Diskriminierungsverhältnisse zu reproduzieren, erscheint den Autorinnen zunächst die Beschäftigung mit folgenden Fragen wesentlich, die sich Organisationen stellen müssen, wenn sie sich mit Diversität nachhaltig veränderungs- und nicht ausschließlich anpassungsorientiert auseinandersetzen wollen: Warum muss in und von Organisationen hinsichtlich Diversität gelernt werden? Wie lernen Organisationen und ihre MitarbeiterInnen? Welche Rahmenbedingungen sind für diversitätsbezogenes organisationales und individuelles Lernen nötig, damit sich Organisationen durch Diversitätsmanagement langfristig zu inklusiven Organisationen entwickeln können? Was müssen Organisationen und ihre MitarbeiterInnen hinsichtlich Diversität lernen und welche Kompetenzen müssen sie entwickeln? Der Artikel ist im Weiteren entlang dieser Fragestellungen aufgebaut.

11.2 Lernende Organisationen

11.2.1 Warum müssen Organisationen und ihre MitarbeiterInnen hinsichtlich Diversität lernen? Organisationen als relativ offene Systeme

Die Beschäftigung mit Wissens- und Kompetenzentwicklung und damit mit organisationalem Lernen ist für Organisationen, die durch Diversitätsmanagement inklusive organisationale Verhältnisse gestalten und Diskriminierungsverhältnisse nicht reproduzieren wollen (vgl. Mor Barak 2005) aus mehreren Gründen zentral: Organisationen als relativ offene Systeme stehen mit ihrem Umfeld im ständigen Austausch und damit in einem Verhältnis „rekursiver Konstitution“ (vgl. Ortmann et al. 2000). Als relativ offene Systeme sind sie daher einerseits ein Abbild der herrschenden gesellschaftlichen Verhältnisse, sie wirken durch ihr Handeln aber andererseits auch auf die Gesellschaft zurück. Das zeigt sich z. B. im Phänomen der geschlechtsspezifischen Arbeitsteilung: In vielen Gesellschaften werden qualifizierte Tätigkeiten im Bereich der Technik und Naturwissenschaften nach wie vor als „Männerdomänen“ betrachtet, während Arbeiten im Erziehungs-, Sozial- und Gesundheitsbereich vor allem Frauen zugedacht sind. Diese (oft impliziten) Vorstellungen bilden sich in Organisationen ab, wo dann technische Berufe häufig von Männern ausgeübt werden und (oft schlechter bezahlte) Sekretariatsarbeiten nach wie vor fast ausschließlich von Frauen wahrgenommen werden. Organisationen tragen durch geschlechterstereotype Stellenbesetzungen zur Re-Produktion geschlechtsspezifischer Arbeitsteilung bei. Doch Organisationen können solche Phänomene durch ihre Entscheidungen und Handlungen nicht nur reproduzieren, sondern auch verändern, z. B. durch diversitätsspezifische Analysen und Veränderungen „üblicher" jedoch exkludierender Praktiken im Bereich der Stellenbesetzung oder Karriereplanung, was wiederum Signalwirkung auf das Umfeld von Organisationen hat. Aus Sicht der Organisationsforschung oszillieren Organisationen somit „zwischen Selbstreferenz und Fremdreferenz" (Luhmann 2000, 9) und ihr langfristiger Erfolg zeigt sich darin, wie sie mit internen und externen Veränderungen und den damit häufig verbundenen Unsicherheiten und Anpassungsanforderungen umgehen. Die Organisationsforschung zeigt in diesem Zusammenhang, dass Organisationen aber immer nur *relativ* offen gegenüber ihrer Umwelt sind. Ihre organisationskulturelle und strukturelle Eigenlogik wirkt oft schließend und lässt Organisationen nur schwerfällig auf Umweltveränderungen reagieren (vgl. Argyris 1999, 19ff.). Das heißt, Organisationen legen ein mehr oder weniger stark ausgeprägtes Beharrungsvermögen an den Tag, wenn Veränderungsanforderungen an sie gestellt werden (z. B. durch Gesetzesänderungen). Dies geschieht auch dann, wenn es um die Bereitschaft geht, diversitätsspezifische Phänomene (z. B. Karrierehindernisse für bestimmte Gruppen, ungleiche Bezahlung bei gleicher Arbeit oder Bedürfnisunterschiede aufgrund unterschiedlicher Lebensstile) wahrzunehmen und als legitim und behandlungswürdig zu bewerten. So reagieren MitarbeiterInnen von Organisationen auf die Frage, wie es mit der Chancengleichheit von Männern und Frauen und anderen Gruppen in der Organisation steht, häufig immer noch mit der Aussage: „Bei uns haben alle prinzipiell die gleichen Chancen.", ohne sich jemals mit diesem Thema tiefer auseinandergesetzt zu haben. Im Sinne eines relativ offenen Systems spiegeln solche Beharrungsphänomene die kulturelle Übereinstimmung von Organisationen und ihrer Umwelt wider. „Dominante Communities" (vgl. Gherardi et al. 1998; Huzzard 2004) können als „Mainstream" sowohl im gesellschaftlichen Umfeld, wie in den Organisationen selbst über die erforderliche Definitions- und Entscheidungsmacht Strukturen und Prozesse, aber auch Wertsetzungen und kulturelle Regeln gestalten. So gelten in vielen anglo-amerikanischen und europäischen Organisationen nach wie vor weiße, heterosexuelle Männer mittleren Alters als dominante Gruppe in den Führungsetagen (vgl. Acker 2006), welche die Regeln in einer Organisation nach ihren Interessen und Lebensrealitäten gestalten.

Für den professionellen Umgang mit Diversitäten und für die strategische Einführung von Diversitätsmanagement in Organisationen sind solche Einsichten überaus relevant, ist doch das Lern- und Veränderungspotenzial entsprechender Konzepte abhängig von Entscheidungen und der laufenden Unterstützung durch die „dominanten Communities" innerhalb der Organisation.[312] Die Angst vor Veränderungen und einem möglichen Machtverlust kann daher zu Widerständen (nicht nur in den Führungsetagen)[313], wenig innovativen Lösungen, kurzfristigen Symptombehandlungen und letztlich sogar zum Scheitern von Maßnahmen führen (vgl. Argyris 1999, 19ff.; Lange 2006, 31ff.).

Sich Wissen über unterschiedliche Diversitäten[314] und über die damit zusammenhängenden Inklusions- und Exklusionsmechanismen anzueignen, ist für Organisationen demnach wichtig, um mit Diversitäten und den damit verbundenen sozialen Dynamiken professionell umzugehen und nicht zur Reproduktion dieser Mechanismen beizutragen, sondern diese zum Nutzen[315] der Organisation, der Mitarbeiterinnen und der Gesellschaft als Ganzes bis zu einem gewissen Ausmaß in eine inklusivere und konfliktfreiere Richtung zu verändern. Die Ignoranz von Diversitätsphänomenen kann hingegen negative Auswirkungen von Diversitätsdynamiken verstärken und die Organisation in ihrer Entwicklung hemmen oder sogar schaden (vgl. Riegraf, 2000; Lähteenmäki et al. 2001). So kann beispielsweise eine unausgewogene Altersstruktur zu Know-how-Verlust und Engpässen bei der Rekrutierung neuer MitarbeiterInnen führen, oder das Zulassen eines sexistischen und homophoben Betriebsklimas zu Mobbing und in Folge zu mehr Ausfallszeiten durch Krankenstände und einer höheren Personalfluktuation.

Diversitätsbezogenes organisationales Lernen ist zum einen somit problemgetrieben (vgl. Gherardi 2006, 39f.), zum anderen ist eine Beschäftigung damit auch eine Möglichkeit, aktiv die Entwicklung von Organisationen zu gestalten. Ein professioneller Umgang mit Diversität bedeutet demzufolge den organisationalen, individuellen und auch gesellschaftlichen Nutzen eines inklusiven Umgangs mit Unterschieden hinsichtlich „Alter", „Geschlecht", „sexuelle Orientierung" etc. zu erkennen und strategisch in die

---

[312] Siehe Warmuth in diesem Buch.

[313] Siehe Hanappi-Egger in diesem Buch.

[314] Zu den Spezifika der am häufigsten im Fokus von Diversitätsmanagement stehenden Diversitäten (Alter, Geschlecht, sexuelle Orientierung, Behinderung, Ethnizität, Religion) vgl. auch den Beitrag von Bendl/Eberherr/Mensi-Klarbach in diesem Buch.

[315] Zu den Kosten-Nutzen-Zusammenhängen von Diversität vgl. den Beitrag von Mensi-Klarbach in diesem Buch.

Organisation einzubeziehen. Ein inklusiver Umgang bedeutet dabei, dass Gemeinsamkeiten gesehen, aber auch Differenzen anerkannt und nicht nivelliert werden und dass Ausschließung und Diskriminierung aufgrund solcher Differenzen verhindert werden. Kennzeichnend für einen inklusiven Umgang mit Diversität ist es, dass Re-Stereotypisierungen, Essentialisierungen[316] und damit Exklusionen und daraus resultierenden Problemen und Konflikten aktiv begegnet wird, indem unterschiedliche Lernformen auf organisationaler wie kollektiver und individueller Ebene unterstützt werden. Darauf wird im Weiteren vertiefend eingegangen.

11.2.2 Wie lernen Organisationen und ihre MitarbeiterInnen?

Exploitatives und exploratives diversitätsspezifisches Lernen

Dass Organisationen und ihre MitarbeiterInnen als eine Bedingung für langfristiges Überleben hinsichtlich stattfindender Veränderungen lernen (müssen), ist in der wissenschaftlichen Community unumstritten (vgl. u. a. Burke 2002). Bereits in den 1950er Jahren, als Organisationen und Märkte sich in Folge der weltweiten wirtschaftlichen Entwicklungen stark auszudifferenzieren begannen, wurde das Thema Lernen auch in der Organisationsforschung und der damit verbundenen Theoriebildung vermehrt aufgegriffen. Ab den 1960er Jahren wurden verstärkt Konzepte und Modelle entwickelt, die sich an unterschiedlichen gesellschafts- und erkenntnistheoretischen sowie organisationstheoretischen Grundlagen orientierten (vgl. Huber 1991; Bell/Whitwell/Lukas 2002). Aber trotz vieler Unterschiede ist inzwischen unumstritten, dass „lernende Organisationen", die zielorientiert auf Veränderungen reagieren wollen, „inhärent ruhelos sein" (Schreyögg/Noss 2000, 46), d. h. für Veränderung und damit Weiterentwicklung durch Lernen offen sein müssen. Hinsichtlich Diversität ist dies für Organisationen in zweifacher Hinsicht von Bedeutung: Zum einen, um die mit Diversität verbundenen Nutzenerwartungen (z. B. bessere Teamleistungen, weniger Fluktuation) auch zu realisieren, zum anderen, um die mit Diversität verbundenen Herausforderungen (z. B. Konflikte zwischen unterschiedlichen Ethnien, Benachteiligungen aufgrund des Geschlechts) professionell zu bewältigen. Beide Aspekte, Nutzenerwartung und Herausforderungen, sind dabei eng miteinander verflochten, denn Nutzenerwartungen hinsichtlich Diversität werden sich nicht erfüllen, wenn die Herausforderungen nicht entsprechend wahr- und angenommen werden.

---

[316] Zur Diskussion von Stereotypisierung und Diskriminierung vgl. auch die Beiträge von Eberherr und von Hanappi-Egger in diesem Buch.

Doch wie bewerkstelligen Organisationen den Ausgleich zwischen einer solchen Ruhelosigkeit, die Organisationen offen hält für Veränderungen und Lernerfahrungen und der für das Funktionieren von Organisationen notwendigen Stabilität und Routine? Zum einen dadurch, dass Organisationen und ihre MitarbeiterInnen auch ohne strategisches Eingreifen durch das Management im täglichen Tun lernen. So lernen MitarbeiterInnen beispielsweise tagtäglich, wie sich „gute" Arbeit und angemessenes Verhalten in der Organisation definiert und wie sie durch entsprechende Anpassungsleistungen selbst zu einem anerkannten Mitglied der Organisation werden können (vgl. Lave/Wenger 1991). MitarbeiterInnen werden so im Sinne der herrschenden Organisationskultur sozialisiert (vgl. Hanappi-Egger 2011) und wie in Folge gezeigt wird, ist es im Zusammenhang mit Diversität von wesentlicher Bedeutung, ob die Organisationskultur nun inklusiv ausgeprägt ist oder exkludierendes und diskriminierendes Verhalten fördert bzw. nicht sanktioniert.

Zum anderen lernen Organisationen und ihre MitarbeiterInnen aufgrund von endogen und exogen induzierten Veränderungen. Organisationen versuchen dabei zunächst Veränderungen in ihre bereits vorhandene Logik einzuordnen und entlang der vorhandenen Wissensressourcen und Kompetenzen damit umzugehen (vgl. Weick 1985). Dadurch passen sich Organisationen und ihre Mitglieder zwar aufgrund des bereits erwähnten Beharrungsvermögens meist nur langsam neuen Gegebenheiten an, was teilweise erklärt, warum trotz zunehmender Diversität und Diskussion von Ungleichheitsverhältnissen auf gesellschaftlicher Ebene darauf organisationsintern oft nur zögerlich oder unzureichend reagiert wird.

Bei radikaleren endogenen und/oder exogenen Veränderungen hingegen erweisen sich die gewohnten (beharrlichen) Lösungswege häufig nicht mehr als gangbar. In solchen Fällen müssen Organisationen und ihre MitarbeiterInnen neues (innovatives) Wissen generieren bzw. sich solches aneignen, um mit radikaleren Veränderungen umzugehen. March (1991) beschreibt diese unterschiedlichen Formen des Lernens als exploitatives bzw. exploratives Lernen. Exploitatives Lernen umfasst nach March die Interpretation und Sinnstiftung von Beobachtungen auf Basis des bereits vorhandenen Wissens. Exploratives Lernen hingegen meint nach March die Suche nach neuen Kenntnissen. Diese Form des Lernens benötigt die bereits erwähnte „Ruhelosigkeit", d. h. die grundsätzliche Bereitschaft einer Organisation und ihrer MitarbeiterInnen sich in ihren Gewohnheiten auch verunsichern zu lassen und zuzulassen, dass Bekanntes in Frage gestellt wird. „Change agents" (vgl. Ottaway 1983; Hartley et al. 1997), zum Beispiel in Form von DiversitätsmanagerInnen, aber generell auch neuen MitarbeiterInnen, kommt diesbezüglich eine wichtige Rolle zu. Gerade neue

MitarbeiterInnen bringen nach March (1991, 79) nicht-redundantes, also nicht schon in der Organisation vorhandenes Wissen ein, weil sie in der Regel noch nicht entlang der organisationskulturellen Codes sozialisiert und angepasst sind (vgl. Hanappi-Egger 2010).

Exploitatives Lernen erweist sich im Rahmen von adaptiven Organisationsprozessen als effizienter hinsichtlich Tempo und Beharrlichkeit, weil es in höherem Maße als exploratives Lernen zur Beseitigung von Unsicherheit beiträgt. Durch ausschließlich exploitatives Lernen läuft eine Organisation jedoch Gefahr, durch die Anpassung von individuellem Wissen (vgl. Lave/ Wenger 1991) an das Organisationswissen – manifestiert in Routinen, Regeln und Strukturen – seine „Ruhelosigkeit" zu verlieren und dadurch zunehmend unfähig für exploratives Lernen zu werden. Organisationen sind daher immer dem Dilemma ausgesetzt, einerseits bei zu starkem Fokus auf Exploitation redundantes und damit obsoletes Wissen zu generieren und andererseits durch übermäßige Exploration operative Ineffizienz und Unsicherheit zu erzeugen und dadurch die Organisation zu destabilisieren. Für das stabile Funktionieren einer Organisation und ihrer Entwicklung ist daher ein ausgewogenes Verhältnis von exploitativem und explorativem Lernen wesentlich (vgl. Wollersheim 2010). So entsteht beispielsweise nach Gaitanides (2008) Wettbewerbsfähigkeit von Unternehmen gerade durch die Verknüpfung von inkrementellem und radikalem organisatorischen Wandel (Gaitanides 2008, 47ff.), wobei Exploitation und Exploration ko-evolutionär in einem sequentiellen und pfadabhängigen Prozess zu verknüpfen sind. So kann exploitatives wie exploratives Lernen durch die bereits vorhandene Diversität in Organisationen unterstützt werden wie z. B. durch die heterogene Zusammensetzung von Projektteams (vgl. Foldy 2004).[317] Dadurch kann aufgrund unterschiedlicher Sichtweisen sowohl exploitatives wie auch exploratives Lernen gefördert werden.

Zusammenfassend kann festgehalten werden, dass exploitatives und exploratives Lernen im Zusammenhang mit Diversität zum einen der Entwicklung von Wissen und Kompetenz im Umgang mit Diversität dient und zum anderen die Erfüllung von Nutzenerwartungen hinsichtlich Diversität unterstützen kann. Diesen beiden Aspekten wird nun in Folge nachgegangen, wobei zunächst die Voraussetzungen für die Initiierung solcher Lernprozesse näher behandelt werden. Im darauffolgenden Kapitel wird darauf aufbauend ein Modell entwickelt, welches das Zusammenspiel von exploitativem und explorativem Lernen im Zusammenhang mit Diversität erfasst.

---

[317] Siehe Hermann in diesem Buch.

11.2.3 Welche Rahmenbedingungen sind für diversitätsbezogenes organisationales und individuelles Lernen nötig?

Um einen diversitätsspezifischen Wissens- und Kompetenzaufbau in Organisationen zu ermöglichen, ist es aus Sicht der Autorinnen nötig, sich mit den Rahmenbedingungen auseinanderzusetzen, die ein lernorientiertes Diversitätsmanagement und damit zusammenhängende Lernprozesse ermöglichen und langfristig fördern. Zahlreiche OrganisationsforscherInnen haben in ihren Arbeiten auf Basis unterschiedlicher theoretischer Bezugspunkte deutlich gemacht, dass Wissen in Organisationen in sozialen Prozessen entsteht und Lernen daher immer gesellschaftlich bzw. sozial eingebettet passiert (vgl. u.a. Weick 1985; Lave/Wenger 1991; Contu/Willmott 2003; Nicolini et al. 2003). Daher ist der sozialen Einbettung von Lernprozessen und den damit zusammenhängenden Machtstrukturen besondere Aufmerksamkeit zu widmen (vgl. Contu/Willmott 2003; Gherardi 2006). Lorbiecki (2001, 345) merkt in diesem Zusammenhang an, dass dieser Aspekt bei der Formulierung von Lernperspektiven im Diversitätsmanagement häufig ignoriert wird und solchen Ansätzen daher eine gewisse Naivität innewohnt. Organisationen, die hinsichtlich Diversität und in Folge Diversitätsmanagement Wissen und Kompetenzen entwickeln wollen, müssen daher Reproduktionsmechanismen von gesellschaftlich und organisational vorherrschenden Diversitätshierarchien (z. B. Chancenungleichheit zwischen Frauen und Männern, zwischen unterschiedlichen Ethnien oder Altersgruppen) innerhalb der eigenen Organisation analysieren und damit die eigenen Machtverhältnisse klären.

In diesem Zusammenhang spielt die Ansprache und der Umgang mit Diversitätskategorien eine zentrale Rolle. Bleiben generalisierende und damit stereotype Annahmen über Diversitätsgruppen unhinterfragt, bleibt auch die Wissens- und Kompetenzentwicklung darauf beschränkt. Exploitativ wird dann auf vorhandenes, stereotypisierendes Wissen über diese Gruppen zurückgegriffen und durch darauf aufbauende Maßnahmen Ungleichheitsverhältnisse oft noch verstärkt. Als Beispiel kann die vielfach geführte Diskussion über die Unterrepräsentanz von Frauen in Naturwissenschaft und Technik dienen (vgl. Hanappi-Egger 2004). In den letzten Jahren wurde in Österreich zwar versucht, diesem Umstand mit unterschiedlichen Maßnahmen zu begegnen – häufig jedoch mit wenig sichtbarem Erfolg, weil die Maßnahmen allzu oft ausschließlich auf der individuellen Ebene (z. B. durch spezifische Förderung von Technikerinnen) ansetzten. Die organisationale Ebene, also die Strukturen und Prozesse in Organisationen, wurden vergleichsweise wenig in den Blick genommen und damit auch die ein- und ausschließenden, oft mikropolitisch stark verankerten (Macht-)Mechanismen.

Unter Diversitätsperspektive ist exploitatives Lernen daher nur unter reflexiven Voraussetzungen sinnvoll, sowohl hinsichtlich der Erfüllung von Nutzenerwartungen als auch im Hinblick auf ein diesbezügliches professionelles Managementhandeln. Die unreflektierte exploitative Nutzung von Alltagswissen über Diversitäten erweist sich im Hinblick auf die Entwicklung inklusiver Organisationen als problematisch, weil sie eben auf stereotypen Annahmen beruhen.

Dennoch, bislang dominiert in der Praxis nach wie vor ein Diversitätsverständnis, das auf (disjunkten) Sozialkategorien basiert (z. B. „die älteren ArbeitnehmerInnen", „die Menschen mit Behinderung" etc.). Das daran geknüpfte Verständnis von exploitativem Lernen wie auch die Konzeption von Maßnahmen stützen sich konsequenterweise auf Zielgruppendefinitionen und (oft stereotypen) Zuschreibungen. Gleichzeitig zeigt sich im wissenschaftlichen Diskurs, dass dieses Verständnis von Diversität zur Reproduktion von Stereotypen und oftmals nicht zu einer tatsächlichen verstärkten Integration der angesprochenen Gruppen auf organisationaler Ebene führt. Im Gegenteil, bleiben die re-stereotypisierenden Aspekte unberücksichtigt, führt eine explizite Ansprache zuweilen zu einer Stigmatisierung der Personengruppen (vgl. Eberherr/Fleischmann/Hofmann 2007; Köllen 2010; Hofmann 2010).

Im Sinne der Entwicklung inklusiverer Organisationen braucht es daher eine Lern- und Reflexionsbereitschaft in Organisationen, die diese Effekte in den Blick nehmen. Hanappi-Egger und Walenta (2007) verweisen in diesem Zusammenhang auf die Notwendigkeit der Etablierung eines Diversitätsklimas, in das konkrete Diversitätsprogramme eingebettet werden können (siehe auch Danowitz/Hanappi-Egger/Hofmann 2009). Unter Diversitätsklima wird in Anlehnung an den Begriff des Organisationsklimas als Index jener Arbeitskontextfaktoren verstanden, welche die Wahrnehmung der Organisationsmitglieder beeinflussen, und zwar insbesondere hinsichtlich Fragen der Fairness, der Anerkennung und der sozialen Integration unterrepräsentierter und/oder sozial exkludierter MitarbeiterInnen(-gruppen). Für die Etablierung eines solchen Diversitätsklimas kann exploitatives wie exploratives Lernen von Bedeutung sein. Dies wird in der folgenden Grafik skizziert[318] (siehe Abbildung 1):

---

[318] Es wird darauf hingewiesen, dass die symbolische Wahl von Zahnrädern nicht auf ein mechanistisches Verständnis von Lernen in Organisationen Bezug nimmt, sondern nach einer Darstellung gesucht wurde, die das komplexe Zusammenwirken (und die Verwobenheit) der einzelnen Komponenten organisationalen Lernens zum Ausdruck bringt und entsprechend analytisch greifbar macht.

Abbildung 1: Diversitätsmanagement zwischen exploitativem und explorativem Lernen

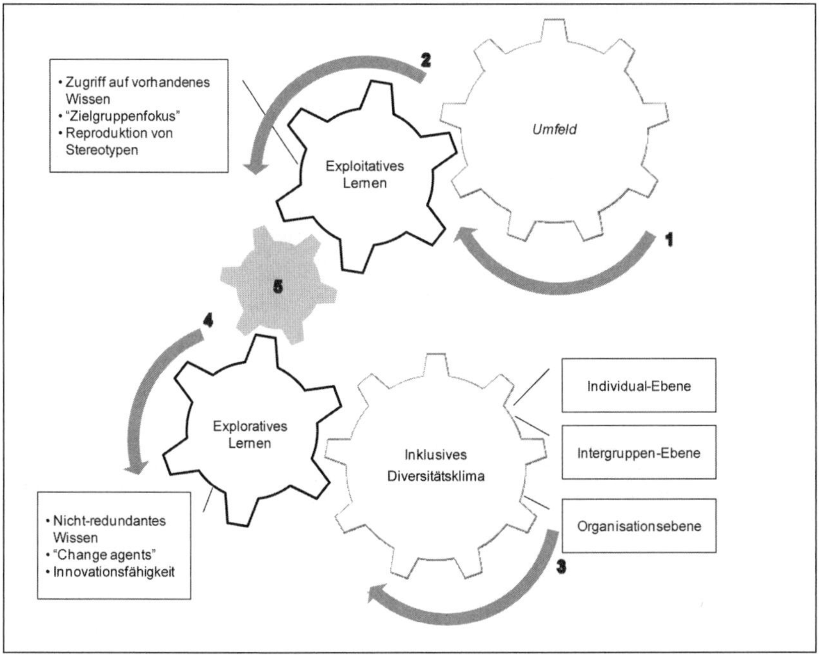

Legende:

1. Einfluss gesellschaftlich generierten Wissens des organisationalen Umfeldes
2. Umsetzung in Form exploitativer Lernprozesse
3. *inklusives* Diversitätsklima[319]
4. explorative Lernprozesse
5. Übergang Ergebnisse explorativer Lernprozesse in organisationale Strukturen und Wissen (das wiederum an das Umfeld kommuniziert wird/werden kann)

Quelle: Adaption und Erweiterung von Hanappi-Egger (2010)

Wie greifen nun aus analytischer Sicht die einzelnen Aspekte von organisationalem Lernen ineinander? Wie bereits ausgeführt, kann davon ausgegangen werden, dass zum einen die im Umfeld gegebenen sozialkategorischen Hierarchisierungen auf organisationaler Ebene reproduziert werden. So finden sich etwa geschlechtsspezifische Hierarchien und Arbeitsteilungen

[319] Angemerkt sei, dass es natürlich in Organisationen in der Regel schon ein „Diversitätsklima“ gibt. Im Sinne der Ergebnisse von den hier präsentierten Lernprozessen ist hier aber ein inklusives Diversitätsklima gemeint, das es zu schaffen gilt.

auf gesamtgesellschaftlicher Ebene auch in Organisationen wieder. Zum anderen werden aber auch die auf gesellschaftlicher Ebene stattfindenden Aushandlungsprozesse und deren Ergebnisse in Form von Wissen (z. B. aus der Gleichstellungspolitik) für die Organisation aufbereitet (siehe in der Grafik Markierung (1)). Exploitatives Lernen bezieht also auf bereits vorhandenes Diversitätswissen und daher im Sinne der Reduktion von Komplexität auf spezifische Zielgruppen (Umgang mit Frauen, mit Homosexualität, mit Älteren, ...). Damit tendieren Organisationen allerdings zur Reproduktion von stereotypen Zuschreibungen und damit zur Verfestigung einer differenzorientierten (oftmals essentialistischen) Sichtweise (in der Grafik mit Markierung (2) dargestellt). Gleichzeitig läuft eine Organisation aus der Lernperspektive beim exploitativen Lernen Gefahr, sich hinsichtlich der Umweltdynamiken abzuschließen (Wimmer 2008). Exploitatives Lernen erfordert allerdings, wie bereits erwähnt, für die Schaffung eines inklusiven Diversitätsmanagements auch Reflexionsleistungen hinsichtlich seiner stereotypisierenden Mechanismen.

Die für ein weiterführendes exploratives Lernen notwendige Offenheit der Organisation benötigt vor allem nicht-redundantes Wissen, das u. a. durch neue Organisationsmitglieder eingebracht wird. In diesem Zusammenhang macht es also durchaus Sinn, gezielt Personenkreise, die bislang in der Organisation nicht ausreichend vertreten sind (z. B. Frauen in männerdominierten Domänen, Personen mit unterschiedlichen Herkunftsorten und Weltanschauungen), zu rekrutieren.

Im Umgang mit Diversität kann aus Sicht der Autorinnen reflektiertes exploitatives und exploratives Lernen nur gelingen, wenn die Organisation über ein entsprechendes *inklusives Diversitätsklima*[320] verfügt (in der Überblicksgrafik mit Markierung (3) gekennzeichnet), da sich sonst aufgrund von Interessenskonflikten und aus Angst vor Machtverlust gegenüber diversitätspezifischen Maßnahmen Widerstandsroutinen entwickeln können (vgl. Argyris 1999), welche die Persistenz von ausschließenden Strukturen und Prozessen unterstützen. Cox (1993) spezifiziert ein solches Diversitätsklima als Drei-Ebenen-Modell: Auf der Individualebene sind das Ausmaß an vorhandenen Vorurteilen und Stereotypen bestimmende Faktoren, auf der Gruppen-Ebene Konfliktpotenziale zwischen verschiedenen Gruppen und auf der Organisationsebene spielen Aspekte der Repräsentanz von Minderheiten im Management, deren Einbindung in soziale Netzwerke und

---

[320] Wie bereits erwähnt, gibt es in der Regel ohnehin ein Diversitätsklima in Organisationen, das aber nicht notwendigerweise auf Inklusion abzielt, sondern ausschließend und diskriminierend wirken kann. Die Entwicklung zu einem inklusiven Diversitätsklima benötigt daher Lernbereitschaft und Lernfähigkeit.

der Grad des institutionellen Bias im Human Ressource Management eine wichtige Rolle (siehe auch Ely/Thomas 2001). Auf diesen unterschiedlichen Ebenen muss daher ein prinzipiell konstruktiver Umgang mit Diversität etabliert werden, sodass ein reflektiertes exploitatives und exploratives Lernen ermöglicht wird, aktiv auf Veränderungen im Umfeld eingegangen werden kann und Nutzenerwartungen hinsichtlich Diversität erfüllt werden können (siehe dazu Grafik Markierung (4)). Dafür müssen exploitatives und exploratives Lernen zumindest punktuell verbunden werden. Das wird z. B. dadurch realisiert, dass mit der Zeit zuerst explorativ generiertes Wissen in Form von Routinen, Prozessen und Verfahren Teil des Organisationswissens wird und damit in weiterer Folge dem exploitativen Lernen dient (dies ist in der Grafik mit dem kleinen Zahnrad (5) dargestellt). Eine entsprechende Diversitätstrategie braucht demnach eine kompatible Organisationskultur und Diversitätsklima (Williams/O'Reilly 1998).

Abschließend wird nun auf die konkreten Inhalte diversitätsbezogenen Lernens eingegangen, um diese für die Entwicklung einer inklusiven Organisation greifbar zu machen.

11.3 Was lernen Organisationen und ihre MitarbeiterInnen? Wissens- und Kompetenzformen für ein inklusives Diversitätsmanagement

Diskussionen zu lernende Organisationen im betriebswirtschaftlichen Kontext weisen häufig dahingehend eine Leerstelle auf, dass zwar das Phänomen Lernen einer genauen Betrachtung unterzogen wird, nicht jedoch der Gegenstand bzw. die damit verbundenen (sozialen) Prozesse und erwarteten Resultate. Die genauere Betrachtung dessen, welche Arten von Wissen in Lernprozessen entstehen und welche positionsbezogenen Kompetenzen entwickelt werden müssen, ist umso mehr im Zusammenhang mit Diversität und dem Bemühen um die Gestaltung inklusiver Organisationen eine wesentliche Frage. Dies zum einen deshalb, weil eine der zentralen Nutzenerwartungen hinsichtlich Diversitätsmanagement sich auf das „diverse Wissen" unterschiedlicher Gruppen bezieht, welches insbesondere im Bereich des Marketings eine zunehmend größere Rolle spielt. Frauen, Homosexuelle, Türken etc. wissen demnach, was Frauen, Homosexuelle, Türken etc. brauchen. So erwarten sich Banken mittlerweile durch den Einsatz von MitarbeiterInnen mit migrantischem Hintergrund einen höheren Zuspruch der so in der Belegschaft repräsentierten ethnischen Bevölkerungsgruppen[321]. Dieses auf der Repräsentation verschiedener Gruppen in der Belegschaft aufgebaute Nutzenargument fußt auf der Annahme, dass Personen eher ihnen ähnlichen Personen vertrauen, wenn es um die Inanspruchnahme bestimmter Leistungen (z. B. Beratung in Verwaltungskontext) oder den Aufbau von Geschäftsbeziehungen geht, als ihnen weniger ähnlichen Personen (vgl. Taifel et al. 1971). Diese „Ähnlichkeitsannahme" leitet sich wiederum von der Annahme ab, dass einzelne sozio-demographische Gruppen *kollektiv* bestimmte gruppenspezifische Wissensformen und Kompetenzen aufweisen (vgl. Andresen 2007). Damit wird aber implizit eine „Wissensessenz", über die Menschen aufgrund einer ihnen zugewiesenen Gruppenidentität verfügen sollten, unterstellt. Mit Verweis auf Heterogenitäts- und Intersektionalitätsphänomene[322] muss jedoch einer solchen Sichtweise auf „diverses Wissen" mit Skepsis begegnet werden: So müssen Personen mit südostasiatischem Aussehen nicht über dementsprechende Herkunftssprachkenntnisse verfügen oder besondere Kenntnisse über die politischen Systeme und die südostasiatische Küche besitzen. Aufgrund der Tatsache, dass Menschen unabhängig von Merkmalen ihre Identitätsbezüge oft situations- und kontextabhängig wählen, führen solche essentialistischen Annahmen in sozialen Interaktionen zu Stereotypisierungen und im negativsten Falle auch zu Exklusionen und Diskriminierungen. Zwar kann Zielgruppenansprache kurzfristig zu den gewünschten betriebswirtschaftlichen Effekten führen, eine inklusive und auf eine nachhaltige Veränderung zielende Herangehensweise wäre jedoch das Diversitätsmainstreaming[323].

Die Beschäftigung mit Wissen und Kompetenz im Zusammenhang mit Diversität verdeutlicht zum anderen auch die komplexen Zusammenhänge, die durch Diversitätsmanagement angesprochen werden. So erscheint es nicht nur notwendig, Diversität zu nutzen, um innovationsbezogenes (Fakten-)Wissen durch exploitatives und exploratives Lernen zu schaffen, welches die Performance einer (wissensbasierten[324]) Organisation direkt

---

[321] So hat die Deutsche Bank „Bankamiz" gegründet, um ihr türkischsprachiges Klientel mit muttersprachlichem Personal ansprechen zu können. Die Bank bietet Personen mit muslimischem Hintergrund zudem spezielle Fonds an, die Rücksicht auf deren Glauben nehmen (z. B. keine Investitionstätigkeit in Wett- und Erotikbranche bzw. spezielle Formen der Gewinnausschüttungen) (siehe Witt 2006).

[322] Siehe die Beiträge von Eberherr, von Hanappi-Egger und von Hofmann in diesem Buch.

[323] Siehe Bendl in diesem Buch.

[324] Unter wissensbasierten Organisationen werden jene Organisationen gefasst, welche nicht auf oft niedrigqualifizierten Routinearbeiten aufbauen, wie dies in der

positiv beeinflussen soll (vgl. u. a. Dwyer 2003; Cummings 2004). Für ein nachhaltiges inklusives Diversitätsmanagement sind vor allem auch der positionsbezogene Aufbau sozialen Wissens und die Entwicklung sozialer und reflexiver Kompetenzen – auch in nicht primär wissensbasierten Organisationen (z. B. Einzelhandel) zentral (vgl. Drepper 2007, 588). Sind es doch vor allem In- und Exklusionsmechanismen, beruhend auf Stereotypisierungen und Tabuisierungen, die einer konstruktiven (Zusammen-)Arbeit oft entgegenstehen.[325] Durch einen ausschließlichen Fokus auf „innovatives" Wissen, also unmittelbar mit einem organisationalen Nutzen verknüpfbares Wissen, einer diversen Belegschaft und die Ausblendung gesellschaftlicher und sozialer Diversitätsphänomene beschränkt und behindert eine Organisation folglich ihre Lern- und somit Entwicklungsmöglichkeiten und das ihrer MitarbeiterInnen.

Doch wie ist Wissens- und Kompetenzentwicklung und damit Lernen in Organisationen unter Diversitätsperspektive, jenseits von essentialistischen Zuschreibungen und simplifizierenden Kausalzusammenhängen, im Sinne einer inklusiven Organisationsentwicklung zu erfassen?[326]

Wesentliche Ansatzpunkte kann hier die Beschäftigung mit der Wissensbasis liefern. Aus der Literatur bieten sich hierzu unterschiedliche Kategorisierungen von Wissensformen an (vgl. u.a. Baecker 1999; Wimmer 2004; Matthiesen 2006, 168), die wie folgt zusammengefasst werden können:

- Spezifische Technologien/Fachkenntnisse,
- Kenntnisse über die Eigenschaften von Strukturen und Prozessen der Organisation und des relevanten Umfeldes,
- Kenntnisse und Annahmen über die Erwartungshaltungen von Anspruchsgruppen (u.a. KundInnen, LieferantInnen, Branchennetzwerke, öffentliche Stellen, Gewerkschaften),

industriellen Fertigung oder dem Handel der Fall ist, sondern auf der Entwicklung verbesserter und neuer Dienstleistungen und Produkte.

325 Siehe Hanappi-Egger in diesem Buch.

326 Wenngleich konzeptionelle Überschneidungen feststellbar sind, wird an dieser Stelle Wissens- und Kompetenzentwicklung von Wissensmanagement unterschieden, welches primär darauf abzielt, implizites und explizites Wissen (in Sinne eines Produktionsfaktors) für die Organisation und ihre Aufgaben unabhängig von Personen nutzbar zu machen und zu halten (vgl. z. B. Nonaka/Takeuchi 1995; Probst/Raub/Romhardt 2006). Strategien des Wissensmanagements können für diversitätsspezifische Lernprozesse allerdings insofern eine Rolle spielen, als sie auf die strategische Verankerung von Wissen und Kompetenzen abzielen und daher Bestand haben, selbst wenn FunktionsträgerInnen (z. B. DiversitätsmanagerInnen) die Organisation verlassen.

- Kenntnisse über organisationskulturelle Eigenlogiken und Eigenheiten der Leitungsebene und der MitarbeiterInnen.

Dies macht deutlich, dass es nicht nur Technologien und Fachwissen sind, wodurch Organisationen ihre Funktionalität sichern, sondern es sind viele unterschiedliche Wissensformen, auf die sowohl das Management als auch die MitarbeiterInnen zugreifen und die für ihre Position nötigen Kompetenzen aufbauen. Über Wissensformen lässt sich der Rahmen beschreiben, innerhalb dessen in Organisationen soziale Praktiken vollzogen und damit Entscheidungen getroffen werden (vgl. Foldy 2004). Die Wissensformen sind sowohl in der Organisation selbst (als Strukturen, Routinen etc.) verankert, wie auch auf individueller Ebene. Sie bestehen zum Teil aus explizitem (formalisiertem Wissen, wie Vorschriften, Ablaufvorgaben) und zum Teil aus implizitem Wissen (nicht formalisiertem, an Individuen gebundenes Wissen wie Geschichten, Erfahrungen) (vgl. McKinley 2005; Tsoukas 2005; Hanappi-Egger 2011). Sowohl formalisiertes als auch nicht-formalisiertes Wissen dient der Komplexitätsreduktion in Handlungszusammenhängen, bleibt dabei aber immer mehrdeutig und der Interpretation bedürftig. Unter dieser Perspektive zeigt sich, dass die Wissensbasis von Organisationen historisch und kontextuell gebunden ist, wodurch jede Organisation zwar über eine spezifische Wissensbasis verfügt – auch im Hinblick auf den Umgang mit Diversitäten – welche Handlungsmöglichkeiten rahmt, aber gleichzeitig auch über organisationsübergreifende Zweckbestimmungen institutionell definiert ist[327] (vgl. auch Hanappi-Egger 2011). In Zusammenhang mit Diversität bedeutet dies, dass es z. B. auch ein organisationales „Wissen" gibt, z. B. das auf bestimmte dominante Gruppen fokussiert (z. B. in Form der stark auf MitarbeiterInnen christlichen Glaubens abzielenden jährlichen Weihnachtsfeier oder aber im Sinne eines organisationsinternen Umgangs mit „Geschichten" über z. B. Frauen oder Personen mit Migrationshintergrund). Dieses Wissen wird oft auch als Teil des Organisationsgedächtnisses gesehen, der wesentliche Normenvorstellungen transportiert. Organisationsübergreifend zeigen sich aber z. B. Diversitätsphänomene wie z. B. niedriger Frauenanteil im Topmanagement.

Welche Wissensformen und darauf aufbauenden Kompetenzen werden nun für die Entwicklung einer inklusiven Organisation benötigt? Die in der folgenden Tabelle genannten Wissensformen ermöglichen und beschränken individuelles und organisationales Handeln und Lernen, d. h. die genannten Wissensformen werden je nach Wahrnehmung bzw. Relevanzsetzung von

---

[327] So verstehen sich z. B. Profit-Organisationen eben als Unternehmen, die zum Zwecke der Profitmaximierung gegründet wurden.

Diversität in Organisationen (vgl. Dass/Parker 1999), je nach Diversitätsmanagementkonzeption und je nach organisationaler Ebene (Leitungsebene, mittleres Management, MitarbeiterInnen-Ebene) unterschiedlich auszugestalten sein (vgl. Bendl/Hanappi-Egger 2009).

Tabelle 1: Wissens- und Kompetenzformen für ein inklusives Diversitätsmanagement

Wissensform	**Ausprägung**
Diversitätsspezifisches Fachwissen (Fachkompetenz)	Wissen über Diversitätsphänomene (Zustandekommen, Wirkungsmechanismen etc.) und die Fähigkeit, diese in konkreten Situationen zu erkennen
Diversitätsspezifisches Methodenwissen (Methodenkompetenz)	Methodenkenntnisse zur konkreten Implementierung von diversitätsspezifischen Maßnahmen und Diversitätsmanagementkonzepten (u.a. Analyse- und Evaluierungsverfahren, partizipative Organisationsgestaltung)
Wissen über soziale Prozesse und Dynamiken (Sozialkompetenz)	Kenntnisse über soziale Dynamiken, die zu Rollenübernahme, Konflikterkennung und -lösung sowie zur Unterstützung von Teambildung befähigen
Diversitätsspezifisches Identitätswissen (Reflexionskompetenz)	Fähigkeit, Alltagswissen und die eigene Diversität/Position im sozialen Gefüge der Organisation/Gesellschaft zu reflektieren und inklusives Handeln zu fördern
Relationales Wissen (Handlungskompetenz)	Verknüpfung der genannten Wissensformen und Kompetenzen und Umsetzung im konkreten organisationalen Handeln

Quelle: Eigene Darstellung in Anlehnung an Hofmann 2006, Hanappi-Egger/Hofmann 2008 und Bendl/Hanappi-Egger 2009

Fachwissen über Diversität und über soziale Mechanismen von Differenzsetzung ist notwendig, um den Handlungsbedarf in Organisationen überhaupt zu erkennen. Methodenwissen unterstützt die Analyse von Problemstellungen im Zusammenhang mit Diversität und der realistischen Nutzenabschätzung. Wissen über soziale Prozesse ist wiederum notwendig, um einerseits mikropolitische Prozesse identifizieren zu können, welche die Herausbildung einer inklusiven Organisation fördern bzw. behindern können[328] und andererseits, um bei der strategischen Implementierung von Diversitätsmanagement Widerstände zu erkennen und zu behandeln. Um die eigene Position in der Organisation diversitätsbezogen erkennen und diesbezügliche Fremdeinordnungen antizipieren zu können, ist zudem Reflexionskompetenz nötig. Relationales Wissen stellt schließlich die situative und kontextbezogene Verknüpfung der genannten Wissensformen dar.

Für die Herausbildung dieser Wissensformen und der darauf aufbauenden Kompetenzen ist die Sicherstellung diskriminierungsfreie Lern- und Kommunikationsprozesse unabdingbar, was wiederum auf die Bedeutung des beschriebenen Diversitätsklimas verweist und die Verknüpfung von reflektiertem exploitativen und explorativen Lernen.

11.4 Zusammenfassung

Zu Beginn dieses Beitrages stand die Frage danach, wie Organisationen und ihre Mitglieder Wissensressourcen nutzen bzw. entwickeln können, um Diversitätsphänomenen kompetent zu begegnen und aus ihnen Nutzen zu ziehen, ohne dabei bestehende strukturelle Ungleichheits- und Diskriminierungsverhältnisse zu reproduzieren. Die Ausführungen zeigen, wie voraussetzungsvoll die Einnahme einer Lern- und Veränderungsperspektive ist, was in diesbezüglichen wissenschaftlichen Beiträgen häufig übersehen wird.

Diversitätsbezogenes Lernen braucht ein auf Inklusion zielendes Diversitätsklima. In vielen Organisationen muss ein solches in einem langfristigen Prozess erst geschaffen werden, wobei reflektiertes exploitatives und exploratives Lernen eine zentrale Rolle spielen. Organisationen und ihre MitarbeiterInnen müssen sich dafür – je nach Entscheidungsposition und verfügbarer Handlungsmacht zum einen mit dem Wissens- und Kompetenzaufbau in Bezug auf das Managementfeld selbst befassen. Hier ist insbesondere die Entwicklung von Fach-, und Methodenwissen sowie Sozial- und Reflexionskompetenz, wodurch sich erst Handlungskompetenz im Diversitätsmanagement ergibt, angesprochen.

Zum anderen sind auch die Lernbedingungen und die damit verknüpften Lernmöglichkeiten in den Blick zu nehmen, um Diversität als Ressource nutzbar zu machen, dabei aber Re-Stereotypisierung und Diskriminierung zu vermeiden. Organisationales Lernen (nicht nur) in Zusammenhang mit

[328] Siehe Hermann in diesem Buch.

Diversität stellt demnach ein äußerst vielschichtiges Unterfangen dar, welches komplexe Wahrnehmungs-, Reflexions- und Wissensverarbeitungsprozesse umfasst.

11.5 Kontrollfragen

1. Warum müssen Organisationen im Hinblick auf Diversität lernen?
2. Erklären Sie den Ansatz von explorativem und exploitativem Lernen.
3. Welche Zusammenhänge von exploitativem und explorativem Lernen und Diversitätsklima bestehen?
4. Welche Kompetenzen und Wissensformen braucht es in Organisationen, um ein positives Diversitätsklima zu schaffen?
5. Welche Rolle spielen Machtverhältnisse im Bezug auf organisationales Lernen?

Verwendete Literatur

Acker, Joan (2006): Inequality Regimes: Gender, Class, and Race in Organizations. In: Gender & Society, 2006/20 (4), 441–464.

Andresen, Maike (2007): Diversity learning, knowledge diversity and inclusion; Theory and practice as exemplified by corporate universities. In: Equal Opportunities International, 2007/26 (8), 743–760.

Argyris, Chris (1999): On Organizational Learning. Blackwell, Malden.

Argyris, Chris/Schön, Donald (1978): Organizational Learning: A Theory of Action Perspective. Addison Wesley, Reading, Mass.

Baecker, Dirk (1999): Organisation als System. Suhrkamp, Frankfurt/Main.

Bell, Simon J./Whitwell, Gregory J./Lukas, Bryan A. (2002): Schools of Thought in Organizational Learning. In: Journal of the Academy of Marketing Science, 2002/30 (1), 70–86.

Bendl, Regine/Hanappi-Egger, Edeltraud (2009): Über die Bedeutung von Gender- und Diversitätsmanagement in Organisation. In: Kasper, Helmut/Mayrhofer, Wolfgang (Hrsg.): Personalmanagement, Führung Organisation. Linde, Wien, 553–574.

Burke, Warner W. (2002): Organizational change: Theory and practice. Sage, Thousand Oaks.

Cox, Taylor (1993): Cultural Diversity in Organizations: Theory, Research and Practice. Berrett-Koehler, San Francisco.

Contu, Alessia/Willmott, Hugh (2003): Re-Embedding Situatedness: The Importance of Power Relations in Learning Theory. In: Organization Science, 2003/14 (3), 283–296.

Cummings, Jonathon N. (2004): Work Groups, Structural Diversity, and Knowledge Sharing in a Global Organization. In: Management Science, 2004/50 (3), 352–364.

Danowitz, Mary Ann/Hanappi-Egger, Edeltraud/Hofmann, Roswitha (2009): Managing Gender and Diversity in Organizations. In: Zsolnai, Laszlo/Tencati, Antonio (Eds.): The Future International Manager. A Vision of the Roles and Duties of Management. Palgrave Macmillan, Houndmills, 70–93.

Dass, Parshotam/Parker, Barbara (1999): Strategies for managing human resource diversity: From resistance to learning. In: Academy of Management Executive, 1999/13 (2), 68–80.

Drepper, Thomas (2007): Organisation und Wissen. In: Schützeichel, Rainer (Hrsg.): Handbuch Wissenssoziologie und Wissensforschung. UVK, Konstanz, 588–612.

Dwyer, Sean/Richard, Orlando C./Chadwick, Ken (2003): Gender diversity in management and firm performance: the influence of growth orientation and organizational culture. In: Journal of Business Research, 2003/56 (12), 1009–1019.

Eberherr, Helga/Fleischmann, Alexander/Hofmann, Roswitha (2007): Altern im gesellschaftlichen Wandel – Alternsmanagement als integrative organisationale Strategie. In: Koall, Iris/Bruchhagen, Verena/Höher, Friederike (Hrsg.): Diversity Outlooks. Managing Diversity zwischen Ethik, Profit und Antidiskriminierung. LIT Verlag, Hamburg, 82–96.

Ely, Robin J./Thomas, David A. (2001): Cultural Diversity at Work: The Effects of Diversity Perspectives on Work Group Processes and Outcomes. In: Administrative Science Quarterly, 2001/6 (2), 229–273.

Foldy, Erica Gabrielle (2004): Learning from Diversity: A Theoretical Exploration. In: Public Administration Review, 2004/64 (5), 529–528.

Gaitanides, Michael (2008): Zur Innovationskraft des Prozessmanagements – Verdrängt „Exploitation“ „Exploration“? In: Höck, Michael/Voigt, Kai-Ingo (Hrsg.): Operations Management in Theorie und Praxis. Aktuelle Entwicklungen des Industriellen Managements. Gabler, Wiesbaden, 46–65.

Gherardi, Silvia/Nicolini, Davide/Odella, Francesca (1998): Toward a social understanding of how people learn in organizations. In: Management Learning, 1998/29 (3), 273–97.

Gherardi, Silvia (2006): Organizational Knowledge. The Texture of Workplace Learning. Blackwell, Malden.

Güldenberg, Stefan (2003): Wissenmanagement und Wissenscontrolling in lernenden Organisationen. Dt. Univ. Verlag, Wiesbaden.

Hanappi-Egger, Edeltraud (2004): Organisationsbezogene Ausschließungsmechanismen von Frauen am Beispiel des technisch-naturwissenschaftlichen Bereiches. In: Schmidt, Angelika/Heintzmann, Karin (Hrsg.) Wege aus der Frauenarmut. Peter Lang, Frankfurt/Main, 123–135.

Hanappi-Egger, Edeltraud (2006): Diversitätsmanagement und Diversitätspolitik in der Kommunalverwaltung am Bsp. MA17: Ergänzende oder widersprüchliche Ansätze? In: Bendl, Regine/Hanappi-Egger, Edeltraud/Hofmann, Roswitha (Hrsg.): Agenda Diversität, Rainer Hampp Verlag, München-Mering, 95–108.

Hanappi-Egger, Edeltraud (2010): On the Role of Change Agents in Diversity Management. EIASM 5TH Workshop on Organisational Change and Development, WU, Wien, 23.09.–24.09.2010.

Hanappi-Egger Edeltraud (2011): The Triple M of Organizations: Man, Management and Myth. Springer, Wien.

Hanappi-Egger, Edeltraud/Walenta, Christa (2007): An Integrative Multidisciplinary Model of Diversity Management. 13th European Congress of Work and Organizational Psychology, Stockholm, Schweden, 09.05.–12.05.2007.

Hanappi-Egger, Edeltraud/Hofmann, Roswitha (2008): Wissen und Kompetenzentwicklung für Diversitätsmanagement. In: Kasper, Helmut/Mühlbacher, Jürgen (Hrsg.): Wettbewerbsvorteile durch organisationales und individuelles Kompetenzmanagement. Linde Verlag, Wien, 15–28.

Hartley, Jean/Benington, John/Binns, Peter (1997): Researching the Roles of Internal-change Agents in the Management of Organizational Change, 8 (1), 61–73.

Hedberg, Bo (1981): How Organizations Learn and Unlearn. In: Nystrom, P./ Starbuck, W. H. (Eds.): Handbook of Organizational Design, Vol. 1, Cambridge University Press, London.

Hofmann, Roswitha (2006): Lernen, Wissen und Kompetenz im Gender- und Diversitätsmanagement. In: Bendl, Regine/Hanappi-Egger, Edeltraud/Hofmann, Roswitha (Hrsg.): Agenda Diversität, Rainer Hampp Verlag, München-Mering, 10–24.

Hofmann, Roswitha (2010): Lernperspektiven für ein nachhaltigkeitsorientiertes Gender- und Diversitätsmanagement. In: Gender, 2010/1 (2), 56–68.

Huber, George P. (1991): Organizational Learning: The Contributing Processes and the Literatures. In: Organization Science, 1991/2 (1), 88–115.

Huzzard, Tony (2004): Communities of domination? Reconceptualising organisational learning and power. In: Journal of Workplace Learning: Employee Counselling Today, 2004/16 (6), 350–361.

Knapp, Gudrun Axeli (2007): Gleichheit, Differenz, Dekonstruktion: Vom Nutzen theoretischer Ansätze der Frauen- und Geschlechterforschung für die Praxis. In: Krell, Gertraude (Hrsg.): Chancengleichheit durch Personalpolitik: Gleichstellung von Frauen und Männern in Unternehmen und Verwaltungen. Rechtliche Regelungen – Problemanalysen – Lösungen, Gabler, Wiesbaden, 5. Auflage 163–172.

Köllen, Thomas (2010): Bemerkenswerte Vielfalt: Homosexualität und Diversity Management. Hampp, München-Mering.

Lange, Ralf (2006): Gender-Kompetenz für das Change Managemement. Gender & Diversity als Erfolgsfaktoren für organisationales Lernen. Haupt, Bern, Stuttgart, Wien.

Lave, Jean/Wenger, Etienne (1991): Situated learning: Legitimate peripheral participation. Cambridge University Press, New York.

Lähteenmäki, Satu/Toivonen, Jouko/Mattila, Merja (2001): Critical Aspects of Organizational Learning Research and Proposals for its Measurment. In: British Journal of Management, 2001/12, 113–129.

Lorbiecki, Anna (2001): Changing Views on Diversity Management. The Rise of the Learning Perspective and the Need to Recognize Social and Political Contradictions. Management Learning, 32 (3), 345–361.

Luhmann, Niklas (2000): Organisation und Entscheidung. Westdeutscher Verlag, Opladen.

March, James G. (1991): Exploration and Exploitation in Organizational Learning in. In: Organization Science, 1991/2 (1), 71–87.

Matthiesen, Ulf (2006): Raum und wissen. Wissensmilieus und Knowledge-Scapes als Inkubatoren für zukunftsfähige stadtregionale Entwicklungsdynamiken? In: Tänzler, Dirk/Knoblauch, Hubert/Soeffner, Hans-Georg (Hrsg.): Zur Kritik der Wissensgesellschaft, UVK, Konstanz, 155–188.

McKinley, Alan (2005): Knowledge Management. In: Ackroyd, Stephen/Batt, Rosemary/Thompson, Paul/Tolbert, Pamela S. (Eds.): The Oxford Handbook of Work and Organisation. Oxford University Press, Oxford, 242–262.

Mor Barak, Michàlle E. (2005): Managing Diversity. Toward a Globally Inclusive Workplace. Sage, Thousand Oaks – London – New Delhi.

Nicolini, Davide/Gherardi, Silvia/Yanow, Dvora (2003, Hrsg.): Knowledge in Organizations: A practice-based approach. ME Sharpe, Armonk, New York.

Ortmann, Günther/Sydow, Jörg/Windeler, Arnold (2000): Organisation als reflexive Strukturation. In: Ortmann, Günther/Sydow, Jörg Türk, Klaus (Hrsg): Theorien der Organisation. Die Rückkehr der Gesellschaft. Westdeutscher Verlag, Wiesbaden, 315–354.

Ottaway, Richard, N. (1983): The Change Agent: A Taxonomy in Relation to the Change Process. In: Human Relations, 1983/36, 361–392.

Probst, G./Raub, St./Romhardt, K. (2006): Wissen managen – Wie Unternehmen ihre wertvollste Ressource nutzen. Gabler, Wiesbaden.

Polanyi, Michael (1985): Implizites Wissen. Suhrkamp, Frankfurt/Main.

Riegraf, Birgit (2000): Organisationswandel, Organisationslernen und das Geschlechterverhältnis. In: Lenz, Ilse (Hrsg.): Geschlecht – Arbeit – Zukunft. Verlag Westfälisches Dampfbood, Münster, 150–177.

Schreyögg, Georg/Noss, Christian (2000): Von der Episode zum fortlaufenden Prozess – Wege jenseits der Gleichgewichtslogik im Organisatorischen Wandel. In: Schreyögg, Georg/Conrad, Peter (Hrsg.): Organisatorischer Wandel und Transformation. Managementforschung 10, Gabler, Wiesbaden, 33–62.

Scott, Richard W. (1986): Grundlagen der Organisationstheorie. Campus, Frankfurt/Main.

Tajfel, Henri/Billig, Michael G./Bundy, Robert P./Flament, Claude (1971): Social categorization and intergroup behavior. In: European Journal of Social Psychology 1971/1, 149–178.

Nonaka, I./Takeuchi, H. (1995): The Knowledge-Creating Company: How Japanese Companies Create the Dynamics of Innovation. Oxford University Press, Oxford.

Thomas, R. Roosevelt (2001): Management of Diversity – Neue Personalstrategien für Unternehmen. Gabler, Wiesbaden.

Tsoukas, Haridimos (2005): Complex Knowledge. Studies in Organizational Epistemology. Oxford University Press, Oxford.

Weick, Karl E. (1985): Der Prozess des Organisierens. Suhrkamp, Frankfurt/Main.

Williams, Katherine Y./O'Reilly, III, Charles A. (1998): Demography and diversity in organizations: a review of 40 years of research. In: Staw, Barry M./Cummings, L. L. (Eds.): Research in organizational behavior. Vol. 20, JAI Press, Greenwich, 77–140.

Wimmer, Rudolf (2004): Organisation und Beratung. Systemtheoretische Perspektiven für die Praxis. Carl-Auer, Heidelberg.

Wimmer, Andreas (2008): The Making and Unmaking of Ethnic Boundaries. Toward a Multilevel Process Theory. In: American Journal of Sociology, 2008/113 (4), 970–1022.

Witt, Michael (2006): Ethno-Marketing: Konzept-Bedeutung/Chance-Risiken. Working Paper EBS Reutlingen. www.esb-reutlingen.de (downloaded: 4.2.2011; [MEZ 10:00]).

Wollersheim, Jutta (2010): Exploitation und Exploration als zwei Seiten derselben Medaille: Eine systematische Zusammenführung bestehender Konzepte zur Förderung von Ambidextrie in Unternehmen. In: Stephan, Michael (Hrsg.): "Ambidextrie": Der unternehmerische Drahtseilakt zwischen Ressourcenexploitation und -exploration. Hampp, München-Mering, 3–26.

12 Angaben zu den Autorinnen

Regine Bendl, Studium der Handelswissenschaft an der Wirtschaftsuniversität Wien, 1992–2002 Universitätsassistentin an der Abteilung Handel und Marketing der WU Wien, 2002–2004 Assistenzprofessorin an der Abteilung „Gender and Diversity in Organizations“ an der WU Wien, WS 2003/04 Aigner-Rollett-Gastprofessur für Frauen- und Geschlechterforschung, seit 2004 außerordentliche Universitätsprofessorin an der Abteilung „Gender- und Diversitätsmanagement“. Forschungsauslandsaufenthalte an der Vrije Universiteit Amsterdam, University of Oxford und Auckland University of Technology; mehrfache Auszeichnungen und Editorin von Diversities – Zeitschrift für Diversity Studies und Diversity Management und von Equality, Diversity and Inclusion für International Journal. Zertifizierte Beraterin für Gender- und Diversitätsmanagement. Arbeits-/Forschungsschwerpunkte: Gender- und Diversitätsmanagement in Organisationen, Gender Subtext in Organisationstheorien, feministische Epistemologie und Gendertheorie.

Edeltraud Hanappi-Egger, Studium der Informatik und Doktorat der technischen Wissenschaften an der TU Wien, Habilitation für Angewandte Informatik im Rahmen des APART-Programms (Austrian Program for Advanced Research and Technology) der Österreichischen Akademie der Wissenschaften. Seit 2002 Universitätsprofessorin für „Gender and Diversity in Organisations“ und Abteilungsleiterin. Univ.Prof. Hanappi-Egger hat mehr als 300 Publikationen zu Gender/Diversität in Organisationen verfasst, war an mehreren internationalen Forschungsinstitutionen (zuletzt an der LSE) und wurde für ihre wissenschaftlichen Arbeiten mehrfach ausgezeichnet. Forschungsschwerpunkte: Organisationsstudien zu Gender/Diversität, Gender und Technik, Feministische Ökonomie und Managementmythen.

Helga Eberherr, Studium der Soziologie, Politikwissenschaft und Gender Studies an der Universität Wien und Universität Denis Diderot Paris; Absolventin des Postgraduiertenprogramms in Soziologie am Institut für Höhere Studien Wien. Seit 2005 wissenschaftliche Mitarbeiterin an der Abteilung Gender und Diversitätsmanagement, WU Wien mit den Forschungsschwerpunkten Gender- und Diversität, Intersektionalität und Ungleichheit in Organisationen, Alter und Lebenslauf.

Anett Hermann, Wirschafts- und Sozialwissenschaftlerin, Promotion über Geschlechterverhältnisse in Organisationen. Forschungsschwerpunkte sind Karrieren und Gruppen im Zusammenhang mit Gender- und Diversitätsaspekten in Organisationen. Seit 2003 an der Abteilung Gender- und Diversitätsmanagement der WU Wien.

Roswitha Hofmann, promovierte Sozial- und Wirtschaftswissenschafterin, von 2002–2011 an der Abteilung für Gender und Diversitätsmanagement der WU als wissenschaftliche Mitarbeiterin und zuletzt als Universitätsassistentin tätig. Sie arbeitet heute als selbstständige Forscherin zu Gender und Diversität mit den Schwerpunkten Gender-Identität, sexuelle Orientierung und Alter und zu Diversität in sozial-ökologischen Zusammenhängen. Sie lehrt an der WU Wien und der Fachhochschule Wr. Neustadt. http://www.uebergrenzendenken.at

Eva Lang, Juristin und Theologin, Assistentin am Institut für Kirchenrecht der Universität Wien. Beraterin beim Frauennotruf der Stadt Wien. Gleichbehandlungsanwältin seit 1998, zuständig für die Gleichbehandlung in der Arbeitswelt ohne Unterschied der ethnischen Zugehörigkeit, der Religion oder Weltanschauung, des Alters oder der sexuellen Orientierung seit 2009. Mehrjährige Tätigkeit in der Entwicklungszusammenarbeit in Indien und Papua Neuguinea.

Heike Mensi-Klarbach, Studium der Handelswissenschaften an der WU, sowie der Universidad de Cádiz, Spanien. Doktorat an der Abteilung Gender- und Diversitätsmanagement der WU im Rahmen eines DocTeam Stipendiums der Österreichischen Akademie der Wissenschaften zum Thema „Business Case für Diversität und Diversitätsmanagement“. Seit März 2011 Habilitandin an der Abteilung Gender- und Diversitätsmanagement mit Forschungsschwerpunkten im Bereich Diversitätsmanagement und der Business Case, sowie Diversität in Top Management Teams.

Gloria-Sophia Warmuth, Studium der Betriebswirtschaft an der Wirtschaftsuniversität Wien und an der Copenhagen Business School, Dänemark mit Schwerpunkt Human Resource Management; sowie Masterstudium der Wirtschaftsmediation. Seit 2009 ist sie wissenschaftliche Mitarbeiterin an der Abteilung für Gender- und Diversitätsmanagement der WU Wien.

13 Glossar

Arbeitsgruppe: Einzelne Individuen, die strukturell über bestimmte Kooperationsformen miteinander verbunden sind und die gemeinsam an einer Aufgabenstellung arbeiten

Autoritätseinfluss: Steuerung der Teamprozesse durch Fach- und Führungskräfte, ExpertInnen oder informellen Führungskräften in Teams; bekannt geworden durch die Milgram Experimente

Business Case: Kosten-Nutzen-Gegenüberstellung zur ökonomischen Bewertung einer Investition

Diskriminierung: alle direkten und indirekten Praktiken des ungerechtfertigten Ausschlusses bzw. der Benachteiligung von Personen auf Basis von Sozialkategorien

Diversität in Teams: Charakteristikum sozialer Gruppierungen, die den Grad der objektiven und subjektiven Differenzen zwischen den Teammitgliedern in Abhängigkeit von der Teamentwicklungsphase sowie vom Arbeitskontext zeigen

Diversitätsklima: bezieht sich auf den atmosphärischen Umgang mit Diversität in Organisationen.

Ernährermodell: bezeichnet das klassische Haushaltsmodell, in dem einer Person (vorwiegend dem Mann) die Aufgabe der ökonomischen Existenzsicherung zukommt

Erwerbsbereich: umfasst alle Tätigkeiten im Produktions- bzw. Dienstleistungssektor, für die eine Entlohnung bezahlt wird.

Formale Gruppen: sind durch die arbeitsorganisatorische Einbindung gekennzeichnet

Ganzheitliches Diversitätsmanagement: bezieht sich auf ein Diversitätsmanagement, das auf allen Ebenen und in allen Organisationseinheiten umgesetzt und verankert ist.

Gender-Ausdruck: Körpersprache, Selbstrepräsentation, die die Zugehörigkeit zu einem Geschlecht bzw. die Ablehnung einer solchen Zugehörigkeit signalisiert

Gender-Identität: Selbstzuordnung zu einem Geschlecht/einer Geschlechterrolle

Geschlechterhierarchie: bezeichnet die unterschiedliche Bewertung im Sinne von Unter- bzw. Überordnung ganz spezieller Geschlechterkonstruktionen (z. B. Heteronormativität, in der „Heterosexualität" als Norm, von der alle anderen „abweichen", gesetzt wird)

Geschlechtersegregation: bezeichnet die Trennung von gesellschaftlichen Bereichen auf der Basis ihrer vergeschlechtlichten Zuschreibungen

Geschlechtsblindheit: bezieht sich auf die Ignoranz der Rolle von Geschlecht. So wird z. B. oft übersehen, dass Vorstellungen von Karriere an sehr spezifische Lebenskontexte gebunden sind, die aber von den Geschlechterverhältnissen bestimmt werden

Geschlechtsneutralität: meint die Irrelevanz von vergeschlechtlichten Zuschreibungen bzw. die Unabhängigkeit von solchen. So wird oft argumentiert, dass z. B. Leistungsindikatoren unabhängig vom Geschlecht von Personen gültig sind

Geschlechtswandel: von Berufen bezieht sich auf den Wechsel von vergeschlechtlichten Zuschreibungen und Bewertungen von Tätigkeiten („Männerarbeiten" bzw. „Frauenarbeiten"). Es zeigt sich, dass die Umdefinitionen oft einhergehen mit gesellschaftlicher Abwertung („Femininisierung") bzw. Aufwertung

Groupthink-Phänomen: wird mit sozialer Homogenität verbunden und bewirkt oftmals die Illusion der Unverletzlichkeit und eine Überschätzung des eigenen Teams

Gruppenbildung und Gruppenmitgliedschaft: Individuen wählen Gruppen nach den Kriterien der Attraktivität der Gruppenziele und der Attraktivität der Mitgliedschaft aus

Gruppenkohäsion: Wir-Gefühl, innerer Zusammenhalt einer Gruppe/eines Teams; unterschieden werden unterschiedliche Arten der Kohäsion u.a. nach sozialer, Aufgaben- und Wahrnehmungskohäsion

Gruppennormen: Sozio-kulturell geprägte Verhaltenserwartungen der Gruppe an die einzelnen Gruppenmitglieder; Ziel ist die Regelung der Zusammenarbeit

Gruppenpolarisierung: spiegelt Entscheidungsverhalten in Gruppen/Teams wider, in welchen anfänglich bereits getroffene Entscheidungen auch über längere Phasen präferiert werden

Habitus: ist ein von Pierre Bourdieu weiterentwickeltes Konzept und umfasst Verhaltens- und Wissenskomponenten in Gruppen, die als Selektionskriterien wirken

Handlungsspielraum: beschreibt den Tätigkeits-, Entscheidungs- und Kontrollspielraum von Arbeitsgruppen und Teams

Hawthorne-Experimente: wurden von Elton Mayo und MitarbeiterInnen zwischen 1927 und 1932 in den Hawthorne-Werken der Western Electric Company (USA) durchgeführt. Im Mittelpunkt der Untersuchungen standen unterschiedliche Methoden und Arbeitsbedingungen zur Leistungssteigerung. Als Nebeneffekt reifte die Erkenntnis, dass Arbeitsleistung nicht nur mit Arbeitsbedingungen zu tun hat, sondern auch mit der Aufmerksamkeit, die den Beschäftigten gewidmet wurde

Heterogene(s) Gruppe/Team: Gruppenmitglieder unterscheiden sich aufgrund sozialer Kategorisierungen hauptsächlich nach „sichtbaren" aber auch nach „unsichtbaren" Merkmalen

Heteronormativität: Heteronormativität beschreibt die gesellschaftliche Verhaltensnorm, die auf der klaren Abgrenzung zweier biologischer Geschlechter (Frau/Mann) und dem gegengeschlechtlichen Begehren (Heterosexualität) aufbaut. Diese Verhaltensnorm gibt die sozial erwünschte Form emotional-sexueller Beziehungen vor, die sich auch auf mehreren Ebenen institutionell (Rechtssystem, soziale Rituale) manifestiert. Personen, die entweder die Geschlechtergrenzen unterlaufen (z. B. intersexuelle, transsexuelle, transgender Personen) oder sich sexuell nicht auf eine gegengeschlechtliche Person beziehen (z. B. homo- oder bisexuelle Personen), werden unter den heteronormativen Bedingungen potenziell abgewertet und sozial ausgegrenzt bzw. sanktioniert

Homogene(s) Gruppe/Team: Wahrgenommene oder definierte Gleichheit anhand spezifischer Kriterien/Kategorien innerhalb einer Gruppe im Wahrnehmen, Denken und Handeln

Humanisierung des Arbeitslebens (HdA): Bezeichnung für umfassende Maßnahmen, die konkrete Arbeitsbedingungen u.a. durch vertikale und horizontale Ausweitungen des Handlungsspielraumes (Job Enrichment, Job Enlargement, Job Rotation) menschengerechter gestalten: Mitbestimmung, Gesundheitsschutz, Arbeitsplatzgestaltung, Sicherheitstechnik etc. Weiterhin konkrete Bezeichnung für ein Aktionsprogramm »Forschung zur Humanisierung des Arbeitslebens«, welches arbeitsorganisatorische Veränderungen mit umfangreichen wissenschaftlichen Begleitmaßnahmen in der Bundesrepublik Deutschland in den 1980er Jahren verfolgte

Ideologie: ist prinzipiell die Lehre von Ideen, hat aber zwischenzeitlich eine negative Konnotation erfahren und bezieht sich meist auf ein spezifisches politisch-absolutes Weltbild

Immaterielle Vermögensgüter: sind Vermögenswerte, die einen Wert für das Unternehmen besitzen und keine materiellen Güter oder Finanzanlagen darstellen (Stoi 2004, 189 nach Lev 2001)

Informelle Gruppen: bilden sich in Organisationen nach Kriterien wie Attraktivität der Zugehörigkeit, Nutzen oder Zielen heraus

Intersektionalität: bezeichnet eine Perspektive, die sich auf Wechselwirkungen und Verschränkungen sozialer Kategorien zueinander oder auch auf Unterschiede innerhalb einer sozialen Kategorie bezieht

Ismus, -ismen: drückt als Endsilbe die ideologische Abwertungstendenz der im Hauptwort zum Ausdruck gebrachten Normsetzung aus (z. B. Age-ismus bezeichnet die Abwertung der Abweichung der jeweils kulturell bedingten Normsetzung: Zeichnet sich das gesellschaftliche Umfeld beispielsweise durch Jugendkult aus, bezieht sich Age-ismus auf die Abwertung der „Älteren")

Köhlereffekt: Bezeichnung des Prozesses der Motivationsgewinnung, der besagt, dass sich schwache Teammitglieder mehr anstrengen als sie es individuell tun würden, um nicht für eine schwache Teamleistung verantwortlich gemacht zu werden

Mikropolitik: bezieht sich auf die Sichtweise, dass Organisationen Orte des interessengeleiteten Handelns sind, und es daher zu Interessenskonflikten kommt

Milgram Experimente: Psychologische Experimente, durchgeführt von Stanley Milgram Anfang der 1960er Jahre mit dem Ziel, die Beeinflussung von Teammitgliedern durch Autoritätseinfluss nachzuweisen

Normativer Einfluss in Gruppen: Gruppenprozesse, die über erwartetes Verhalten aufgrund von Gruppenwerten, Zuschreibungen etc. gesteuert werden (Mehrheiteneinfluss)

Objektiver Teamerfolg: Grad der Aufgabenerfüllung

Organisationsanalyse: systematische Untersuchung einer Organisation zur Entschlüsselung kultureller, ökonomischer und politischer Realitäten

Organisationskultur: umfasst die in einer Organisation gegebenen Werte- und Normensysteme

Organisationstheorien: beschäftigen sich mit dem Aufbau bzw. der Funktionsweise von Organisationen. Abhängig vom jeweiligen Erkenntnisinteresse fokussieren sie auf unterschiedliche Themen, sehen verschiedene Methoden vor und betten die entsprechenden Untersuchungen in verschiedene Theorierahmen ein

Paradigmen: sind Konventionen bzw. das gemeinsame Verständnis, das Wissenschaftsschulen entwickelt haben und dem sie sich verpflichtet fühlen.

Partizipation: bedeutet, dass Personen die Möglichkeit geboten wird, auf verschiedene Weise an Organisationsprozessen mitzuwirken, sich einzubringen, teilzuhaben. Partizipation kann verschiedene Ausprägungen haben, von Anhörung, zu Vetorechten bis zu aktiver Mitbestimmung

Primärgruppen: Soziale Gruppen, die Verwandtschaftsverhältnisse, enge Freundschaftsbeziehungen und das unmittelbare soziale Umfeld umfassen

Qualitätszirkel: aus Japan kommendes Konzept, in welchem arbeitsgruppenübergreifende Zusammenarbeit gefördert wurde, um neue Ideen zu generieren und umzusetzen

Queer: Queer bezeichnet Identitäten, die die heteronormativen Vorgaben der Gesellschaft als ausschließend ablehnen (siehe auch den Begriff: Heteronormativität)

Reproduktionsbereich: bezieht sich auf den privaten Bereich und inkludiert Hausarbeit und Versorgung von Angehörigen. Die anfallenden Tätigkeiten werden in der Regel unbezahlt verrichtet bzw. im Rahmen von ausverhandelten Deals (mit z. B. erwerbstätigen PartnerInnen), es sei denn es werden dafür DienstleisterInnen in Anspruch genommen

Ringelmanneffekt: benannt nach Max Ringelmann (1861–1931); Teamprozess, der bedeutet, dass die individuelle Leistung als Beitrag zur Teamleistung mit zunehmender Gruppengröße abnimmt

Sekundärgruppen: Soziale Gruppen, die über Schule, Ausbildung und/oder Studium, Tätigkeiten in Unternehmen, Vereinen oder über spezielle Freizeitverbindungen entstehen

Selbstrepräsentation, transident: Transidente Personen sind nicht eindeutig als Frauen oder Männer bestimmbar, bzw. wollen sich nicht der Norm der Zweigeschlechtlichkeit unterordnen. Sie sprengen durch ihre Gender-Identität, ihren Gender-Ausdruck die dualen Geschlechtergrenzen

Sinnstiftung: („sense-making“) bezieht sich auf den Organisationsansatz von Weick, der davon ausgeht, dass Menschen versuchen, neue Situationen auf der Basis vorhandenen Wissens zu verstehen bzw. einzuordnen

Social compensation: Ausgleich von Minderleistung durch einige wenige Personen im Team

Soziale Beeinflussungsmechanismen: Prozesse der Steuerung von Gruppenmitgliedern in Gruppen/Teams durch Autoritäten, Mehrheiten oder Minderheiten

Soziale Gruppe: Zusammenschluss von Individuen, die sich selbst als Gruppe wahrnehmen (Wir-Gefühl) und auch von anderen so wahrgenommen werden

Soziale Kategorien: gesellschaftliche Ordnungsstrukturen, die Menschen in unterschiedliche Gruppen einteilen und somit auch Vorstellungen über die Existenz homogener Gruppen produzieren

Soziale Konstruktion: Herstellung sozialer Verhältnisse/Tatsachen (z. B. Geschlechterverhältnisse, gesellschaftliche Bewertung von Jugend und Alter etc.) durch Interaktion/Kommunikation, strukturelle Verankerungen (Rituale etc.), sprachliche und symbolische Regelungen sowie durch Selbstrepräsentation (individuelles Verhalten). Soziale Konstruktionen sind damit keine natürlichen Tatsachen, sondern einer ständigen Veränderung unterworfen

Stakeholder: alle natürlichen und juristischen Personen, die ein Interesse an den Prozessen beziehungsweise Ergebnissen einer Organisation haben oder davon betroffen sind

Stereotypisierung: benennt soziale Prozesse der Zuschreibung typischer Eigenschaften aufgrund der Einordnung einer Personn zu einer bestimmten Gruppe

Strategisches Management: zielorientierte Gestaltung und gegenseitige Abstimmung von Planung, Kontrolle, Information, Organisation, Unternehmenskultur und Leistungspotenzialen

Subjektiver Teamerfolg: Grad der Zufriedenheit der Teammitglieder

Teameffektivitätsmodelle: Messung von Teamleistung über aufgaben- und personenbezogene Faktoren inklusive der Teamführung sowie der Betrachtung von teaminternen und teamexternen Einflüssen, Motivations- und individuellen Fertigkeitsgewinnen

Teamentwicklungsmodelle: Stellen Entwicklungsprozesse in Teams anhand von aufeinander folgenden Phasen dar

Teamleistung: hängt von mehreren Faktoren auf individueller, organisationaler, gesellschaftlicher und Teamebene ab: Persönlichkeitsfaktoren, Teamdesign, gruppendynamische Prozesse, organisationale Verankerung, Kontextfaktoren, die Wettbewerbs- und Leistungsdruck, aber auch Stereotypen/Vorurteile hervorrufen. Teamleistung kann erfasst werden über die potentielle Leistung abzüglich der Prozessverluste und ergänzt durch Prozessgewinne

Teams: zeichnen sich durch selbstbestimmte Kooperation und einen entsprechend großen Handlungsspielraum aus und sind durch die vier Elemente Größe, Ziel, Dauer und Beziehungen charakterisiert. In Teams arbeiten Personen zusammen, die stark aufgabenbezogen aneinander gekoppelt sind, sich durch kontinuierliche Interaktion, Kooperation und bewussten Umgang mit Konflikten auszeichnen und ein gemeinsames Ziel verfolgen

Teamsynergien: können durch Prozessgewinne über gezieltes Führen von Teams u.a. durch regelmäßige Feedbackprozesse, klar definierte Fehlerkultur, transparente Informationsflüsse und Möglichkeiten der Mitbestimmung erreicht werden. Ziel ist die Initiierung von Lernprozessen und kontinuierlichen Leistungsverbesserungen

Teilautonome Arbeitsgruppen (TAAG): dabei handelt es sich um die gemeinsame Bewältigung aufeinander bezogener und eng verknüpfter Tätigkeiten, wobei die Arbeitsgruppe selbstständig die Arbeiten plant, reguliert und kontrolliert

Widerstand: umfasst verschiedene aktive und passive Formen der Auflehnung gegen gegebene Strukturen, Regeln oder aber Personen, die diese repräsentieren

Zwangsgruppen: begründen sich auf strukturellen Notwendigkeiten, gesetzlichen Grundlagen oder struktureller Gewalt

14 Index

U

V

W

Z

15 Abkürzungsverzeichnis

%	Prozent
Abs	Absatz
AG	Aktiengesellschaft
AMS	Arbeitsmarktservice
Anm	Anmerkung
Art	Artikel
ASD	Austrian Society for Diversity
bfi	Berufsförderungsinstitut
BG	Bundesgesetz
BGBl	Bundesgesetzblatt
BGStG	Behindertengleichstellungsgesetz
Blg.	Beilage
BVG	Bundesverfassungsgesetz
bzw.	beziehungsweise
CERD	Convention on the Elimination of All Forms of Racial Discrimination
d. h.	das heißt
ECRI	European Commission against Racism and Intolerance
EGVG	Einführungsgesetz zu den Verwaltungsverfahrensgesetzen
EMRK	Europäische Menschenrechtskommission
EP	Europäisches Parlament
EPG	Eingetragene PartnerInnenschaftsgesetz
et al	und andere
etc.	etcetera
EU	Europäische Union
EuGH	Europäischer Gerichtshof
f.	folgend
ff.	fortfolgend
GAW	Gleichbehandlungsanwaltschaft
GBK	Gleichbehandlungskommission
GGCG	Gleichstellung, Gleichbehandlung und (Chancen) Gleichheit
GlBG	Gleichbehandlungsgesetzt
GLBT	Gay, Lesbian, bisexual, transgender
GM	Gender Mainstreaming
GmbH	Gesellschaft mit beschränkter Haftung
GOPP	Gender-orientierte Projektplanung
GP	Gesetzgebungsperiode

GZ	Geschäftszahl
HG	Haushaltsgesetz
ICCPR	International Covenant on Civil and Political Rights
idF	in der Folge
IMAG GMB	Interministerielle Arbeitsgruppe Gender Mainstreaming/ Budgeting
Jh.	Jahrhundert
LG	Landesgesetz; Landesgericht
LGBl	Landesgesetzblatt
LGBT	Lesbian, Gay, Bisexual and Transgender
MBA	Magistratisches Bezirksamt
MEZ	Mitteleuropäische Zeit
mwN	mit weiteren Nachweisen
NGO	Non Government Organisation
Nr.	Nummer
OGH	Oberster Gerichtshof
ÖNORM	Österreichische Norm
RL	Richtlinie
Rs.	Rechtssache
RV	Regierungsvorlage
S.	Seite
StGB	Strafgesetzbuch
StGG	Staatsgrundgesetz
Tab.	Tabelle
u.a.	unter anderem
usw.	und so weiter
UVS	Unabhängiger Verwaltungssenat
vgl.	vergleiche
WHO	World Health Organization (Weltgesundheitsorganisation)
WIFI	Wirtschaftsförderungsinstitut
Z	Ziffer
z. B.	zum Beispiel